| 工程材料与机械制造基础系列教材及教师用书 |

工程材料成形基础与先进成形技术

——主 编——

邢忠文 张景德

——副主编——

黄根哲 林建平

王志海 李爱菊

清华大学出版社

北 京

内容简介

本书是"工程材料与机械制造基础系列教材及教师用书"的第1册。根据"工程材料与机械制造基础"系列课程的知识体系和能力要求，介绍了材料与制造技术简论、工程材料、材料的改性、材料的液态成形、材料的塑性成形、材料的连接成形、非金属材料成形、增材制造技术以及各种成形方法中出现的新材料、新技术、新工艺及其最新进展等内容。按照知识点的逻辑关系构筑了适应不同工科专业人才培养需求的工程材料成形基础与先进成形技术课程知识体系和能力体系。重点突出了各部分内容的核心知识点和能力点，对接了新工科专业人才培养对该课程的知识需求。

本书与配套的数字教材、数字资源库、教学课件、习题库等多种资源形式结合使用，体现了教学内容、教学方式和教学手段的多元化、立体化，便于学生了解和掌握该课程的知识体系和能力要求，从而实现新工科人才的培养目标。

本书可作为高等院校工程类、管理类各专业学生的教材，也可以作为相关技术人员的参考书。

图书在版编目(CIP)数据

工程材料成形基础与先进成形技术/邢忠文，张景德主编. —北京：清华大学出版社，2023.5
工程材料与机械制造基础系列教材及教师用书
ISBN 978-7-302-60522-5

Ⅰ. ①工… Ⅱ. ①邢… ②张… Ⅲ. ①工程材料—成型—教材 Ⅳ. ①TB3

中国版本图书馆CIP数据核字(2022)第055868号

责任编辑：冯　昕　苗庆波
封面设计：傅瑞学
责任校对：欧　洋
责任印制：朱雨萌

出版发行：清华大学出版社
网　　址：http://www.tup.com.cn，http://www.wqbook.com
地　　址：北京清华大学学研大厦A座　　邮　　编：100084
社 总 机：010-83470000　　邮　　购：010-62786544
投稿与读者服务：010-62776969，c-service@tup.tsinghua.edu.cn
质量反馈：010-62772015，zhiliang@tup.tsinghua.edu.cn
印 装 者：三河市龙大印装有限公司
经　　销：全国新华书店
开　　本：185mm×260mm　　印　　张：21　　字　　数：508千字
版　　次：2023年5月第1版　　印　　次：2023年5月第1次印刷
定　　价：59.80元

产品编号：097779-01

序
FOREWORD

我国是制造业大国，也是世界第一制造业大国。然而值得我们警醒的是，迄今为止，我国仍然不是制造业强国。毫无疑问，制造业是我国经济和社会发展的支柱产业，要尽快使我国制造业的水平走在世界前列，那么对工程人才的需求将是巨大的。

随着科学技术的迅猛发展，新经济、新产业、新业态的萌发，社会对人才需求有了全新变化，这时催生了新工科。新工科的出现是促进工程教育改革和发展的强劲动力，同时它也全方位推动了与国际工程教育专业认证、卓越工程师培养教育的协同发展。新工科的改革不仅涉及全新工科专业的创建、传统专业的升级改造，也深刻影响到工科基础课、实践教学和创新训练及其教材的变革，也影响到如何实施和更有效实施立德树人教育思想和教育方法的改革。因此，"工程材料与机械制造基础系列课程"教材的建设也面临着新的问题和挑战。例如，教材知识体系不够完整，内容相对陈旧；教材形态单一，与现代教育技术对接不够；理论课与实习课教材脱节，配合不够；教材知识学习与能力要求关联不够紧密等一系列问题。因此，社会发展在迫切呼唤着新工科，而新工科又在迫切呼唤着与其紧密关联的新教材。

为全面推动新工科的开展，2017 年教育部发布了首批新工科教育教学改革项目指南。为保证机械制造基础课程能满足新工科的要求，有效地解决上述问题，全面促进机械制造基础课程的改革，由教育部高等学校机械基础课程教学指导分委员会牵头，会同教育部高等学校工程训练教学指导委员会联合申报了"面向新工科的机械制造基础课程 KAPI 体系改革研究与实践"项目。该项目于 2018 年 4 月获批立项，旨在构建"工程材料与机械制造基础系列课程"新的知识体系、能力要求体系，以满足对新工科制造知识方面的需求和知识结构的调整；编写配套新形态教材，以体现新知识、新形态，满足数字化、立体化教材新要求；同时结合系列课程理论联系实际和德智体美劳多育并举的特点，改革传统的教学方法，提出并实践一种知识、能力、实践、创新(KAPI)一体化培养的教学方法和人才培养模式，以加快知识向能力的转化。

为了能在新的课程知识体系的指导下，在 KAPI 教学思想的牵引下，编写出版满足新工科要求的"工程材料与机械制造基础系列课程"新形态教材，通过项目化教学实现知识、能力、实践、创新一体化培养，建设一流课程。参与项目组的高校、企业、出版社累计 32 家，参与不同 KAPI 教学项目设计和实践的高校多达 26 所，参与教材编写的近 30 人，与教材编写的有关人员那就更多了。在项目引领下经过整整 3 年的综合教学实践，该项改革取得了全面突破，人才培养质量得到了普遍而明显的提高。项目目前已成功构建了适用于新工科教学要求的工程材料与机械制造基础系列课程知识体系和能力要求体系，遴选出理论课核心知识点 93 个，工程训练(机械制造实习)课核心知识点 80 个。项目组不仅基于新的知识体系和核心知识点编写出版了立体化新形态教材，而且依托高校资深教师和企业专家在全国设计遴选出了26项KAPI一体化训练项目，建成了一批高水平线上、线下一流课程，并在山东大学、天津大学等十几所学校开展了不同层面的KAPI教学实践。项目成果以教学基本要求形式被教育部高等学校工科基础课教学指导委员会收入到《高等学校工科基础课教学基本要求》(高等教育出版社，2019.11)，并于2020年4月在由教育部组织的首批新工科项目验收中获得优秀评价，得到了参与学生和同行专家的高度肯定。

本套教材正是为了满足新工科要求，统筹解决上述问题而规划设计的。其编写过程充分尊重了机械制造基础教材的历史传承，既是以立体化形式编写而成的新形态教材，也是目前国内该课程基于新工科要求编写的首套教材。本套教材的编写坚持了教育的本真，力求体现工程实践在知识获取、能力培养、素质提高等方面的重要性，致力于核心知识点的学习和基本能力培养不动摇，确保制造知识的基础性、先进性、完整性和系统性，体现了守成与创新的统一。为方便学习，本套新形态立体化教材，以纸质和数字化配合的形式立体化呈现，是新工科教研成果的重要组成部分。同时，还编写了两册教师参考书，共同组成"工程材料与机械制造基础系列教材及教师用书"丛书。这种能同时有利于教与学的立体化配套教材的结构，是一种全新的尝试。

本丛书共分为5册：第1册为《工程材料成形基础与先进成形技术》；第2册为《机械制造工艺基础》；第3册为《工程训练》；第4册为《工程材料与机械制造基础课程知识体系和能力要求(第2版)》；第5册为《金工/工程训练教材发展略览》。丛书编写以第4册所构建的课程知识体系与能力要求体系为纲，按照产品制造的逻辑关系，将课程核心知识点串接为一个整体。丛书的编写考虑了金工/工程训练教材知识体系、结构、形态演化与发展过程，在择优保持了原有优秀教材结构的基础上，既保证了教材应有的基础理论的深度和广度、核心工艺技术和相应知识点，又大幅增加了与新工科有关的新知识、新工艺，全面体现了新工科知识与能力要求。前3册是学生用书，后两册是教师参考用书。

本丛书具有以下特点：

(1) 结构新。立体化和数字化是本丛书的突出特点，分别配有学生和教师用书的组合设计也为教学提供了方便。

(2) 内容新。本丛书补充了智能制造、物联网、大数据、新材料及其成形新技术、机器人等一系列与制造有关的新技术，填补了新工科知识空白。

(3) 形态多样。本丛书配套了数字化教材、文本资源库、数字资源库、教学课件、习题库等多种形态内容，为教与学提供了更多选择与方便。

(4) 确保对核心知识点的介绍不动摇。本丛书按核心知识点要求编写而成，在此基础上对相关知识点加以拓展，保证了对核心知识点的介绍完整深入。

(5) 理论与实践部分相互融通。理论与实践教材编写队伍交叉配置，纸质与数字化编写组相互交流，确保理论与实践教学内容的融通。丛书编写队伍人数多、配置强，编者全部由国内同领域知名教师组成。为保证理论与实践不脱节，理论课教材与实践课教材编写组相互交叉参与对方教材的编写或讨论，各册内容实现了相互交流，取长补短。

(6) 知识与能力有效衔接。构建了与知识体系对应的能力要求体系，使知识的获取与能力的达成有了明确的对应关联。

(7) 守成与创新的统一。在对中华人民共和国成立70多年来工程材料与机械制造基础教材发展、总结的基础上，坚持教育本真，保留传统教材精髓，体现了坚守与推陈出新的统一。

本丛书由教育部高等学校机械基础课程教学指导分委员会新工科项目组规划设计，山东大学孙康宁教授为丛书主编，清华大学傅水根教授为丛书主审；第1册由哈尔滨工业大学邢忠文教授、山东大学张景德教授主编；第2册由西北工业大学齐乐华教授、哈尔滨工业大学韩秀琴教授主编；第3册由合肥工业大学朱华炳教授、中国石油大学（华东）李晓东教授主编，数字资源库由李晓东教授等负责完成；第4册由山东大学孙康宁教授、同济大学林建平教授等编著；第5册由清华大学傅水根教授、山东大学孙康宁教授、大连理工大学梁延德教授主编。希望本丛书的出版，能为培养德智体美劳全面发展的社会主义建设者和接班人，为加快我国由制造业大国向制造业强国过渡尽一份力量。

在本丛书编写过程中，编者们克服了新冠疫情期间所面临的特殊困难，查阅了大量的参考书和相关科技资料，并根据编写的进度和出现的问题，及时召开视频会议，加强电话联系，经过反复斟酌，几易其稿，时间跨度长达3年，终于完成了全部书稿。本丛书能顺利编写出版，离不开教育部高等学校机械基础课程教学指导分委员会和工程训练教学指导委员会的全力支持，离不开清华大学出版社在编辑、经费、资源等方面提供的大力资助，也离不开全体编者的共同努力。在此，对他们表示衷心的感谢。希望读者对本丛书存在的问题提出宝贵的意见或建议，以便在修订时进一步完善。

本丛书可作为高等学校不同专业、不同学时的工程类、管理类学生的教材，也可以作为相关技术人员的参考书。

孙康宁

2021年6月

前言

PREFACE

本书是教育部高等学校机械基础课程教学指导分委员会规划设计的“工程材料与机械制造基础系列教材及教师用书”的第 1 册，是涵盖众多材料成形基础与先进成形技术知识的一门综合性的技术基础课程教材。

本书旨在构建围绕不同专业人才培养需求，突破传统金属材料及其成形技术的束缚，基于工程材料及其成形技术和新工科人才培养的通识教育属性和专业教育属性，基于慕课等在线课程的特殊要求，汇集工程材料与成形技术领域有代表性的知识点和能力点，课程知识体系符合产品制造逻辑关系。

根据立体化教材的课程知识体系和能力要求，内容包括材料与制造技术简论、工程材料、材料的改性、材料的液态成形、材料的塑性成形、材料的连接成形、非金属材料成形、增材制造技术以及各种成形方法中出现的新材料、新技术、新工艺及其最新进展等。

本书有以下特点：

(1) 重点贯彻工程材料及其成形技术的知识点和能力点，同时注重新材料、新技术、新工艺和各种成形技术的最新进展。实现知识与能力有效衔接。致力于核心知识点的学习和基本能力培养相结合，构建与知识体系对应的能力要求体系，使知识的获取与能力的达成有明确的对应关联。

(2) 与配套的数字教材、数字资源库、教学课件、习题库等多种资源形式结合使用，体现教学内容、教学方式和教学手段的多元化、立体化，便于学生了解和掌握该课程的知识体系和能力要求，从而实现新工科人才的培养目标。

(3) 全面贯彻执行有关的新国家标准。包括国家标准号、名词术语、符号等。

(4) 内容丰富，重点突出。每章后配有适量的复习思考题，结合习题库，留给学生足够的自学和思考空间。

本教材致力于核心知识点的学习和基本能力的培养相结合，与第 2 册《机械制造工艺基础》、第 3 册《工程训练》一起，构成了完整、统一的“工程材料与机械制造基础”课程知识体系和能力培养体系。3 册教材内容既互相联系，又各有侧重。本教材阐述了工程材料、等材制造、增材制造的发展过程，成形原理、成形方法及其发展趋势；第 2 册《机械制造工艺基础》介绍了减材制造的加工原理、加工方法和最新进展；而第 3 册《工程训练》则重点介绍了等材制造、减材制造的工艺过程、操作方法以及各种先进制造工艺的应用。整个课程的信息量大，实践性强。

本书由哈尔滨工业大学邢忠文教授、山东大学张景德教授任主编，长春理工大学黄根哲教授、同济大学林建平教授、武汉理工大学王志海教授、山东大学李爱菊教授任副主编。山东大学孙康宁教授编写第 1 章中 1.1 节、1.3 节、1.4 节；林建平教授编写第 1 章中 1.2 节；李爱菊教授编写第 2 章中 2.1 节、第 3 章中 3.2 节和第 7 章；黄根哲教授编写第 2 章中 2.2

节；王志海教授编写第 3 章中 3.1 节；张景德教授编写第 2 章中 2.3 节、2.4 节和第 4 章、第 8 章；邢忠文教授编写绪论、第 5 章；哈尔滨工业大学韩秀琴教授编写第 6 章。

本书数字资源由中国石油大学(华东)李晓东教授团队完成。全书由清华大学傅水根教授主审。

由于编者水平所限，本书难免存在缺点和不当之处，诚请读者提出宝贵意见。

编　者

2021 年 6 月

目录
CONTENTS

绪　论

《工程材料成形基础与先进成形技术》主要包括工程材料，材料的改性，材料的成形，材料成形的新技术、新工艺、新进展等方面的内容。工程材料是产品制造的源头，材料成分、性质、组织结构对产品制造质量、加工技术、生产成本、生产效率均具有重要影响。工程材料成形是借助于非切除性手段（减材制造）对材料进行加工，获得所需零件及材料特性和形状的方法，是机械制造的重要组成部分。工程材料成形包括等材制造（材料改性、液态成形、塑性成形、连接成形和非金属材料成形等）和增材制造（3D 打印）。

无论是工程材料，还是工程材料成形，近年来都有了革命性的更新和进展，涌现出大量的新材料、新技术、新工艺。这些新的材料和先进的成形方法，拓宽了材料和材料成形的制造领域及应用范围，推动了工业的进步和人类文明的发展。

1. 工程材料的分类及其发展趋势

1）工程材料的分类

工程材料是指工业生产中所使用的原材料，分为金属材料、有机高分子材料、无机非金属材料和复合材料四大类。

（1）金属材料。金属材料主要分为黑色金属和有色金属两大类。黑色金属是工业上对铁、铬和锰的统称，也包括这三种金属的合金。这三种金属都是冶炼钢铁的主要原料，而钢铁在国民经济中占有极其重要的地位，是衡量一个国家国力的重要标志。黑色金属的产量约占金属总产量的 95%。有色金属是指黑色金属以外的金属及其合金，如金、银、铜、铝、镁、钛等及其合金。

金属材料具有各种各样的性能，包括力学性能、物理性能、化学性能、工艺性能等。与力学、物理和化学性能不同，材料的工艺性能是指材料是否容易加工成零件或产品的性能。

（2）有机高分子材料。有机高分子材料种类繁多，按工艺性质可分为塑料、橡胶、纤维、油漆、胶黏剂等。它具有熔点低、塑性大、可加工性好等特点。

（3）无机非金属材料。无机非金属材料泛指一切经过高温处理而获得的无机的非金属材料，主要是陶瓷材料（包括传统陶瓷、先进陶瓷）和玻璃、水泥、耐火材料等。它具有摩擦系数小、耐磨、耐化学腐蚀等特点。陶瓷材料广泛应用于化工、冶金、机械、电子、能源和尖端科学技术领域。在精密机械中，陶瓷可应用于高温、中温、低温等领域，可以作为机械零件，也可作为电子器件。

(4) 复合材料。复合材料是指由不同材料通过复合工艺组合而成的材料。复合材料中至少有一种物质是基体，一种物质是增强体。通过这种基体和增强体的结合，可以获得优于基体和增强体材料的力学性能，从而形成复合效应。现代复合材料主要以金属、陶瓷、树脂为基体，通过加入增强体，使得材料具有高的比强度、比刚度以及防腐、耐蚀等性能。

2) 工程材料的发展趋势

随着社会的发展和科学的进步，工程材料在不断地发展与更新。金属材料如高纯金属材料、超高强金属材料、超高易切削钢、硬质合金和金属陶瓷、高温合金和难熔合金、共晶合金凝固材料、金属非晶和微晶材料、金属间化合物材料、纳米金属材料、形状记忆合金、储氢合金等纷纷出现；非金属材料和复合材料的发展更是突飞猛进，各种新型的功能塑料(导电、发光、生物医用等等)层出不穷，高性能的新型陶瓷材料不断涌现，如相变增韧陶瓷、高精细陶瓷、可塑性变形陶瓷、金属陶瓷、纤维及晶须增韧陶瓷基复合材料、仿生陶瓷基复合材料、纳米陶瓷及其复合材料等等。与此同时，各种新型先进材料的发展也是日新月异。比如：碳纳米材料(包括石墨烯、碳纳米管)、高强韧性非晶材料、智能材料、绿色材料、生物材料等等。

2. 工程材料的成形及其发展趋势

1) 等材制造及其发展趋势

(1) 等材制造的分类。等材制造主要分为材料的改性、材料的液态成形、材料的塑性成形、材料的连接成形和非金属材料成形。

① 材料的改性。材料的改性是通过物理和化学手段改变材料物质形态或性质的方法，是零件生产的重要环节。工程材料的改性包括整体改性和表面改性。

材料的整体改性一般通过热处理的方法进行。金属材料的热处理是指将金属材料在固态下加热、保温和冷却，以改变其组织，从而获得所需性能的一种工艺。金属材料的热处理常用的方法有：退火、正火、淬火、回火、渗碳、渗氮、固溶、时效等；非金属材料的热处理，包括碳纤维预氧化、碳化、石墨化烧结、玻璃的退火、钢化等。

材料的表面改性也称为“表面工程技术”，通常分为表面涂镀技术、表面扩渗技术和表面处理技术三大类。表面涂镀技术包括有机涂装、热浸镀、热喷涂、电镀、化学镀和气相沉积；表面扩渗技术主要包括化学热处理、阳极氧化、表面合金化、离子注入及激光表面合金化技术等；表面处理技术包括感应加热淬火技术、激光表面淬火及退火技术和喷丸及滚压等表面加工硬化技术等。

② 材料的液态成形。材料的液态成形是指将液态(熔融态或浆状)材料注入一定形状和尺寸的铸型(或模具)腔中，凝固(或固化)后获得固态毛坯或零件的方法，如金属的铸造成形、陶瓷的注浆成形等。

金属的液态成形是人类利用金属材料最早的加工方法，已有数千年的历史。金属的液态成形也称为“铸造成形”，主要包括砂型铸造和特种铸造两大类。砂型铸造是最基本的传统铸造方法，也是应用最广泛的铸造方法；特种铸造包括金属型铸造、压力铸造、离心铸造、低压铸造、熔模铸造、消失模铸造等。

③ 材料的塑性成形。材料的塑性成形是利用工具或模具使材料发生塑性变形，从而得

到所需形状、尺寸、组织和性能的工件的成形方法。塑性成形也称“塑性加工”或“压力加工”。常见的塑性成形方法主要有自由锻、模锻、板料冲压等；特种塑性成形方法有轧制、挤压、拉拔、超塑性成形、旋压成形、摆动辗压成形、粉末锻造、液态模锻、爆炸成形、电液成形、电磁成形、充液拉深、聚氨酯成形等。

④ 材料的连接成形。材料的连接成形是使两个或两个以上分离的构件以一定的方式组合成一个整体的成形方法，连接可分为可拆连接和不可拆连接两大类。可拆连接有螺纹连接、键连接、销连接及型面连接等；不可拆连接在拆开连接时，至少会损坏连接中的一个零件，其包括焊接、铆接、胶接、锻接等。常用的连接方式有机械连接、焊接和胶接等。

⑤ 非金属材料成形。非金属材料成形主要包括粉体（陶瓷及粉末冶金）材料成形（如注浆成形、压制成形、可塑成形等）、高分子材料（塑料和橡胶）成形（如注射成形、压塑成形、挤出成形、压注成形、压延成形等）、复合材料成形（如手糊成形、喷射成形、模压成形、拉挤成形、缠绕成形）等。

（2）等材制造的特点。等材制造与切削加工相比具有很大差异，它突出的特点如下。

① 节省材料。不同于切削加工过程有很多材料被切削掉，等材制造在成形过程中，体积和质量基本不变，因此能够节省大量的材料。

② 材料成形产品的几何尺寸和质量范围非常广泛。几何尺寸从几毫米到上百米，质量从几克到上百吨都可以制造。如从很小的螺丝、螺帽的塑性成形到数十吨、上百吨的大型铸件、大型锻件的铸造、锻造成形，以及铁路钢轨的轧制成形、大型舰船船体的焊接成形等。

③ 产品的力学性能好。通过一些特殊等材制造生产的产品一般都具有良好的力学性能。如液态成形中的球墨铸铁件、压力铸件，塑性成形中的锻件、冲压件、挤压零件，焊接成形中的压力焊件、激光焊件，非金属成形中的陶瓷零件、工程塑料零件和复合材料零件等，其强度等指标都非常高。

④ 生产率高。等材制造的成形方法大都具有较高的生产率，如液态成形的压力铸造、塑性成形的板料冲压、塑料零件的注射成形等都可以达到每小时几十件或上百件；板料冲压中的高速冲裁，甚至可以达到每分钟数千件。

⑤ 产品的精度相对较差。一般的等材制造产品（特殊成形方法的产品除外），在精度上不如切削加工的产品，因此，有些成形方法只适用于制造毛坯或原材料。

（3）等材制造的应用。等材制造被广泛应用于国民经济生产的各个领域。液态成形的铸件在机床、内燃机、重型机械、风机、压缩机、拖拉机、农业机械，以及汽车行业中均占非常重要的比例；塑性成形和焊接成形在现代工业中占有非常重要的地位，其应用于各种原材料、精密机械、医疗设备及器械、运输车辆与交通工具、农机具、电气设备、通信设备的生产制造，已成为日用工业、国防工业、能源工业、船舶工业、航空宇航等工业生产的重要制造方法；非金属材料和复合材料成形的应用也越来越普遍，塑料制品、陶瓷制品、复合材料产品已遍及国民生活的各个领域，成为日常生活中不可缺少的用品。

（4）等材制造的发展趋势。从热处理、铸造、锻压、焊接等典型等材制造工艺几千年的发展历程可知，等材制造主要经历了手工、机械化、自动化三个历史发展阶段。随着社会发展和科技进步，等材制造的发展趋势主要体现在以下几个方面。

① 等材制造设备的精密化、高速化。等材制造的各种关键成形设备都朝着精密以及高速、超高速方向发展。等材制造的各种自动化生产线（如自动连铸生产线、汽车覆盖件自动

冲压生产线、机器人自动焊接生产线等)都对生产设备的精密化、高速化程度有很高的要求；各种高精度的成形产品和成形方法也在不断涌现，如精密铸造、精密锻造的产品应用越来越广泛。

② 等材制造的绿色化。绿色成形能够做到在整个制造过程中对环境污染最小和对资源利用率最高。等材制造中热处理废液的排放，表面处理的粉尘、油污的处理，铸造、锻压、焊接、非金属材料成形等产生的烟尘、震动、噪声等对环境的影响，都是等材制造未来发展必须解决的问题。做好绿色发展、循环发展、低碳发展，构建高效、清洁、低碳循环的绿色制造体系，深入实施绿色制造工程，是等材制造技术的重要发展方向。

③ 材料成形过程的柔性化、数字化、智能化。等材制造经历了“手工—机械化—自动化”的发展过程，正在向柔性化、数字化、智能化方向迈进。柔性化、数字化、智能化是等材制造发展提升的重要手段，也是等材制造发展的新动能。

智能成形可以通过成形前的仿真分析与优化，对成形过程中的状态进行监测和智能优化控制，从而完成整个成形过程，使得零件成形更加可控和可靠。计算机辅助设计(CAD)与控制、数控冲压、数控多点成形、数控渐进成形、焊接机器人、柔性焊接生产线的出现，促进了等材制造的柔性化、数字化和智能化发展，大大扩展了等材制造在工业生产中的应用。

④ 成形成性一体化。材料的成形成性一体化是通过成形获得所需制件的形状和尺寸，同时改变材料内部组织结构和应力状态，从而获得所需材料性能的方法。传统的等材制造受制造技术水平的限制，只能先成形零件，再进行改性处理。既耗时、费力又增加了成本。因此，成形成性一体化是等材制造始终追求的目标。

现代物理冶金热变形技术、热机械处理技术和计算机技术的兴起与发展，使预测和控制合金热成形过程中的组织演变、获得良好的最终性能成为可能，等材制造正朝着成形成性一体化的方向发展。

2) 增材制造及其发展趋势

(1) 增材制造及其分类。增材制造是通过 CAD 设计数据并采用材料逐层累加的方法制造实体零件的技术，相对于传统的材料去除(切削加工)技术，是一种“自下而上”的材料累加制造方法，也被称为“材料累加制造”“快速原型制造”“分层制造”“ 实体自由制造”“3D 打印技术”等。

增材制造主要包括激光光固化成形(SLA)、粉末烧结成形(SLS)、三维喷涂黏结成形(3DP)、熔融挤压堆积成形(FDM)、箔材黏结成形等。

增材制造不需要传统的刀具、夹具及多道加工工序，而是利用三维设计数据在一台设备上快速而精确地制造出任意复杂形状的零件，从而实现“自由制造”，实现许多过去难以制造的复杂结构零件的成形，并大大减少了加工工序，缩短了加工周期，而且对于越是结构复杂的产品，其制造的速度优势越明显。近 20 年来，增材制造设备得到了快速的发展，增材制造原理与不同的材料和工艺结合发展出了许多增材制造设备，目前已达 20 多个种类。增材制造在各个领域都获得了广泛的应用，如电子产品、汽车、航空航天、医疗、军工、地理信息、艺术设计等。

增材制造(3D 打印)技术被认为是“一项将要改变世界的技术”。英国《经济学人》杂志认为增材制造将“与其他数字化生产模式一起推动实现第三次工业革命”。增材制造为我国制造业发展和升级提供了历史性机遇。增材制造可以快速、高效地实现新产品物理原型的制造，为产品研发提供快捷技术途径。增材制造降低了制造业的资金和人员技术门槛，有助于催生小微制造服务业，有效提高就业水平，有助于激活社会智慧和资金资源，实现制造业结构调整，促进制造业由大变强。

增材制造代表着生产模式和先进制造技术发展的一种趋势，即产品生产将逐步从大规模制造向个性化制造发展，以满足社会多样化需求。增材制造的优势是制造周期短、适合单件个性化制造，可实现大型薄壁件、钛合金等难加工易热成形零件及结构复杂零件的制造。该技术与设备在航空航天、医疗等领域及产品开发、计算机外设和创新教育上具有广阔的发展空间。

(2) 增材制造的发展趋势。世界科技强国和新兴国家都将增材制造作为未来产业发展的新增长点加以培育和支持，以抢占未来科技产业的制高点。可以说，增材制造正在带动新一轮的世界科技和产业发展与竞争，未来前景难以估量。增材制造发展的核心技术方向包括：

① 智能化增材制造装备。增材制造装备是高端制造装备重点方向，在增材制造产业链中居于核心地位。智能化增材制造装备制造包括制造工艺、核心元器件、技术标准及智能化系统集成等。

② 增材制造材料工艺与质量控制。内容包括：面向增材制造的新材料体系；金属构件成形质量与智能化工艺控制；难加工材料的增材制造成形工艺；增材制造材料工艺的质量评价标准等。

③ 功能驱动的材料与结构一体化设计。内容包括：功能需求驱动的宏微结构一体化设计；多材料、多色彩的结构设计方法与智能化制造工艺集成；面向增材制造工艺的设计软件系统等。

④ 生物制造。增材制造与生物医学结合形成了新的学科方向——生物制造。内容包括：个性化人体组织替代物及其临床应用；人体器官组织打印及其与宿主组织融合；体外生命体组织仿生模型的设计与细胞打印等。

⑤ 云制造环境下的增材制造生产模式。内容包括：增材制造与传统制造工艺的技术集成；增材制造服务业对社会化生产组织模式变化的影响；效益驱动的分散增材制造资源与传统制造系统的动态配置；分散社会智力资源和增材制造资源的快速集成等。

3. 本课程的任务、学习目标和学习方法

“工程材料成形基础与先进成形技术”是一门综合性的技术基础课程，旨在使学生建立生产过程的概念，掌握常用的材料成形基础理论、基本工艺方法、成形零件的工艺规程、结构工艺性及先进成形技术的相关知识；培养学生机械工程的基本素质和成形零件的结构工艺性设计的能力。“工程材料成形基础与先进成形技术”课程具有提高学生创新意识，增强学生的工程实践能力和工程创新设计能力的作用。

通过本课程的学习，使学生达成以下目标：

(1) 建立工程材料、材料改性和工程材料成形与先进成形技术的完整概念，培养良好的工程意识和创新精神。

(2) 掌握材料改性、材料成形过程以及典型成形设备的工作原理，了解工艺参数与成形质量控制之间的关系。

（3）掌握常用材料改性、材料成形方法及原理，如材料的整体改性和表面改性、金属的液态成形、金属的塑性成形、金属的连接成形、非金属材料成形等。

（4）掌握先进成形技术和增材制造技术的一般方法，熟悉每种方法的使用原理以及应用范围。

（5）掌握成形零件的结构工艺性以及典型零件的制造流程，并具有成形零件结构设计、成形工艺规程制定的初步能力。

（6）了解等材制造技术和增材制造技术的最新进展和发展趋势，锻炼把握学科前沿知识的能力。

本课程在教学过程中，应以课堂教学为主，同时辅之以数字教材、多媒体教学、实物与模型、课堂讨论等多元化、立体化的教学手段和形式，以增强学生的感性认识，加深其对教学内容的理解。应注意理论联系实际，与工程训练教学密切配合，使学生在掌握理论知识的同时，提高通过现象发现问题、分析问题和解决问题的综合能力。学生应注意观察和了解平时接触到的材料成形零件或装置，结合习题库，按要求完成一定量的作业及复习题、思考题，运用所学知识尝试解决有关问题，从而较好地掌握本课程内容，扩大课程教学效果，切实提高工程实践能力、创新思维能力和解决复杂工程问题的能力。

第1章

材料与制造技术简论

【本章导读】 产品制造离不开材料，材料是产品制造的源头，材料成分、性质、组织结构对产品制造质量、加工技术、生产成本、生产效率均具有重要影响，因此，了解材料和制造技术的历史、现状及发展趋势不仅对认识材料、研究材料非常必要，而且对了解和研究制造技术也十分重要。

本章重点介绍材料、新材料的有关概念；制造技术的有关概念及产品制造过程等。通过本章的学习，在了解材料与制造技术的历史、现状与发展的基础上，能把握从材料到产品的制造过程及材料与制造技术之间的关系；能掌握本课程主要涉及的内容；能把握各部分内容与产品制造过程之间的关系。

1.1 材料及新材料的历史、现状与发展趋势

1.1.1 材料、新材料的概念及材料分类

1. 材料

材料是人类用于制作有用物件的物质，是人类社会进步的物质基础和先导。

2. 新材料

新材料主要是指最近发展起来或正在发展之中的具有特殊功能和效用的材料。

材料之所以有用，是因为材料具有各种各样的性能，这些性能包括：力学性能、物理性能、化学性能、工艺性能等。材料的工艺性能是指材料是否容易加工成零件或产品的性能。

3. 材料分类

依据材料性能、适用范围、维度、尺度大小等不同特点，材料被分为不同种类材料。

1）按材料结构分类

(1) 金属材料(主要键合类型——金属键)。

(2) 无机非金属材料(主要键合类型——共价键和离子键)。

(3) 有机高分子材料(主要键合类型——共价键,以及氢键、范德瓦耳斯键等弱结合键)。

(4) 复合材料(主要键合类型——复合类化学键)。

鉴于键合类型不同、键合强度差异,因此上述四类材料强度、硬度、塑性、耐磨性、耐高温性、可加工性差异显著,用途和适用范围也各不相同。

2) 按材料的性质分类

(1) 结构材料(用于结构件,主要涉及材料的力学性能)。

(2) 功能材料(涉及材料的声、光、电、磁、热等物理性能)。

3) 按材料维度分类

(1) 零维材料(如纳米颗粒材料)。

(2) 一维材料(如如纤维材料)。

(3) 二维材料(如薄膜材料)。

(4) 三维材料(如块体材料)。

4) 按材料的用途分类

(1) 生物医用材料。

(2) 清洁能源材料。

(3) 电子信息材料。

(4) 纳米材料、磁性材料等。

1.1.2 材料的历史、现状与发展趋势

材料不仅是人类社会发展的先导,也是推动社会进步的力量源泉。按照人类发现和使用材料的进程,人类先后经历了早期的石器时代;公元前5000年前后的青铜器时代;公元前1200年前后的铁器时代;18—20世纪的钢铁时代;进入20世纪后半叶,作为发明之母的新材料的研制更是日新月异,出现了称之为“高分子时代”“半导体时代”“先进陶瓷时代”和“复合材料时代”等提法。这说明以单一种类材料为主导的时代已一去不复返了,材料的发展已进入丰富多彩的时代。

工程材料的发展历程和发展趋势如图1-1所示。在该图中,材料按照其组成结构被分成了金属材料、陶瓷(无机非金属材料)、高分子材料、复合材料四大类。横坐标表示不同的历史时期和未来的整个时间跨度,纵坐标表示四类材料在不同时期的相对重要性(所占使用比例)。很显然在人类开始学会使用工具的初期,属于石器时代,大量石器工具的使用推进了人类社会的发展与进步,以后陆续进入陶器时代、瓷器时代、青铜器时代、铁器时代。到20世纪60年代,金属材料的发展开始主导社会的发展和进步,人类进入钢铁时代,各种产品主要由金属制成,金属材料在全部四类材料中所占的比例甚至超过70%。但是这种情况仅仅维持了30~40年。随着科学技术的进步,以及信息化、自动化、计算机技术与传统制造技术、电气技术的叠加(集成),人类对各种物质需求发生了巨大的变化。让人惊讶的是对金属材料的相对需求开始逐年下降,金属所占全部材料总量甚至不足40%,对陶瓷材料(无机

非金属材料)、高分子材料、复合材料的需求增长速度则远快于对金属材料的需求。甚至有人预测,在未来的2030年以后这四种材料份额将各占四分之一。正是这种变化,导致出现了前述的“高分子时代”“半导体时代”“先进陶瓷时代”和“复合材料时代”等提法,也出现了对金属材料产业是不是夕阳产业的质疑。

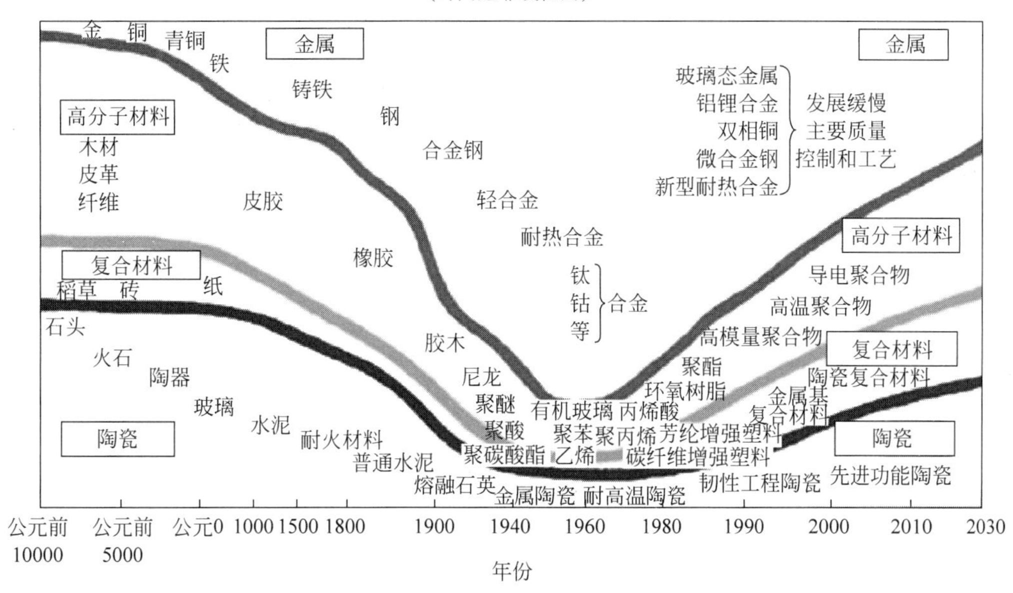

图1-1 材料发展历史与展望简图

金属材料产业是不是夕阳产业?对此不妨做一下分析,首先金属材料具有其他材料体系不可能完全取代的独特的性质和使用性能,这是由于金属材料主要通过金属键结合而成。因此,金属有比高分子材料高得多的模量,有比陶瓷高得多的韧性、可加工性、磁性和导电性,如图1-2、图1-3所示。正是因为这些特点,所以在其他材料体系迅猛发展的今天,金属材料同样也在不断推陈出新,以满足工程中不断提出的使用要求。例如,2018年上半年我国钢铁产量达到5亿t,增长接近6%,显然认为金属材料工业属于夕阳工业的说法是不正确的。这从金属材料的整个发展过程来看,可以进一步说明这个问题。从20世纪50年代开始,新金属材料不断涌现,比如:具有更高电磁性能的高纯金属材料;可以轻质化的超强及超高强金属材料;可以提高生产效率的超易切削钢和超高易切削钢;可用于工具耐磨、耐热材料的硬质合金和金属陶瓷;用于飞机涡轮发动机的高温合金和难熔合金;密度小、模量和强度大的纤维增强金属基复合材料;具有反常高温强度的共晶合金凝固材料;具有优异性能的快速冷凝金属非晶和微晶材料;兼具金属与陶瓷特性的金属间化合物(半陶瓷)材料;具有奇异性能的纳米金属材料;具有记忆功能的形状记忆合金;具有储氢功能的储氢合金等等。

无机非金属材料也即广义上的陶瓷材料。陶瓷是泛指一切经过高温处理而获得的无机非金属材料,包括传统陶瓷、先进陶瓷、玻璃、水泥、耐火材料等等。先进陶瓷的化学键与金属材料不同,是由共价键和离子键构成,如图1-4、图1-5所示。

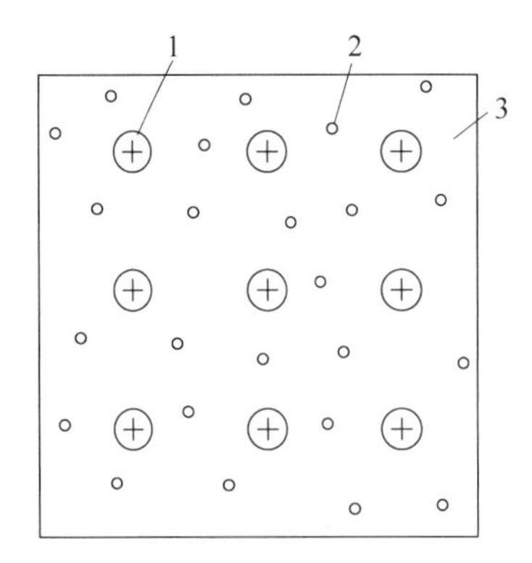

1—正离子；2—自由电子；3—电子气。

图 1-2 金属键示意图

图 1-3 金属材料及应用

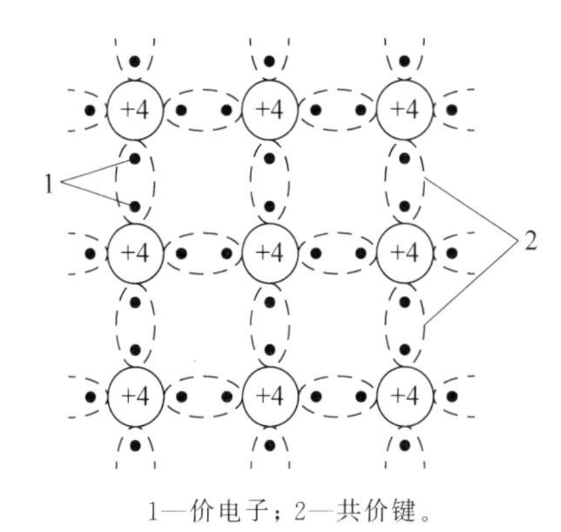

1—价电子；2—共价键。

图 1-4 共价键示意图

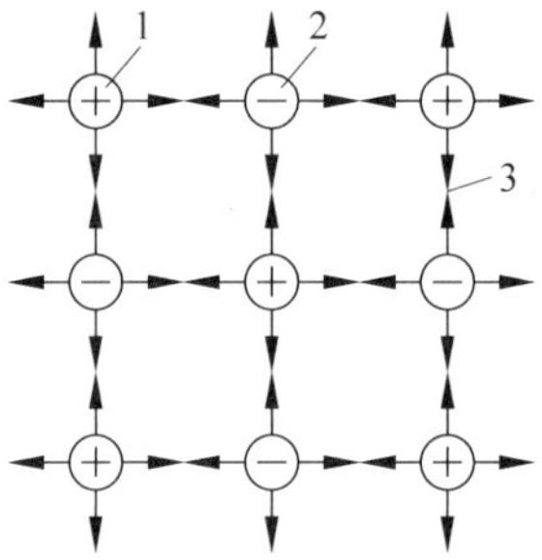

1—正离子；2—负离子；3—正负离子吸引力。

图 1-5 离子键示意图

与金属键相比，共价键和离子键结合强度更高。因此，宏观上陶瓷材料比金属材料更耐高温、耐磨、耐腐蚀。当然，由于陶瓷材料晶界存在杂质、气孔、玻璃相等缺陷（相当于微裂纹），使陶瓷材料具有脆性大、韧性差、难加工等缺点。陶瓷材料同样经历了漫长的发展历程，从石器时代开始到人类学会烧制陶器是一次重要的飞跃。由于陶器烧结温度低，其缺点是致密性差。鼓风机技术和瓷土的使用导致瓷器的产生，鼓风机进一步提高了烧结温度，使瓷土中低熔点液态玻璃相可以填充陶器空隙，从而有效提高了瓷器的致密度和强度。从陶器到瓷器也是一次重要的飞跃。

陶器和瓷器统称为陶瓷。传统陶瓷包括日用陶瓷、建筑陶瓷、卫生陶瓷等，在日常生活中使用广泛。到 20 世纪后半叶，陶瓷的粉体原料质量和制备技术中温度和压力等制备工艺参数不断获得提升，从而出现了先进陶瓷，从传统陶瓷到先进陶瓷又是一次重大飞跃。先进陶瓷材料的力学性能和声、光、电、磁、热等物理化学性能都获得突破，其不仅被广泛用于结构材料，也被用于电子、信息、能源、生物医学等功能材料，在现代工业中获得广泛应用。因此，当今时代也被誉为先进陶瓷时代、先进半导体时代。以结构陶瓷为例，为解决陶瓷材料脆性大、韧性差、难加工等问题，从 20 世纪后期开始，随着科学技术的进步，先后出现了一批高性能新型陶瓷材料，比如：

（1）相变增韧陶瓷。它是利用 ZrO_2 相变时的体积膨胀抑制陶瓷材料内部裂纹的扩展，从而提高陶瓷材料的韧性和强度。

（2）高精细陶瓷。该材料是利用高纯、高精细陶瓷原料，最大限度地在源头减少杂质、玻璃相等缺陷，从而减少缺陷的尺度和数量。

（3）可塑性变形陶瓷。陶瓷材料通常在室温下不具有滑移系，因此不具有塑性成形性或可加工性，但是新出现的 Ti_3SiC_2 陶瓷等材料在室温下具有滑移系，使得该类材料不仅具有优异陶瓷性能，同时也具有了可加工性。

（4）金属陶瓷。金属陶瓷是一种复合材料，金属在复合材料中的存在可以有效钝化陶瓷中裂纹的扩展，耗散裂纹扩展能量，从而提高材料的强度与韧性，但是金属材料的低熔点也限制了该材料的使用温度。21 世纪初，金属间化合物/陶瓷复合材料的出现，有效解决了这些问题，它充分利用金属间化合物的半陶瓷性能，从而有效提高了复合材料的热强性。

（5）纤维及晶须增韧陶瓷基复合材料。高强度纤维或晶须可以有效阻挡裂纹的扩展，纤维或晶须在基体中的拔出和桥接可以消耗大量的外加能量，从而使得材料对裂纹的扩展不再敏感，从宏观上表现为强韧性的提高。

（6）仿生陶瓷基复合材料。最早的仿生陶瓷是叠层结构陶瓷基复合材料（仿贝壳结构），是由硬质相陶瓷薄片和软质相陶瓷薄片（相当缺陷）叠合而成，主要通过软质相分层吸收裂纹扩展能量来耗散掉外界所做的功，提升材料强韧性。最新的仿生材料则模仿自然骨结构，该类材料更接近天然骨性能，但材料实用化的生产制备存在一定难度。

（7）纳米陶瓷及其复合材料。纳米材料存在表面效应和小尺寸效应，这些效应使得纳米陶瓷及其复合材料具有奇异的物理化学性能。在早期，内晶型纳米陶瓷可以大幅提高复相陶瓷的强度，新研究则表明纳米陶瓷具有超塑性和不同于传统陶瓷的各种新的声、光、电、磁、热性能。这些特性使纳米陶瓷及其复合材料成为陶瓷材料发展的重要方向。

高分子材料包括塑料、橡胶、纤维、胶黏剂等，其化学键不同于金属材料，高分子化合物内部原子靠共价键结合，高分子之间靠弱结合的范德瓦耳斯键和氢键连接。由于高分子之间的结合力属于弱结合，因此其宏观上表现为熔点低、塑性大、可加工性好，如图 1-6 所示。

虽然人工合成高分子材料的出现还不到 100 年，但其发展异常迅速，其中在工程上应用最广的是工程塑料。工程塑料泛指具有高性能又可替代金属材料的塑料。狭义上是指比通用塑料的强度和耐热性优异，可作为工业用的高性能塑料。工程塑料的发展始于 20 世纪 30 年代，其中聚酰胺率先由杜邦公司实现工业化生产；20 世纪 50 年代杜邦公司又成功开发出了具有高强度、高硬度、高刚度的均聚甲醛；20 世纪 60 年代德国的拜耳公司和美国的通用公司开发出了性能优异的酯交换法聚碳酸酯和光气化法聚碳酸酯；20 世纪 70 年代美国的塞拉尼斯公司开发出了聚对苯二甲酸丁二醇酯热塑性工程塑料；20 世纪 80 年代英国卜内门公司（注：现改名为塔塔化学公司）开发出了熔点高达 330℃并能注塑的热塑性塑料聚醚醚酮；20 世纪 90 年代美国陶氏集团和日本出光株式会社开发成功高熔点新型树脂——间规聚苯乙烯；进入 21 世纪以来各种新型的功能塑料（导电、发光、生物医用等等）更是层出不穷。

工程塑料的发展离不开塑料加工技术的进步，双螺杆挤出设备及工艺的不断创新，也极大地促进了新品种的开发。

复合材料是由不同材料通过复合工艺组合而成的材料，可以获得单一材料不具备的新功能。复合材料主要由基体和增强体两部分组成，按照基体划分，复合材料可分为金属基复

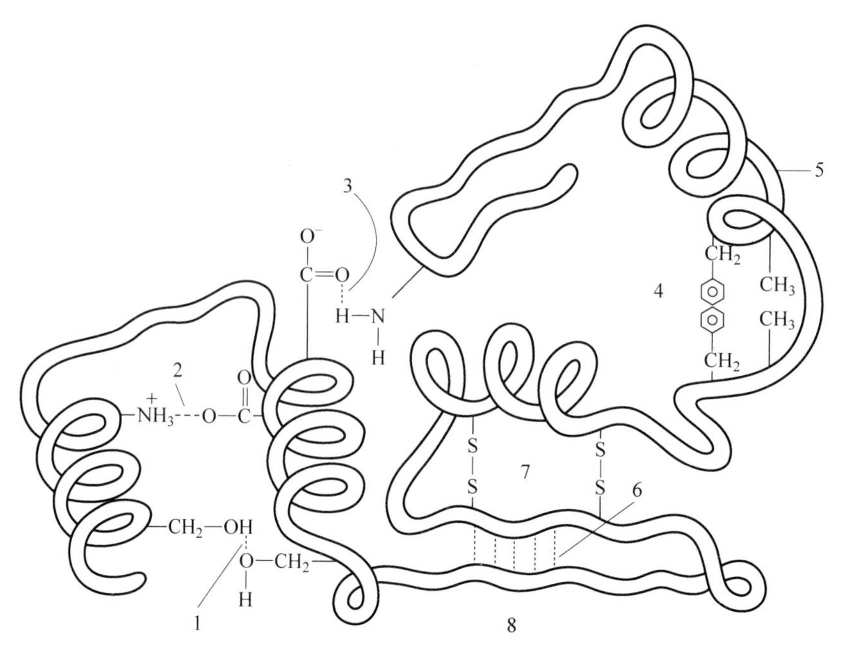

1,3,6—氢键；2—静电键；4—范德瓦耳斯力；5—螺旋结构；7—二硫键；8—折叠结构。

图 1-6　高分子与高分子之间的弱结合键示意图

合材料(MMC)、陶瓷基复合材料(CMC)、树脂基复合材料、水泥基复合材料等等。复合材料的使用和发展历史悠久。古代最早的复合材料是在黏土中添加稻草，制成土砖。在灰泥中添加马鬃，在石膏中添加纸浆等制成纤维增强的复合材料。漆器也是我国古代复合材料的典型代表，是以丝、麻等天然纤维作为增强材料，用大漆作为黏结剂(基体)制成的复合材料。

近代复合材料主要有高分子基复合材料，分为软质复合材料和硬质复合材料。软质复合材料是把橡胶和纺织纤维材料组合在一起使用，其特点是具有高强度、高质量；硬质复合材料是树脂与纤维结合在一起组成的材料，基体包括热塑性树脂和热固性树脂，增强体包括玻璃纤维、碳纤维、硼纤维、碳化硅纤维等，用途广泛的玻璃钢是硬质复合材料的代表之一。

现代复合材料是基于航空航天、国防、交通运输等行业的迅猛发展应运而生的，上述行业的发展对复合材料的要求是三高一低，即高强度、高模量、耐高温、低密度。飞机的多处部件用到复合材料，如图 1-7、图 1-8 所示。通常把能满足三高一低性能的复合材料叫作先进复合材料。先进复合材料的研究重点包括基体与增强体界面研究(界面化学与物理相容性、界面之间的物理结合性能(热膨胀系数是否匹配等))、复合材料制备工艺研究、复合效应基础理论问题研究等。复合材料研究涉及众多学科，包括数学、物理、化学、力学、生物学、金属材料、无机非金属材料、高分子材料、机械、计算机、电子信息等，具有显著的学科交叉特点，是新材料的重要生长点。

材料的发展并不是毫无限制的，随着资源、环境和生态对材料发展的制约，只追求高的使用性能已不再是材料设计的唯一目标，以保护资源、环境和生态为目的的材料设计思想已形成新的潮流，其中所谓“生态环境材料”便是以可持续发展为研究背景的典型概念。

材料的应用和发展与材料的工艺性能密切关联，不同的材料加工工艺性能差异很大，材料的发展也会极大地促进制造技术的进步。

图 1-7 复合材料应用示意图

图 1-8 F22 飞机照片

1.1.3 典型新材料简介

材料的发展日新月异，不同材料各有各的重点发展方向，但材料学家认为，今后材料发展的总体趋势大致可以用“小、强、智、绿”四个字概述。其中：“小”是表示组成材料的组织结构(或晶粒)会越来越小，纳米材料是“小”的典型代表；“强”是指材料的性能会越来越强大，这也是材料工作者永恒的追求目标；“智”是指智能材料、聪明的材料；“绿”则是指材料的发展会追求绿色环保、健康、节能、可持续发展。不仅如此，随着计算机技术、信息技术与材料物理化学研究的深度融合，材料的设计、制备到应用也进入了加速阶段，其中材料基因工程的出现意味着材料设计、研究和应用将会出现革命性变革。

目前，新材料研发主要依靠研究者的科学直觉和大量重复的“尝试法”实验，从最初发现新材料到最终实现工业化应用一般需要 10～20 年的时间。漫长的研发周期显然不能适用科学技术快速发展的需要。制约材料研发周期的因素有：各环节研究团队彼此独立(包括发现、性能优化、系统设计与集成、产品论证及推广过程等)，缺少相互合作和数据共享，以及材料设计的技术有待大幅提升等。为此，随着实验技术、计算技术和数据库之间的协作和共享日益进步，2011年6月24日，美国总统奥巴马宣布启动一项“先进制造业伙伴关系”(Advanced Manufacturing Partnership，AMP)计划，呼吁美国政府、高校及企业之间加强合作，以强化美国制造业领先地位，而“材料基因组计划”(Materials Genome Initiative，MGI)作为AMP计划中的重要组成部分被提出。材料基因工程的核心是通过广泛的数据库资源共享，利用先进的计算机技术和实验室技术从电子层面到宏观层面做到高效跨尺度计算，以达到材料性能准确预测和模拟制备，加快各个环节材料的研发步伐，力图把现有的材料研发周期从10～20年缩短到2～3年，可见新材料发展日新月异。

以下简要介绍几种典型新材料。

碳纳米材料

1. 碳纳米材料

碳纳米材料有一个大的家族。典型材料包括石墨烯，碳纳米管、富勒烯(C_{60})原子团簇等(见图1-9)。其中，2010年10月4日，诺贝尔物理学奖授予英国曼彻斯特大学物理和天文学院的Andre Geim和Konstantin Novoselov，获奖理由为“二维空间材料石墨烯方面的开创性实验”。石墨烯成为世人关注的焦点，完全是由于其奇异的性能和重要的发展前景。

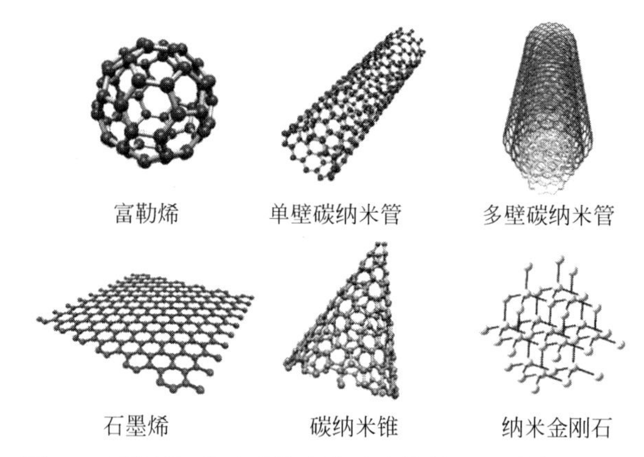

图1-9 石墨烯、单壁碳纳米管及富勒烯(C_{60})结构示意图

石墨烯即为“单层石墨片”，是构成石墨的基本结构单元；而碳纳米管是由石墨烯卷曲而成的圆筒结构。作为一维(1D)和二维(2D)纳米材料的代表者，二者在结构和性能上具有互补性。

从结构上看，碳纳米管是碳的一维晶体结构；而石墨烯仅由单碳原子层构成，是真正意义上的二维晶体结构。从性能上看，石墨烯具有可与碳纳米管相媲美或更优异的特性，例如高电导率和热导率、高载流子迁移率、自由的电子移动空间、高强度和高刚度等。石墨烯的可见光透过率为97.7%，且与波长无关。因此自由悬浮的石墨烯是高度透明且无色无味的。石墨烯的强度极限(抗拉强度)为130GPa。普通用钢的强度极限大多为250～1200MPa，由此可知，理想石墨烯的强度约为普通钢的100倍。面积为$1m^2$的石墨烯层片可承受4kg的质量。也就是说，做成$1m^2$的石墨烯吊床不仅是近乎透明的，还可以承受一只猫的质量(见图1-10)。而这张吊床的质量仅和猫的一根胡须的质量相当。

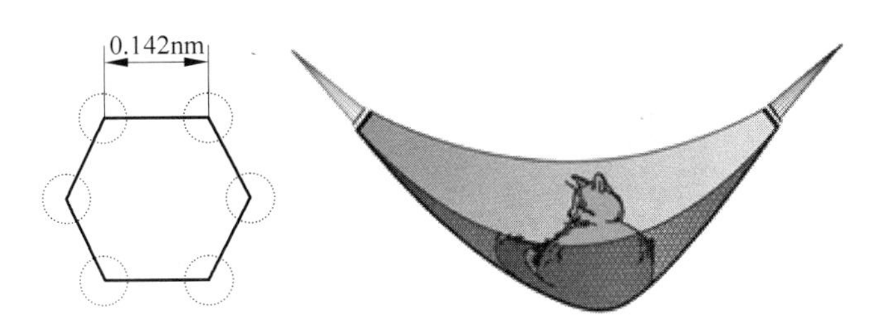

图 1-10　单层石墨烯承载示意图

此外透明的石墨烯不仅可以做成真正的“皇帝的新衣”，也可以防雨、防风、防灰尘、抗辐射、防静电，其还可以用来制作电子器件，如图 1-11、图 1-12 所示。

图 1-11　皇帝的新衣图(石墨烯透明特性)

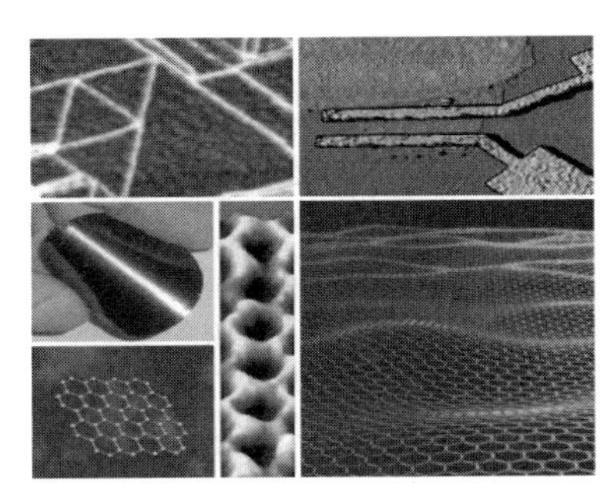

图 1-12　石墨烯用于制作电子器件

2. 高强韧性非晶材料

在材料学中，强度是指材料在不出现永久变形情况下承受外力的能力，而韧度是指抗碎裂的能力。玻璃是强度好过韧度的典型，而铁等金属则相反。通常情况下，材料兼具高强度和高韧性是很困难的，但是新的研究发现，金属非晶材料可以在一定条件下同时兼具高强度和高韧性。

2017 年，美国加州理工学院的马里奥斯・季米特里里乌等人以金属钯为主要材料，加入少量银和其他元素，在融化状态下将其快速冷却，从而获得一种具有类似玻璃内部结构的全新合金材料(非晶材料)。实验显示，这种新材料在强度和韧度两方面的综合性能超过其他任何已知材料(见图 1-13)。据介绍，这种使合金具备类似玻璃结构的技术以前就有，但过去使用其他金属得到的合金综合性能不理想。这次研究的成功之处是找对了“配方”。虽然钯、银等金属混合后能产生既强且韧合金的深层原因目前还不清楚，但是追求材料更强、更韧一直是材料研究工作者不懈努力的方向。

当然，由于钯是一种昂贵的金属，这种新材料暂时还难以大规模应用。不过，探索用便宜的铜、铁或铝等金属来制造类似的合金材料意义重大。

智能材料

3. 智能材料(smart/intelligent materials)

1) 智能材料的基本功能

智能材料又称为“机敏材料”，其同时具有三个基本功能，如图 1-14 所示。

(1) 感知功能即信号感受功能(传感器识别环境功能)。

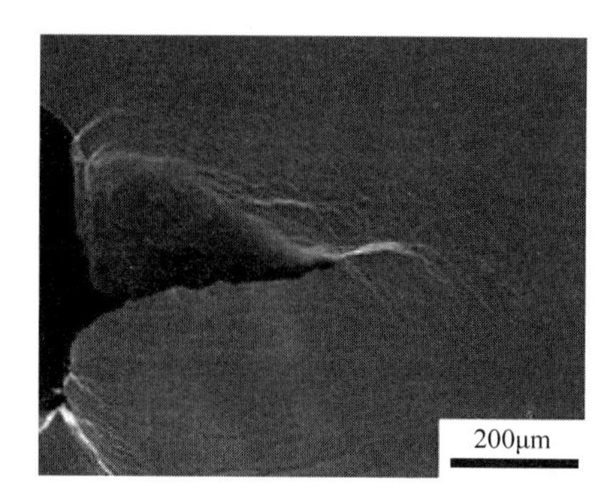

图 1-13　高强度、高韧性金属材料断口照片

(2) 自己分析、判断并自己做出结论的功能(情报信息处理功能)。

(3) 自己指令并自己行动的功能(执行机构功能)。

概括其三大基本要素即感知、反馈、响应。

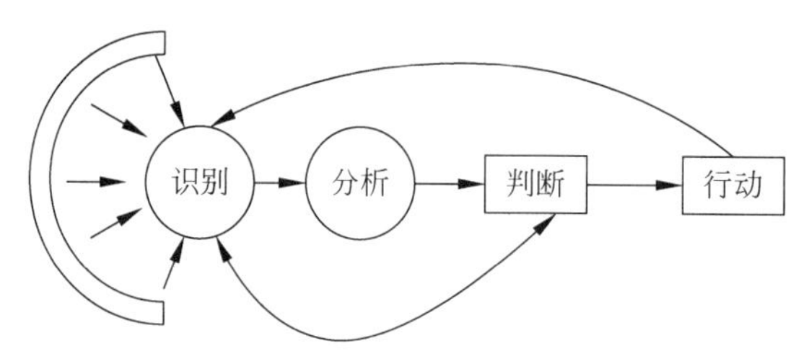

图 1-14　智能材料基本功能示意图

2) 智能材料的特点

智能材料是能够接受和响应外部环境的信息而自动改变自身状态的一种新型材料，不但可以判断环境，还可以顺应环境，即具有类似于活的生物肌体组织那样的病变自诊断、外部伤口自愈合、环境自适应、预告寿命，甚至自己分解、自己学习、自己增值、自组装、自恢复、应对外部刺激自身积极发生变化等功能效应。

由于这种材料不是过去常见的单一的、简单的组织结构，因此常被称为智能材料系统。

3) 智能材料的构成

一般来说智能材料由基体材料、敏感材料、驱动材料和信息处理器与其他功能材料四部分构成。

(1) 基体材料。基体材料担负着承载的作用，一般宜选用轻质材料。基体材料首选高分子材料，因为其质量轻、耐腐蚀，并且具有黏弹性的非线性特征。也可选用金属材料，以轻质有色合金为主。

(2) 敏感材料。敏感材料担负着传感的任务，其主要作用是感知环境变化(包括压力、应力、温度、电磁场、pH 值等)。常用敏感材料有形状记忆材料、压电材料、光纤材料、磁致伸缩材料、电致变色材料、电流变体、磁流变体和液晶材料等。

(3) 驱动材料。在一定条件下驱动材料可产生较大的应变和应力，所以担负着响应和控制的任务。常用有效驱动材料有形状记忆材料、压电材料、电流变体和磁致伸缩材料等。可以看出，这些材料既是驱动材料又是敏感材料，起到了身兼两职的作用，这也是智能材料设计时采用的一种思路。

(4) 信息处理器与其他功能材料。包括导电材料、磁性材料、光纤和半导体材料等。

4. 绿色材料

绿色材料包括生态环境材料和清洁能源材料。生态环境材料涉及环境相容性材料、生物降解材料、可循环制备和使用的材料、环境工程材料等等；清洁能源材料涉及太阳能转化材料、热电材料、碳的循环利用材料等等。

生态环境材料是日本东京大学的山本良一教授在1992年首次提出的概念，与传统材料明显的不同在于其赋予了传统结构材料或功能材料以优异的环境协调性以及净化和修复性。其中：环境相容性材料包括木材、竹材、石材等纯天然材料，人工骨、人工关节和脏器等仿生材料，绿色包装袋、包装容器等绿色包装材料，环境相容性涂料、无毒装饰材料等生态建材；生物降解材料包括生物降解塑料，可降解无机磷酸钙；可循环制备和使用的材料包括再生纸、再生塑料、再生金属、再循环利用混凝土等；环境工程材料则包括了环境修复材料(固、液、气)，用于分离、杀菌、消毒、过滤用的环境修复材料，以及替代氟利昂及有磷化学品的环境替代材料。

清洁能源材料目前是材料研究的热点，其中高性能的太阳光伏材料发展日新月异，目前已得到广泛应用；热电材料可以有效地把余热及各种废弃热量转化成电能，其热电转化取决于材料的塞贝克系数(Seebeck coefficient)α、电导率σ、热导率κ和温差T，与热电优值ZT相关(与热电转化效率成正比)，遵循以下关系：$ZT=\alpha^2\sigma T/\kappa$。显然塞贝克系数$\alpha$越高、电导率$\sigma$越低，温差越大，热电转化效率越高。据报道，目前复杂结构硫族化合物在700K时ZT达到1.7；利用纳米技术制备出的p型10Å/50Å的Bi_2Te_3/Sb_2Te_3量子阱超晶格纳米膜在300K时其理论ZT值达到2.34，热电转化效率甚至超过30%。

CO_2在大气中的含量越大，对人类生存环境危害越大。如何有效地控制大气中CO_2的含量，一直是环境、材料、化学等多学科研究工作者关注的研究热点。一种可能的解决方法是在常温常压下，利用光催化材料将CO_2高效转化为碳氢化合物，如甲烷等碳氢化合物燃料，即$CO_2+H_2O \longrightarrow CH_4+O_2$。近期，有学者利用人工光合成反应，将二氧化碳转化为碳氢化合物燃料，这在利用光催化反应实现碳的循环利用方面取得重要进展。利用介孔$NaGaO_2$胶体为模板，通过离子交换方法，在室温下成功合成出了$ZnGa_2O_4$介孔光催化材料。将介孔$ZnGa_2O_4$用于CO_2的光还原，实现了将CO_2转化为碳氢化合物燃料。

5. 生物材料

生物材料

生物材料一般是指生物医学材料。在不同的历史时期，生物材料被赋予了不同的意义，其定义也随着生命科学和材料科学的发展而不断演变。例如，我国1994年出版的材料大词典把生物材料定义为“用以和生物系统结合，以诊断、治疗或替换机体中的组织、器官或增进其功能的材料”。第三代生物材料，始于21世纪之后。

随着高技术的发展和医学、生物工程技术的进步，人们开始逐渐加深了对生物体内各种细胞组织、生长因子、生长抑素及生长机制等结构和性能的了解，并在此基础上建立了研制第三代生物医学材料的新概念。第三代生物医学材料是一类具有促进人体自身修复和再生作用的生物医学复合材料，一般是由具有生理“活性”的组元及控制载体的“非活性”组元构成，具有比较理想的修复再生效果。其基本思想是通过材料之间的复合、材料与活细胞的融合、人体材料和人工材料的杂交等手段，赋予材料具有特异的靶向修复、治疗和促进作用，从而达到病变组织主要或全部被健康的再生组织所取代的目的。

组织工程材料是目前生物材料的研究热点，是融汇了材料科学、生物技术和生命科学的最新进展而诞生的新兴交叉学科。骨组织工程涉及三个关键要素：

(1) 信号分子(骨生长因子、骨诱导因子)。

(2) 骨组织工程支架材料或者是基体材料。

(3) 靶细胞。骨组织工程支架材料一方面作为信号分子的载体，将其运送至缺损位置，另一方面提供新骨生长的支架。骨诱导因子的靶细胞是一些血管周围游走的、未分化的间充质细胞，这些细胞具有多向分化的特性，可分化形成肌组织、纤维组织、脂肪组织或骨组织，但在骨诱导因子的作用下，不可逆地向软骨细胞、骨细胞的方向分化，从而增补成骨性细胞，满足修复大范围缺损的需要。骨生长因子则可以刺激成骨性细胞的有丝分裂，从而形成大量新骨，这种成骨的方式称为"诱导成骨"。

目前国内外材料学家与医生合作在生物材料领域已取得重要突破。生物材料目前已取得重要进展，例如：先进的陶瓷材料可以用于齿材料，先进的高分子材料可以做人工皮肤，先进的钛金属材料可以做人工关节，先进的耳型组织工程材料植入裸鼠背皮下可以生长出裸鼠软骨(见图 1-15)。

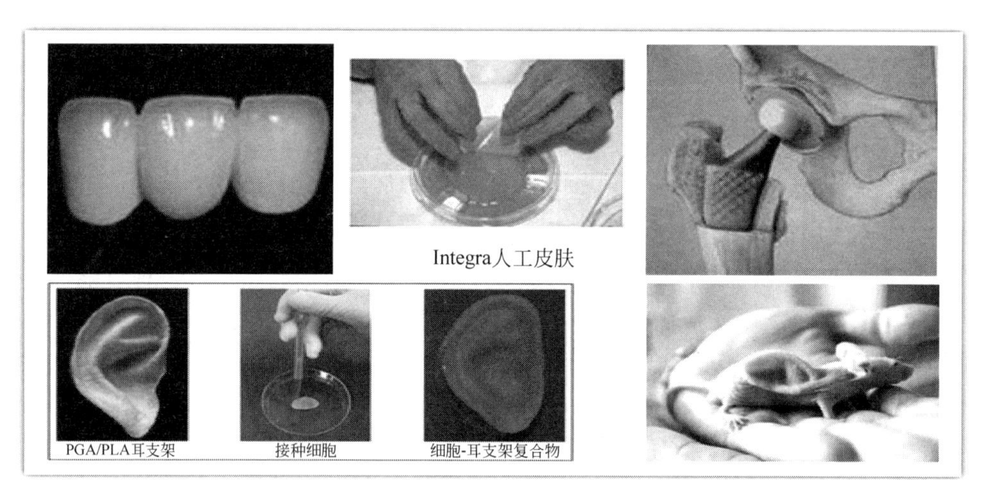

图 1-15　各种材料在生物医用中的应用

1.2　制造技术的历史、现状与发展趋势及产品制造过程

1.2.1　与制造技术有关的基本概念

与制造技术有关的基本概念主要有制造、先进制造等。

制造：制造是人类借助于某种方法手段把设想、概念、科学技术等实现物化的过程，是人类社会进步的基础和支柱。

先进制造：主要是指最近发展起来或正在发展之中的具有引领性的制造技术。

制造不仅仅是机械制造，还包括化学、电解、光学、声学、生物等多个领域中的制造。本书中的制造指机械制造，主要包含两个层面的制造：第一个层面的制造是工具与机械装备的制造；第二个层面的制造是用工具和机械装备制造产品的制造。而先进制造是指将各种先进的前沿技术引入到机械制造中，实现制造能力和水平的提升，以及先进产品的物理实现。制造业涉及的社会行业（功能）如图 1-16 所示。

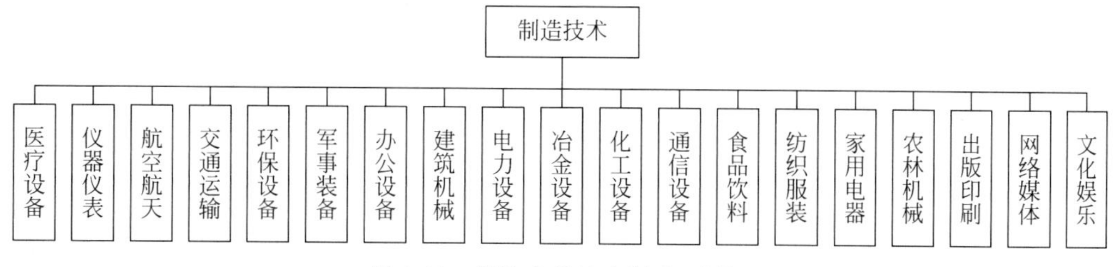

图 1-16　制造业的社会行业（功能）

制造技术分类：制造经过长期的发展，到现在分为狭义制造和广义制造两大类。

狭义制造：传统意义上的制造，主要指以加工工艺为核心的机械制造，是指生产过程从原材料转变成成品直接起作用的那部分工作内容，包括毛坯制造、零件加工、材料改性、产品装配、检验、包装等具体操作（物质流）。如机械加工、净形制造、特种加工、热处理、装配调试等。

广义制造：广义制造是一种涉及、融合以及综合多种技术的“大制造”，是狭义制造的扩展。CIRP（国际生产工程科学院）定义：制造包括制造企业的产品设计、材料选择、制造生产、质量保证、管理和营销一系列有内在联系的运作和活动。如集成制造、系统制造、全生命周期的制造、虚拟制造等是广义制造的典型代表。

面向产品全生命周期的制造如图 1-17 所示。

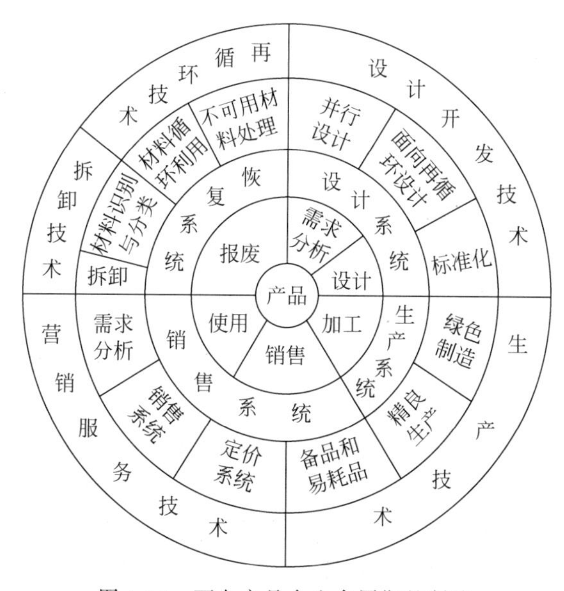

图 1-17　面向产品全生命周期的制造

1.2.2 制造技术的分类

通常来说，机械制造按照毛坯质量 m 的变化情况，分为减材制造、净形制造（等材制造）、增材制造三种。

1. 减材制造（$\Delta m<0$）

减材制造是通过刀具和工件之间的相对运动以及相互作用实现材料的去除加工，或者是通过机床利用工具将毛坯上多余的材料切除进而获得所需要零件的形状和尺寸的方法。减材制造又细分为机械加工和特种加工。机械加工又分为刀具切削加工和模具磨料加工。无论是机械加工，还是特种加工，都有普通加工、精加工和超精加工。普通加工是指达到一般精度和要求的减材加工；精加工及超精加工是指加工精度及表面粗糙度要求特别高（可以达到微米及纳米）的零件加工；特种加工是指利用化学、物理（电、声、光、热、磁）或电化学方法对工件材料进行去除的一系列加工方法的总称，主要用于超硬、易碎、不导电材料等的加工。

2. 净形制造（$\Delta m=0$）

净形制造（等材制造）是借助于某些非切除性加工方法对材料进行加工，获得所需要零件的材料特性和形状的方法，也称为“材料成形”。其大部分是通过模具来实现，主要分为铸造、塑料成形、焊接、复合材料成形等。

3. 增材制造（$\Delta m>0$）

增材制造是指通过逐层增加材料来获得所需零件的形状和尺寸的方法。其特点是无须刀具和夹具，最为典型的就是 3D 打印，也称为快速原型制造（rapid prototyping，RP）。

1.2.3 制造技术的历史与发展

机械制造技术的发展历史也就是机械的文明史，贯穿于人类文明发展的各个阶段。纵观人类文明发展过程，并结合机械技术的发展历程，可以把制造技术的历史简单划分为远古机械、古代机械、近代机械和现代机械四个阶段。由于机械制造技术的发展阶段中前两个阶段的代表是中国的古代机械，后面近代机械和现代机械发展的代表是欧洲和美国。因此，机械制造技术的发展历史必须从中国的古代社会说起。

人类的发展过程就是一个不断制造的过程。考古发现，170 万年前，中国的云南元谋人就已经开始使用石器，有了制造技术，即石器时代的工具制造开创了制造技术的先河。公元前 5000 年—前 3000 年的青铜器时代把铜的冶炼、铸造、锻造以及工具制造推到了一个高峰。公元前 800 年的西周晚期，出现了铁的冶炼工艺，逐渐发明了铁犁、镰铲、滑轮、桔槔、绞车和弩机等，并写出了手工业生产技术规范的专著《考工记》。公元前 200 年左右秦汉时期，古代机械发展趋于成熟，出现了齿轮、绳带和链条传动，以及水排、龙骨水车、风扇车、独轮车、手摇纺车、提花织机等，畜力、水力、风力广泛应用于农业及各种生产。特别值得一提的是东汉的水力鼓风设备——水排,它由水轮驱动、绳带和杆传动和鼓风器构成,是典型的发达机构(马克思提出的发达机构应具有原动机、传动机构、操作机构),是当时世界先进机械的杰出代表。公元960—1368年宋、元时期,中国又出现了水运仪象台、莲花漏、火药等伟大发明,涌现了一批伟大的科学家,如燕肃、郭守敬等。随后又有一批如指南车、水力大纺车、木牛流马等农机、冶金、兵器、纺织、陶瓷、印刷等伟大的发明,把中国古代机械推到了世界领先地位。15世纪以后,中国虽然出现了宋应星著的《天工开物》(明代)这一伟大著作,然而仍然无法比拟西方国家机械工业的崛起。哥白尼、伽利略、牛顿等一批伟大科学家的成就,使西方机械制造水平远远超过中国。特别是经瓦特实质性改进后的蒸汽机导致了第一次工业革命,法拉第和格拉姆的电动机又引发了第二次工业革命,把机械制造技术推到了一个前所未有的新高度。中国的机械工业真正快速发展是在1949年以后,1949年以前的中国机械制造业非常落后,一穷二白,连火柴、钉子都要进口,机械装备大部分为国外生产。经过70多年的努力,特别是改革开放的40多年,中国机械制造技术飞速发展,使得今天的中国制造业处于世界大国之列。

1733年,英国工程师约翰·凯伊发明了飞梭,将织布效率提高1倍。1764年的珍妮纺纱机又将纺纱效率提升15倍。1784年,蒸汽机被应用于冶金、铁路、船舶等多个领域。1785年的水力织布机将工作效率提高了40倍,使机械化大生产成为现实。在1825年后,英国已有蒸汽机1.5万台(37.5万马力),到处是机器轰鸣、机器转动、机器奔驰。英国基本摆脱了传统手工业的桎梏,实现了机械化,并在交通、冶金等诸多领域实现了机器对人的替代,开创了机械化大生产时代。1850年,英国工业总产值占世界工业总产值的39%,贸易额占世界总量的21%。

德国工业化比英国晚了50年。1846年,德国已有313家纱厂和75万枚机械纺锭,拥有蒸汽机1139台(2.17万马力)。随后,德国抓住第二次工业革命的机会,大力发展钢铁工业和采矿业,涌现出鲁尔工业区、萨尔工业区等工业重镇。1870年,德国蒸汽机动力达248万马力,煤产量3400万t,生铁产量139万t,钢产量17万t,铁路线总长度18876km,实现了跨越式发展。直至"一战"前夕(1914年),德国城市化率达到60%,工业占世界工业总产量的15.7%,钢产量是英国的2.26倍,发电量是英国的3.2倍,铁路里程达60521km,成为欧洲第一大工业国。

同样,美国也是利用了第二次工业革命的机遇。1868—1880年,美国的钢铁以40%左右的速度增长,至1914年,美国的工业总产值攀升到世界首位,占全球工业总量的32%,钢、煤、石油和粮食产量为世界第一。在1939年开始的"二战"期间,美国的工业可以实现两个月建造一艘军舰、年产4万架飞机、2万辆坦克的能力,成为头号世界制造业强国。

在1769年经瓦特实质性改进的蒸汽机投入工业应用之后,1886年卡尔·本茨发明了世界上第一辆汽车,1903年第一架飞机试飞成功,1952年美国麻省理工学院(MIT)研发了第一台数控机床,开创了机械制造的数字化控制时代。从20世纪70年代中期开始,美国微软计算机公司首创的微软操作系统使计算机普及化;苹果公司开发的IOS操作系统,使计算机便捷化,中国阿里巴巴公司开发的淘宝网和支付宝实现了中国互联网普及应用的最大化。计算机和信息技术特别是互联网技术的飞速发展给机械制造插上了腾飞的翅膀,机械制造技术进入了制造过程的计算机控制、网络化制造以及"互联网+"的发展快车道,机械制造进入了大数据和智能化制造的新时代,使得以信息为核心的第三次工业革命开始兴起。未来的制造将使“制造技术”逐步提升为“制造科学”及“科学制造”，将成为先进制造的代表。

同济大学郭重庆院士指出“人工智能技术将引领并催生新一轮的产业革命，其影响的深度和广度远较人类历史上任何一次产业革命为甚”。“泛在的制造信息与互联网及物联网技术交汇(CPS)将促使生产制造过程智能化、网络化，将人和机器、机器和机器连接起来，将为制造商、供应商、开发者和客户带来前所未有的数据、信息和解决方案”。也就是说机械制造的未来更多地依赖“物联网＋机械制造”，机械制造技术是根，物联网和智能化是提升机械制造技术以及更好地服务人类的重要手段。以互联网和传感器为基础，通过机械制造与物联网结合，可以方便地对机械制造全过程进行科学、有效和系统化的管理，花费最少的时间，生产出最好的产品。

制造的发展历史及典型阶段如图 1-18～图 1-23 所示。

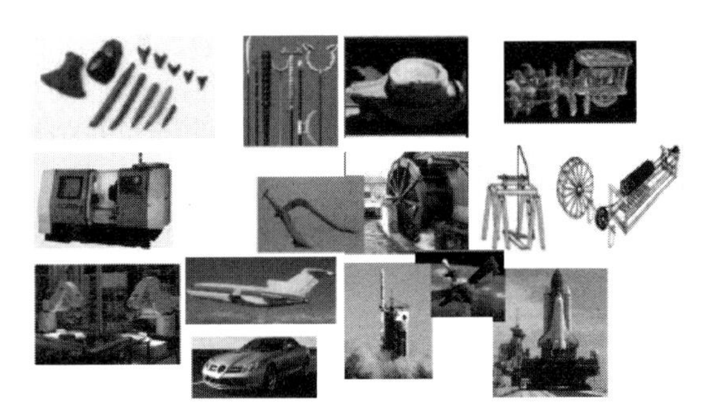

图 1-18　制造技术的发展

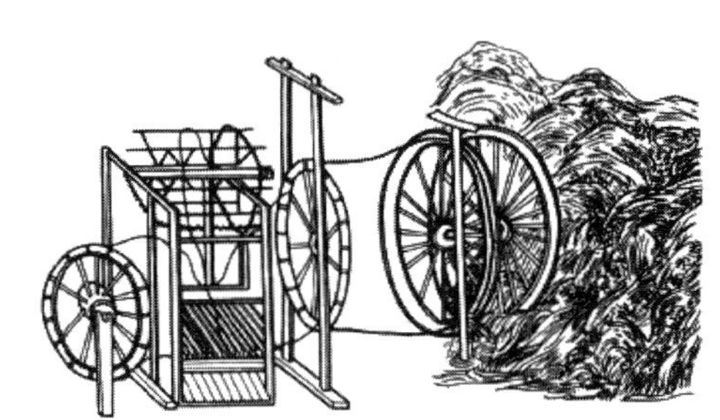

图 1-19　水力大纺车

图 1-20　锻铁

图 1-21　瓦特的蒸汽机

图 1-22　蒸汽机驱动的工业化大生产

图 1-23　第一辆奔驰汽车

1.2.4 产品制造过程

产品的机械制造过程

产品制造过程是指从原材料开始到产品成品出厂的全部劳动过程。生产过程可以由一台设备、一个车间或一个工厂完成，也可以由网络或多个工厂协作完成。

制造工艺过程是指原材料被按一定的顺序制造和加工，逐渐被改变为所需要的形状、尺寸、性能的过程。具体又分为铸造、锻造、冲压、注塑、焊接、机械加工、热处理、表面处理、装配等机械制造工艺过程。

完成零件机械制造过程的系统称为机械制造(工艺)系统。机械制造过程的基本要素为材料、能量、信息，因此，材料流程、能量流程、信息流程是描述机械制造过程的重要表征。

(1) 材料流程(材料物理状态、质量变化过程)：

材料→毛坯→半成品→成品

(2) 能量流程(能量力、功的传递过程)：

电能→机器能→毛坯→成品

(3) 信息流程(信息变化传递过程)：

信息流程主要包括形状信息和性能信息。

原信息→加工→新信息

1.3 本课程的知识体系

本课程涉及很多知识点和能力要求，按照产品制造流程逻辑关系构成课程知识体系。

1. 产品制造过程

产品制造从选材开始到产品装配调试的主要流程包括：

材料选择→材料成形→材料机械加工→材料改性→装配→产品

2. 机械制造工艺的流程(见图 1-24)

3. 课程知识体系

本课程知识体系是按产品制造工艺流程的逻辑关系，以及专业认证的知识需求构建而成，涉及六个部分(见图 1-25)：材料与制造简论；材料基础与选材；材料成形；机械制造工艺；材料改性；机械制造实习(含零件的组装调试)。每一部分不仅涉及基本要求和知识点，同时还赋予了能力要求。

(1) 材料与制造简论部分主要介绍材料与制造的历史、现状与发展，介绍本课程涉及的主要内容和制造工艺过程，目的是使学生在课程学习以前从整体上了解材料与制造技术的概况和前沿，了解本课程在工科人才培养中的重要作用和定位，以及本课程所涉及主要教学内容，以使学生了解本课程和提升学生的学习兴趣。

(2) 材料基础与选材部分主要给学生提供材料性能和材料学的基础知识，为产品选材、零件改性、材料成形和产品制造提供材料基础知识。

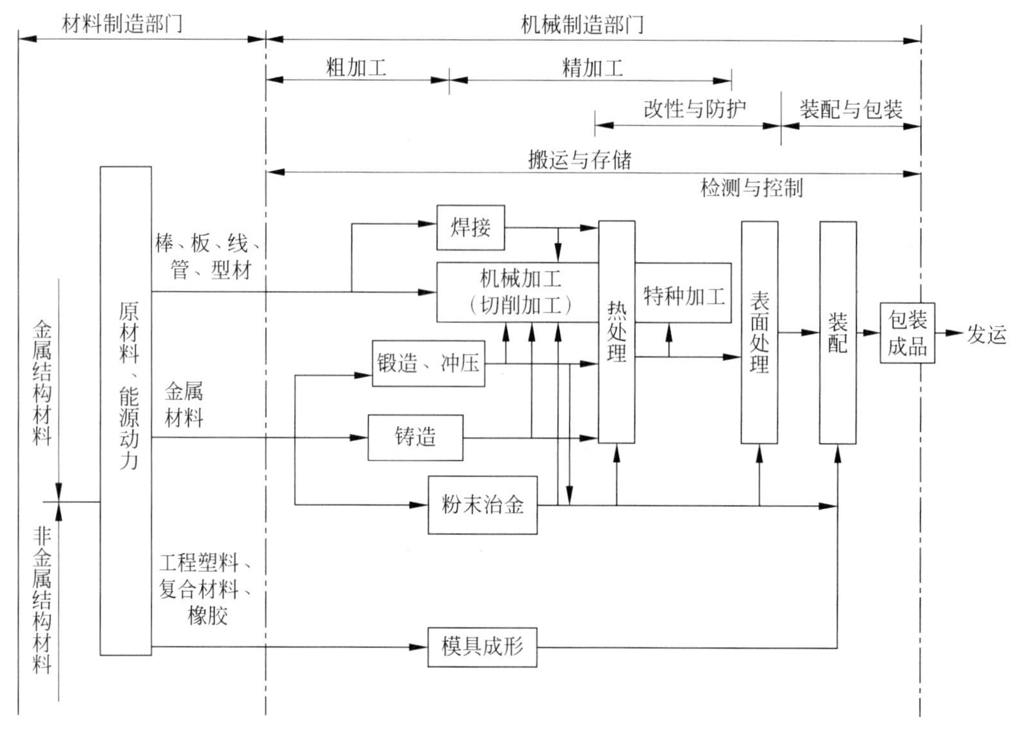

图 1-24 机械制造工艺流程图

(3) 材料成形部分主要为学生提供各种形状零件或毛坯的制造技术，使学生了解产品制造首先是对毛坯的制造，材料成形是产品制造过程中不可或缺的制造技术，理解各种成形工艺在产品制造中具有多样性、可替换性和选择性，材料成形的技术基础与材料和选材部分密切相关。

(4) 机械制造工艺部分主要介绍毛坯的切削加工（含精加工）技术，以及特种加工与先进制造技术，该部分与材料成形和毛坯生产部分紧密衔接，是产品获得所需几何尺寸和精度的重要生产方法，机械制造工艺在产品制造中同样具有多样性、可替换性和选择性。

(5) 材料改性部分涉及零件整体性能或表面性质的改善，与毛坯和零件在不改变形状和尺寸精度情况下改善性能的方法紧密相关，其中材料基础与选材部分是材料改性的知识基础（为教学方便，该部分也可以放在材料基础与选材和材料成形两部分之间实施教学）。

(6) 机械制造实习部分涉及零件的组装调试，其前期知识基础和实习内容来自材料成形、材料改性、机械制造工艺。在机械制造实习中不仅要对前面所涉及的工艺技术进行实操，而且要对分散的零件进行组装，并对组装后的产品进行调试，直至产品出厂，该过程将涉及学生的实践、创新、工程安全、工程意识、工程能力的综合性训练，也是融会整个课程的重要实践环节。

此外，课程中将同时涉及各种制造技术的工艺性、结构工艺性、工艺规程制定、工艺选择、经济性分析和环境保护、实际操作能力等重要的共性问题，并要求从整体上体现和构成对能力点的把握。

图 1-25 所示是本课程的知识体系：

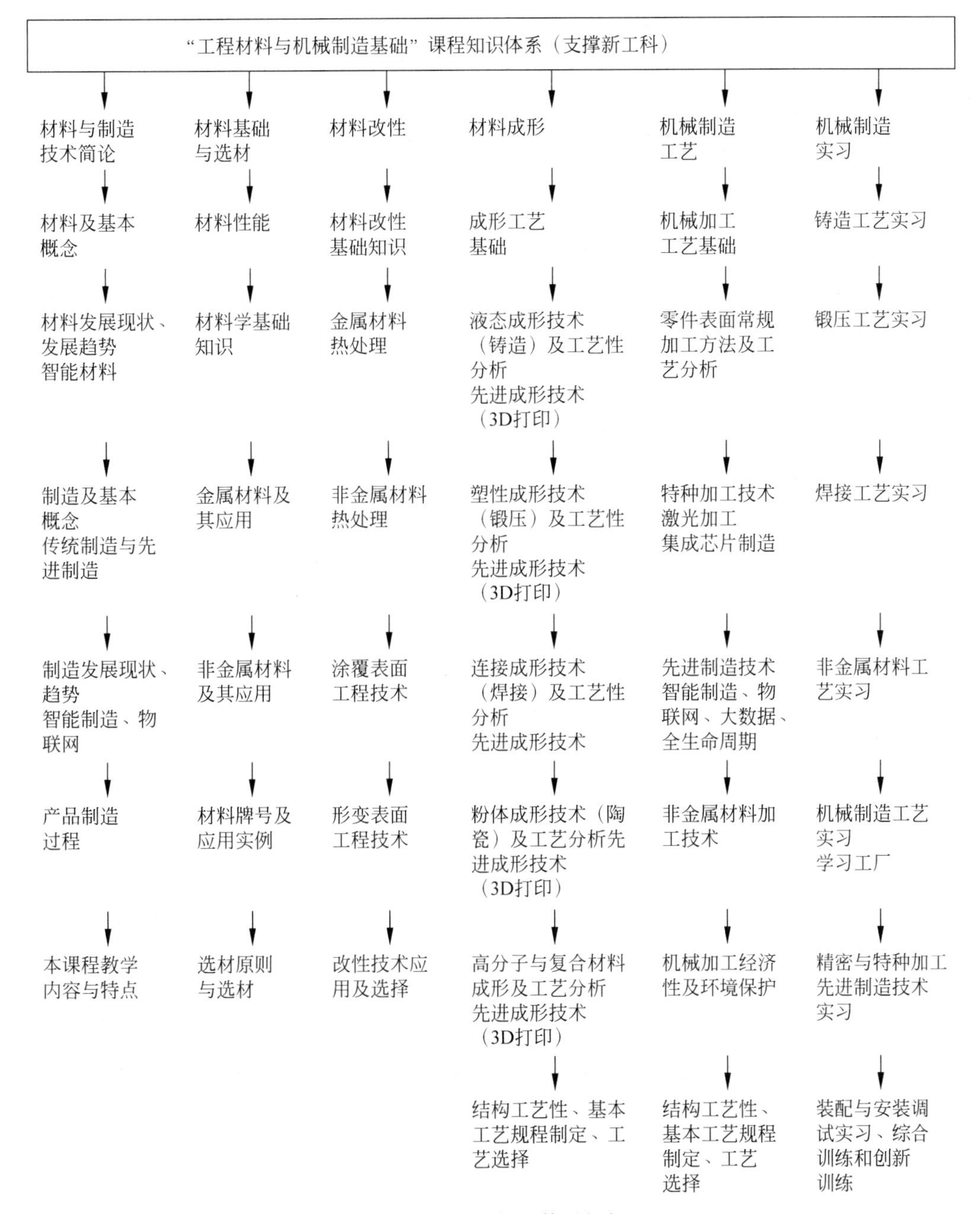

图 1-25 课程知识体系框架

1.4 课程能力要求与能力体系

知识获取只是学习的一个方面，更重要的是要把知识转化成能力。课程能力要求是在课程知识体系基础上构建而成的。

材料与制造简论部分主要要求学生能掌握有关材料与制造的基本概念，了解材料与制造的现状与发展趋势，能把握产品制造整体工艺流程，能理解本课程知识体系及逻辑关系，清楚本课程在人才培养中的作用和特点。

材料基础与选材部分主要要求学生能理解材料力学性能的物理意义及其用途，判断在何种条件下材料会被破坏与失效，能结合材料学基础知识，分析理解工程材料的组织、结构、性能、工艺四者之间的内在关系，会运用这些关系解释材料性能和加工中的问题，能读懂材料的牌号及含义，能了解各种材料的主要用途，熟悉材料选材原则，会为产品或零件选材。

材料成形部分主要要求学生能用材料成形基础知识分析不同材料或成形件的工艺性好坏；在了解各种工艺特点的基础上，能为成形件或产品选择合理的成形工艺；在熟悉各成形工艺特点的基础上，会判别工件结构设计的合理性，改进构件不合理之处；具有制定简单成形工艺规程的能力，能用所学知识解释成形件缺陷产生的主要原因以及质量问题的能力。

机械制造工艺部分主要要求学生会运用机械加工基础知识分析典型零件表面加工工艺性能好坏，制定简单件工艺方案；能制定或选择典型零件合理的机械加工工艺，读懂工艺图纸；会判别机械零件结构设计的合理性，改进构件设计的不合理之处；能初步分析判断机械产品制造工艺的经济合理性和环境污染问题。

材料改性部分主要要求学生能理解材料改性的目的、方法、价值和意义；熟悉热处理工艺的目的和基本工艺；能读懂基本的热处理工艺，能为简单零件制定热处理工艺；了解表面工程技术用途，能区分不同表面工程技术；能结合产品性能及成本，为产品或零件提供合理的改性建议。

机械制造实习部分主要要求学生能较熟练地操作规定的设备或基本工艺技术；能读懂工艺图纸和工艺规程；能辨别产品制造过程中的常见缺陷；在综合工艺训练基础上，培养一定的创新意识和创新能力；具有装配调试产品的初步能力；具有必要的工程意识、工匠精神和团队精神。

课程能力要求体系如图 1-26 所示。

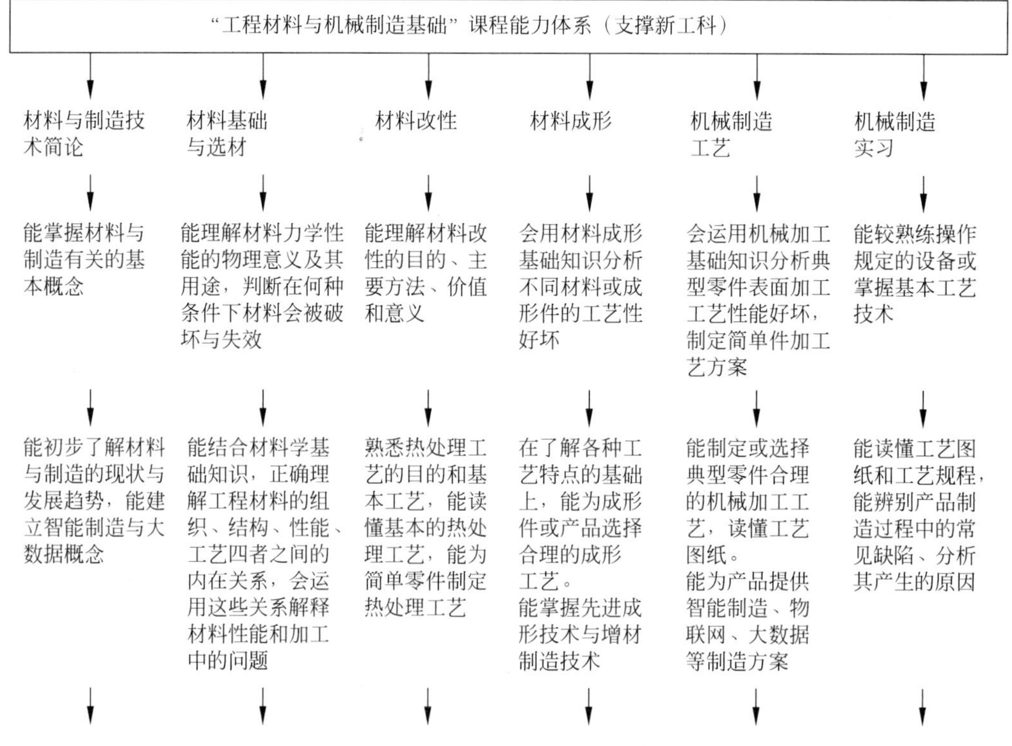

图 1-26 课程能力要求体系框图

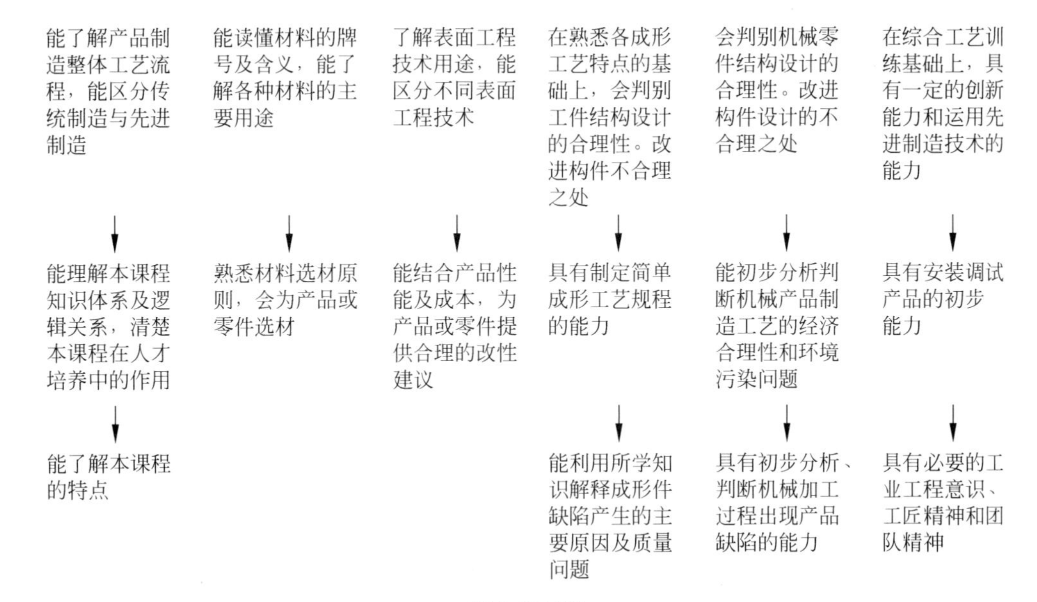

图 1-26(续)

习题 1

1-1　什么是材料？什么是新材料？

1-2　材料如何分类？按照材料性质，材料通常可分为哪几类？按照用途可分成哪几类？

1-3　请按照金属、陶瓷、高分子三种材料耐受温度的高低和可加工性分别从低到高进行排队。

1-4　请就新材料今后发展趋势和自己的理解，解释“小、强、智、绿”。

1-5　如何理解材料的工艺性能？工艺性能与物理、化学性能有何不同？

1-6　如何理解传统制造与智能制造？

1-7　你对新材料发展有兴趣吗？举例说明材料未来一些新用途。

1-8　如何理解材料与制造的关系？

1-9　简述传统制造工艺与先进制造工艺之间的关系，试举例说明。

1-10　通常的机械制造分为哪三种？请举例并给出解释。

1-11　为什么说机械制造技术的发展历史也就是机械的文明史？

1-12　第一次机械化大生产产生的主要推动机械是什么？为什么？

1-13　为什么说人工智能将对机械制造技术产生重大的影响？

1-14　什么是产品制造过程？

1-15　什么是产品制造工艺流程？

自测题

第2章 工程材料

【本章导读】 设计与制备工程材料的目的是应用，工程材料能否满足于所需零件或产品，既取决于材料的力学性能，也取决于材料的可加工性能和成本等因素。由于材料的宏观性能与微观组织结构密切相关，因此了解材料学的基本知识，掌握选材的方法，是合理选用材料与制订材料加工工艺的重要前提。

本章核心知识点包括：材料的力学性能，如强度、塑性、硬度、冲击韧性、断裂韧性、疲劳强度等；材料的工艺性能；材料学的基础知识，包括材料的结构、纯金属材料结构的变化、合金的相及相结构与组织、二元合金相图、铁碳合金相图及应用等；陶瓷材料的键合特点、组织结构、特性；高分子材料的键合特点、结构、特性；复合材料及复合效应等；材料的分类、编排和用途及选材原则等。

通过上述知识点的学习，能正确理解材料性能的物理意义及其应用范围，判断在何种条件下材料会被破坏与失效；能结合相图解释工程材料的组织、结构、性能、工艺条件之间的内在关系；能区分非金属材料与金属材料在组织、结构、性能间的主要差异，了解非金属材料主要种类与用途；能较熟练运用选材原则为零件和产品选择材料。

2.1 材料的力学性能

材料的力学性能是指材料受到外加载荷作用时所表现出来的性能，是评定材料好坏的主要指标，也是设计和选用材料的重要依据。常用的力学性能指标包括强度、塑性、硬度、冲击韧性、断裂韧性、疲劳强度等。

2.1.1 强度

材料在外力作用下抵抗破坏的能力称为材料的强度(strength)。材料强度的单位为兆帕(MPa)。外载荷方式不同，则描述强度的指标也不同，例如工程材料常用的强度指标有屈服强度、抗拉强度、弯曲强度等。值得注意的是，由于材料的种类和性质不同，常用的强度衡量指标也有所不同。

金属材料的强度指标主要有屈服强度、抗拉强度，高分子材料的强度指标主要是抗拉强度，都可以通过拉伸试验获得；陶瓷材料常用的强度指标主要是弯曲强度，可通过弯曲试验获得。

1. 屈服强度

金属材料的拉伸试验根据 GB/T 228.1—2021《金属材料　拉伸试验　第1部分：室温试验方法》进行。将材料制成标准试样(见图 2-1)，然后把试样装在拉伸试验机上施加静拉力 F，随着拉力的增加试样逐渐沿轴向拉伸，直到拉断为止。为消除试样尺寸大小的影响，将拉力 F 除以试样原始截面积 S_0，即得到拉应力 R：

$$R=\frac{F}{S_0} \tag{2-1}$$

式中，R 为应力，MPa；F 为施加于试样的外力，N；S_0 为试样原始截面积，mm^2。

将伸长量除以试样的原始标距 L_0，即得到伸长率，又称为应变 e：

$$e=\frac{L-L_0}{L_0} \tag{2-2}$$

式中，e 为应变；L_0 为试样原始标距，mm；L 为拉伸后试样标距，mm。

以 R 为纵坐标，以 e 为横坐标，得到应力-应变图(R-e 曲线，见图 2-1、图 2-2)以分析材料的强度指标。

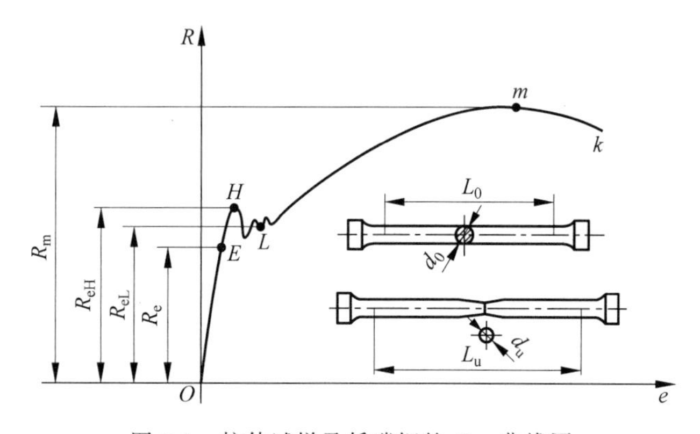

图 2-1　拉伸试样及低碳钢的 R-e 曲线图

屈服强度(yield strength)是材料在外力作用下呈现屈服现象时，达到特定塑性变形时的应力值，表征金属材料对产生明显塑性变形的抗力。

具有明显屈服现象的材料，如低碳钢的拉伸曲线(见图 2-1)，其屈服强度包括上屈服强度 R_{eH} 和下屈服强度 R_{eL}。上屈服强度 R_{eH} 是指试样发生屈服而首次下降前的最大应力；下屈服强度 R_{eL} 是指试样在屈服期间，不计初始瞬时效应时的最小应力。

有些材料没有明显的屈服现象，如高碳钢、奥氏体钢和其他脆性金属材料，它们的拉伸曲线上不出现明显的屈服平台，如图 2-2 所示。为表示该类材料的屈服强度，用规定塑性延伸强度 R_p 或规定残余延伸强度 R_r 作为该材料的条件屈服强度。如 $R_{p0.2}$ 表示规定塑性延伸率为 0.2%时的应力；$R_{r0.2}$ 表示规定残余延伸率为 0.2%时的应力。

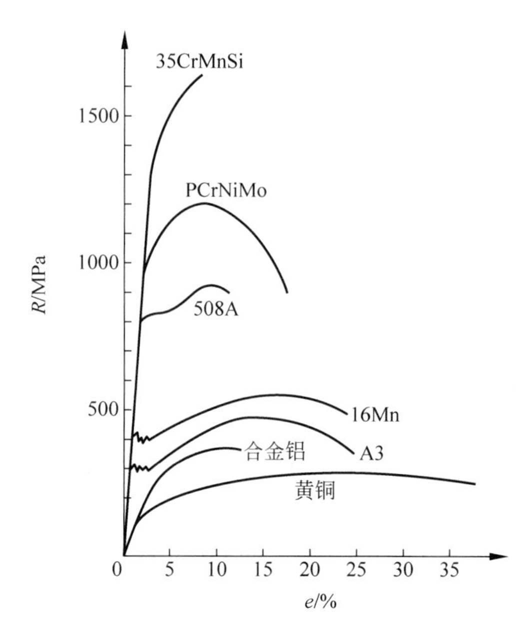

图 2-2　不同金属的 R-e 曲线图

2. 抗拉强度

抗拉强度(tensile strength)是指材料在拉伸过程中所能承受的最大拉应力,用 R_m 表示。

金属材料的抗拉强度如图 2-1 所示,当应力增加到 m 点时,试样开始局部变细,出现缩颈现象。此后由于试样截面积显著减小而不足以抵抗外力的作用,在 k 点发生断裂。

高分子材料的性能不同于金属材料,因此其抗拉伸特征也不同。对应不同温度,聚合物结构与性能有很大的差异,在较低温度时材料为玻璃态,相应临界温度为 T_g,较高温度时为黏流态,相应临界温度为 T_m(或 T_f),T_g 与 T_m 之间则为高弹态。图 2-3 为高分子材料在不同温度范围时的应力-应变图。

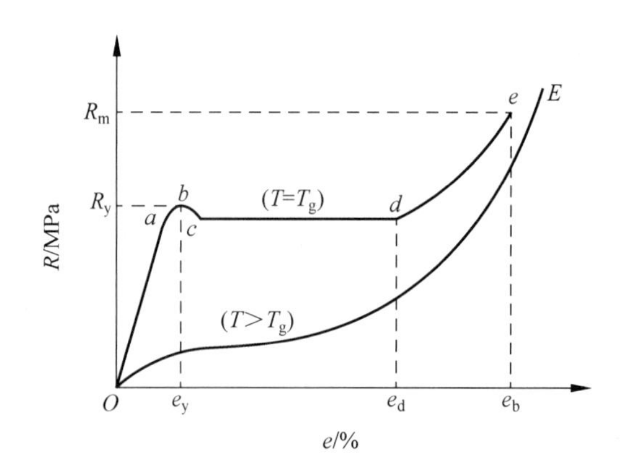

图 2-3　高分子材料拉伸时典型的应力-应变图

3. 弯曲强度

对工程陶瓷等脆性材料，由于其塑性几乎为零，用抗拉强度难以准确描述其抵抗变形与破坏的能力，因此常用弯曲强度(flexural strength)表示。精细陶瓷和纤维增强或颗粒增强陶瓷复合材料的室温弯曲强度测试，可根据 GB/T 6569—2006《精细陶瓷弯曲强度试验方法》进行。试验时，既可以采用三点弯曲的加载方式，也可以采用四点弯曲的加载方式，图 2-4 为弯曲加载示意图。弯曲强度的计算公式为

三点弯曲：
$$\sigma_f = \frac{3PL}{2bh^2} \tag{2-3}$$

四点弯曲：
$$\sigma_f = \frac{3P(L-l)}{2bh^2} \tag{2-4}$$

式中，P 为弯曲断裂载荷，N；L 为下支点间跨距，mm；b 为试样的宽度，mm；h 为试样的厚度，mm；l 为上支点跨距(对四点弯曲)。

2.1.2 塑性

在外力作用下，材料在断裂前产生不可逆永久变形的能力称为塑性(plasticity)。金属的塑性通常用拉伸试验测定的断后伸长率和断面收缩率来衡量。

断后伸长率是指试样拉断后标距的伸长量与原始标距的百分比，用 A 表示，即

$$A = \frac{L_u - L_0}{L_0} \times 100\% \tag{2-5}$$

式中，L_0 为试样原始标距长度，mm；L_u 为试样拉断后标距长度，mm。

断面收缩率是指试样拉断后缩颈处横截面积的最大缩减量与原始截面积的百分比，用 Z 表示，即

$$Z = \frac{S_0 - S_u}{S_0} \times 100\% \tag{2-6}$$

式中，S_0 为试样原始截面积，mm^2；S_u 为试样拉断后缩颈处的最小横截面积，mm^2。

2.1.3 硬度

硬度(hardness)是指更硬的外来物体作用于固体材料上时，固体材料抵抗塑性变形、压入或压痕的能力。硬度也是工程材料的重要力学性能指标。硬度高低对工程材料的切削加工性、零件的耐磨性和使用寿命影响显著。一般来说，硬度越高，材料耐磨性越好，使用寿命越高，但也会给切削加工带来困难。

对于金属材料，主要用布氏硬度和洛氏硬度衡量其硬度；对工程陶瓷则常用维氏硬度和洛氏硬度衡量其硬度；对于高分子材料来说，一般用邵氏硬度来衡量其硬度。

1. 布氏硬度

布氏硬度的测试原理：按 GB/T 231.1—2018《金属材料　布氏硬度试验　第 1 部分：

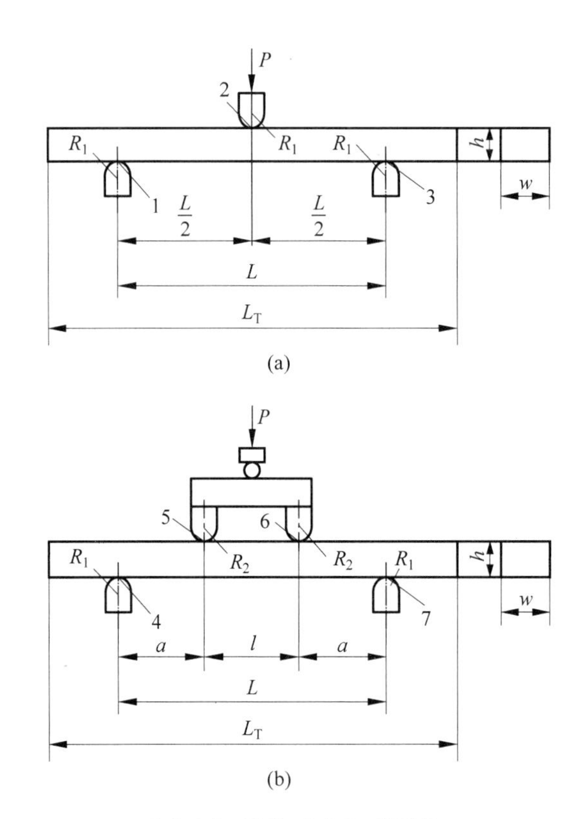

1,3,4,7—支点；2,5,6—载荷点。

图 2-4 弯曲强度测试加载示意图

(a) 三点弯曲；(b) 四点弯曲

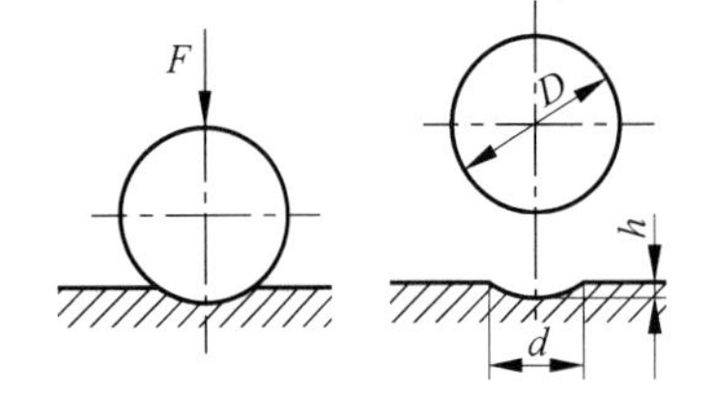

图 2-5 布氏硬度试验示意图

试验方法》的规定，用规定载荷为 F 的力把直径为 D 的硬质合金球压入被测材料表面(见图 2-5)，并保持一定的时间后卸载，用刻度放大镜测出硬质合金球在材料表面上所压出凹痕的平均直径 d，由此计算出压痕球面面积 A_R，求出单位面积所受的力，即为材料的布氏硬度值，即

$$\text{HBW}=0.102\frac{F}{A_R}=0.102\frac{2F}{\pi D(D-\sqrt{D^2-d^2})} \tag{2-7}$$

式中，F 为载荷，N；D 为硬质合金球平均直径，mm；d 为压痕平均直径，mm。

实际应用中一般不需要计算，可以根据测量的 d 值在相关的表中查出布氏硬度值。

布氏硬度试验结果稳定、准确，但测量费时，压痕大，故不宜测试薄件或成品件。适用于 HBW 值小于 650 的材料，如灰铸铁、非铁合金和退火、正火或调质钢等材料。

2. 洛氏硬度

洛氏硬度试验根据 GB/T 230.1—2018《金属材料 洛氏硬度试验 第 1 部分：试验方法》的规定进行。其测试原理为：用一个锥顶角为 120°的金刚石圆锥或一定直径的合金球压头，在规定载荷作用下压入被测材料表面，由压头在材料表面所形成的压痕深度来确定其硬度值，洛氏硬度试验示意如图 2-6 所示，显然压痕深度越浅，材料硬度越大。根据压头形状与载荷的不同，洛氏硬度常用的硬度标尺有 HRA、HRB、HRC 三种，用于测定不同硬度的材料。

洛氏硬度测试操作简单、效率高、压痕小，不损坏工件表面，适用于大量生产中的成品检验，但由于试验的压痕小，易受金属表面不平或材料内部组织不均匀的影响，因此测量结果不如布氏硬度准确，所以一般需在被测表面的不同部位测量数点，取其平均值。

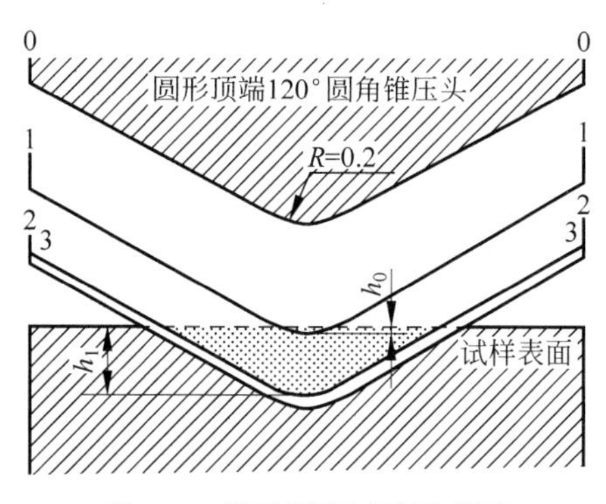

图 2-6 洛氏硬度试验示意图

3. 维氏硬度

维氏硬度的测试原理如图 2-7 所示。根据 GB/T 4340.1—2009《金属材料 维氏硬度试验 第 1 部分：试验方法》，用一定的试验力 F，将顶角为 136°的金刚石四棱锥体压入材料表面，保持一定时间后卸去试验压力，然后测出压痕两对角线 d_1、d_2(mm)，求出其平均长度 d，即可计算压痕的面积 A_V(mm^2)。试验压力 F 除以压痕的面积 A_V 即可得到维氏硬度值。维氏硬度用 HV 表示：

$$HV = 0.1891 \times \frac{F}{d^2} \tag{2-8}$$

式中，F 为载荷，N；d 为压痕对角线的平均长度，mm。

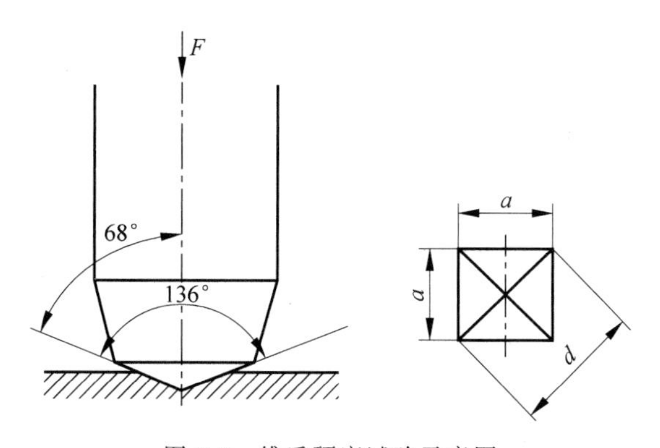

图 2-7 维氏硬度试验示意图

由于维氏硬度用的压头为正四棱锥，当载荷改变时，压痕的几何形状也非常相似，即测试结果是一样的，这是维氏硬度的最大优点。维氏硬度可测软、硬金属及陶瓷等非金属材料，尤其是极薄的零件和渗碳层的硬度。但测试效率不及洛氏硬度，所以不宜用于成批零件的常规检验。当选用几克重或几十克重的载荷时，维氏硬度还可测定显微组织的硬度。

4. 邵氏硬度

邵氏硬度又称邵尔硬度、肖氏硬度。在橡胶、塑料行业中常被称作邵氏硬度，在金属材料工业中被称作肖氏硬度。

邵氏硬度测定时，被测试样放在硬度计台面的适当位置，硬度计表盘上的指针通过弹簧与一个刺针相连，用刺针刺入被测物表面压紧到规定时间后，表盘上所显示的数值即为硬度值。使用的压痕硬度计有A型、C型和D型三种刻度型号；邵氏A型硬度计，主要用于测试塑料及合成橡胶的硬度。邵氏C型硬度计适用于测定压缩率为50%，应力为0.5kN/mm^2以上的含有发泡剂制成的橡塑微孔材料硬度。邵氏C型硬度计也可用于类似硬度的其他材料。邵氏D型硬度计适用于一般硬橡胶、硬树脂、亚克力、热塑性橡胶、印刷板、纤维等高硬度材料的硬度测试。

肖氏硬度计用于测定黑色金属和有色金属的硬度值，肖氏硬度值代表金属弹性变形功能的大小，实验原理按GB/T 4341.1—2014《金属材料　肖氏硬度试验　第1部分：试验方法》的规定，用规定形状的金刚石冲头从规定高度自由落下冲击被测材料表面，以冲头第一次回跳高度h与冲头落下高度h_0的比值计算肖氏硬度值：

$$\mathrm{HS}=K\frac{h}{h_0} \tag{2-9}$$

式中，K为肖氏硬度系数$\left(\text{C型仪器(目测型)}K=\frac{10^4}{65}\text{，D型仪器(指示型)}K=140\right)$。

2.1.4 冲击韧度

金属材料在冲击载荷作用下抵抗破坏的能力为冲击韧度(impact toughness)(简称韧性)。金属材料在常温下的韧性指标是冲击吸收能量K。冲击吸收能量K的测定方法、试样的要求及试验过程按GB/T 229—2020《金属材料　夏比摆锤冲击试验方法》的规定进行。试验时，将带缺口的标准试样放在试验机的支座上(见图2-8)，然后将摆锤自一定高度处落下，冲断试样。冲击吸收能量K的计算公式为

$$K=W(H-h) \tag{2-10}$$

式中，K为冲击吸收能量，J；W为摆锤重量，N；H、h分别为摆锤冲断试样前的高度和冲断后的高度，m。

冲击吸收能量代表了冲击韧度的高低，可由实验机刻度盘直接读出。

冲击吸收能量的大小与材料本身的特性有关，其还受试样的尺寸、缺口形状、试验机摆锤刃口尺寸和试验环境(如温度)等因素影响，使用时应一并把这些因素都考虑进去。材料的冲击吸收能量的大小一般不作为设计零件的直接依据，只是作为选材时的一个参考。

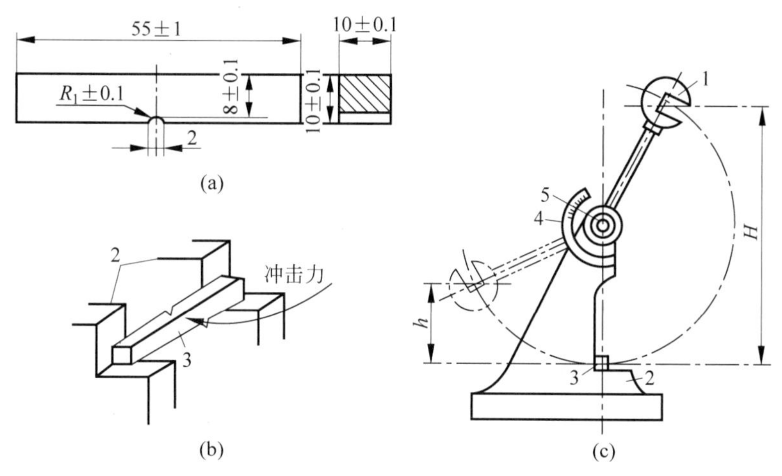

1—摆锤；2—支座；3—试样；4—刻度盘；5—指针。

图 2-8　摆锤冲击试验示意图

(a) 冲击试样；(b) 试样安放；(c) 冲击试验机

2.1.5　断裂韧性

断裂韧性(fracture toughness)是材料抵抗裂纹失稳扩展能力的度量,是材料抵抗低应力脆性断裂的能力。断裂韧性的衡量指标是断裂韧度,通常用 K_{IC} 表示,单位为 $MPa \cdot m^{1/2}$。材料从制备到加工再到使用的过程中,难免会产生裂纹。断裂韧度与材料内部的裂纹大小及所能承受的载荷有关。如果构件中裂纹的形状和大小一定,若材料的 K_{IC} 较大,则其裂纹快速扩展的应力便越高,构件便不容易发生低应力脆断。

各种材料的 K_{IC} 需要通过试验来测定,常用材料的 K_{IC} 值也可在有关手册中查到。金属材料的断裂韧度测试方法可参照 GB/T 4161—2007《金属材料　平面应变断裂韧度 K_{IC} 试验方法》。

断裂韧性也是材料本身的一种性能指标,和其他的力学性能一样,主要取决于材料的成分、组织和结构。

2.1.6　疲劳强度

机器中有许多零件是在交变应力作用下工作的,其主要破坏形式是疲劳断裂。交变应力是指大小或大小和方向都随时间按一定规律呈周期循环变化或呈无规律随机变化的应力。疲劳断裂是指零件在交变应力作用下,所受应力低于材料的屈服强度而发生的断裂。疲劳断裂的特点是应力低且破坏时无明显的塑性变形,即使是塑性材料,在断裂前也不呈现明显的塑性变形,而是脆性断裂,因此具有很大的危险性。

大量的试验证明,金属材料所受的最大交变循环应力越大,则断裂前所受的循环次数 N_f(定义为疲劳寿命)就越少。这种交变循环应力与循环次数 N_f 的关系曲线称为疲劳曲线(见图 2-9)。从曲线上可以看出,循环应力 R 越低,则断裂前的循环次数 N_f 越多。当应

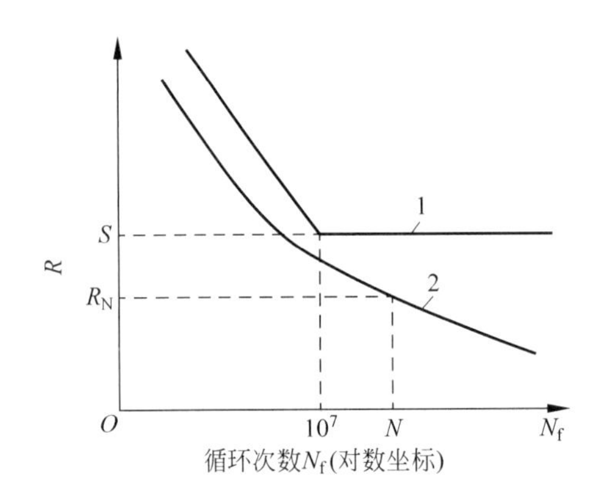

1—具有疲劳极限的疲劳极限曲线；

2—无疲劳极限的疲劳曲线。

图 2-9 疲劳曲线示意图

力降到某一定值后，曲线趋于水平(见图 2-9 中曲线 1)，这说明应力低于此值时，材料可经受无限次应力循环而不断裂。被测材料能承受无限次的应力周期变化时应力振幅的极限称为疲劳极限。在指定寿命下使试样失效的应力水平称为疲劳强度(fatigue strength)，用 S 表示。金属材料的疲劳强度是根据 GB/T 4337—2015《金属材料 疲劳试验 旋转弯曲法》测定的。

一般钢铁材料的应力循环次数为 10^7 次时，能承受的最大应力振幅为其疲劳强度。

一般非铁金属、高强度钢及腐蚀介质作用下的钢铁材料，其疲劳曲线如图 2-9 中曲线 2 所示，其特征是循环次数 N 随所受应力的增大而减少，但不存在水平线段。因此，对这样的金属材料，在规定的应力比下，使试样的寿命为 N 次循环的应力振幅值为疲劳强度，称为 N 次循环后的疲劳强度，用 R_N 表示。一般规定：对于非铁合金，N 取 10^6 次；对于腐蚀介质作用下的钢铁材料，N 取 10^8 次。

实际零件的疲劳强度不仅与材料有关，而且还受零件尺寸、表面质量等因素的影响。

2.2 金属材料学基础

2.2.1 材料的结构

材料的力学性能和工艺性能与材料的微观组织结构密切相关，而材料学基础是研究微观组织结构的，所以学习有关材料学基础知识对学习材料的性能是必需的。考虑到各种类型工程材料的微观组织、晶体结构既有相同，又有差异，而且种类繁多，本节以金属材料为主，结合其他工程材料，简述材料学的有关基本知识。

晶体结构概述

1. 金属的晶体结构

1）晶体点阵和晶胞

固体材料主要有晶体(crystal)与非晶体之分，晶体材料又分为单晶体与多晶体。晶体材料的主要特征是组成的质点之间是有序排列的，而且排列规律各不相同，这反映了晶体结构的差异。为了便于了解这些排列规律，常将晶体中的质点假设为固定不动的刚性球体，而晶体就是由这些刚性球体堆垛而成的，如图 2-10(a)所示。若用许多平行的直线将这些原子刚性球体连接起来，就构成三维的空间构架，如图 2-10(b)所示。这种用来描述晶体中质点(原子、离子或分子)排列规则的空间构架模型称为晶体点阵(crystal lattice)。研究晶体有很多种方法，例如为了研究晶体的规律性，通常取晶体点阵的一个基本单元来描述晶体的构造，这种基本单元也叫“晶胞”(unit cell)。晶胞是晶体点阵中最小的排列周期单位。通常可以用三个棱的边长 a、b、c 和三个棱边之间的夹角 α、β、γ 来描述晶胞内的几何特征和质点空间位置，如图 2-10(c)所示。其中 a、b、c 又叫作点阵常数。

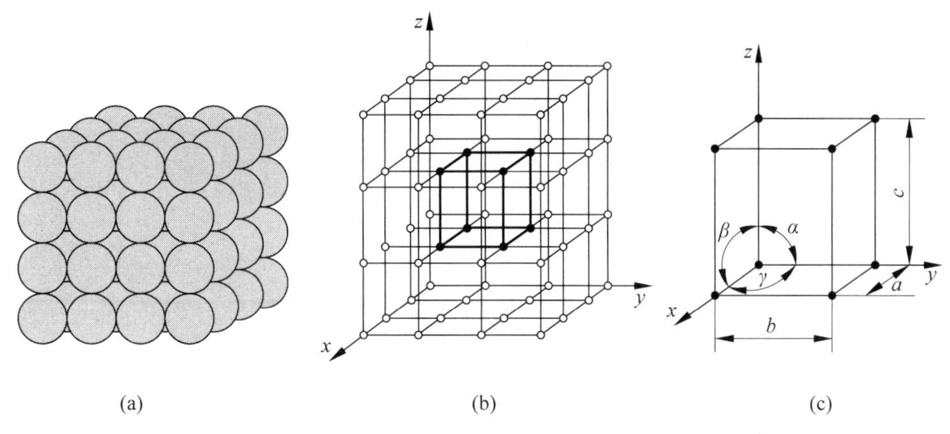

图 2-10　晶体、晶体点阵和晶胞示意图

(a) 晶体；(b) 晶体点阵；(c) 晶胞

2）金属的单晶体结构

金属的单晶体结构种类很多，最典型、最常见的金属单晶体结构有三种，即体心立方晶体(BCC)结构、面心立方晶体(FCC)结构和密排六方晶体(HCP)结构。结构不同，既反映了原子堆垛方式的不一样，也反映了性能的差异。

(1) 体心立方晶体结构。该晶体结构的原子排布规律如图 2-11 所示，其单个晶胞为立方体结构，在该结构中每个顶点各有一个原子，其中心也存在一个原子。经计算可知，一个晶胞含有两个完整原子。体心立方晶体的结构参数特点是，三个棱边长相等，各个棱边夹角均为 90°，即 $a=b=c$，$\alpha=\beta=\gamma=90°$，具有这种晶体结构的金属包括 α-Fe、Cr、V、Nb、Mo、W 等。

体心立方晶体结构

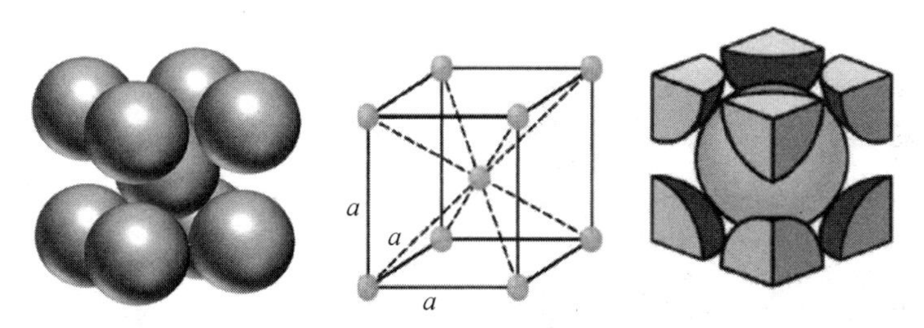

图 2-11　体心立方晶胞示意图

(2) 面心立方晶体结构。该晶体结构原子排布规律如图 2-12 所示，原子除分布在立方体晶胞的各个顶点上外，在每个面的中心也分布着一个原子，经计算可知，一个晶胞含有四个完整原子。面心立方晶体的结构参数特点是，晶胞的各个棱边长相等，棱边夹角也均为 90°，即 $a=b=c$，$\alpha=\beta=\gamma=90°$。具有这种晶体结构的金属有 γ-Fe、Cu、Ni、Al、Ag 等。相对而言，具有面心立方晶体结构的材料塑性更好。

面心立方晶体结构

(3) 密排六方晶体结构。该晶体结构的原子排布规律如图 2-13 所示，结构特点为六方柱体，其上下底面分别为正六边形，晶胞有十二个顶角，每个顶角各有一个原子，上、下底面中心各有一个原子，另外，上下两个正六边形之间还有三个原子，经计算可知，一个晶胞含有六个完整原子。密排六方晶体的结构参数特点是 a 为正六边形边长，c 为正六方柱高，通常 $a\neq c$。具有这种晶体结构的金属有 Zn、Mg、Be、α-Co 等。

密排六方晶体结构

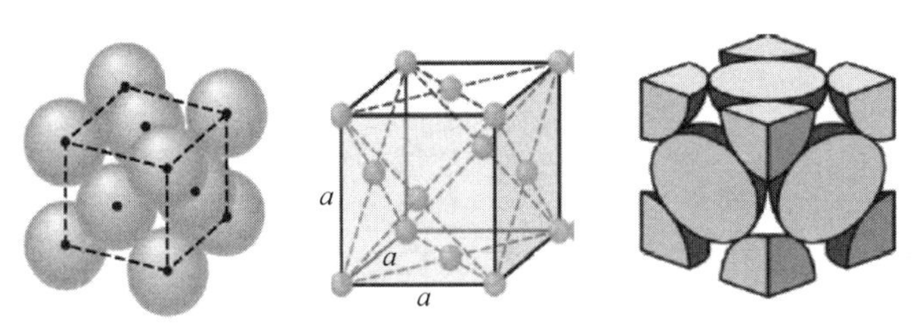

图 2-12　面心立方晶胞示意图

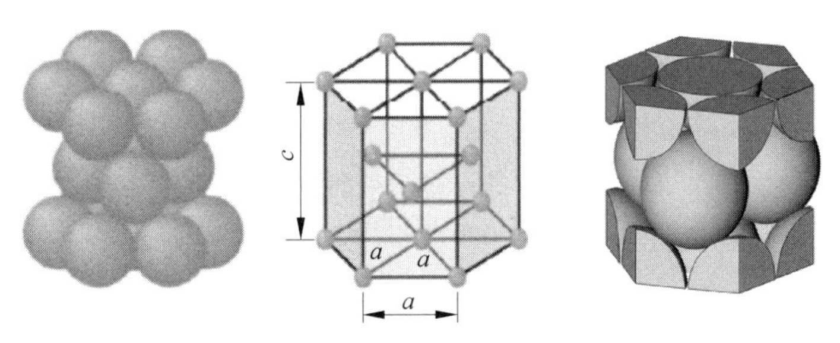

图 2-13　密排六方晶体晶胞示意图

3）金属的多晶体结构

大块单晶体金属是指整个金属内部的晶向（或晶面）互相平行且完全一致，如图 2-14(a)所示，这种单晶材料在实际应用中是很少见的。而实际应用中的大块金属材料通常是由许多小晶体组成的，如图 2-14(b)所示。这种位向不同、形状各异的小晶体称为晶粒(grain)。晶粒与晶粒之间的交界称为晶界(grain boundary)。这种由多个晶粒组成的晶体结构叫作多晶体结构(polycrystal)。

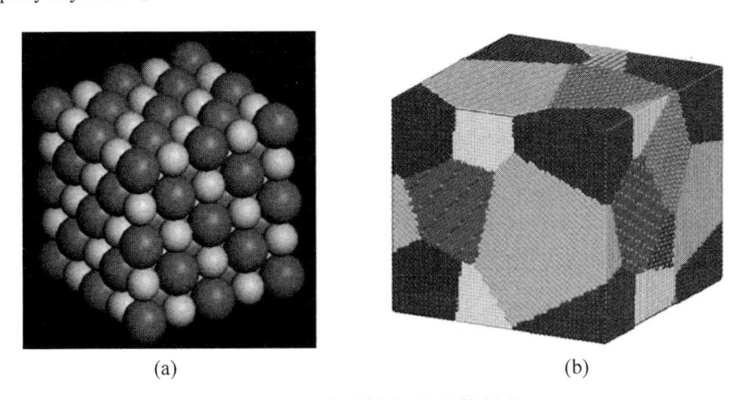

图 2-14　单晶体与多晶体结构

（a）单晶体；（b）多晶体

2. 晶体缺陷

晶体中原子完全有规则的排列是难以实现的，实际上晶体总是或多或少的存在各种偏离规则排列的不完整区域。这种原子偏离规则排列的不完整区域叫作晶体缺陷(crystal imperfection)。由于晶体缺陷的存在，使得实际晶体的性能（特别是对结构敏感的性能，如强度、塑性等）发生很大变化。这些变化并非总是有害，如能加以利用，也能为改变材料的某些性能提供帮助。晶体缺陷种类较多，若按晶体缺陷的几何形状划分，可将它们分为点缺陷、线缺陷和面缺陷三种。

1）点缺陷

常见的点缺陷有三种，即空位、间隙原子和置换原子，如图 2-15 所示。

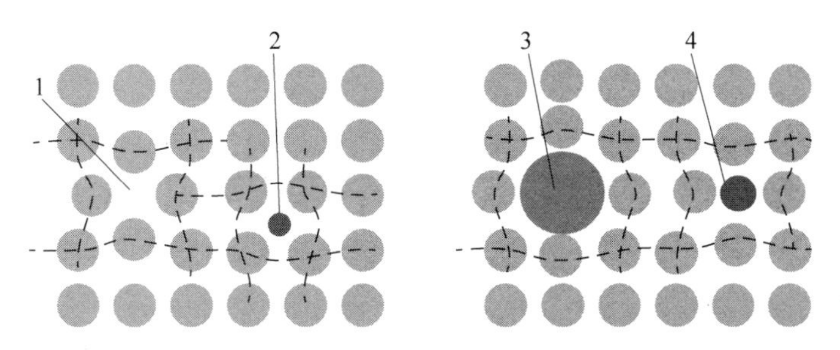

1—空位；2—间隙原子；3—比溶剂原子大的置换原子；4—比溶剂原子小的置换原子。

图 2-15　晶体中的点缺陷示意图

该缺陷的主要特征是三维方向上的尺寸都很小，仅相当于一个原子尺寸。其中空位是指结点上没有原子，间隙原子是指存在于点阵间隙位置处的原子，而置换原子是指取代正常点阵原子的其他原子。点缺陷有一个共同的特点，即它们的存在使其周围邻近原子偏离平衡位置，造成了点阵畸变，形成应力场。这种畸变有利于材料强度性能的提高。

2）线缺陷

晶体中线缺陷的特征是沿着晶体结构某一方向的尺寸很大，而三维空间的其他两个方向尺寸很小。线缺陷包括刃型位错（edge dislocation）和螺型位错（screw dislocation）。刃型位错是一种比较典型的线缺陷，结构特点如图 2-16(a)所示。若假设有一原子平面在晶体内部中断，那么这个原子面中断处的边缘就是一个刃型位错，好似一把刀刃插入晶体中。另外，如图 2-16(b)所示，在切向力的作用下，如果晶体前面的上部原子相对于下部的原子向右错动一个原子间距，即前面的上部晶面相对于下部晶面发生错动，则发生错动和未发生错动之间的晶体内将形成一条临界线。如果围绕这条临界线沿原子晶面旋转，则会形成螺旋线，因此这条临界线实际上就叫螺型位错。晶体线缺陷的产生、增殖或减少对金属材料的力学性能有很大影响。事实上，金属材料之所以能产生塑性变形，位错的存在和运动起到至关重要的作用。

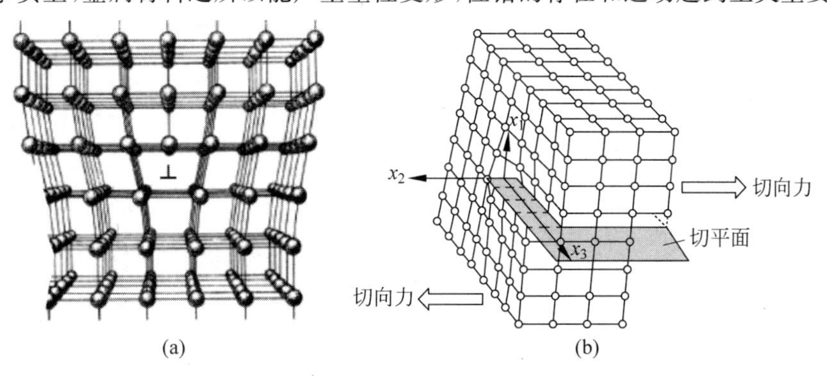

图 2-16　晶体中的线缺陷示意图

（a）刃型位错；（b）螺型位错

3）面缺陷

晶体的面缺陷各种各样，晶界本身就是一种面缺陷，是由相邻两晶粒的位向不同，从一种位向晶粒向另一种位向晶粒过渡时引起的。除晶界外，面缺陷还包括堆垛层错、亚晶界、相界和孪晶界等，如图 2-17 所示。

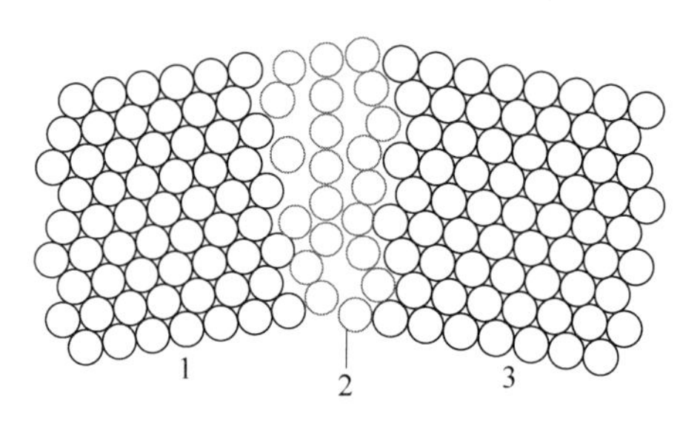

1—晶粒Ⅰ；2—晶界；3—晶粒Ⅱ。

图 2-17　晶体中的面缺陷示意图

面缺陷的特征为空间点阵上两个方向上的尺寸很大，而第三个方向的尺寸很小。该缺陷中由于晶界处原子排列不规则，晶体处于畸变状态，存在畸变能，所以是杂质原子聚集的场所，也是金属材料发生破坏失效的策源地。

2.2.2　纯金属材料结构的变化

结晶的概念

1. 纯金属的结晶过程

在实际生产中，金属要经过熔炼和铸造（指由液态向固态的转变过程）之后才能制成各种制品。由于固态金属的原子是排列有序的晶体，而液态金属中的原子是无序排列的，所以冷却时，金属将由液态向固态转变，该过程称为结晶（crystallization）。从原子排列规则性看，结晶就是原子排列从无规则状态向规则状态的转变过程。

纯金属的结晶条件

纯金属的结晶过程

金属的结晶过程可用冷却曲线描述，图 2-18 为纯金属的冷却曲线，表明了熔融金属经缓慢冷却所表现出的温度随时间的变化规律。如果以 t_m 为金属的理论结晶温度，t_i 为金属的实际结晶温度。由图可知，结晶并不是瞬间完成的。在结晶前，随温度连续下降，液态金属冷却到理论结晶温度时并未开始结晶，而是在 t_m 以下的 t_i 温度才开始（$t_i < t_m$），这种理论结晶温度与实际结晶温度之差称为过冷度，用 Δt 表示。

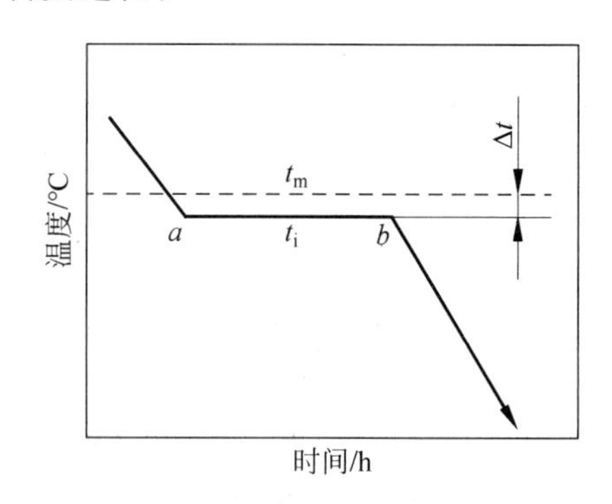

图 2-18　纯金属的冷却曲线

$$\Delta t = t_m - t_i \qquad (2\text{-}11)$$

过冷度的大小与冷却速度有关，冷却速度越大，过冷度越大，实际结晶温度越低。

2. 纯金属形核和晶核长大过程

纯金属的结晶过程实质上是晶核的形成与长大过程。结晶时，首先围绕短程有序的液态原子团簇形成某一临界尺寸的晶核，然后金属原子以晶核为核心，按一定位向和几何形状在晶核上排列，使晶核不断长大。晶核的形成有自发形核和非自发形核两种方式，晶核的长大有平面长大和树枝状长大两种方式。与此同时，在液相的其他部位也产生类似晶核，并以同样的机制长大。这样，通过形核、长大的不断进行，最终各晶粒相互接触，形成晶界，结晶过程全部结束。由此可见，固态金属大部分是由多晶体构成的。

3．纯铁的同素异构转变过程

纯金属的同素异构转变

液态金属结晶后的原子排列规律，不仅与金属元素有关，有时还与温度有关，虽然大多数金属在结晶后，其晶体结构类型保持不变，但有些金属（如铁、锰、钛、锡等）在不同的温度下具有不同的晶体结构。这种同一金属元素在固态下由于温度的改变而发生晶体结构类型变化的现象称为金属的同素异构（allotropy）转变。

铁具有典型的同素异构转变特征。当铁自液态结晶后，在1394～1538℃的温度范围内具有体心立方晶体结构，此时的铁称为δ-Fe。随着温度降低，在1394℃时铁发生同素异构转变，由体心立方晶体结构的δ-Fe进一步转变为面心立方晶体结构的γ-Fe。温度进一步降低到912℃时，面心立方晶体结构的γ-Fe又转变为体心立方晶体结构的铁，但是为区别起见，称该温度下的铁为α-Fe。这种同素异构转变也可由冷却曲线描述，如图2-19所示。

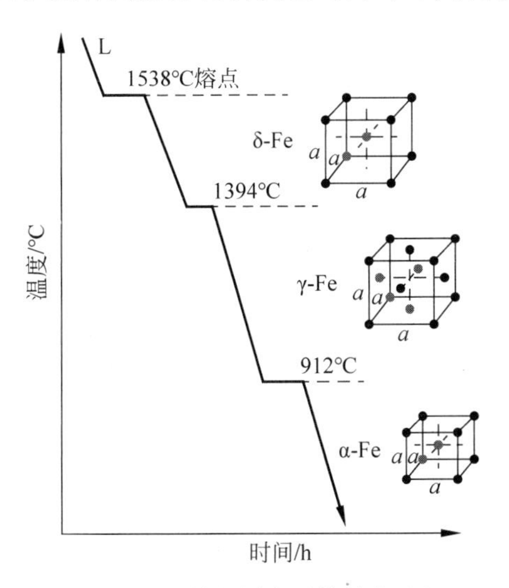

图2-19　纯铁的同素异构转变过程

2.2.3　合金的相及相结构、组织

合金是指由两种或两种以上的金属元素或金属元素与非金属元素组成，并且具有金属特性的材料。为研究方便，把组成合金的元素叫作组元（component）。凡结构相同、成分和性能均一，并以界面相互隔开的组成部分叫作相（phase）。液态物质为液相，固态物质为固相。相与相之间的转变称为相变（phase transformation）。在固态下，物质可以是单相的，也可以是由多相组成的。合金的组织（microstructure）由数量、形态、大小和分布方式不同的各种相组成。组织是指用肉眼或显微镜所观察到的材料的微观形貌。由不同组织构成的

材料具有不同的性能。如果合金仅由一个相组成，称为单相合金；如果合金由两个或两个以上的不同相所构成则称为多相合金。合金中有两类基本相，它们是固溶体和金属化合物。

1. 固溶体

当合金组元之间以不同比例相互混合后，所形成的固相晶体结构与组成合金的某一组元相同，这种相称为固溶体（solid solution）。其中体现这种晶体结构的组元称为溶剂，而其他的组元则称为溶质。

固溶体的固溶方式也有所不同，按溶质原子在溶剂晶格中所处的位置，可分为置换固溶体和间隙固溶体，置换固溶体是指溶质原子占据溶剂原子点阵位置，如图 2-20(a)所示。间隙固溶体是指溶质原子位于溶剂原子点阵的间隙位置中，如图 2-20(b)所示。

无论何种固溶体，由于溶质与溶剂的原子半径存在差异，必然导致固溶体点阵结构的畸变，并且原子尺寸差别越大，这种点阵畸变越大。在间隙固溶体中，虽然一般溶质原子尺寸比溶剂原子尺寸小得多，但也同样会导致固溶体的点阵畸变。

点阵畸变并非完全不利，虽然它使合金塑性变形更加困难，但却通过提高抵抗变形的能力，增强合金的强度和硬度。通常，将这种由于溶质原子的引入而使固溶体强度提高的强化方法称为固溶强化（solution strengthening）。

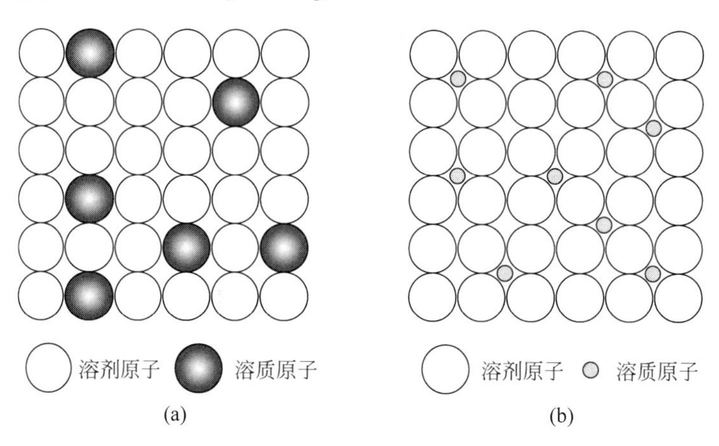

图 2-20　固溶体晶体结构示意图

(a) 置换固溶体；(b) 间隙固溶体

2. 金属化合物

与固溶体不同，金属化合物是合金组元间发生相互作用而形成的一种新相，其晶体结构类型和性能不同于任一组元。金属化合物的特点是晶体结构复杂、熔点高、硬而脆，在合金中起强化相作用。它的存在和分布对合金的强度、硬度和耐磨性产生很大的影响。由一类特殊的金属化合物相组成的材料叫金属间化合物材料，这些相不仅具有金属键，还同时具有共价键，这种特殊的键合类型，使该类材料不仅具有金属的特性，还具有陶瓷的性能，所以该类材料又叫半陶瓷材料。典型的金属间化合物有：FeAl、Fe_3Al、TiAl、Ti_3Al、NiAl、Ni_3Al 等。

2.2.4 二元合金相图

合金相图是用图解的方法表示合金系中合金状态、温度和成分之间的关系。利用相图可以知道各种成分的合金在不同温度下有哪些相，各相的相对含量、成分以及温度变化时所可能发生的变化。在常压下，二元合金的相状态决定于温度和成分。因此二元合金相图可用温度-成分坐标系的平面图来表示。

1. 匀晶相图

匀晶相图的特征是两组元在液态和固态下都能彼此无限互溶而形成固溶体。这类二元合金很多，有：Cu-Ni、Ag-Au、Cr-Mo、Cd-Mg、Fe-Ni、Mo-W 等，由于这些合金结晶时都是从液相结晶出单相的固溶体，这种结晶过程称为匀晶转变，其相图称为匀晶相图(isomorphous phase diagram)。

以 Cu-Ni 二元匀晶相图为例(见图 2-21)，相图由两条平衡转变曲线组成，位于上方的 *AB* 线为液相线，位于下方的 *AB* 线为固相线，两条线将相图分为三个区：液相线以上合金处于液态的高温区，即液相区；固相线以下合金则完全处于固态的低温区，即固相区；液相区和固相区之间为固液两相共存区。

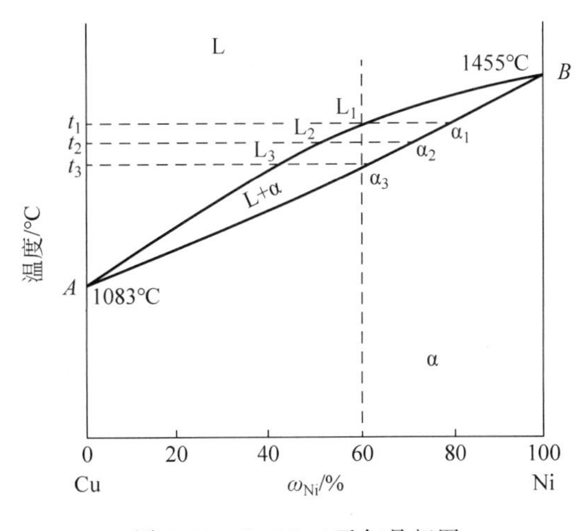

图 2-21 Cu-Ni 二元匀晶相图

这类合金的结晶过程基本相同，也比较简单。下面以 $\omega_{Ni}=60\%$的合金为例，说明合金的结晶过程。在温度 t_1 以上时，合金处于液态。当温度降到 t_1 时开始结晶出微量 α_1 固溶体。应注意的是此时结晶出的固溶体成分并非含镍量为 60%，而是 α_1 固溶体对应处的成分，位于 t_1 所作水平线与固相线交点所对应处的成分，此时液相成分基本未变化，仍是含镍量为 60%。

当温度缓慢冷却到 t_2 时，固溶体结晶数量逐渐增多，此时固相成分和液相成分分别对应 α_2、L_2 成分点，但液固两相含 Ni 总量保持 60%不变。在结晶过程中，因为冷却速度非常缓慢，除新结晶出固相 α_2 外，一方面先结晶出的固溶体会通过液相进行原子扩散(主要是扩散 Ni 原子)，另一方面液相也会通过固相 α_2 向先结晶固溶体进行原子扩散(Cu 原子)。这

样才达到 α_1 向 α_2 转变、L_1 成分向 L_2 成分变化。这就保证了冷却过程中固相成分沿固相线变化，液相成分沿液相线变化。

当温度冷却到 t_3 时，液相全部结晶成固相，此时固相成分为含镍量60%的 α_3 固溶体。温度继续下降时不再发生相的变化。

以上的分析是在冷却速度极其缓慢时进行的，只有这样，原子才能进行充分扩散。在实际结晶过程中，冷却速度比较快，原子扩散不能充分进行。在快速冷却时，晶体各部分的成分就存在差异，先结晶出的部分含镍量较高，后结晶部分含镍量较低。对同一晶粒来说，晶粒中心部位含镍量高而晶粒边缘部位含镍量较低，这样的结晶过程称为非平衡结晶，而把极缓慢冷却下进行的结晶称为平衡结晶。由非平衡结晶产生的晶粒内化学成分不均匀的现象叫作晶内偏析(micro-segregation)。

2. 共晶相图

共晶合金的特点是两组元在液态时能无限互溶，但在固态下则完全不溶或有限固溶，而且结晶时还能够发生共晶相变。所谓共晶相变，是指具有一定成分的液相在一定的温度下，同时结晶出两种具有不同成分固相的相变(在共晶相图中一定有一个由共晶成分和温度组成的共晶点)，该相变产生的组织叫共晶组织。具有共晶组织的二元合金相图即为二元共晶相图。

图2-22为Pb-Sn二元共晶相图，共晶点为点 E，它是液相线 AE、BE 的交点。如果说线 AE 是表示从液相(L)开始结晶出 α 相的开始线，线 BE 是表示从液相(L)开始结晶出 β 相的开始线；那么在点 E 处一定会同时结晶出 α 相和 β 相，共晶的含义也就在于此。同样若用 AM、BN 分别表示 α 相和 β 相结晶完毕的固相线；水平线 MEN 可表示为共晶反应线，此时任何成分的合金液体一旦温度冷却到该线处，液体成分通过自动调整后都会满足点 E 的共晶条件，发生共晶反应，即 $L_E=(\alpha+\beta)$，表示从液相中同时结晶出两种固相，故线 MEN 又称为“共晶线”。此外线 MF 和 NG 称为固溶度线，分别表示 α 和 β 固溶体的溶解度随温度的降低而减小的特性。

为了说明共晶合金从高温到低温的平衡与结晶过程，以Ⅰ、Ⅱ、Ⅲ、Ⅳ四种Pb-Sn合金为例加以分析，如图2-22所示。

合金Ⅰ。当合金Ⅰ从液态缓慢冷却到 t_1 时，开始结晶出 α 固溶体。随着温度继续降低，α 固溶体的数量不断增加，液态相数量减少，固液两相的成分分别沿线 AM 和 AE 发生变化。当冷却到 t_2 温度时，结晶完成，形成合金Ⅰ的单相 α 固溶体。在 $t_2 \sim t_3$ 之间，α 固溶体不发生成分和相的变化。在 t_3 温度以下，Sn在 α 固溶体中呈过饱和状态，多余的Sn以 β_{II} 固溶体形式从 α 相中析出(以区别从液体结晶出的 β 相)，随着温度继续降低，固溶体溶解Sn的能力继续下降，β_{II} 固溶体不断析出。在这个过程中，α、β_{II} 固溶体的成分分别沿 MF 和 NG 线变化。在室温下，合金Ⅰ是由点 F 处的 α 固溶体和点 G 处的 β_{II} 固溶体组成的两相合金。

合金Ⅱ。合金Ⅱ由液态缓慢冷却到点 E 温度(183℃)时发生共晶相变，即从液相中同时结晶出 M 点成分的 α 相和 N 点成分的 β 相，这个转变是在恒温下进行的，直到结晶完毕。继续冷却时，α 相和 β 相都要发生溶解度的变化，α 相、β 相的成分分别沿线 MF、NG 变化，并分别析出 β 相和 α 相。同样为便于区别，将点 E 温度以下析出的 α 相和 β 相称为二次析出相，分别记为 α_{II} 相和 β_{II} 相。在室温下合金Ⅱ的组织为共晶体（$\alpha+\beta$）相上分布着二次析出相 α_{II} 相和 β_{II} 相。

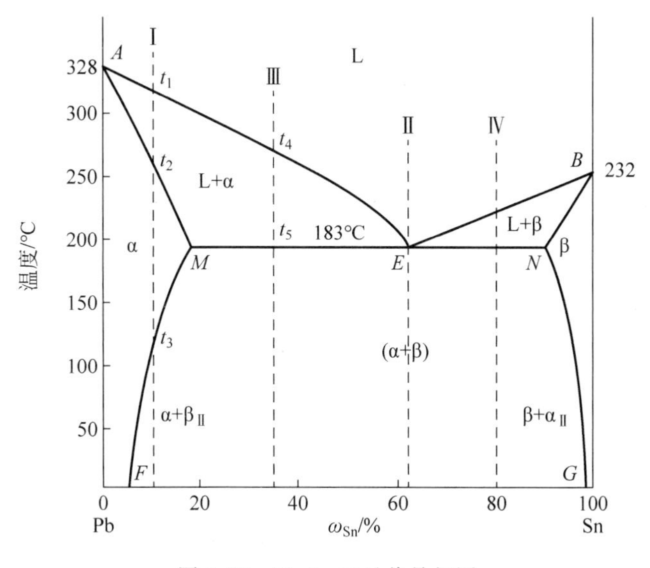

图 2-22 Pb-Sn 二元共晶相图

合金Ⅲ。合金Ⅲ在 t_4 温度以上为液体，在 $t_4 \sim t_5$ 温度之间冷却时，随着温度降低，α 固溶体的数量不断增多，α 相与液相的成分分别沿着线 AM 和 AE 变化。当温度降到 t_5（$t_5 = t_E$）时，α 相的成分到达 M 点，而所有未结晶液相的成分到达 E 点，并在此时发生共晶相变，直到全部液相结晶完毕。这类合金在共晶相变刚完成时的组织由先结晶 α 相和共晶体（$\alpha+\beta$）相组成。在 t_5 以下继续冷却时，α 相和 β 相分别析出二次相 β_{II} 相和 α_{II} 相，所以常温下的结晶组织为 α 相＋共晶体（$\alpha+\beta$）相＋二次析出相 α_{II} 相和 β_{II} 相。不过一般情况下，α_{II} 相和 β_{II} 相很难在显微镜下观察到。

合金Ⅳ。合金Ⅳ的结晶过程与合金Ⅲ类似，只是先结晶出来的是 β 相而不是 α 相，具体结晶过程可参考合金Ⅲ的分析思路进行分析。

合金Ⅱ、Ⅲ、Ⅳ在冷却过程中都会发生共晶相变，通常把共晶点对应的合金称为共晶合金，而把成分在 ME 之间的合金称为亚共晶合金，成分在 EN 之间的合金称为过共晶合金。

3. 共析相图

如图 2-23 所示，相图的下半部分为共析相图，形状与共晶相图相似。d 点成分（共析成分）的合金是从液相经上半部分的匀晶反应生成 γ 相后，继续冷却到 d 点温度（共析温度）时，发生共析反应。共析反应的形式类似于共晶反应，而区别在于它是由一个固相（γ 相）在恒温下同时析出两个固相（c 点的 α 相和 e 点的 β 相）。反应式为：$L_d = (\alpha_c + \beta_e)$，此两相的混合物称为共析体。各种成分合金的冷却过程分析类似于共晶相图，但因共析反应是在固态下进行的，所以共析产物比共晶产物要细密得多。

2.2.5 铁碳合金相图及应用

铁碳合金是现代机械制造工业应用最广泛的金属材料。二元铁碳合金相图也是比共晶

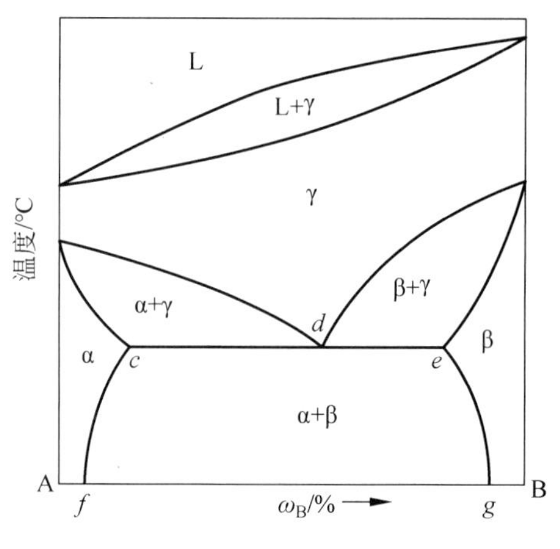

图 2-23　二元共析相图

相图、匀晶相图更复杂的一种相图，由于其重要性与复杂性，一直是本课程的学习重点与难点。

普通碳素钢和铸铁都是以铁和碳为主要元素组成的铁碳合金，合金钢和合金铸铁实际上也是根据需要加入某些合金元素后制成的铁碳合金，所以掌握铁碳合金相图具有重要的实用价值。通常说的铁碳合金相图是指碳的质量分数在 6.69%以下的部分，因为碳的质量分数大于 6.69%的铁碳合金中会形成大量脆性 Fe_3C，没有实用价值。由于碳的质量分数为 6.69%的 Fe_3C 是一个亚稳定的化合物，可以将其看作一个组元。因此，铁碳合金相图实际上也可以看成是 Fe 与 Fe_3C 两个组元所构成的相图。

1. 铁碳合金的基本相

铁碳合金的主要相结构包括铁素体、奥氏体、渗碳体三种。

如前所述，若碳原子溶于 α-Fe 中形成间隙固溶体，原子排列仍为体心立方点阵，该结构即为铁素体，用 F 或 α 表示。由于碳原子在 α-Fe 中的最大溶解度仅为 0.0218%(727℃时)，固溶强化效果有限。因此，铁素体的性质与纯铁相近，强度、硬度较低，塑性较好。

同样道理，碳原子若溶于 γ-Fe 中，形成间隙固溶体，仍保持面心立方晶体结构，该结构称为奥氏体，用 A 或 γ 表示。奥氏体中碳的质量分数随温度升高而增大，在 727℃时为 0.77%，到 1148℃时达到最大值 2.11%。奥氏体的强度、硬度随碳的质量分数的增加而增加，且塑性良好。

渗碳体是铁和碳的化合物，碳的质量分数为 6.69%，晶体结构复杂，呈复杂斜方晶体结构。其特点是硬度高(HBS=800)、脆性大(Z=0%)，是一种硬而脆的相，但却是钢和铸铁中的一种主要强化相。渗碳体在铁碳合金中的含量、形状和分布情况对合金性能有很大的影响。

2. 铁碳合金相图分析

铁碳合金相图中各主要特征点均具有重要含义，连接各特征点将组成特征线，特征线则将相图分成特征区(见图 2-24)，图中点、线、区域及其含义说明列于表 2-1 中。

相图中 ACD 为液相线，合金在冷却过程中遇上此线时开始结晶。线 $AECF$ 为固相线，在该线以下各对应成分的合金均为固态，其中 ECF 为共晶线，凡在此成分范围内的合金冷却到共晶温度时都会发生共晶相变。线 GS（也称 A_3 线）是合金在冷却过程中由奥氏体析出铁素体的开始线，或者是加热过程中铁素体溶入奥氏体的终了线。线 ES 是碳在奥氏体中的溶解度曲线，随温度升高，奥氏体中碳的质量分数增加；当温度低于线 ES 时，奥氏体过饱和碳以渗碳体的形式析出，通常将这个过程中析出的渗碳体称作二次渗碳体，记为 Fe_3C_{II}，线 ES 也称作 A_{cm} 线。PQ 线是碳在铁素体中的溶解度曲线，随着温度的降低，多余的碳以渗碳体的形式析出，这一阶段析出的渗碳体常称为三次渗碳体，记为 Fe_3C_{III}。

线 PSK 为共析线，也称 A_1 线，与共晶线相类似，是由线 PS 和线 SK 组成，其中点 S 为共析点，当奥氏体的温度降至该线时都会发生共析反应。所谓共析反应是由一种确定成分的固相分解为两种不同成分的固相的反应。如

$$\gamma = (\alpha + Fe_3C) \tag{2-12}$$

通常把奥氏体的共析体 $\gamma(\alpha+Fe_3C)$ 称为珠光体，用符号 P 表示。

由表 2-1 和图 2-24 可知，铁碳合金相图中有四个单相区：① L 液相区（ACD 线以上区）；② γ 奥氏体区（$AESGA$ 区）；③ α 铁素体区（$GPQG$ 区）；④ Fe_3C 渗碳体区（DFK 区，实际是一条竖线）。

按照相图的规律，两个单相区之间必然夹有一个两相区作为这两个相的过渡区（点接触除外），那么 $Fe\text{-}Fe_3C$ 相图中就有如下五个两相区：① $L+\gamma$ 相区（$ACEA$ 区）；② $L+Fe_3C$ 相区（$CDFC$ 区）；③ $\alpha+\gamma$ 相区（$GSPG$ 区）；④ $\gamma+Fe_3C$ 相区（$EFKSE$ 区）；⑤ $\alpha+Fe_3C$ 相区（$QPSK$ 线以下区）。

表 2-1 铁碳合金相图中点、线、区域及其含义说明

点的符号	对应温度/℃	碳的质量分数 ω_C/%	含　　义
A	1538	0	纯铁熔点
C	1148	4.3	共晶点，$L_C=\gamma+Fe_3C$
D	1227	6.69	渗碳体熔点 Fe_3C（计算值）
E	1148	2.11	碳在奥氏体中的最大溶解度
F	1148	6.69	共晶渗碳体成分点
G	912	0	α-Fe 和 γ-Fe 同素异构（晶）转变点
P	727	0.0218	碳在 α-Fe 中的最大溶解度
S	727	0.77	共析点，$\gamma=\alpha+Fe_3C$

线的符号	碳的质量分数区间 ω_C/%	含　　义
ACD	0～6.69	液相线
AC	0～4.3	奥氏体结晶开始线
CD	4.3～6.69	一次渗碳体结晶开始线
$AECF$	0～6.69	固相线
AE	0～2.11	奥氏体结晶终了线
ECF	2.11～6.69	共晶线，液体同时结晶出奥氏体与渗碳体的结晶线
GSE	0～2.11	碳的最大溶解度曲线
GS	0～0.77	铁素体析出线

续表

线的符号	碳的质量分数区间 $\omega_C/\%$	含　　义
ES	0.77～2.11	二次渗碳体析出线
PSK	0.0218～6.69	共析线，发生共析反应，结晶出共析产物珠光体
GP	0～0.0218	铁素体转变终了线
PQ	0～0.0218	三次渗碳体析出线
区域符号	相组成	含　　义
ACD 线以上区	液相 L	在该区金属全部为液体
$ACEA$ 区	L+γ	液体与奥氏体共存区
$CDFC$ 区	L+Fe_3C	液体与渗碳体共存区
$AESGA$ 区	γ	单一奥氏体区
$EFKSE$ 区	γ+Fe_3C	奥氏体与渗碳体共存区
$GSPG$ 区	α+γ	铁素体与奥氏体共存区
$GPQG$ 区	α	单一铁素体区
$QPSK$ 线以下区	α+Fe_3C	铁素体与渗碳体共存区

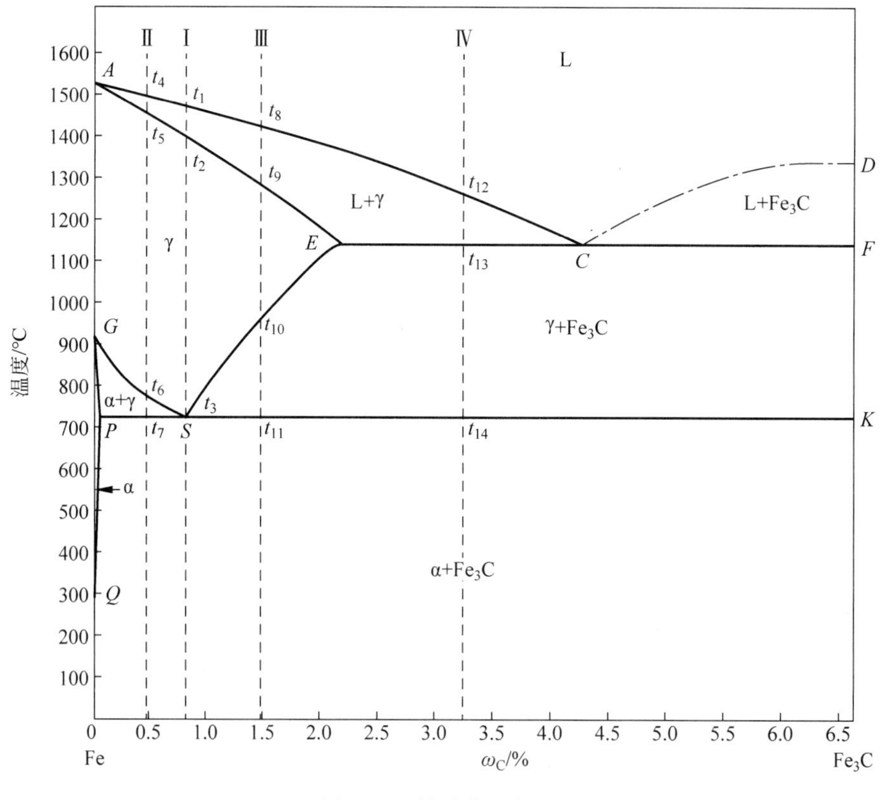

图 2-24　铁碳合金相图

3. 铁碳合金结晶过程分析

如上所述，铁碳合金对应不同的温度和成分，组织结构有很大的差异，这些差异不仅极大地影响材料的性能，还将影响材料的加工，因此分析铁碳合金的结晶过程，了解合金在加热或冷却过程中的组织转变，具有重要的实际应用价值，特别是对制定正确的热加工工艺很有帮助。为此，特以几种典型成分合金为例，分析其结晶过程及组织转变规律供学习参考。

1）共析钢

成分对应共析点 S 的铁碳合金为共析钢（见图 2-24）。在 t_1 点温度以上时，合金为液态。当温度降到 t_1 之后，液相中开始结晶出奥氏体 γ。随着温度降低，奥氏体的数量将逐渐增多。到达温度 t_2 时，液相全部结晶为奥氏体。当温度继续下降在 $t_2 \sim t_3$ 之间时，奥氏体不发生组织变化。而降到点 S 时，奥氏体将发生共析转变，即：

$$\gamma = (\alpha + Fe_3C) \tag{2-13}$$

此时钢的组织全部转变为珠光体。温度继续下降，珠光体不再发生变化。因此，共析钢的室温平衡结晶组织为珠光体。图 2-25 表示共析钢的组织转变示意图。图 2-26 为共析钢的室温显微组织。

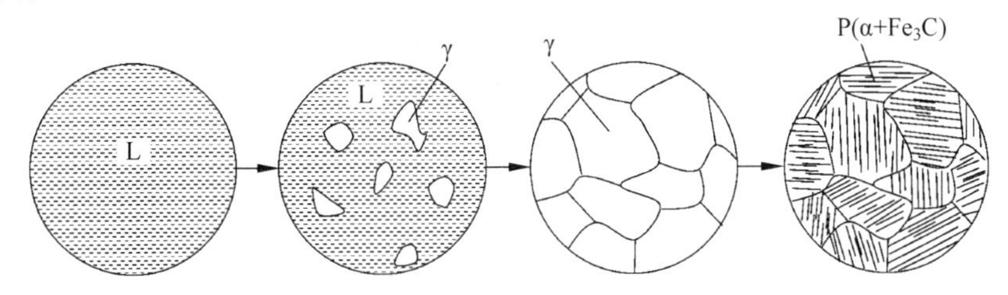

图 2-25　共析钢组织转变示意图

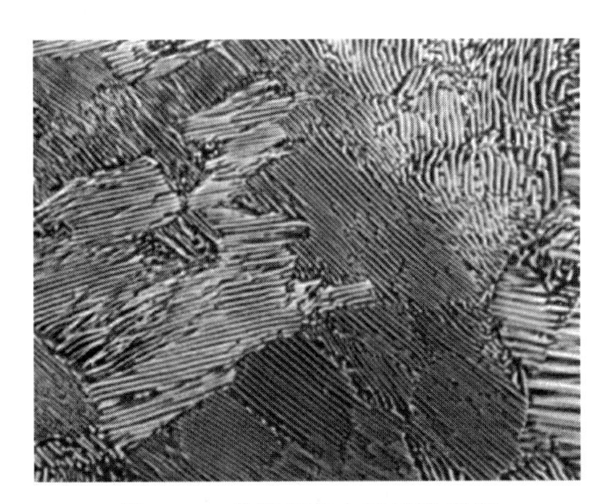

图 2-26　共析钢的室温显微组织

2）亚共析钢

通常将碳的质量分数在共析成分（$\omega_C = 0.77\%$）以下的钢叫作亚共析钢，如合金Ⅱ。当温度降至 t_4 时该合金开始从液相中结晶出奥氏体，当温度降低到 t_5 时，全部结晶为奥氏体。温度在 $t_5 \sim t_6$ 时奥氏体不发生组织转变。温度降到 t_6 后，开始逐渐从奥氏体中析出铁素体，并且随着温度的降低，铁素体的数量逐渐增多，而奥氏体的数量逐渐减少，其成分也沿着线 GS 变化。当冷却到温度 t_7 时，剩余奥氏体成分变得与点 S 成分相同，此时将发生共析转变，生成珠光体。继续冷却直到室温，不再发生组织变化。所以亚共析钢的室温组织为铁素体＋珠光体。图 2-27 表示亚共析钢的组织转变示意图。图 2-28 为亚共析钢的室温显微组织。

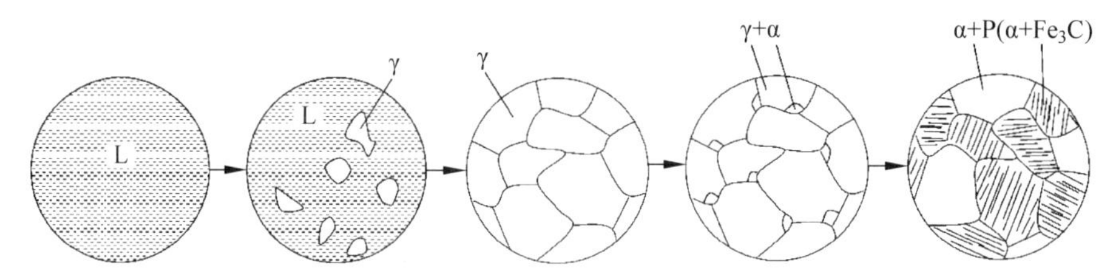

图 2-27　亚共析钢组织转变过程示意图

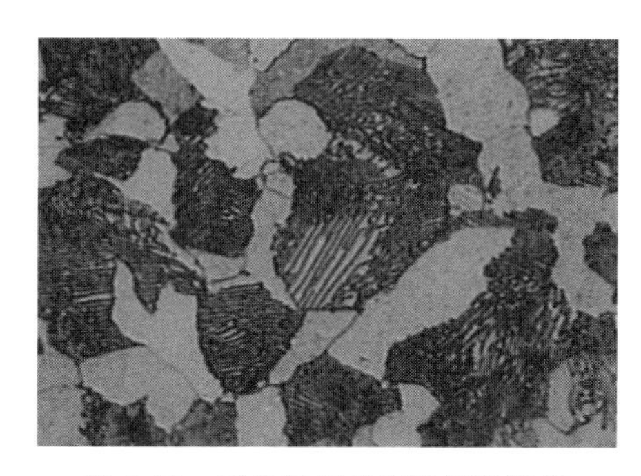

图 2-28　亚共析钢的室温显微组织

3）过共析钢

与亚共析钢不同，通常将碳质量分数超过共析成分 0.77%，但小于 2.11% 的铁碳合金叫作过共析钢，如合金Ⅲ。该合金在 t_8 以上为液体，在 t_8 以下开始结晶出奥氏体，降到 t_9 温度时全部结晶完毕。温度为 $t_9 \sim t_{10}$ 之间奥氏体不发生组织转变。当温度降低到 t_{10} 以后，由于奥氏体的成分沿 ES 线变化，所溶解的多余碳以二次渗碳体形式析出。冷却到 t_{11} 时，也即共析温度时，剩余奥氏体的成分将变得与共析成分点 S 相同，从而发生共析转变，生成珠光体。因此过共析钢的室温组织为珠光体+二次渗碳体。这类合金的二次渗碳体通常呈网络状分布在珠光体周围。图 2-29 表示过共析钢的组织转变过程示意图。图 2-30 为过共析钢的室温显微组织。

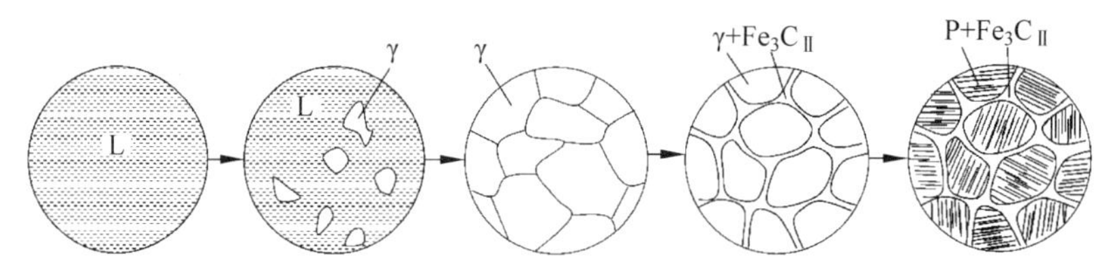

图 2-29　过共析钢的组织转变过程示意图

图 2-30　过共析钢的室温显微组织

4）白口铸铁

碳的质量分数为4.3%的铁碳合金叫作共晶白口铸铁，该合金的组织由莱氏体组成，是共晶产物。以此为分界，大于4.3%的铁碳合金叫过共晶白口铸铁，处于2.11%～4.3%的铁碳合金叫作亚共晶白口铸铁。虽不同成分铸铁的组织不相同，性能也各有差异，但分析方法一致，下面以亚共晶白口铸铁为例，分析其结晶过程与相结构组成。亚共晶白口铸铁这类合金的结晶过程比较复杂，以合金Ⅳ为例。当温度降至 t_{12} 时，首先结晶出一部分初晶奥氏体，未结晶的液相冷却到 t_{13} 温度时成分变得与 C 点的共晶成分相同，这时剩余液体将发生共晶相变，即：

$$L=(\gamma+Fe_3C) \tag{2-14}$$

这种共晶产物即为莱氏体。温度继续降低时，初晶奥氏体与莱氏体中的奥氏体转变过程完全相同，即先析出 $Fe_3C_{Ⅱ}$，达到 t_{14} 之后碳的质量分数变为0.77%的奥氏体再通过共析反应变为珠光体。这样，莱氏体的组织变为 $(P+Fe_3C_{Ⅱ}+Fe_3C)$，通常把这种组织称为低温莱氏体或变态莱氏体。为了方便，莱氏体和低温莱氏体分别用符号Ld和Ld′表示。图2-31为亚共晶白口铸铁的组织转变过程示意图。图2-32所示是亚共晶白口铸铁的室温显微组织，图中只能看到由初晶奥氏体转变而来的珠光体和低温莱氏体，组织中所有二次渗碳体均与共晶体中的渗碳体连在一起，难以分辨出来。而实际亚共晶白口铸铁的室温组织应为珠光体＋二次渗碳体＋低温莱氏体。

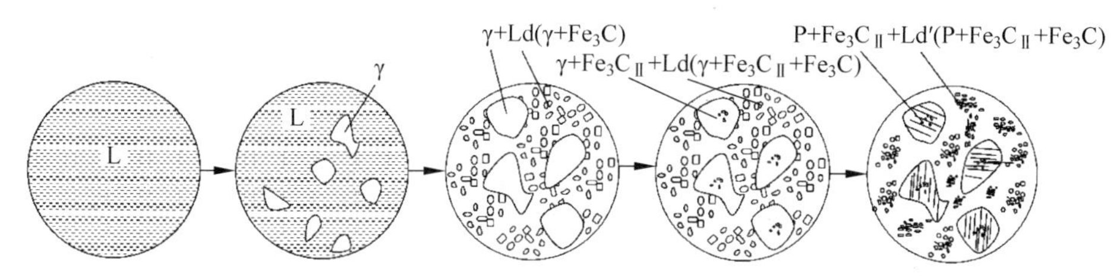

图2-31　亚共晶白口铸铁的组织转变过程示意图

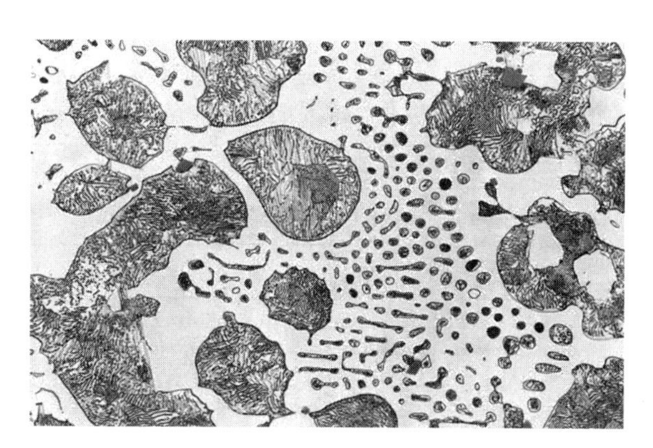

图2-32　亚共晶白口铸铁的室温显微组织

综上所述，室温下的铁碳合金虽然组织复杂，但概括起来，都是由铁素体和渗碳体两种相结构组成，只是碳的质量分数和组成方式不同。随着碳的质量分数的增加，渗碳体不仅在数量上增多，而且其形态、大小和分布都发生变化，这些特征决定了铁碳合金的力学性能和加工性能因碳的质量分数的不同，会有很大差别。

2.3 非金属材料学基础

2.3.1 陶瓷材料的键合特点、结构特点、特性

陶瓷材料按照习惯可分为两类，即传统陶瓷和先进陶瓷。传统陶瓷主要指黏土制品，以黏土、长石、石英等天然原料为主，经粉碎、成形、烧结等工艺制成制品。先进陶瓷也称为高技术陶瓷、特种陶瓷、精细陶瓷。先进陶瓷又分为结构陶瓷和功能陶瓷：结构陶瓷主要是利用其良好的力学性能；功能陶瓷主要利用其优异的声、光、电、磁等物理性能。例如：电容器陶瓷、工具陶瓷、耐热陶瓷、压电陶瓷等都属于先进陶瓷，先进陶瓷的特点是用化工合成原料制成的。

与金属不同，无机非金属材料除玻璃材料是通过液态浇注成形外，大部分陶瓷成形是由粉体经过高温烧结而成。陶瓷通常也具有晶体结构，是各种晶粒、晶界、气孔和包裹物的组合体。

1. 典型陶瓷的晶体结构

按照晶体原子间相互作用的形成机制，晶体可大致分为五种基本类型：离子晶体、共价晶体、金属晶体、分子晶体和氢键晶体。晶体中原子间的相互作用称为键，五种基本晶体对应五种基本的键，即离子键、共价键、金属键、范德瓦耳斯和氢键。陶瓷晶体主要以离子键、共价键为主，也可以是两种结合类型的综合或是介于两种类型之间的过渡。陶瓷晶体的键合方式，决定了这种材料具有比金属材料更高的耐热性能，更好的耐腐蚀性能，较差的导电、导热性能和难加工性能等。工程陶瓷种类很多，常用的典型材料有氧化铝陶瓷、氧化锆陶瓷、氮化硅陶瓷等。其中氮化硅陶瓷常被用于制作陶瓷刀具，其应用比较广泛。

（1）氧化铝陶瓷的晶体结构及性能。Al_2O_3 主要有 α-Al_2O_3，β-Al_2O_3，γ-Al_2O_3 三种同素异构晶体，最常用的是 α-Al_2O_3。α-Al_2O_3 属离子型晶体，其晶体结构如图 2-33 所示，力学性能见表 2-2。该结构最紧密，活性低，高温时稳定，是三种形态中最稳定的晶型，电学性质最好，具有优良的机电性能，氧化铝又被称为“刚玉”。

表 2-2 α-Al_2O_3 的典型力学性能

Al_2O_3（质量分数/%）	>99.9	>99.7	>99～99.7	>96.5～99
密度/(g/cm^3)	3.97～3.99	3.89～3.96	3.6～3.85	3.73～3.8
硬度/GPa，HV500g	19.3	16.3	15～16	12.8～15
断裂韧性 K_{IC}/($MPa \cdot m^{1/2}$)	2.8～4.5	—	5.6～6	—
杨氏模量/GPa	366～410	300～380	330～400	300～380
室温弯曲强度/MPa	550～600	160～300	550	230～350
热膨胀系数(200～1200℃)/($10^{-6} \cdot K^{-1}$)	6.5～8.9	5.4～8.4	6.4～8.2	8～8.1
室温热导率/(W/(m·K))	38.9	28～30	30.4	24～26
烧成温度范围/℃	1600～2000	1750～1900	1700～1750	1700～1600
泊松比	0.27～0.3	—	—	—

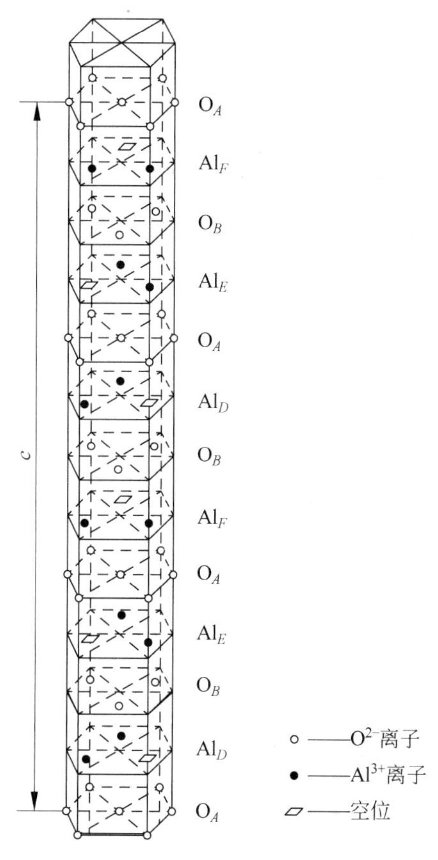

图 2-33　α-Al_2O_3 晶体阳离子排列

(2) 氧化锆陶瓷的晶体结构。氧化锆陶瓷的热力学和电学性能使它在先进陶瓷和工程陶瓷中具有广泛的应用。典型应用包括：挤压模、机器的耐磨件、陶瓷发动机的活塞顶部等。目前氧化锆正在从韧性、抗磨损和热性能方面开拓自己的应用。用氧化锆作增韧剂的复合材料，如 ZTA(氧化锆增韧氧化铝陶瓷)可用作切削刀具。离子导电氧化锆能用作氧传感器、燃料电池的固体电解质、炉子的发热元件等。

氧化锆在不同温度下存在三种稳定的同素异晶体：从高温到室温分别为液相(L)→立方相(c-ZrO_2)→正方相(t-ZrO_2)→单斜相(m-ZrO_2)，如图 2-34 所示。

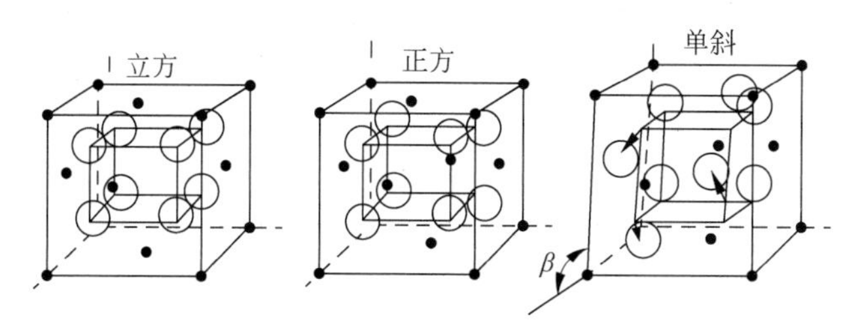

图 2-34　ZrO_2 的三种晶胞结构

纯氧化锆的单斜相从室温到 1170℃ 是稳定的，超过这一温度转变为正方相，然后在 2370℃转变为立方相，直到 2680℃ 发生熔化。由单斜相变为正方相有滞后现象。冷却时，由正方相到单斜相的相变在1170℃以下约100℃的温度范围内发生。由正方相变为单斜相的相变是马氏体相变,冷却时会引起3%~4%的体积增加。这一体积变化足以超过ZrO_2晶粒的弹性限度,并将引起开裂。因此制造大的纯氧化锆块体材料是很难的。但是当纯氧化锆加入适量氧化钇等相变稳定剂后(例如组成Y-TZP陶瓷或Ce-TZP陶瓷),部分四方氧化锆会在室温下保留下来。而且研究发现,室温四方氧化锆具有在应力作用下诱发相变的特点,能导致正方相向单斜相转变,并伴有相变后的体积增加,若此时陶瓷内部存在微裂纹,裂纹尖端将在体积膨胀时受到闭合作用。该作用对降低材料脆性,增强韧性效果显著,所以该方法也叫作"陶瓷材料的相变增韧"。

商业四方氧化锆陶瓷的典型力学和物理性能见表2-3。表中所得到的某一特性数据与实验方法有关,特别是K_{IC}值。而且这些常用数据会受到显微结构变化(如稳定剂含量、晶粒尺寸等)和外界条件变化如气氛、温度的影响。使用时仅供参考。

表2-3 四方氧化锆多晶体TZP的典型物理性能

物理性能指标	Y-TZP	Ce-TZP
稳定剂/(mol%)	2~3	12~15
硬度/GPa	10~12	7~10
室温断裂韧性K_{IC}/($MPa\cdot m^{1/2}$)	6~15	6~30
杨氏模量/GPa	140~200	140~200
弯曲强度/MPa	800~1300	500~800
热膨胀系数(20~1200℃)/($10^{-6}\cdot K^{-1}$)	9.6~10.4	—
室温热导率/(W/(m·K))	2~3.3	—

2. 陶瓷显微组织及相结构

1)晶相

陶瓷的晶相千差万别,与原料组成和制备工艺密切相关。例如:反应烧结氮化硅陶瓷的主晶相为α-Si_3N_4,热压烧结氮化硅陶瓷的主晶相为β-Si_3N_4;长石质瓷器中晶相为莫来石,偏方石英和残余石英。又例如,刚玉瓷的主晶相是α-Al_2O_3,由于氧化铝属离子键结合,所以刚玉瓷具有力学性能好,耐高温、绝缘、介电损耗小等优点。

2)晶界

陶瓷晶粒的晶界形状多呈规则多边形,这与金属晶界有较多不同。由于陶瓷晶界两侧的晶粒取向不同,因而晶界处的原子排列呈过渡层状态,该过渡层有一定的厚度。由于陶瓷晶界的结构较疏松,能量较高,在晶粒生长过程中,易析出一些杂质,这些杂质通常聚集在晶界上。晶界中的杂质对陶瓷性能有很大影响,假如晶界杂质较多又成连续分布时,高温下会显示出较大的导电性,即晶界导电率决定整个陶瓷的电导率。此外杂质和气孔会使晶界结合强度受到削弱,沿晶界断裂是陶瓷材料脆性破坏的常见情况。杂质在晶界上的存在方式如图2-35所示。

3)玻璃相

陶瓷坯体中常存在玻璃相,玻璃相属非晶体相(无序相),通常是由坯体的组分及杂质或添加物所形成的低熔点物质构成。玻璃相的数量会随坯料的组成和烧结工艺的不同而不同。玻璃相通常分布在晶相周围形成连续相,具有黏结晶粒,提高致密性,增加透明度,降低

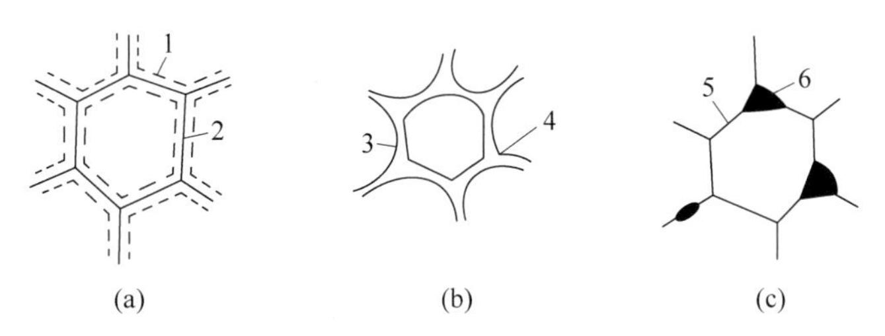

1—晶界；2—分散沉积物(0.2×10^{-3}～1μm)；3—晶界；4—扩散沉积物(0.1×10^{-1}～10μm)；5—晶界；6—颗粒沉积物(0.1×10^{-1}～1μm)。

图 2-35 杂质在晶界上的存在方式

烧结温度的优点，但是也存在使强度降低，在高温下易软化，使抗热震性能下降等缺点。对高技术陶瓷，玻璃相含量受到严格控制，甚至不允许存在。

4）气孔

由于陶瓷通常是经由粉体烧结而成，陶瓷结构中就不可避免地存在有气孔。气孔量与烧成条件以及坯料的组成有关，一般产品的气孔率在5%～10%。气孔既可分布于玻璃相中，也可包含在大颗粒晶体中。气孔的存在不仅影响材料的致密程度，也影响材料强度。因此想办法排除气孔，是陶瓷制备工艺的重要研究内容之一。

3. 影响组织结构的因素

影响陶瓷微观组织结构的因素有很多，归纳起来主要有以下几种。

1）原料粉体

研究表明，细颗粒烧结成陶瓷后，晶粒容易长大；中粗颗粒烧结后，晶粒长大较小。这与细颗粒表面能大，烧结驱动力强有关。此外粉末的形状对坯体烧结也有影响，例如等轴颗粒比棒状颗粒更容易致密烧结。颗粒尺寸分布的均匀程度也会影响致密烧结，例如颗粒分布不均时，临界密度为90%；若分布均匀时，坯体临界密度可以达到99%。

2）添加元素

掺杂是陶瓷生产中的常用手段，对材料微观结构和性能的影响有两方面：一是使掺杂物溶入固溶体，增加晶格缺陷，促进晶格扩散，减少气孔，使坯体致密；二是在晶界上形成连续的第二相，使其溶解晶粒，促进烧结，提高材料的致密性。

3）烧结制度

烧结制度中包括烧结气氛、烧结温度、烧结时间、烧结压力、冷却温度等。例如在还原气氛下烧结时，气孔率仅有4.6%，而在氧化气氛中烧结气孔率高达17%。在热压条件下烧结时，不仅烧结时间大大减少，致密性和力学性能大幅提高，而且烧结温度也可大幅下降。

4）陶瓷材料的强韧化方法

由于影响陶瓷材料微观组织结构的因素很多，因此改善陶瓷材料力学性能的方法也各不相同。例如通过淬冷热处理细化晶粒，可使表面产生压应力。加入金属颗粒，可通过金属的塑性变形吸收裂纹断裂能。此外还可以通过控制陶瓷体积相变闭合扩展裂纹，通过加入高强度纤维，提高陶瓷基体抵抗载荷的能力。总之，上述方法都可以明显提高材料的强韧性。

2.3.2 高分子材料的键合特点、结构特点、特性

高分子材料包括塑料、橡胶、合成纤维、油漆和胶黏剂五种。通常分子量大于 1 万的物质称为高分子化合物。塑料的分子量一般由几万到几百万，橡胶分子在 10 万以上，合成纤维的分子量也在 1 万以上。高分子化合物尽管分子量很大，但其化学组成一般较简单，可以由一种或几种简单化合物(也称单体)聚合而成，也称“高聚物”。组成高分子的单元结构称为链节，一个高聚物中所具有的链节数称为聚合度(degree of polymerization，DP)。

聚合度×链节分子量＝高分子分子量

例如聚合度为 1500，链节分子量为 62 的聚氯乙烯分子量为 1500×62＝93000。

虽然高分子材料通常为非晶态，但塑料成形、薄膜拉伸及纤维纺丝过程也会出现聚合物结晶现象。结晶速度慢、具有不完全性和聚合物没有清晰的熔点是大多数聚合物结晶的基本特点。一般认为：聚合物加工过程中，熔体冷却结晶时，通常会生成球晶。在高应力作用下的熔体还能生成纤维状晶体。聚合物熔体或浓熔液冷却时发生的结晶过程是大分子链段重排进入晶格并由无序变为有序的松弛过程。大分子进行重排运动需要一定的热运动能，要形成结晶结构又需要分子间有足够的内聚能，所以有适当比值的热运动能和内聚能是大分子进行结晶所必需的热力学条件。当温度很高($T>T_m$)时，分子热运动的自由能显著地大于内聚能，聚合物中难于形成有序结构，故不能结晶。当温度很低，即 $T<T_g$ 时，因大分子运动处于冻结状态，不能发生分子的重排运动和形成结晶结构。所以聚合物结晶过程只能在 $T_g<T<T_m$ 时发生。

聚合物结晶时有两种成核方式。均相成核(又称散现成核)是纯净的聚合物中由于热起伏而自发地生成晶核的过程，过程中晶核密度能连续地上升。异相成核(又称瞬时成核)是不纯净聚合物中的某些物质(如成核剂、杂质或加热时未完全熔化的残余结晶)起晶核作用，成为结晶中心，引起晶体生长的过程，过程中晶核密度不发生变化。

聚合物结晶后还可能发生二次结晶和后结晶现象。二次结晶是在一次结晶完之后在一些残留的非晶区域和晶体不完整部分，即晶体间的缺陷或不完善区域，继续进行结晶和进一步完整化过程。这些不完整部分可能是在初始结晶过程中被排斥的比较不易结晶的物质。聚合物的二次结晶速度很慢，往往需要很长时间(几年甚至几十年)。除二次结晶以外，一些加工的制品中还发生一种后结晶现象，这是聚合物加工过程中一部分来不及结晶的区域在加工后发生的继续结晶的过程，发生在球晶的界面上，并不断形成新的结晶区域，使晶体进一步长大，所以后结晶是加工中初始结晶的继续。二次结晶和后结晶都会使制品性能和尺寸在使用和贮存中发生变化，影响制品正常使用。

复合材料与金属、陶瓷、高分子材料相比，既有很多共同的理论基础，也有各自的不同。

2.4 材料选用

2.4.1 材料的分类、编号与用途

如前所述，工程材料包括金属材料、有机高分子材料(聚合物)、陶瓷材料(无机非金属材

料)和复合材料四大类。本节将重点介绍比较常用的工程材料。

1. 金属材料

金属材料包括结构金属材料和功能金属材料。根据本课程的要求,下面介绍以结构材料为主的金属材料。结构金属材料又分成黑色金属(钢铁)和有色金属,本节将分别介绍其分类、牌号、性能和适用范围等内容,以便选用。

1) 钢铁

如前所述,铁碳合金通常根据材料内部的组织结构的不同分为钢和铁,其中碳质量分数小于2.11%的铁碳合金叫作“碳素钢”,简称“碳钢”,主要是由铁素体与珠光体组成,该组织决定了钢不仅具有强度,同时还具有塑性和良好的综合力学性能。当铁碳合金中碳的质量分数大于2.11%时,其组织结构以莱氏体和珠光体(或渗碳体)为主,该类材料抗拉强度低,脆性大,断口呈银白色,用途很少,但铸造性能好,所以该类材料又叫作“白口铸铁”。钢铁在制造业的应用范围非常广泛,但是实际应用中会发现,铁碳合金也不能保证适用于各种场合,为此在碳钢的基础上,人们在冶炼时会有目的地加入一种或数种合金元素,生产出种类繁多、用途广泛、性能更好的合金钢。

白口铸铁是碳的质量分数大于2.11%的铁碳合金,但它又不完全等同于铸铁,因为如果采用不同的制备工艺,加入不同的有益元素,会使白口铸铁的组织发生各种变化,例如白口铸铁中的碳会以石墨的方式析出并分布于基体中,这种含有石墨的铁碳合金就是铸铁。根据石墨形状的不同(片状/团絮状/球状),铸铁可分为灰口铸铁、可锻铸铁、球墨铸铁等。

(1) 碳素结构钢。碳素结构钢的牌号由QXXX-Y.Z四部分组成,“Q”代表屈服点屈服强度的拼音首字母,XXX代表屈服应力数值,Y代表质量等级符号,Z代表脱氧方法。例如Q235-A.F表示屈服点强度为235MPa的A级沸腾钢。这类钢的牌号、化学成分及用途举例见表2-4,详见国家标准GB/T 700—2006《碳素结构钢》。

表2-4 普通碳素结构钢的牌号、化学成分与用途

<table>
<tr><th rowspan="2">牌 号</th><th rowspan="2">等 级</th><th colspan="5">化学成分质量分数/%,不大于</th><th rowspan="2">脱氧方法</th><th rowspan="2">应用举例</th></tr>
<tr><th>C</th><th>Si</th><th>Mn</th><th>P</th><th>S</th></tr>
<tr><td>Q195</td><td>—</td><td>0.12</td><td>0.30</td><td>0.50</td><td>0.035</td><td>0.040</td><td>F、Z</td><td rowspan="3">用于制作钉子、铆钉、垫块及轻负荷的冲压件</td></tr>
<tr><td rowspan="2">Q215</td><td>A</td><td rowspan="2">0.15</td><td rowspan="2">0.35</td><td rowspan="2">1.20</td><td rowspan="2">0.045</td><td>0.050</td><td rowspan="2">F、Z</td></tr>
<tr><td>B</td><td>0.045</td></tr>
<tr><td rowspan="4">Q235</td><td>A</td><td>0.22</td><td rowspan="4">0.35</td><td rowspan="4">1.40</td><td rowspan="2">0.045</td><td>0.050</td><td rowspan="2">F、Z</td><td rowspan="4">用于制作小轴、拉杆、连杆、螺栓、螺母、法兰等不重要的零件</td></tr>
<tr><td>B</td><td>0.20</td><td>0.045</td></tr>
<tr><td>C</td><td rowspan="2">0.17</td><td>0.040</td><td>0.040</td><td>Z</td></tr>
<tr><td>D</td><td>0.035</td><td>0.035</td><td>TZ</td></tr>
<tr><td rowspan="5">Q275</td><td>A</td><td>0.24</td><td rowspan="5">0.35</td><td rowspan="5">1.50</td><td>0.045</td><td>0.050</td><td>F、Z</td><td rowspan="5">用于制作拉杆、连杆、转轴、心轴、齿轮和键等</td></tr>
<tr><td rowspan="2">B</td><td>0.21</td><td rowspan="2">0.045</td><td rowspan="2">0.045</td><td rowspan="3">Z</td></tr>
<tr><td>0.22</td></tr>
<tr><td>C</td><td rowspan="2">0.20</td><td>0.040</td><td>0.040</td></tr>
<tr><td>D</td><td>0.035</td><td>0.035</td><td>TZ</td></tr>
</table>

注:Q为屈服强度“屈”字汉语拼音首字母;A、B、C、D为质量等级;F为沸腾钢;Z为镇静钢;TZ为特殊镇静钢。在牌号中Z、TZ符号予以省略。

(2) 优质碳素结构钢。优质碳素结构钢的牌号由两个数字××组成,表示碳的质量分数的万分之几。例如45钢表示碳的质量分数为万分之四十五。对含锰量高的钢,须将锰元素标出。国家标准GB/T 17616—2013《钢铁及合金牌号统一数字代号体系》中规定了28个牌号及其化学成分和力学性能。与碳素结构钢比优质碳素结构钢的特点是有害杂质硫、磷含量低,均限制在0.04%(质量分数)以下。表2-5为优质碳素结构钢的牌号和用途。

表2-5 优质碳素结构钢的牌号和用途

牌号	用途举例
08	用于制作薄板,制造深冲制品、油桶、高级搪瓷制品,也用于制成管子、垫片及心部强度要求不高的渗碳和碳氮共渗零件等
10	用于制造锅炉管、油桶顶盖、钢带、钢板和型材,也可用于制作机械零件
15	用于制造机械上的渗碳零件、紧固零件、冲锻模件及不需热处理的低负荷零件,如螺栓、螺钉、拉条、法兰盘及化工机械用贮器、蒸汽锅炉等
25	用于制作热锻和热冲压的机械零件,机床上的渗碳及碳氮共渗零件,以及重型和中型机械制造中负荷不大的轴、辊子、连接器、垫圈、螺栓、螺母等,还可用于制作铸钢件
30	用于热锻和热冲压的机械零件,冷拉丝、重型和一般机械用的轴、拉杆、套环,以及机械上用的铸件,如气缸、汽轮机机架、飞轮等
35	用于热锻和热冲压的机械零件,冷拉和冷顶镦钢材、无缝钢管,机械制造中的零件,如转轴、曲轴、轴销、杠杆、连杆、横梁、星轮、套筒、轮圈、钩环、垫圈、螺钉、螺母等;还可用来铸造汽轮机机身、轧钢机机身、飞轮、均衡器等
40	用来制造机器的运动零件,如辊子、轴、曲柄销、传动轴、活塞杆、连杆、圆盘等,以及火车的车轴
45	用来制造蒸汽轮机、压缩机、泵的运动零件,还可以用来代替渗碳钢制造齿轮、轴、活塞等零件,但零件需经高频或火焰表面淬火,并可用于制作铸件
50	用于耐磨性高、动载荷及冲击作用不大的零件,如铸造齿轮、拉杆、轧辊、轴摩擦盘、次要的弹簧、农机上的掘土犁铧、重负荷的心轴和轴等
55	用于制造齿轮、连杆、轮面、轮缘、扁弹簧及轧轮等,也可用于制作铸件
60	用于制造轧轮、轴、偏心轴、弹簧圈、弹簧、各种垫圈、离合器、凸轮、钢丝绳等
65	用于制造气门弹簧、弹簧圈、轴、轧辊、各种垫圈、凸轮及钢丝绳等
70	用于制造弹簧
80	
15Mn	用于制造中心部分的力学性能要求高且需渗碳的零件
20Mn	
30Mn	用于制造螺栓、螺母、螺钉、杠杆、刹车踏板;还可以用于制造在高应力下工作的细小零件,如农机钩环、链等

(3) 碳素工具钢。碳素工具钢的牌号由T和××两部分组成,即钢号前冠以"碳"或"T",表示碳素工具钢,其后跟一组数字,表示碳的质量分数的千分之几。碳素工具钢中碳的质量分数一般在0.65%~1.35%,其特点是材料硬度较高,韧性较差,有害杂质少。常见碳素工具钢的牌号、化学成分及用途见表2-6。

表 2-6　碳素工具钢的牌号、化学成分及用途

牌号	化学成分质量分数/%					用　途
	C	Mn	Si	S	P	
T7	0.65～0.74	0.20～0.40	0.15～0.35	≤0.030	≤0.035	用于制造承受振动与冲击载荷,要求较高韧性的工具,如凿子、各种锤子、石钻等
T7A	0.65～0.74	0.15～0.30	0.15～0.30	≤0.020	≤0.0300	
T8	0.75～0.84	0.20～0.40	0.15～0.35	≤0.300	≤0.035	用于制造承受振动与冲击载荷,要求足够韧性和较高硬度的工具,如简单模具、冲头、剪切金属用剪刀、木工工具等
T8A	0.75～0.84	0.15～0.30	0.15～0.30	≤0.020	≤0.030	

(4) 合金结构钢。合金结构钢的牌号编排原则是采用“数字＋化学元素＋数字”的方法。前面数字表示碳的平均质量分数的万分之几,化学元素以其元素符号来表示,合金元素后面的数字表示合金元素含量,一般以百分之几表示,当平均含量小于1.5%时,钢号中一般只标出元素符号而不标明含量,当平均含量大于或等于1.5%、2.5%、3.5%、…时,则在元素后面相应地标出2、3、4、…。表2-7、表2-8、表2-9分别为调质钢、渗碳钢、弹簧钢的牌号及用途。

表 2-7　调质钢的牌号与用途

牌　号	用　途
40Cr	用于制造齿轮、花键轴、后半轴、连杆、主轴
45Mn2	用于制造齿轮、齿轮轴、连杆盖、螺栓
35CrMo	用于制造大电机轴、锤杆、连杆、轧钢机曲轴
30CrMnSi	用于制造飞机起落架、螺栓
40MnVB	用于代替40Cr、用于制造汽车、机床的轴、齿轮
30CrMnTi	用于制造汽车主动锥齿轮、后主齿轮、齿轮轴
38CrMoAlA	用于制造磨床主轴、精密丝杠、量规、样板

表 2-8　渗碳钢的牌号与用途

牌　号	试样毛坯尺寸/mm	用　途
20Cr	15	用于制造齿轮、齿轮轴、凸轮、活塞销
20Mn2B	15	用于制造齿轮、轴套、气阀挺杆、离合器
20MnVB	15	用于制造重型机床的齿轮和轴、汽车后桥齿轮
20CrMnTi	15	用于制造汽车、拖拉机上变速齿轮、传动轴
12CrNi3	15	用于制造重负荷下工作的齿轮、轴、凸轮轴
20Cr2Ni4	15	用于制造大型齿轮和轴,也可用于制作调质件

表 2-9　弹簧钢的牌号与用途

牌　号	化学成分质量分数/%					用　途
	C	Si	Mn	Cr	V	
65Mn	0.62～0.70	0.17～0.37	0.90～1.20	≤0.25		制造直径为8～15mm小型弹簧

续表

牌　号	化学成分质量分数/%					用　　途
	C	Si	Mn	Cr	V	
55Si2Mn	0.52～0.60	1.50～2.00	0.60～0.90	≤0.35		制造直径为20～25mm弹簧（可用于230℃以下）
60Si2Mn	0.56～0.64	1.50～2.00	0.60～0.90	≤0.35		制造直径为25～30mm弹簧（可用于230℃以下）
50CrVA	0.46～0.54	0.17～0.37	0.50～0.80	0.80～1.10	0.10～0.20	制造直径为30～50mm弹簧（可用于210℃以下）
60Si2CrVA	0.56～0.64	1.40～1.80	0.40～0.70	0.90～1.20	0.10～0.20	制造直径小于50mm弹簧（可用于250℃以下）

（5）合金工具钢。合金工具钢的牌号编排原则与合金结构钢基本相似，但是规定如果工具钢中的平均碳的质量分数大于1.00%时不予标出，碳的质量分数小于1.00%时，平均碳的质量分数以千分之几表示。高速钢和高铬钢不管碳的质量分数多少一律不标出。表2-10为低合金工具钢的牌号、化学成分及用途。

表2-10　低合金工具钢的牌号、化学成分及用途

牌　号	化学成分质量分数/%					用　　途
	C	Cr	Si	Mn	其他	
9SiCr	0.85～0.95	1.20～1.60	0.30～0.60	0.95～1.25	V 0.10～0.25	用于制造冷冲模、板牙、丝锥、钻头、铰刀、拉刀、齿轮铣刀、木工凿子、锯条或其他工具量规、块规、精密丝杠、丝锥、板牙
8MnSi	0.75～0.85	0.30～0.60	0.80～1.10			
9Mn2V	0.85～0.95	≤0.40	1.70～2.40			
CrWMn	0.90～1.05	≤0.40	0.80～1.10	0.90～1.20	W 1.20～1.60	用于制造淬火后变形小的刀具，如拉刀、长丝杠及量规，形状复杂冲模

（6）灰口铸铁。灰口铸铁牌号由“灰铁”二字的汉语拼音首字母“HT”和后续三个数字组成，数字表示最低抗拉强度。例如灰口铸铁HT200表示最低抗拉强度为200MPa。一般情况下，牌号为HT100的灰口铸铁可用于制造端盖、外罩、支架等低载荷的零件；牌号为HT150的灰口铸铁可用来制造支柱、底座、齿轮箱、工作台等承受中等载荷的零件；牌号为HT200的灰口铸铁可用来制造汽缸套、活塞、齿轮等承受较大载荷的零件。灰口铸铁的强度与铸铁基体有关，珠光体基体灰口铸铁要强于铁素体灰口铸铁。在灰口铸铁中，石墨以片状形式分布于材料基体，由于石墨强度很低，片状石墨对基体有严重的割裂作用，导致材料的强度远比碳钢要低，因此通过改变石墨在材料基体中的形状是改善材料性能的重要方法，表2-11为灰口铸铁的牌号、化学成分及用途。

表 2-11　灰口铸铁的牌号、机械性能及用途

铸铁类别（基体类型）	牌号	机械性能			用　途
		抗拉强度 R_m/MPa	抗弯强度 R_{bb}/MPa	硬度/HBS	
铁素体灰口铸铁	HT100	100	260	143～229	用于制造低载荷和不重要的部件，如盖、外罩、手轮、支架等
铁素体-珠光体灰口铸铁	HT150	150	330	163～229	用于制造承受中等应力的零件，如底座、床身、工作台、阀体、管路附件及一般工作条件要求的零件
珠光体灰口铸铁	HT200	200	400	170～241	用于制造承受较大应力和较重零件，如汽缸体、齿轮、机座、床身、活塞、齿轮箱等
	HT250	250	470		
孕育铸铁	HT300	300	540	187～255	用于制造床身导轨，车床、冲床等受力较大的床身、机座、主轴箱、卡盘、齿轮等
	HT350 HT400	350 400	610 680	197～269 207～269	用于制造高压油缸、泵体、衬套、凸轮、大型发动机的曲轴、气缸体、气缸盖等

(7) 可锻铸铁。可锻铸铁用符号“KT”表示，其后的两项数字分别表示最低抗拉强度和伸长率。可锻铸铁的组织特点是基体上分布有团絮状石墨，这是将白口铸铁长时间退火后获得的。团絮状石墨对基体的割裂作用明显减小，材料性能明显提高。虽然可锻铸铁有一定的塑性，但可锻铸铁不可锻。表 2-12 是可锻铸铁的牌号和应用举例。

表 2-12　可锻铸铁的牌号及用途

牌　号	基体类型	试样毛坯直径/mm	用　途
KT300-06	铁素体	16	用于制造汽车、拖拉机零件，如后桥壳、轮壳、转向结构壳体、弹簧钢板支座等；机床附件，如钩形扳手、螺纹绞扳手等；各种管接头、低压阀门、农具等
KT330-08			
KT350-10			
KT370-12			
KTZ450-05	珠光体	16	用于制造曲轴、连杆、齿轮、凸轮轴、摇臂、活塞环等
KTZ500-04			
KTZ600-03			
KTZ700-02			

(8) 球墨铸铁。球墨铸铁用符号“QT”表示，牌号中的数字与可锻铸铁牌号的数字意义相同。其组织特点是基体上分布有球状石墨，球状石墨是通过加入球化剂等工艺方法获得的。球状石墨是最理想的形态之一，对基体割裂作用最小，因此材料的性能可与中碳钢比美，表 2-13 为球墨铸铁的牌号和应用举例。

表 2-13　球墨铸铁的牌号及用途

牌　号	用　途
QT400-17	用于制造汽车、拖拉机的牵引框、轮毂、离合器、差速器及减速器的壳体等；农机具的犁铧、犁柱、犁托、犁侧板及牵引架；高压阀门的阀体、阀盖及支架等
QT420-10	
QT500-5	用于制造内燃机的机油泵齿轮，水轮机的阀门体、铁路机车车辆的轴瓦等

续表

牌　号	用　　途
QT600-2	用于制造柴油机和汽油机的曲轴、连杆、凸轮轴、气缸套、进排气门座；脚踏脱粒机的齿条、轻载齿轮；畜力犁铧；空气压缩机及冷冻机的缸体、缸套及曲轴；球磨机齿轮轴、矿车轮及桥式起重机大小车滚轮等
QT700-2	
QT800-2	
QT1200-1	用于制造汽车螺旋伞齿轮、拖拉机减速齿轮、柴油机凸轮轴及犁铧、耙片等

2）有色金属

有色金属种类很多，但主要常用的有铝及铝合金、铜及铜合金。这些金属或合金又可按照其纯度、性质和用途细分成很多种，例如：纯铝按其纯度可分为高纯铝、工业高纯铝和工业纯铝。铝合金按性质和用途可分为防锈铝、硬铝、超硬铝、锻铝四类。工业纯铜按所含杂质的多少分为四级。铜合金按化学成分可分为黄铜、青铜和白铜等。

（1）铝及铝合金。铝及铝合金采用四位字符体系牌号命名，牌号的第一、三、四位为阿拉伯数字，第二位为英文大写字母（C、I、L、N、O、P、Q、Z 字母除外）。牌号的第一位数字表示铝及铝合金的组别。铝及铝合金的编号主要分为八个组别。按照铝合金系，1×××表示纯铝（铝含量不小于 99.00%），2×××表示铝铜合金，3×××表示铝锰合金，4×××表示铝硅合金，5×××表示铝镁合金，6×××表示铝镁硅合金系，7×××表示铝锌合金，8×××表示其他合金，9×××是备用合金组。除改型合金外，铝合金组别按主要合金元素（6×××系按 Mg_2Si）来确定。牌号的第二位字母表示原始纯铝或铝合金的改型情况，最后两位数字用以标识同一组中不同的铝合金或表示铝的纯度。具体见国家标准 GB/T 16474—2011《变形铝及铝合金牌号表示方法》。

① 纯铝。铝含量不低于 99.00%时为纯铝，其牌号用 1×××系列表示。牌号的最后两位数字表示最低铝百分含量。当最低铝百分含量精确到 0.01%时，牌号的最后两位数字就是最低铝百分含量中小数点后面的两位。如果第二位字母为 A，则表示为原始纯铝；如果是 B-Y 的其他字母，则表示为原始纯铝的改型，与原始纯铝相比，其元素含量略有改变。纯铝的密度小，导电、导热性能好，抗腐蚀性能好，塑性加工性能好，可加工成板、带、箔和挤压制品等，可进行气焊、氩弧焊、点焊。常用牌号有 1A50 工业纯铝和 1A99 工业纯铝。高纯铝主要用于科研及电容器。工业纯铝主要用于配制铝合金和制造导线、电缆和电容器等。

② 铝合金。铝合金的牌号用 2×××-8×××系列表示。牌号的最后两位没有特殊意义，仅用来区分同一组中不同的铝合金。牌号第二位的字母表示原始合金的改型情况。如果第二位字母为 A，则表示为原始合金；如果是 B-Y 的其他字母，则表示为原始合金的改型合金。

防锈铝合金主要用于制造各种深冲压件和焊接件。硬铝合金主要用于制作各种铆钉。超硬铝合金可以板材、型材和模锻件等形式应用于飞机制造业中。锻铝合金主要用于制造形状复杂的大型锻件。

（2）铜及铜合金。

① 工业纯铜，按所含杂质的多少分为四级，编号方法以“T”（铜的汉语拼音首字母）为首，其后再附以级别数字，数字越小，则纯度越高。

② 铜合金，包括黄铜和青铜。黄铜是以锌为主要合金元素的铜合金，其编号方法以“H”（黄的汉语拼音首字母）表示，后面的两位数字表示合金中含铜量的百分数。例如 H80，

即表示含铜量为80%,青铜是指除以锌、镍为主要合金元素以外的铜合金,其编号用代号Q(青铜汉语拼音首字母)+主要元素符号+主加元素的含量。例如,QSn7为7%的锡青铜。青铜主要包括锡青铜、铝青铜、铍青铜。锡青铜可用来制造弹簧、耐磨零件等;铝青铜主要用来制造弹簧、船用零件等;铍青铜用来制造各种重要弹性元件、耐磨零件及防爆工具等。

铜及铜合金的牌号和化学成分详见标准GB/T 29091—2012《铜及铜合金牌号和代号表示方法》和GB/T 5231—2022《加工铜及铜合金牌号和化学成分》。

2. 有机高分子材料

有机高分子材料的种类繁多,按工艺性质可分为塑料、橡胶、纤维、油漆、胶黏剂等。高分子材料的命名一般有三种形式。简单高分子材料高聚物的命名常根据原料的名称,在前面加上"聚"字,例如聚苯乙烯、聚丙烯。还有些缩聚物在它的原料名称之后加上"树脂"二字,如苯酚和甲醛的缩聚物,称酚醛树脂。另外,有一些结构复杂的高聚物,往往采用商品牌号,如聚酯纤维名为"涤纶",聚酰胺名为"尼龙"。

1) 塑料

塑料是以合成树脂为主要成分的有机高分子材料。通用塑料指产量大、用途广、价格低的一类塑料,包括聚氯乙烯、聚烯烃、聚苯乙烯、酚醛树脂和氨基塑料等。工程塑料指用作结构材料,在机械装备和工程结构中使用的塑料,一般具有良好的刚度、韧性、耐热、耐腐蚀等性能,包括聚甲醛、聚酰胺、聚碳酸酯、丙烯腈-丁二烯-苯乙烯树脂、氯化聚醚等。耐高温塑料是一类价格高、产量少的塑料,通常用于宇宙航行、火箭导弹等特殊场所,如氟塑料、硅树脂和耐高温的芳杂环聚合物。工程塑料使用温度比金属材料低,通常低于300℃。

2) 橡胶

橡胶是具有卷曲长链分子结构的有机高分子材料。按应用范围,橡胶可分为通用橡胶、准通用橡胶和特种橡胶。通用橡胶是指天然橡胶以及能够用来代替天然橡胶制造轮胎和其他大宗橡胶制品的合成橡胶,如丁苯橡胶、顺丁橡胶等;准通用橡胶,如丁基橡胶;特种橡胶,如硅橡胶、聚硫橡胶等。橡胶在相当宽的温度范围内仍不失其高弹性,并且具有良好的耐磨性和绝缘性。

3) 有机纤维

有机纤维可分为天然纤维和化学纤维。天然纤维包括棉花、羊毛、蚕丝、麻等;化学纤维又分为人造纤维和合成纤维。人造纤维是利用自然界中纤维素或蛋白质作为原料,经过化学处理与机械加工制得的纤维;合成纤维是利用煤、石油、天然气、水等不含天然纤维的物质作为原料,经过化学合成与机械加工等制得的纤维。合成纤维与天然纤维相比,具有强度高、质轻、易洗快干等特点,应用的范围比较广。

4) 胶黏剂

胶黏剂也称为"黏合剂",是一类能将同种或不同种材料胶合在一起,并在交接面有足够强度的物质,能起胶接、固定密封、浸渗补漏和修复的作用。因此,在现代工业和民用中应用很广,在许多场合代替螺栓、铆、焊等传统连接工艺。胶黏剂可以用来胶接金属、陶瓷、木材、塑料、织品等。胶接可以连接同种或不同种材料,且不受厚度限制,极薄、极厚的材料也可以连接起来。接头处应力均匀,密封性好,绝缘性好,耐腐蚀,抗疲劳,质量轻,工艺简单。

3. 无机非金属材料

传统的无机非金属材料主要包括陶瓷、玻璃、水泥和耐火材料四类，这里主要讨论陶瓷材料。研究结果表明，高硬度的陶瓷材料，具有摩擦系数小、耐磨、耐化学腐蚀、比重小等特点。在精密机械中，陶瓷可应用于高温、中温、低温等环境，可以作机械零件，也可作电机零件。陶瓷广泛应用于化工、冶金、机械、电子、能源和尖端科学技术领域中。

陶瓷作为高温结构材料，应用前景广阔，可用于 1100℃ 以上高温场合。其中氧化物陶瓷（如 Al_2O_3、ZrO_2）以及一些非氧化物陶瓷（如 Si_3N_4、SiC）已被用于制造转子发动机叶片、汽车热交换器、切削刀具等。

化学化工用陶瓷的主要特点是化学稳定性好，对酸、碱、盐有很好的抵抗力。其中化学化工用的坩埚、蒸发皿、杯、舟、绝缘管等，以及化工厂里输送液体和气体的管道、泵和阀等，为了防腐蚀，用陶瓷是最好的选择。

尖端工业用陶瓷，例如氮化硅、碳化硅、氧化铝陶瓷，都有很好的抗腐蚀性，可以用来做原子反应堆的中子吸收棒。洲际导弹的端头、人造卫星的鼻锥和宇宙飞船的腹部，都装有特别的防热烧蚀陶瓷材料。纯陶瓷用途较少，大部分是与其他物质组成复合材料用于工程中。

4. 复合材料

复合材料发展迅猛，命名也不单一，广义的称有树脂基复合材料、金属基复合材料、陶瓷基复合材料。有时以增强材料冠在命名之前，称纤维增强复合材料、粒子增强复合材料等。现在常用的表达形式是用斜线将增强体与基体分开：斜线前写增强体材料，斜线后写基体材料，如 SiC/AZ91 表示碳化硅增强的镁基复合材料、碳纤维/环氧树脂复合材料表示碳纤维增强的环氧树脂基复合材料等。

复合材料的分类有以下四种：

(1) 以基体类型分为金属基复合材料、树脂基复合材料、无机非金属基复合材料。

(2) 以增强体类型分为碳纤维复合材料、玻璃纤维复合材料、有机纤维复合材料、复合纤维（SiC、B）复合材料、混杂纤维复合材料、纳米颗粒增强复合材料、金属陶瓷复合材料。

(3) 以增强物外形分为连续纤维增强复合材料、纤维织物或片状材料增强复合材料、短纤维增强复合材料、粒状填料复合材料。

(4) 同质物复合材料包括碳纤维增强复合材料、不同密度聚合物复合的复合材料。

复合材料中，纤维增强树脂基（或称聚合物基）复合材料应用最广，其适用温度一般低于 300℃，其中玻璃纤维增强塑料所占比例最高。玻璃纤维增强热固性塑料和玻璃纤维增强热塑性塑料，均已广泛应用于机电、汽车、建筑、化工、轻工、造船、运输、冶炼、石油等行业。在航空工业中新型飞机使用碳纤维、硼纤维等高性能复合材料的多少，已成为衡量飞机先进程度的主要标志之一。金属基复合材料性能高、质量小，其使用温度在 300～1200℃。金属基复合材料可分为连续增强型复合材料和非连续增强型复合材料。连续增强型复合材料造价高，主要应用于航空航天飞行器、发动机和某些高技术军工产品，能大幅度提高整机性能。非连续增强型复合材料造价较低，除应用于航空航天产品外，多用于民用部门，特别是在汽车工业，具有重要用途。陶瓷基复合材料是指在陶瓷基体中引入第二相材料，从而构成的多相复合材料，陶瓷基复合材料的使用温度超过 1200℃。依第二相形态，陶瓷基复合材料包括连续纤维补强的陶瓷基复合材料、异相颗粒弥散强化的多相复合材料、自补强复合材料以及梯度功能复合材料。复合材料的牌号、用途及选用可参见本书“7.3 节复合材料成形”内容和《机械工程材料手册(工程材料分册)》。

2.4.2 选材原则

工程材料选择的基本原则主要是考虑四个方面的性能：一是材料的使用性能，二是材料的工艺性能，三是材料的经济性能，四是材料及其加工过程中的环保性能。

1. 材料的使用性能

这是选材的最主要依据，是指零件在使用时所应具备的材料性能，包括力学性能、物理性能和化学性能。对大多数机械零件而言，力学性能是主要的性能指标，包括强度极限 R_m、弹性极限 R_e、屈服强度 R_{eH}、R_{eL} 或 $R_{p0.2}$、断后伸长率 A、断面收缩率 Z、冲击吸收能量 K 及硬度 HRC 或 HBS 等。这些参数中强度是力学性能的主要性能指标，只有在强度满足要求的情况下，才能保证零件正常工作。所以，在设计机械零件和选材时，应根据零件的工作条件，损坏形式，找出对材料机械性能的要求，选择性能达到使用要求的材料类别，这是材料选择的基本出发点。表 2-14 为几种典型零件的工作条件、失效形式和主要力学性能指标。

表 2-14　几种典型零件的工作条件、失效形式及主要力学性能指标

典型零件	工作条件	失效形式	主要力学性能指标
重要螺栓	承受交变拉应力	过量塑性变形或由疲劳而造成破断	$R_{p0.2}$、HBS、R_{-1p}
重要传动齿轮	承受交变弯曲应力、交变接触压应力、齿面受滚动摩擦冲击载荷	齿面过度磨损、疲劳麻点、齿的折断	R_{-1}、R_{bb}、HRC、接触疲劳强度
曲轴轴类	承受交变弯曲应力、扭转应力、冲击载荷	颈部摩擦、过度磨损、疲劳破断而失效	$R_{0.2}$、R_{-1}、HRC
弹簧	交变应力、振动	弹性丧失或疲劳破断	R_e/R_m、R_e、R_{-1p}
滚动轴承	点线接触下的交变压应力、滚动摩擦	过度磨损、疲劳破断而失效	R_{bc}、R_{-1}、HRC

注：R_{-1p} 为抗压或对称拉伸时的疲劳强度；R_{-1} 为光滑试样对称弯曲应力时的疲劳强度；R_{bb} 为抗弯强度；R_{bc} 为抗压强度。

2. 材料的加工工艺性能

材料的加工工艺性能主要有：铸造、塑性加工、焊接、切削加工、热处理和其他成形性能。材料加工工艺性能的好坏会影响零件的质量、生产效率及成本。所以，材料的加工工艺性能也是选材的重要依据之一。

1）铸造性能

铸造性能是指金属材料能否用铸造方法制成优良铸件的性能，即可铸性。铸造性能主要取决于金属材料熔化后金属液体的流动性,冷却时的收缩率和偏析倾向等。化学成分、熔炼工艺、出炉温度、浇注温度等都会影响其性能。

2）塑性成形性能

塑性成形性能是指材料经过塑性变形而不产生裂纹和破裂以获得所需形状的性能。材料塑性成形性能的优劣是以材料的塑性和变形抗力综合评定的。塑性是指材料在外力作用下产生永久变形,而不破坏其完整性的能力。金属对变形的抵抗力,称为变形抗力。塑性反映了金属塑性变形的能力,而变形抗力反映了金属塑性变形的难易程度。塑性越好,变形抗力越低,则塑性成形性越好。材料的压力加工性取决于材料的性质和变形条件。

3）可焊性

可焊性是指在一定焊接技术条件下,获得优质焊接接头的难易程度,即金属材料对焊接加工的适应性。衡量可焊性的主要指标有两个：一是在一定的焊接技术条件下接头产生缺陷,尤其是裂纹的倾向或敏感性；二是焊接接头在使用中的可靠性。

金属材料的可焊性与母材的化学成分、厚度、焊接方法及其他技术条件密切相关。同一种金属材料采用不同的焊接方法、焊接材料、技术参数及焊接结构形式,其焊接性有较大差别。如铝及铝合金采用焊条电弧焊时,难以获得优质焊接接头,但如采用氩弧焊则接头质量好,此时焊接性好。

金属材料的可焊性是生产设计、施工准备及正确拟定焊接过程技术参数的重要依据,因此,当采用金属材料尤其是新的金属材料制造焊接结构时,了解和评价金属材料的焊接性是非常重要的。

4）切削加工性能

切削加工金属材料的难易程度称为切削加工性能。一般由工件切削后的表面粗糙度及刀具寿命等方面来衡量。影响切削加工性能的主要因素有工件的化学成分、金相组织、物理性能、力学性能等。铸铁比钢切削加工性能好,一般碳钢比高合金钢切削加工性能好。金属材料的切削加工性比较复杂,很难用一个指标来评定,通常用以下四个指标来综合评定：切削时的切削抗力、刀具的使用寿命、切削后的表面粗糙度及断屑情况。如果一种材料在切削时的切削抗力小,刀具寿命长,表面粗糙度值低,断屑性好,则表明该材料的切削加工性能好。另外,也可以根据材料的硬度和韧性做大致的判断。硬度在170～230HBW,并有足够脆性的金属材料,其切削加工性良好；硬度和韧性过低或过高,切削加工性均不理想。

5）热处理性能

热处理性能是指钢材在热处理过程中所表现的行为。如过热倾向、淬透性、回火脆性、氧化脱碳倾向,以及变形开裂倾向等。

总之,良好的加工工艺性可以减少加工过程的能耗和材料消耗、缩短加工周期及降低废品率等。优良的加工工艺性能是提高产品质量、降低产品成本的重要保证。

3. 材料的经济性能

产品成本的高低是劳动生产率的重要标志。产品的成本主要包括：原料成本、加工费用、成品率以及生产管理费用等。材料的选择也要着眼于经济效益,根据国家资源,结合国内生产实际加以考虑,在满足使用性能的前提下,选择成本较低的材料种类。此外,还应考虑零件的寿命及维修费用,若选用新材料还要考虑研究试验费用。

4. 材料及其加工过程中的环保性能

国际贸易和国内外的法律法规都对产品的环境因素提出了要求，将环境性能作为产品的主要目标和出发点，材料的选择又是决定是否达到要求的重要环节。材料的选择要求在产品设计中尽可能选用那些对生态环境影响小并充分利用资源能源的材料，即选用绿色材料。

此外，有些材料在成形或加工过程中容易产生高温、粉尘、噪声、废液、废弃物和有害气体等“三废”问题，不仅污染环境，影响工人的身体健康，而且影响到技术力量的培养以及产品质量的稳定与提高，应当引起高度的重视。在选择材料时，采取环保优先原则，不选用对环境造成污染的材料和在加工成形、制造过程中易产生污染的材料。

在选材时必须了解我国工业发展趋势，按国家标准，结合我国资源和生产条件，从实际出发考虑各方面因素。

习题 2

2-1　塑性材料与脆性材料的拉伸性能有何不同？

2-2　简述低碳钢拉伸曲线特点。高碳钢的拉伸曲线与之相比有何不同？

2-3　冲击韧性与断裂韧性有何区别？

2-4　断面收缩率 Z、断后伸长率 A 越高，表示材料的什么性能越好？该性能是材料能够进行什么加工的必要条件？

2-5　一圆形钢试样的 $R_{eL}=360\text{MPa}$，$R_m=610\text{MPa}$，横截面积是 $S_0=100\text{mm}^2$，问：

(1) 当拉伸力达到多少时，试样将出现屈服现象。

(2) 当拉伸力达到多少时，试样将出现缩颈并断裂。

2-6　结晶过程是依靠两个密切联系的基本过程来实现的，这两个过程是什么？

2-7　固溶体出现成分偏析后，可用什么办法加以消除？

2-8　在铁碳合金室温平衡组织中，含 Fe_3C_{II} 最多的合金成分点为哪点？含 Ld′最多的合金成分点为哪点？

2-9　用显微镜观察某亚共析钢，若估算其中的珠光体体积分数为 80%，则此钢的碳质量分数为多少？

2-10　马氏体的显微组织形态主要有哪两种，其中哪种的韧性较好？

2-11　比较陶瓷材料、高分子材料与金属材料，分析其微观组织结构有何不同？

2-12　简述各种不同工程材料的特点与应用范围。

2-13　为汽车连杆选材，可有哪些选择，为什么？

2-14　简述钢、铸铁、有色金属、高分子材料、陶瓷材料的应用特点。

2-15　选材的基本原则应考虑哪几个方面？

自测题

第3章

材料改性

【本章导读】 材料改性(material modification)是指通过物理和化学手段改变材料物质形态或性质的方法。材料改性的物理方法有：热处理(退火、正火、淬火、回火、渗碳、渗氮、时效等)、冷作硬化、电化学处理、各种表面工程技术等。材料改性的化学方法有：聚苯乙烯的硬链段刚性太强，可引进聚乙烯软链段，增加韧性；尼龙、聚酯等聚合物的端基(氨基、羧基、羟基等)，可用一元酸(苯甲酸或乙酸酐)、一元醇(环己醇、丁醇或苯甲醇等)进行端基封闭等。

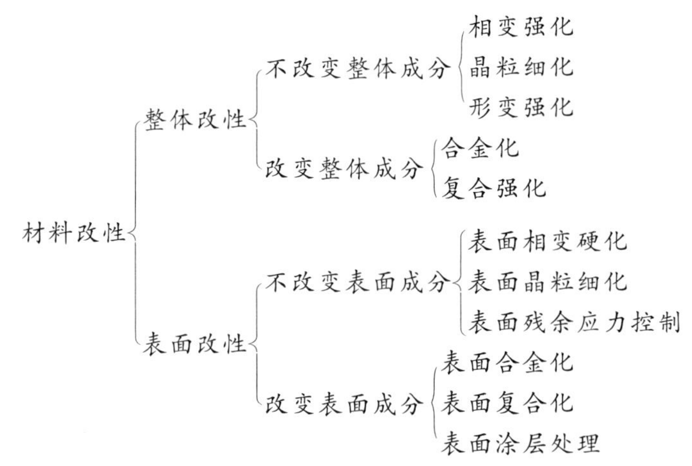

材料改性的基本原理是：材料改性技术的应用将以强化零件或材料表面为目的，赋予零件耐高温、防腐蚀、耐磨损、抗疲劳、防辐射、导电、导磁等各种新的特性。使原来在高速、高温、高压、重载、腐蚀介质环境下工作的零件，提高了可靠性，延长了使用寿命，具有很大的经济意义和推广价值。

通过本章核心知识点的学习，能够了解材料在加热和冷却时组织及性能的转变，清楚热处理的目的和工艺方法，能为简单零件制定基本热处理工艺；了解表面工程技术用途，区分不同表面工程技术，能为产品改性选择合适的表面工程技术。

3.1 材料的热处理

钢的热处理(heat treatment)是指对固态钢施以不同的加热、保温和冷却，以改变其组织，从而获得所需性能的一种工艺。

热处理是通过改变钢的组织结构来实现改变钢的性能的。固态钢在加热、保温和冷却过程中，会发生一系列组织结构的转变，这些转变具有严格的规律性。热处理的主要目的是改变钢的性能，即改善钢的工艺性能和提高钢的力学性能。

工业生产中，绝大多数机器零件都要经过热处理工艺来提高产品的质量、延长使用寿命。例如，机床工业中需要经过热处理的零件占总量的60%～70%，汽车、拖拉机工业中占70%～80%，而各种工具制造业中则达到100%。如果把原材料的预先热处理也包括进去，几乎所有的零件都需要经过热处理。因此，随着我国工业生产的不断发展，热处理必将发挥更大的作用。

3.1.1 钢在加热和冷却时的组织及性能转变

1. 钢在加热时的组织及性能转变

为了使钢件在热处理后获得所需的性能，对于大多数热处理工艺，都要将钢件加热到高于临界点的温度，以获得全部（或部分）奥氏体（符号 A 表示）组织并使之均匀化，这个过程称为“奥氏体化”。加热形成的奥氏体组织的质量（化学成分、均匀性和晶粒大小等）对随后的冷却转变过程以及冷却转变产物的组织和性能有极大的影响。

1）转变温度

由 $Fe\text{-}Fe_3C$ 相图可知，碳钢在缓慢加热或冷却时，$Fe\text{-}Fe_3C$ 相图上各温度点的位置经过 *PSK* 线、*GS* 线和 *ES* 线，其组织都要发生变化。为了今后使用方便，常把 *PSK* 线称为 A_1 线；*GS* 线称为 A_3 线；*ES* 线称为 A_{cm} 线。该线上的临界点，则相应地用 A_1 点、A_3 点、A_{cm} 点来表示，如图 3-1 所示。

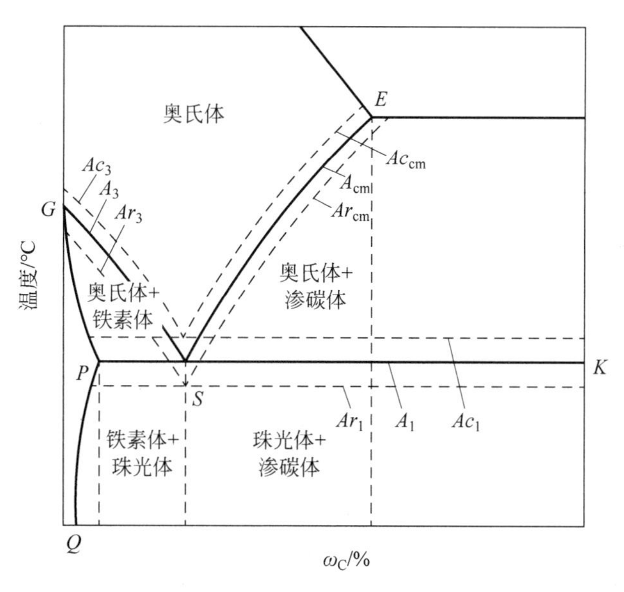

图 3-1 加热（冷却）时 $Fe\text{-}Fe_3C$ 相图上各临界点的位置

A_1、A_3 和 A_{cm} 点都是相变的平衡临界点。在实际热处理加热和冷却条件下，相变是一个在非平衡条件下的转变过程，其转变点与平衡临界点有一些差异。加热转变只能在平衡临界点以上发生（过热）；冷却时转变只能在平衡临界点以下发生（过冷），这种现象称为

“滞后”。随着加热和冷却速度的增加,滞后现象更加严重。通常把实际加热时的临界点用 Ac_1、Ac_3、Ac_{cm} 表示;把实际冷却时的临界点用 Ar_1、Ar_3、Ar_{cm} 表示,如图 3-1 所示。

2) 钢在加热时组织及性能的转变(奥氏体的形成)

钢在加热时的奥氏体形成过程(即奥氏体化)属于一种扩散型的转变,是通过形核和长大过程来实现的。

(1) 基本过程。以共析碳钢为例,将其加热到稍高于 Ac_1 的温度,便发生珠光体(P)向奥氏体(A)的转变,其反应式为

$$P(F_{0.02}+Fe_3C_{6.69})\xrightarrow{Ac_1}A_{0.77} \tag{3-1}$$

显然,奥氏体的形成必须进行晶格的改组和铁、碳原子的扩散。其基本过程是通过下面四个阶段来完成的:A 形核;A 长大;残余 Fe_3C 溶解;A 成分均匀化,如图 3-2 所示。

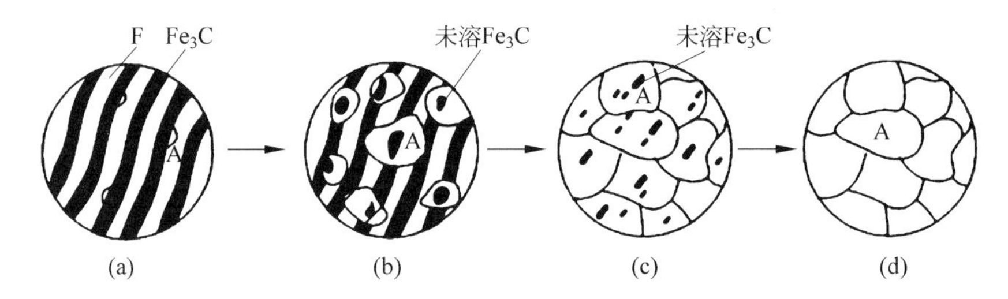

图 3-2 共析钢的奥氏体化过程示意图

(a) A 形核;(b) A 长大;(c) 残余 Fe_3C 溶解;(d) A 成分均匀化

①奥氏体晶核的形成。当钢加热到 Ac_1 以上的温度时,珠光体处于不稳定状态。而且本身铁素体和渗碳体界面处碳的浓度处于中间值,界面处的原子排列是两种点阵的过渡区,同时这里的位错、空位密度较高。因此,这在浓度、结构和能量上为奥氏体晶核的形成提供了有利条件,即奥氏体晶核优先在铁素体和渗碳体相界面上形成。②奥氏体晶核的长大。奥氏体晶核形成后逐渐长大,由于一面与渗碳体相接,另一面与铁素体相接,因此,奥氏体晶核的长大是新相奥氏体的相界面同时向渗碳体与铁素体方向的推移过程,是依靠铁、碳原子的扩散,使与奥氏体晶核邻近的渗碳体不断溶解和邻近的铁素体改组为面心立方晶格来完成的。③残余渗碳体的溶解。由于渗碳体的晶体结构和碳质量分数都与奥氏体相差很大,所以渗碳体向奥氏体的溶解速度比铁素体向奥氏体的转变速度要慢。即在铁素体全部转变完毕后,仍有部分残余渗碳体还未溶解。但随着保温时间的增加,残余渗碳体将会不断地溶入奥氏体中,直至完全消失。④奥氏体的均匀化。残余渗碳体完全溶解后,奥氏体中的碳浓度仍是不均匀的。在原来渗碳体处,碳浓度较高;在原来铁素体处,碳浓度较低。所以,必须继续保温,使原子充分扩散才能使奥氏体组织各部分成分均匀化。

亚共析钢和过共析钢的奥氏体形成过程与共析钢基本相同,不同之处在于若将其加热至 Ac_1 以上时,并未完全奥氏体化,若要得到单一的奥氏体,还存在亚共析钢中过剩相铁素体的待转变以及过共析钢中过剩相渗碳体的待溶解问题。

反应式为

亚共析钢 $$F+P\xrightarrow{Ac_1\text{以上}}F+A\xrightarrow{Ac_3}A \tag{3-2}$$

过共析钢 $$P+Fe_3C_{Ⅱ}\xrightarrow{Ac_1\text{以上}}A+Fe_3C_{Ⅱ}\xrightarrow{Ac_{cm}}A \tag{3-3}$$

可以发现,亚共析钢和过共析钢的加热温度如处在上临界点(Ac_3、Ac_{cm})与下临界点(Ac_1)之间,其组织由奥氏体与一部分尚未转变的过剩相所组成,这种加热方法称为"不完全奥氏体化"加热。

(2) 影响奥氏体形成的因素。①加热温度。加热温度越高,原子的扩散能力越强,使奥氏体形成所进行的晶格改组和铁、碳原子的扩散越快,故加速了奥氏体的形成。②加热速度。随着加热速度的提高,奥氏体形成温度升高,形成温度范围扩大,形成所需的时间也缩短。③原始组织。钢中的原始组织越细,则相界面越多,奥氏体的形成速度就越快。如钢的成分相同时,组织中珠光体越细,奥氏体形成速度越快。层片状珠光体的相界面比粒状珠光体多,加热时奥氏体容易形成。④合金元素。钢中加入合金元素不改变奥氏体形成的基本过程,但影响奥氏体的形成速度。除钴、镍等元素可增大碳在奥氏体中的扩散速度,加快奥氏体化过程之外,大多数合金元素都将不同程度地减缓奥氏体化过程。所以,在一般情况下,合金钢在热处理时的加热温度应比同样碳质量分数的碳钢高一些,保温时间要长一些。

3) 奥氏体晶粒大小及对力学性能的影响

钢中奥氏体晶粒大小直接影响冷却后所得到的组织和性能。加热时若能获得细小的奥氏体晶粒,则冷却产物的强度、塑性及韧性也较好;反之,则其性能较差。为了获得合适的晶粒大小,有必要弄清奥氏体晶粒度的概念及其影响因素。

(1) 奥氏体晶粒度。晶粒度(grain size)是表示晶粒大小的一种尺度。生产上是根据标准的晶粒大小级别图,用比较的方法确定所测钢种晶粒大小的级别。一般结构钢的奥氏体晶粒度分为 8 级,1～4 级为粗晶粒,5～8 级为细晶粒。超过 8 级为超细晶粒。

根据奥氏体的形成过程和长大情况,奥氏体有三种不同概念的晶粒度:①起始晶粒度。指珠光体刚刚转变成奥氏体时的晶粒度,这时的晶粒非常细小。②实际晶粒度。指具体热处理或热加工条件下获得的奥氏体晶粒。实际晶粒一般总比起始晶粒大,直接影响钢热处理后的力学性能。③本质晶粒度。各种不同的钢在加热时,奥氏体晶粒长大的倾向不同,如图 3-3 所示。有些钢在加热到临界点后,随着温度的升高,奥氏体晶粒就迅速长大而粗化,这类钢称为"本质粗晶粒钢"(inherent coarse grain steel);也有一些钢在大约 930℃以下加热时,奥氏体晶粒长大很缓慢,一直保持细小晶粒,只有加热到更高温度时,奥氏体晶粒才急剧长大,这类钢称为"本质细晶粒钢"(inherent fine grain steel)。因此,本质晶粒度并不是晶粒大小的实际度量,而是表示在规定的加热条件下,奥氏体晶粒长大倾向性的高低。

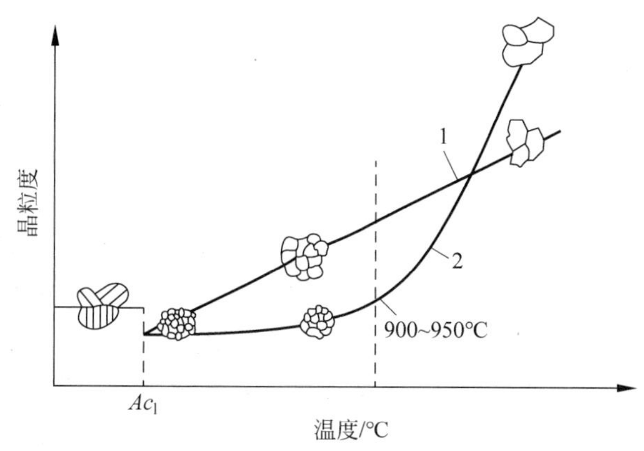

1—本质粗晶粒钢;2—本质细晶粒钢。

图 3-3 钢的本质晶粒度示意图

具体的方法是把钢加热到930±10℃，保温3～8h，冷却后在100倍显微镜下所测定的晶粒度与标准的晶粒等级图进行比较评级。凡晶粒是1～4级的定为本质粗晶粒钢，5～8级的定为本质细晶粒钢，超过8级以上的为超细晶粒钢。

(2) 奥氏体晶粒大小对钢力学性能的影响。在实际生产中，奥氏体实际晶粒大小对随后热处理冷却状态的组织与性能有很大影响。奥氏体晶粒越均匀、细小，则热处理后钢的力学性能越高，尤其是冲击韧性越高。所以热处理加热时，希望获得均匀而细小的奥氏体组织。如果钢在加热时温度过高，或加热时间过长，会引起奥氏体晶粒显著粗化，这种现象称为“过热”。过热组织不仅使钢的力学性能下降，而且粗大的奥氏体晶粒在淬火时也容易引起工件产生较大的变形甚至开裂。

2. 钢在冷却时的组织及性能转变

钢件经过加热、保温，获得全部(或部分)奥氏体组织并使之均匀化后，用不同的冷却方式冷却到室温，将会对钢件冷却转变产物的组织和性能产生不同的影响。实际生产中，钢在热处理时采用的冷却方式，通常有等温冷却和连续冷却两种，如图3-4所示。

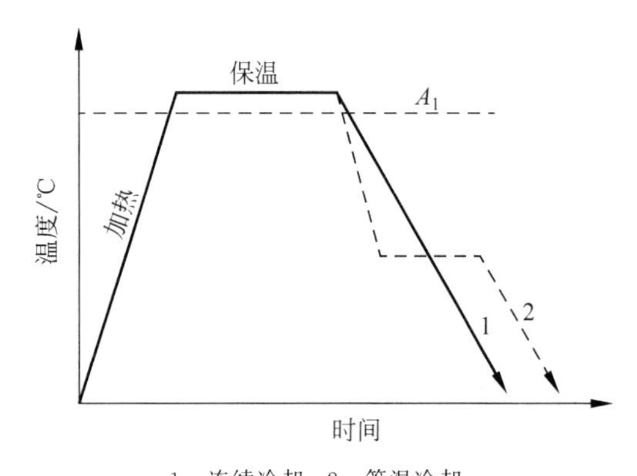

1—连续冷却；2—等温冷却。

图3-4 两种冷却方式示意图

1) 过冷奥氏体的等温冷却转变

奥氏体在临界点A_1点以下处于不稳定状态，必然要发生相变。但过冷到A_1点以下的奥氏体并不是立即发生转变，而是要经过一个孕育期后才开始转变，这种在孕育期暂时存在的、处于不稳定状态的奥氏体称为“过冷奥氏体”。

(1) 共析碳钢过冷奥氏体等温冷却转变曲线——TTT曲线(time-temperature-transformation curve)的建立。①将共析碳钢制成许多$\phi 10\times 1.5$mm的小圆片试样，分成几组(每一组用于测定某一温度下转变的开始和终了时刻)，并将使其完全奥氏体化。②把各组试样分别投入A_1点以下不同温度(如650℃、600℃、550℃、350℃等)的等温浴槽中进行等温冷却转变。③每隔一定时间取出一个试样淬入水中，等温时尚未转变的奥氏体，在水冷后会转变为在金相显微镜下能观察到的白亮色马氏体和残余奥氏体，而等温转变的产物则原样不动保留下来，在金相组织中呈暗黑色。这样便能较方便地分析出在同一等温温度下不同等温时间转变产物的情况。④以转变产物的转变量为1%的时刻作为转变开始时刻，以转变量为99%的时刻为转变终了时刻，将各个温度下的转变开始和终了时刻都标在“温度-时间”坐标中，然后分别联点，成为转变开始线和转变终了线，如图3-5所示。这样便绘成了过冷奥氏体等温冷却转变曲线，由于曲线的形状与字母“C”相似，故也俗称“C 曲线”。

在 C 曲线的下面还有两条水平线：M_s 线和 M_f 线，分别表示过冷奥氏体转变为马氏体的开始线和终了线。

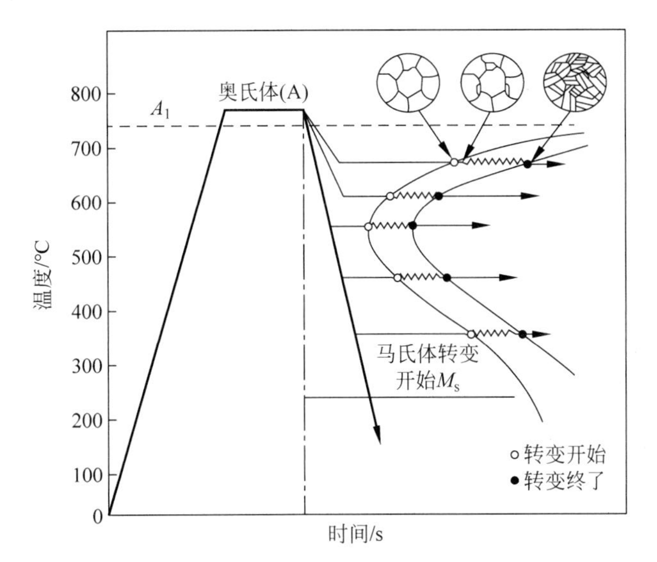

图 3-5　共析碳钢奥氏体等温冷却转变曲线的建立

（2）过冷奥氏体等温转变曲线的分析。如果把图 3-5 中的加热、保温和冷却工艺曲线舍去，就能得到共析碳钢完善的 C 曲线，如图 3-6 所示。由图可见：

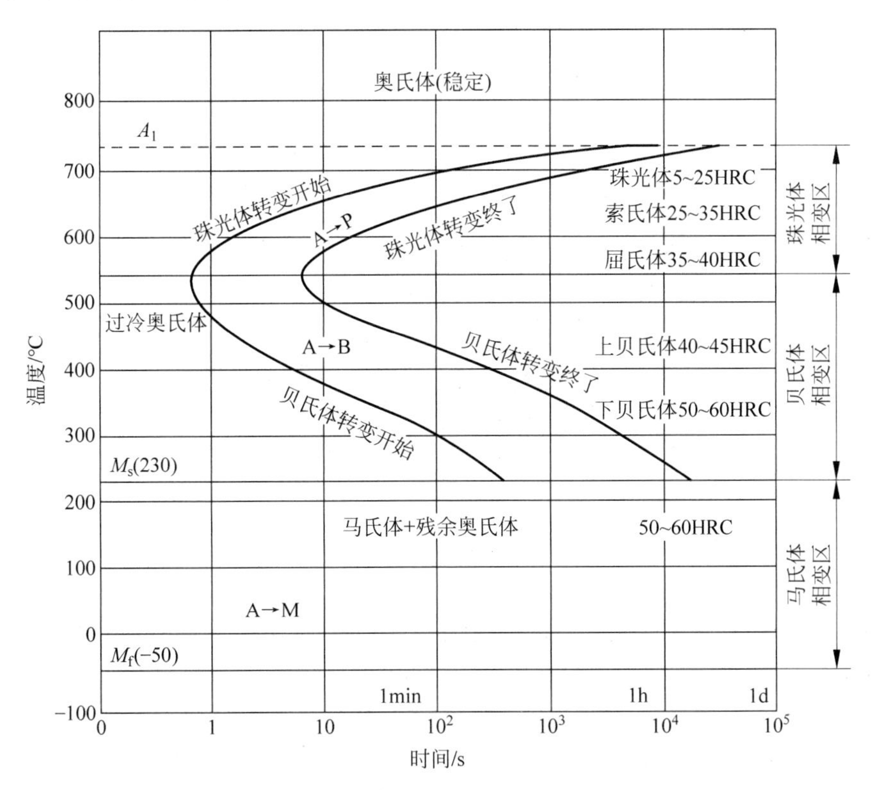

图 3-6　共析碳钢的奥氏体等温冷却转变曲线

① A_1 以上是奥氏体稳定区域，A_1 以下，转变开始线以左的区域是过冷奥氏体区。A_1 以下，转变终了线以右和 M_s 点以上的区域为转变产物区。转变开始线和转变终了线之间为过冷奥氏体和转变产物共存区。②过冷奥氏体在转变之前，都要经过一段孕育期(以转变开始线与纵坐标之间的距离来表示)。在不同的等温温度下，孕育期的长短不同。对于共析碳钢，在 550℃时的孕育期最短，即说明这时的过冷奥氏体最不稳定，最易发生分解，转变速度也最快。在高于或低于 550℃时，孕育期均由短变长，即表示过冷奥氏体的稳定性提高了。C 曲线上孕育期最短的地方，被称为 C 曲线的“鼻尖”，所对应的温度称为“鼻温”。C 曲线鼻部处的孕育期长短十分重要，是决定一种钢材是否容易淬上火的重要依据之一，并依此来选择不同的冷却介质。③C 曲线上明确地表示出了过冷奥氏体有三个转变区：A_1 点至 C 曲线鼻尖区间为高温转变，其转变产物是珠光体，故为珠光体型转变区；C 曲线鼻尖至 M_s 点区间为中温转变，其转变产物是贝氏体，故为贝氏体型转变区；M_s 点以下为低温转变，其转变产物是马氏体，故为马氏体型转变区。

(3) 过冷奥氏体等温转变产物的组织与性能。

① 珠光体型转变。共析碳钢的珠光体型转变是由面心立方晶格的奥氏体(ω_C = 0.77%)转变为体心立方晶格的铁素体(ω_C<0.02%)和复杂晶格的渗碳体(ω_C=6.69%)两相混合物的过程，是通过生核和长大来完成的。如图 3-7 所示。在珠光体型转变中，随着等温温度降低，即过冷度增大，珠光体中铁素体和渗碳体的片间距越来越小。过冷度较小时，获得片间距较大的珠光体组织，用符号“P”表示；过冷度稍大时，获得片间距较小的细珠光体组织，这种组织称为索氏体，用符号“S”表示；过冷度更大时，获得极细珠光体组织，这种组织称为屈氏体，用符号“T”表示。片状珠光体的力学性能主要取决于片间距的大小，片间距越小，相界面越多，强度、硬度越高，同时塑性和韧性也会有所改善。

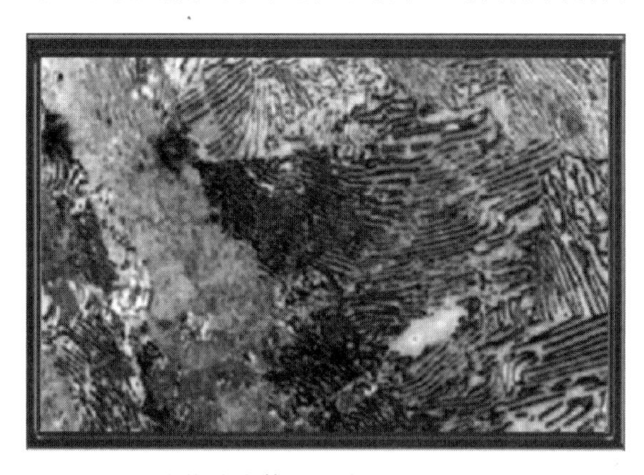

图 3-7 片状珠光体组织光学显微组织(400×)

② 贝氏体型转变。共析碳钢的奥氏体过冷到 C 曲线的鼻尖至 M_s 点的温度范围内(230～550℃)，将发生奥氏体向贝氏体的转变，贝氏体符号“B”表示。贝氏体是由含过饱和碳的铁素体与渗碳体(或碳化物)组成的两相混合物，所以奥氏体向贝氏体转变时也必须进行碳原子的扩散与晶格改组，其转变过程也是通过在固态下形成和长大来完成的。但由于转变温度较低，铁原子已不能扩散，因而，贝氏体转变的机理与组织形态、性能等都不同于珠光体。

上贝氏体(upper bainite)是过冷奥氏体在 350℃至 C 曲线“鼻尖”处“鼻温”温度范围内的转变产物。首先在奥氏体晶界上或奥氏体的贫碳区形成铁素体晶核，然后向奥氏体晶粒内部沿一定方向成排长大，铁素体的长大需将过多的碳原子扩散出来，但由于转变温度较低，碳原子的扩散能力较弱，使铁素体形成时只有部分碳原子能扩散到与其相邻的奥氏体中，还有一部分来不及扩散的碳原子仍固溶在铁素体中，成为含碳过饱和的铁素体。随着铁素体条越来越密集，条间的奥氏体碳浓度不断提高，当碳质量分数升高到一定的程度，便可以在铁素体条间析出断续的细条状渗碳体，结果形成了典型的上贝氏体组织。上贝氏体在光学显微镜下呈“羽毛状”形态，如图 3-8 所示。

下贝氏体(lower bainite)是过冷奥氏体在 M_s 点温度至 360℃范围内的转变产物。铁素体晶核首先在奥氏体的贫碳区或晶界形成，然后晶核沿奥氏体一定的位向呈针状(或片状)长大。由于下贝氏体的形成温度较上贝氏体低，所以碳原子的扩散能力更小，不能作较长距离地扩散穿过铁素体片，而只能在铁素体内作短程扩散并聚集。结果在含碳量过饱和的铁素体内析出与长轴成 55°～60°的细片状碳化物(Fe_xC)，结果形成了典型的下贝氏体组织。下贝氏体在光学显微镜下呈黑色针状形态，如图 3-9 所示。

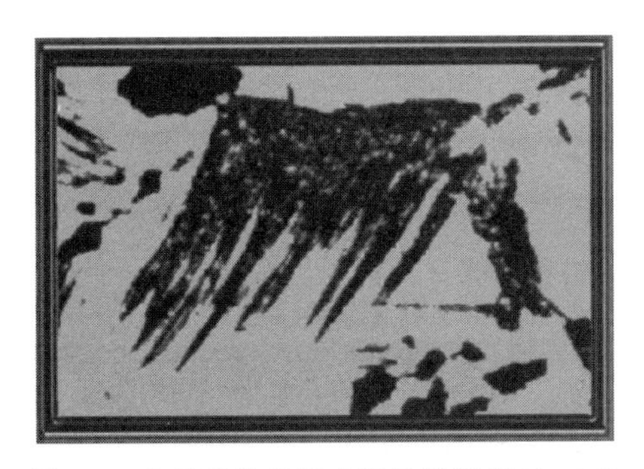

图 3-8 上贝氏体组织光学显微组织(400×)

图 3-9 下贝氏体组织光学显微组织

贝氏体的性能取决于其组织形态。上贝氏体的形成温度较高，其铁素体条较宽，塑性变形的抗力较低；另外，断续的条状渗碳体分布在铁素体条间，容易引起材料的脆断，因此上贝氏体的强度和韧性都较差。下贝氏体中的铁素体片细小，且无方向性，碳的过饱和程度大，位错密度高；而且，碳化物分布均匀、弥散度大。所以下贝氏体与上贝氏体比较，不仅具有较高的硬度和耐磨性(共析碳钢的下贝氏体硬度 50～60HRC；上贝氏体硬度 40～45HRC)，而且下贝氏体的强度、韧性和塑性均高于上贝氏体，具有较高的综合力学性能。生产上的等温淬火就是要获得下贝氏体组织。

③ 马氏体型转变。当奥氏体被迅速过冷到 M_s 点以下便开始发生马氏体转变，获得马氏体组织。马氏体用符号“M”(mrtensite)表示，由于转变温度很低，过冷度很大，这时铁、碳原子的扩散被抑制，奥氏体向马氏体转变时只发生 γ-Fe 向 α-Fe 的晶格改组，而没有碳原子的扩散，结果是奥氏体直接转变成碳在 α-Fe 中的过饱和固溶体(即马氏体)。马氏体中的碳质量分数就是转变前奥氏体中的碳质量分数。

(a) 马氏体的晶体结构。马氏体是碳在 α-Fe 中过饱和的固溶体。由于碳的过饱和固溶，使 α-Fe 晶格由体心立方变为体心正方晶格，如图 3-10 所示。c 轴的晶格常数大于 a 轴的晶格常数，晶格常数 c 与 a 之比(c/a)称为马氏体的正方度，其随马氏体中的碳质量分数增加而呈线性增加。

(b) 马氏体的组织形态。马氏体的组织形态主要有两种类型：一种是板条状马氏体，另一种是片状马氏体。其组织形态主要取决于奥氏体中的碳浓度，当奥氏体的碳质量分数小于0.20%的钢淬火后，马氏体的形态为板条状马氏体，故板条状马氏体又称“低碳马氏体”，如图3-11所示；而碳质量分数高于1.0%的奥氏体淬火时几乎只形成片状马氏体，故片状马氏体又称为“高碳马氏体”，如图3-12所示。当碳质量分数介于0.20%～1.0%的奥氏体则形成两种马氏体的混合组织。

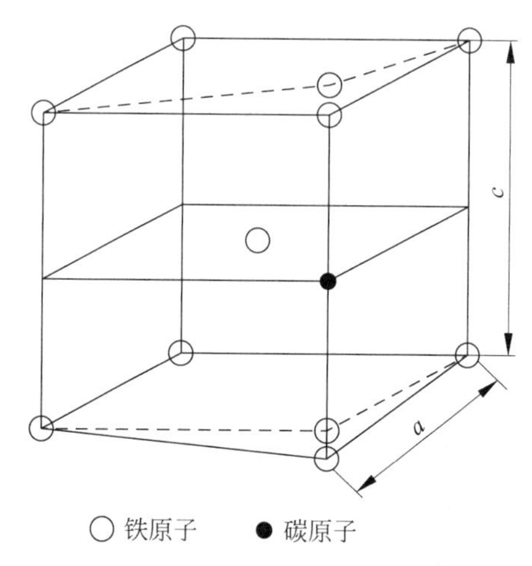

图3-10　马氏体晶体结构示意图

图3-11　板条状马氏体组织光学显微组织

图3-12　片状马氏体组织光学显微组织

(c) 马氏体的性能。马氏体的硬度和强度主要取决于马氏体的碳浓度，如图3-13所示。随着马氏体中碳质量分数的增加，其硬度和强度也随之增加，尤其在碳质量分数较低时增加的幅度十分明显，但当其碳质量分数超过0.6%以后就趋于平缓，这主要是由于钢中残余奥氏体量逐渐增多所致。

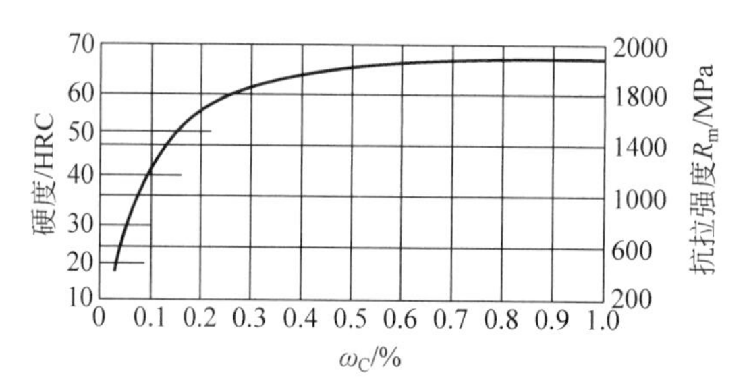

图3-13　马氏体的强度和硬度与其碳质量分数的关系

造成马氏体强化的主要原因是过饱和碳原子对马氏体的固溶强化，其次是由于马氏体相变而引起的组织显著细化、高密度位错以及微细孪晶等亚结构强化。

片状马氏体的性能特点是硬度高而脆性大；板条状马氏体不仅具有较好的强度和硬度，而且还具有良好的塑性和韧性，它打破了马氏体都“硬而脆”的概念，使得具有马氏体组织的工件在生产中的应用范围得以进一步扩大。

(d) 马氏体转变的特点。马氏体转变也是一个生核和长大的过程，但和珠光体、贝氏体转变相比较，具有以下几个方面的特点：第一，马氏体转变无扩散性。前述的珠光体转变是扩散性转变，贝氏体转变属于半扩散性转变。但马氏体转变是过冷奥氏体在极大的过冷度下进行的，铁、碳原子均无扩散。马氏体转变是无扩散性转变。第二，马氏体转变速度极快。高碳片状马氏体的长大速度为$(1\sim1.5)\times10^6$cm/s，每片马氏体的形成时间只需10^{-7}s；低碳条状马氏体的长大速度约100mm/s。第三，马氏体转变是在一段温度范围内形成的。当过冷奥氏体在足够大的过冷度条件下，冷至M_s点时，就发生马氏体转变。随着温度不断降低，马氏体的转变量增加，当温度降到M_f点时，马氏体转变就结束。马氏体转变在$M_s\sim M_f$点之间不断降温的情况下才能进行，如果冷却中断，转变也就很快停止。第四，马氏体转变的不完全性。马氏体转变不能进行到底，或多或少总有一部分未转变的奥氏体残留下来，这部分奥氏体称为残余奥氏体。以A'或r'表示。残余奥氏体的数量主要取决于M_s和M_f点的位置，而M_s和M_f点的位置主要与奥氏体中的碳质量分数和合金元素的含量有关。如图3-14所示，为奥氏体碳质量分数对M_s和M_f点的影响，由图可见，随着奥氏体中碳质量分数增加，M_s和M_f点降低。当碳质量分数在0.5%以上时M_f点已降低到室温以下，这时即使奥氏体被快冷到室温也不能完全转变成马氏体，而要残留一部分奥氏体，且残余奥氏体的数量随碳质量分数增加而增多，如图3-15所示。总之，凡是使M_s和M_f点位置降低的因素，都将使残余奥氏体的数量增多。

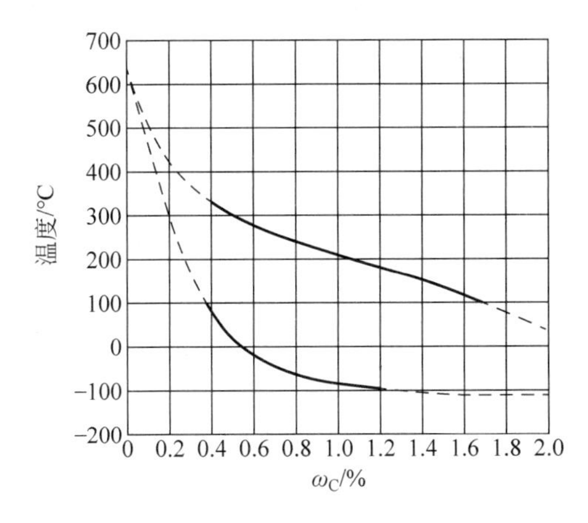

图3-14　残余奥氏体碳质量分数对马氏体转变温度的影响

另一方面，在保证马氏体转变的条件下，即使把奥氏体过冷到M_s点以下，也不可能获得100%的马氏体，总有少量的残余奥氏体被保留下来。这是由于奥氏体的比容最小，而马氏体的比容最大，马氏体形成时体积要发生膨胀，已形成的马氏体对尚未转变的奥氏体产生了多向压应力。从而阻碍奥氏体向马氏体继续转变。这就是马氏体转变的不完全性。

一般情况下中碳钢淬火到室温后，有1%～2%的残余奥氏体；高碳钢淬火到室温后，有

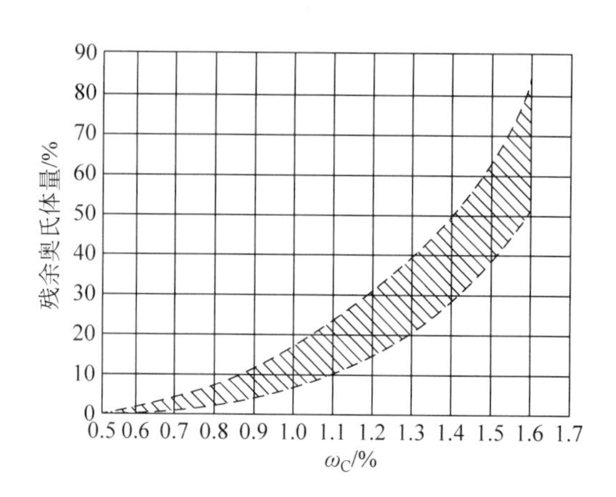

图 3-15　残余奥氏体碳质量分数对残余奥氏体数量的影响

10%～15%的残余奥氏体。这不仅会降低淬火钢的硬度和耐磨性，而且也会由于残余奥氏体存在使工件在使用过程中发生转变，从而降低工件的尺寸精度。因此，生产中对一些高精度的工件，为了确保它们在使用过程中的精度，常采用"冷处理"，即淬火冷却到室温后，随即将其放到零下温度的冷却介质中冷却，以最大限度地减少残余奥氏体的数量。

(4) 亚共析碳钢与过共析碳钢的过冷奥氏体等温冷却转变曲线。图 3-16 所示是亚共析碳钢、共析碳钢和过共析碳钢的 C 曲线的比较，可以看出它们都具有过冷奥氏体转变开始线与转变终了线，但在亚共析碳钢的 C 曲线上多出了一条铁素体析出线，在过共析碳钢的 C 曲线上多出了一条渗碳体析出线。这表明在发生过冷奥氏体向珠光体共析转变之前，先要从奥氏体中析出共析相铁素体或渗碳体，这一过程称为"先共析转变"。

(5) 影响过冷奥氏体等温冷却转变曲线的因素。①奥氏体碳质量分数的影响。随着奥氏体中碳质量分数增加，其稳定性增强，过冷奥氏体越不易分解，孕育期增长，C 曲线的位置向右边移动。在热处理正常的加热条件下，亚共析碳钢中过冷奥氏体的稳定性随着其碳质量分数的增加而增强，使 C 曲线向右移；过共析碳钢通常只加热到 Ac_1 线以上某一温度，随着钢中碳质量分数增加但并未增加奥氏体中的碳质量分数，却增加了未溶渗碳体的量。在以后的等温冷却过程中，这些渗碳体将起到非自发形核的作用，促进过冷奥氏体分解，使 C 曲线向左移，由此可见，共析碳钢的过冷奥氏体最稳定，C 曲线最靠右。②合金元素的影响。除 Co、Al(>2.5%)外，其他合金元素溶入奥氏体后，都增强过冷奥氏体的稳定性，使 C 曲线右移并降低 M_s 点，碳化物形成元素如 Cr、Mo、W、V、Ti 等，若溶入奥氏体中还会使 C 曲线形状发生变化。③加热温度和保温时间的影响。这实质上是奥氏体均匀化程度和晶粒度对 C 曲线的影响。加热温度越高，保温时间越长，奥氏体成分越均匀，作为非自发形核的核心数目越少，同时奥氏体晶粒长大，晶界面积减少，这都不利于过冷奥氏体分解，提高了过冷奥氏体的稳定性，使 C 曲线向右移。

2) 过冷奥氏体连续冷却转变

在实际生产中，许多热处理工艺都是在连续冷却过程中完成的，如一般的退火、正火、淬火等。因此研究过冷奥氏体在连续冷却时组织转变的规律，具有很重要的理论与实际意义。

(1) 过冷奥氏体连续冷却转变曲线——CCT 曲线(continuous-cooling-transformation curve)。过冷奥氏体连续冷却转变曲线也是通过实验测定出来的。如图 3-17 所示，为共析

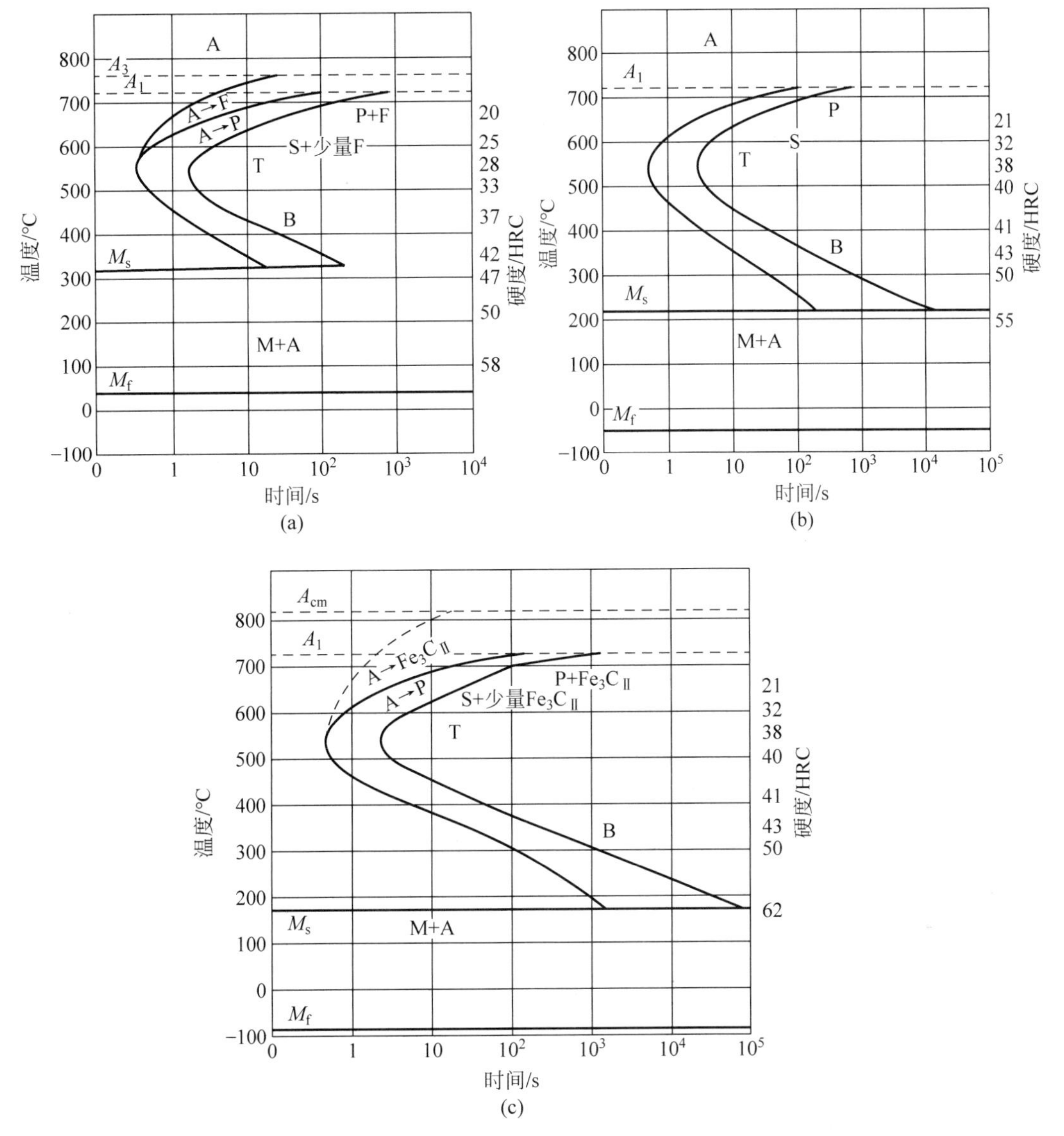

图 3-16 碳钢的 C 曲线比较

(a) 亚共析碳钢；(b) 共析碳钢；(c) 过共析碳钢

碳钢的过冷奥氏体连续冷却转变曲线。图中 P_s 线为过冷奥氏体转变成珠光体的开始线，P_f 为转变终了线。K 线为珠光体型转变的中途停止线，当冷却曲线碰到 K 线时，过冷奥氏体便中止向珠光体型转变，而一直保持到 M_s 点以下，直接转变为马氏体。

由图 3-17 中发现，当冷却速度大于 v_K 时(相当于水冷)，过冷奥氏体只发生马氏体转变。所以 v_K 是保证过冷奥氏体在连续冷却过程中不发生分解而全部转变为马氏体的最小冷却速度，称为上临界冷却速度(critical cooling rate)，通常叫作临界淬火冷却速度。显然，v_K 越小时钢淬火得到马氏体越容易，或者说钢接受淬火的能力越强。v'_K 是保证过冷奥氏体在连续冷却过程中全部转变为珠光体的最大冷却速度，称为下临界冷却速度，凡是小于 v'_K 的冷却速度都将获得全部珠光体型的组织(相当于炉冷、空冷)。当冷却速度介于 v_K～

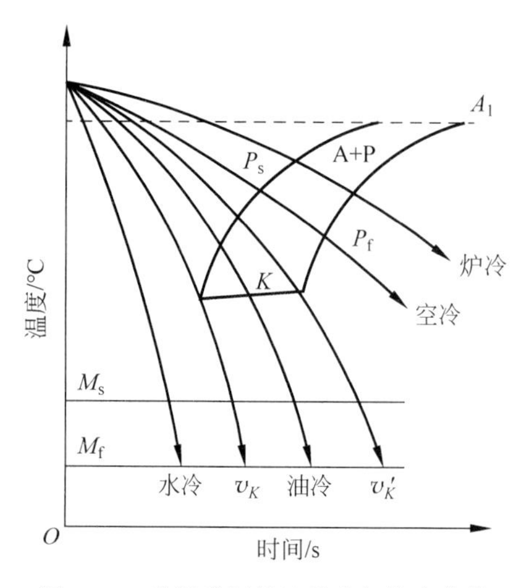

图 3-17 共析碳钢的连续冷却转变曲线

v_K'之间(如油冷)时,部分过冷奥氏体在 K 线之前转变成珠光体型的组织,直到 K 线转变中止,剩余的过冷奥氏体冷却到 M_s 点以下发生马氏体转变,最终得到珠光体＋马氏体＋残余奥氏体的混合组织。

(2) 连续冷却转变曲线与等温冷却转变曲线的比较。图 3-18 所示是共析碳钢的两种曲线合在一张图上的情况,由图可知:①连续冷却转变曲线位于等温冷却转变曲线的右下方,说明连续冷却时,过冷奥氏体完成珠光体型转变的温度要低一些,时间要长一些;②连续冷却转变时,共析碳钢的转变曲线没有过冷奥氏体转变成贝氏体的线段,即不形成贝氏体。共析碳钢要获得贝氏体组织必须在等温冷却的条件下进行。

(3) 过冷奥氏体等温冷却转变曲线的应用。由于测定过冷奥氏体连续冷却转变曲线比较困难,而且有些使用较广泛的钢种的连续冷却转变曲线至今尚未被测出,所以目前还常用过冷奥氏体等温转变曲线来定性说明连续冷却中的转变。其方法是将不同冷却速度曲线绘制在等温冷却转变曲线图上,根据交点的位置判断分析出组织转变的情况。①对于制定等温退火、等温淬火、分级淬火以及形变热处理工艺具有指导作用。由此可定出等温温度、保温时间等工艺参数。②可以近似估计出临界淬火冷却速度 v_K 的大小,合理选择冷却介质。③可以定性地、近似地分析过冷奥氏体在连续冷却时的组织转变情况。如图 3-19 所示,在共析碳钢的等温冷却转变曲线上估计连续冷却转变的产物。冷却速度 v_1 相当于随炉冷却的速度,根据它与等温转变曲线相交的位置,可以判断是发生珠光体型转变,最终组织为珠

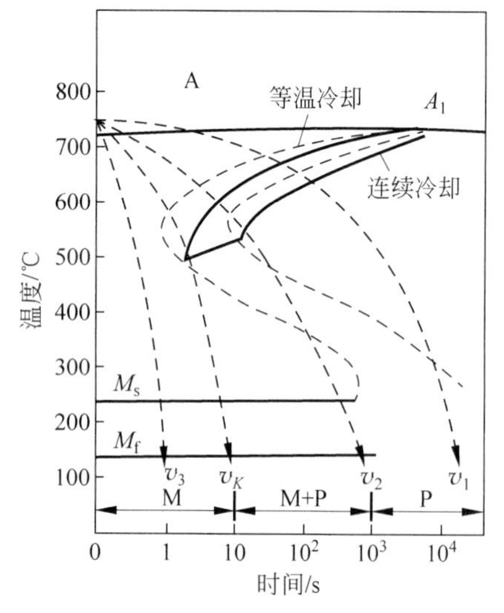

图 3-18 共析碳钢连续冷却转变曲线与等温冷却转变曲线的比较

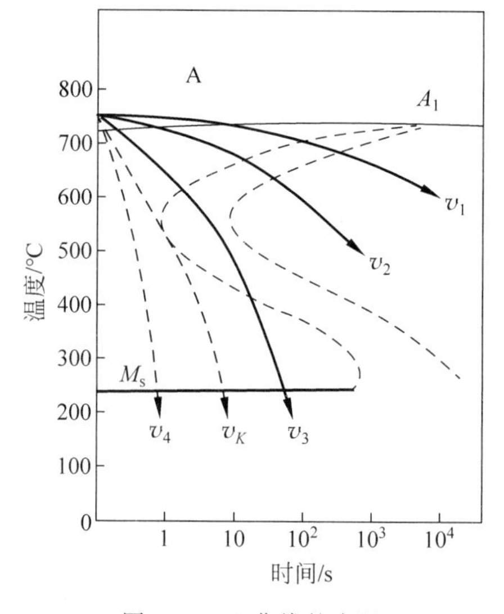

图 3-19 C 曲线的应用

光体。冷却速度 v_2 相当于空气中冷却的速度。根据它和等温冷却转变曲线相交的位置，可判断其转变产物是索氏体。冷却速度 v_3 相当于在油中淬火冷却的速度，一部分奥氏体先转变成屈氏体，剩余的奥氏体冷却到 M_s 点以下变成马氏体(还有少量的残余奥氏体)，最终获得屈氏体＋马氏体＋残余奥氏体的混合组织。冷却速度 v_4 相当于水中淬火，不与等温冷却转变曲线相交，冷却至 M_s 点以下转变为马氏体＋残余奥氏体。

3.1.2　退火、正火、淬火、回火工艺

在机械零件或工模具的制造过程中，往往要经过各种冷、热加工，而且在各加工工序中还经常要穿插多次热处理工序，按其作用可分为预先热处理和最终热处理。在零件的加工工艺路线中所处的位置如下：

毛坯制造(铸造或锻造)→预先热处理→机械(粗)加工→最终热处理→机械(精)加工。

为使工件满足使用条件下的性能要求的热处理称为最终热处理，如淬火＋回火等工序。为了消除前道工序造成的某些缺陷，或为随后的切削加工和最终热处理做好组织准备的热处理，称为预先热处理，如退火或正火工序。对于要求不高的零件，有时候也可将正火等预先热处理作为最终热处理。

钢的退火

1. 钢的退火(annealing)

退火是将组织偏离平衡状态的钢加热到适当温度且保持一定时间，然后缓慢冷却(一般是随炉冷却)，以获得接近平衡状态组织的热处理工艺。

退火的主要目的大致可归纳如下：

(1) 降低硬度，以利于随后的切削加工；

(2) 细化晶粒、改善组织，以提高钢的力学性能；

(3) 消除残余应力，稳定工件尺寸，减少或防止其变形或开裂；

(4) 为最终热处理做好组织准备。

根据钢的成分和退火目的以及不同的要求，退火可分为完全退火、等温退火、球化退火、扩散退火和去应力退火等。各种退火的加热温度范围和工艺曲线如图 3-20 所示。

1) 完全退火(重结晶退火)

完全退火一般简称“退火”。完全退火的工艺是将钢加热至 Ac_3 以上 20～50℃，保温一定时间后，随炉缓冷至 600℃以下出炉，在空气中冷却。

完全退火的所谓“完全”是指退火时，钢获得完全的奥氏体状态。完全退火可使由铸、锻、焊造成的粗大、不均匀的组织达到均匀细化、消除过热组织，降低硬度，便于切削加工。

完全退火主要用于亚共析成分的碳钢和合金钢的铸、锻、焊件及热轧型材。

完全退火虽然能满足对工件组织和硬度的要求，但是这种退火工艺生产周期长，尤其是某些过冷奥氏体稳定性比较好的合金钢，其退火周期往往需要数小时甚至数天。为了缩短整个退火周期，可采用等温退火来代替完全退火。

2) 球化退火(spheroidize annealing)

球化退火主要用于共析或过共析成分的碳钢和合金钢。其目的是使网状二次渗碳体及珠光体中的片状渗碳体球状化，以降低硬度，改善切削加工性能，并为以后的淬火做好组织

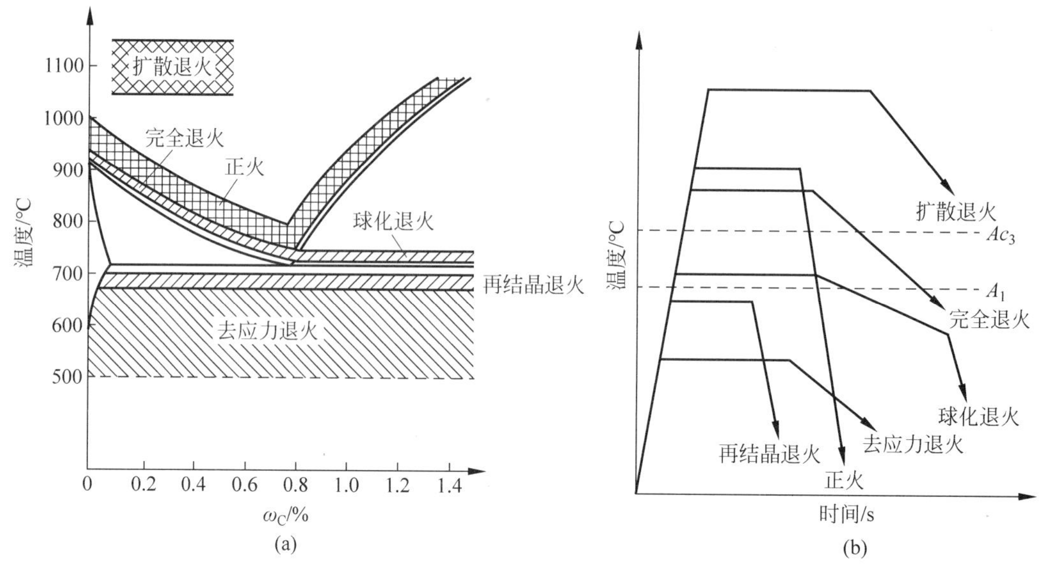

图 3-20 各种退火加热温度和工艺曲线示意图

(a) 加热温度规范；(b) 工艺曲线

准备。球化退火后得到的铁素体基体上分布着球状渗碳体的组织，称为球状珠光体。如图 3-21 所示。

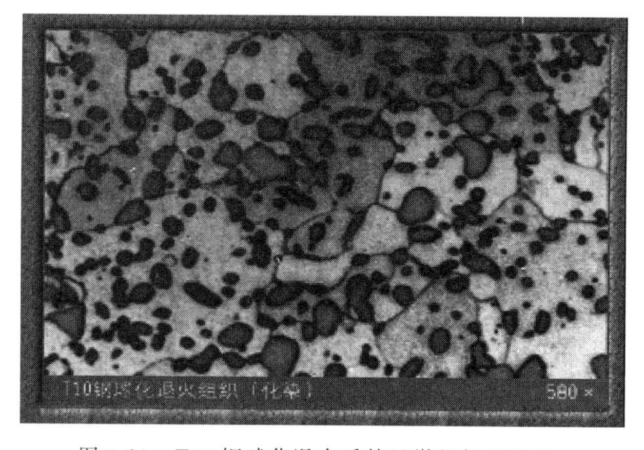

图 3-21 T10 钢球化退火后的显微组织(580×)

常用球化退火工艺有两种方式：

(1) 普通球化退火。将钢加热到 Ac_1 以上 20～40℃，保温一定时间，然后缓慢冷却至 600℃以下出炉空冷。

(2) 等温球化退火。将钢同样加热到 Ac_1 以上 20～40℃，保温一定时间后，快冷至 Ar_1 以下 20℃左右，进行较长时间等温，然后随炉冷至 600℃以下出炉空冷。

球化退火的原理是将钢加热到 Ac_1 至 Ac_{cm} 之间两相区保温时(未完全奥氏体化)，渗碳体开始溶解，但又未完全溶解，只是把片状渗碳体或网状渗碳体溶断为许多细小链状或点状渗碳体，弥散地分布在奥氏体基体上；同时由于短时加热，奥氏体成分极不均匀，在随后

的缓冷或低于 Ar_1 的等温过程中，或以上述点状渗碳体为核心，或以奥氏体中富碳处产生新的渗碳体晶核，形成均匀的颗粒状渗碳体。从自由能方面考虑，在球化退火中渗碳体也会自发球化，成为颗粒状的渗碳体。

为了便于球化过程的进行，对原始组织中网状渗碳体严重的过共析钢，应在球化退火之前进行一次正火，以消除网状渗碳体。

3）扩散退火（diffusion annealing，homogenizing）

扩散退火主要用于合金铸锭及铸件。其目的是消除铸造结晶过程中产生的枝晶偏析，以使成分均匀化，又称为"均匀化退火"。

扩散退火的加热温度一般选在 Ac_3 以上 150～250℃，保温时间 10～15h，以保证原子扩散充分进行，然后再随炉冷却。

4）去应力退火（stress relieving）

为了消除铸件、锻件、焊接件、冷冲压件以及机加工件中的残余应力，稳定工件尺寸，减少使用过程中的变形或开裂倾向而进行的退火，称为去应力退火。

去应力退火不改变工件的内部组织，加热温度不超过 A_1 点，一般在 500～650℃，保温后随炉缓冷至 200℃出炉空冷。去应力退火可将残余应力消除 50%～80%。

2. 钢的正火（normalizing）

钢的正火

正火是将钢首先加热到 Ac_3（亚共析钢）或 Ac_{cm}（过共析钢）以上，进行完全奥氏体化，然后出炉在空气中冷却的一种热处理工艺。

从实质上来说，正火是退火的特例。两者的主要差别是由于正火的冷却速度较快，过冷度较大，因而发生所谓的伪共析转变，使组织中珠光体量增多且片间距变小。如碳质量分数为 0.6%～1.4%的钢经正火后，组织中一般不出现先共析相，只有伪共析的细片状珠光体型组织，即索氏体。碳质量分数小于 0.6%的钢经正火后还会出现部分铁素体。由于正火与退火后钢的组织存在一定差别，所以反映在性能上也有所不同。

钢经正火后的性能高于经退火后的性能，而且正火操作简单、生产周期短、能耗少，所以生产中在条件允许的情况下，应优先考虑采用正火处理。正火的主要应用范围是：

（1）作为预先热处理。调整低、中碳钢的硬度，改善其切削加工性；消除过共析钢中的网状二次渗碳体，为球化退火做好组织准备。

（2）可作最终热处理。对于力学性能要求不太高的普通结构零件，常以正火作为最终热处理；同时正火也常代替调质处理，为随后的高频感应加热表面淬火做好组织准备。

3. 钢的淬火（quenching）

钢的淬火

在机械制造中，淬火是很重要的热处理工艺（大多数情况下属于最终热处理）。所有的工模具和重要的机械零件都要进行淬火，使其达到所要求的性能。

钢的淬火是将钢加热到临界温度以上，保温一定时间，然后在水或油等冷却介质中快速冷却，从而发生马氏体转变的热处理工艺。

1）淬火加热温度的选择

为使淬火后能得到细而均匀的马氏体，首先就要求淬火加热时能获得细而均匀的奥氏体。淬火温度选择是否恰当直接影响奥氏体晶粒大小，并进一步影响钢淬火的组织和性能。

各种钢的淬火加热温度往往根据钢的原始组织类型及临界点的位置来确定。如图 3-22 所示为碳钢的淬火加热温度范围。

（1）亚共析钢加热温度。亚共析钢淬火加热温度通常选择在 Ac_3 +(30～50)℃的范围，加热到 Ac_3 以上完全奥氏体化。如果淬火加热温度选择在 Ac_1～Ac_3，必然有一部分未溶铁素体残存，淬火后，铁素体仍被保留在淬火组织中，将造成淬火硬度不足。如果加热温度超过 Ac_3 过高时，奥氏体晶粒粗化，淬火后马氏体粗大，钢的性能变差。

（2）过共析钢的加热温度。过共析钢的加热温度通常选择在 Ac_1 +(30～50)℃的范围，进行不完全奥氏体化淬火。前面已经知道，过共析钢在淬火以前，都经过球化退火，那么加热到 Ac_1 +(30～50)℃时，组织应为奥氏体和一部分未溶细粒状渗碳体所组成。淬火冷却后，奥氏体变为马氏体+残余奥氏体+未溶粒状渗碳体。由于渗碳体硬度高且弥散分布，其存在不但不会降低淬火钢的硬度，而且还可以提高钢的耐磨性。如果过共析碳钢加热到 Ac_{cm} 以上完全奥氏体淬火，不仅会得到粗大的马氏体，增加钢的脆性，而且会由于渗碳体的全部溶解，使奥氏体碳质量分数增加，马氏体转变温度降低，增多淬火钢中的残余奥氏体量，使钢的硬度和耐磨性降低。

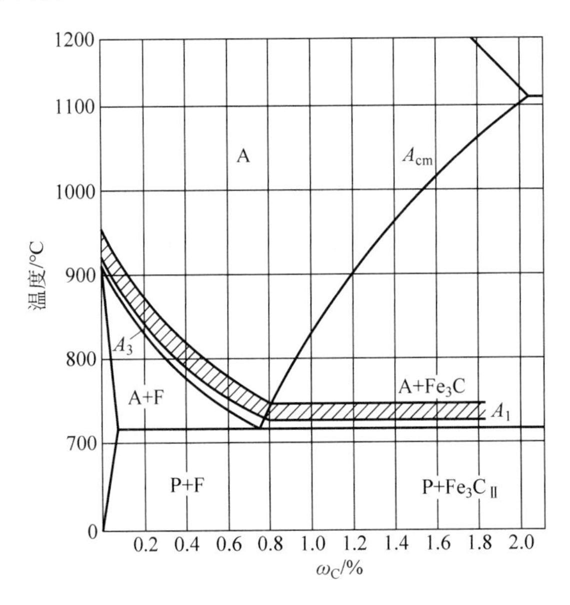

图 3-22 碳钢的淬火加热温度范围

2）淬火加热时间的选择

将工件淬火加热的升温与保温所需的时间合在一起称为加热时间。工件的加热时间与钢的成分、原始组织、工件形状和尺寸、加热介质、装炉方式、炉温等许多因素有关，要精确地计算加热时间是一项复杂的工作。目前生产中一般是根据工件的有效厚度来计算加热时间(计算时间可查有关手册)。

3）淬火冷却介质

淬火工艺上应考虑的主要问题之一是：在淬火冷却时，怎样才能既得到马氏体，又减少工件的变形或开裂倾向。要解决这一问题，可以从两方面着手。其一，考虑能否寻找一种比较理想的淬火冷却介质；其二，改进淬火方法。

从碳钢的过冷奥氏体等温冷却转变曲线上可以看出，为了得到马氏体组织并不需要在整个冷却过程中都进行快速冷却，关键是在其过冷奥氏体最不稳定的C曲线鼻部温度附近（550～650℃）要快速冷却，而在其他温度区间并不需要快冷。钢在淬火时最理想的冷却速度曲线，如图3-23所示。能满足这种理想冷却速度的淬火介质称为理想的淬火冷却介质。

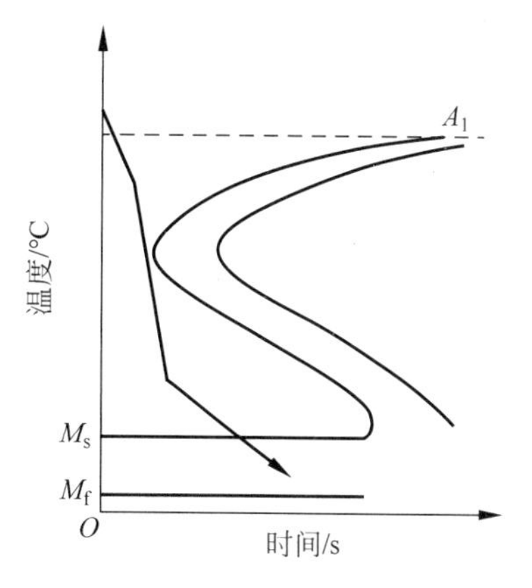

图 3-23　钢的理想淬火冷却曲线

但是，迄今为止还未能发现或研制出这种理想的淬火冷却介质。实际生产中常用的淬火冷却介质仍然是水、盐或碱的水溶液和油。例如水在550～650℃范围内冷却能力较大（≈600℃/s），但在200～300℃范围内也能很快地冷却（270℃/s），因此在水淬时，工件容易发生变形或开裂。如果在水中加盐或碱类物质，只能增加550～650℃范围内的冷却能力，而基本上不改变水在200～300℃的冷却能力。至于各种矿物油，虽然在200～300℃范围内的冷却能力比较小，这有利于减小工件的变形，但在550～650℃范围内的冷却能力却较低，这不利于碳钢的淬火，所以油淬只能用于过冷奥氏体稳定性比较大的合金钢。

除了以上谈到的常用淬火介质外，近年来工厂还试用了一些效果比较好的水溶液淬火介质，如水玻璃、碱水溶液、氯化锌、过饱和硝盐水溶液等。

由于常用的淬火冷却介质不能完全满足淬火质量的要求，所以在热处理工艺方面还应考虑采取正确的淬火冷却方式，进行正确的淬火操作。

4）常用的淬火方法

（1）单液淬火法。将加热的工件投入一种淬火介质中一直冷却至室温的淬火，如图3-24中曲线1所示。例如，一般碳钢在水或水溶液中淬火，合金钢在油中淬火等均属单液体法。

单液淬火法的优点是操作简单，容易实现机械化、自动化；其缺点是水淬变形开裂的倾向大，油淬容易产生硬度不足或硬度不均匀等现象。

（2）双液淬火法（quenching in two medium interrupted quenching）。将工件奥氏体化后，先淬火入一种冷却能力较强的介质中，在工件冷却到300℃左右时，马上再放入另一种冷却能力较弱的介质中冷却。例如先水淬后油冷、先水淬后空冷等。这种淬火操作，如图3-24中曲线2所示。双液淬火法的优点是，马氏体转变在冷却能力较低的介质中进行，产生的内应力小，减少了变形和开裂的可能性；其缺点是操作较复杂，要求有娴熟的实践经验。

（3）分级淬火（mrtempering stepped quenching）。将工件奥氏体化后，迅速淬火于稍高于M_s点的液体介质（盐浴或碱浴）中，保持适当时间，待工件的表面与心部的温度都趋近于介质温度后取出空冷，以获得马氏体组织。这种淬火操作，如图3-24中曲线3所示。分级淬火是防止工件变形、开裂的一种十分有效的淬火方法，可用于形状复杂或截面不均匀的工件。

（4）等温淬火（isothermal tempering）。将工件奥氏体化后，淬于温度稍高于M_s的熔盐中，保持足够长的时间直至过冷奥氏体完全转变为下贝氏体，然后在空气中冷却。工艺操作,如图 3-24 中曲线 4 所示。

等温淬火能大大降低工件的内应力,减少变形,适应处理形状复杂或精度要求高的小件。缺点是生产周期长,生产效率低。

5) 钢的淬透性

淬透性(hardenability)是钢的一种热处理工艺特性,表示钢在淬火时所能得到的淬硬层深度,或者是钢在淬火时得到的马氏体层的深度。

要使钢在淬火时得到单一的马氏体,钢的冷却速度必须大于临界淬火冷却速度 v_K。但是工件在淬火时,表面冷速最大,心部冷速最小。如果零件心部的冷却速度大于该钢的临界淬火冷却速度,则工件淬火后从表面到心部整个截面上都得到单一的马氏体组织,此时整个工件被淬透了。如果只是从表面到一定深度的冷却速度大于临界淬火速度,那么表面将得到单一马氏体组织,而心部将得到马氏体和屈氏体或珠光体和铁素体等混合组织,此时的工件没有被淬透。

淬透层的深度,从理论上讲应该是完全淬成马氏体的区域,但实际上马氏体中常混入少量的珠光体型组织,无论显微组织或硬度测量都难以分辨出来。因此,一般采用自零件表面至内部马氏体占 50%(即半马氏体组织,其余的 50%为珠光体型组织)的组织处的距离为淬透层深度或淬硬层深度,如图 3-25 所示。

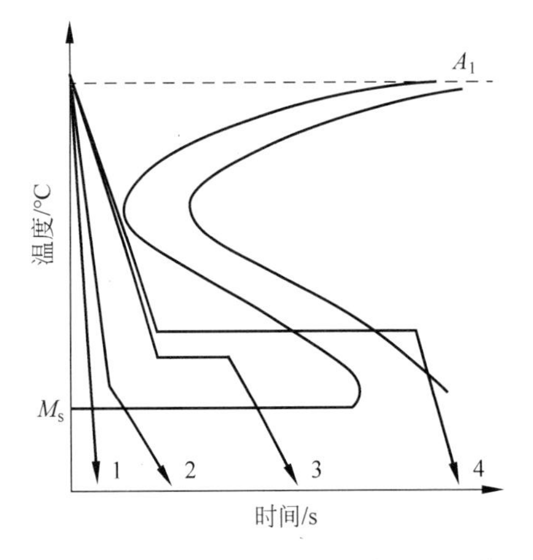

1—单液淬火;2—双液淬火;3—分级淬火;4—等温淬火。

图 3-24 不同淬火方法示意图

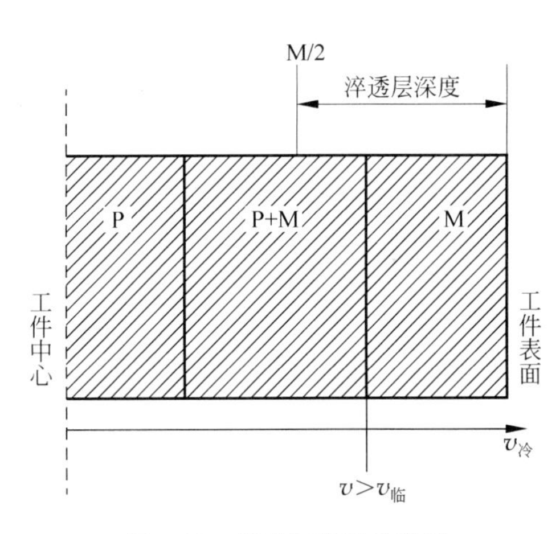

图 3-25 淬透层深度示意图

(1) 影响淬透性的因素。影响钢的淬透性的主要因素是临界淬火冷却速度 v_K 的大小。而 v_K 的大小与钢的 C 曲线的位置有关(C 曲线位置越靠左,v_K 越大,C 曲线的位置越靠右,v_K 越小),C 曲线的位置又与过冷奥氏体的稳定性有关,因此,可以认为影响过冷奥氏体稳定性的因素,均影响钢的淬透性。①合金元素的影响。合金元素中除 Co 以外的大多数合金元素溶入奥氏体后,均使 C 曲线右移,使 v_K 减小,提高钢的淬透性。②碳质量分数的影响。亚共析钢随碳质量分数增加,临界淬火冷却速度 v_K 降低,淬透性增加;过共析钢随碳质量分数增加,v_K 增高,淬透性下降。③淬火加热温度和保温时间的影响。提高奥氏体化温度将使奥氏体晶粒长大,成分均匀化,从而使过冷奥氏体的稳定性提高,C 曲线右移、v_K 降低,增大钢的淬透性。④未溶第二相的影响。钢中未溶入奥氏体中的碳化物、氮化物及其他非金属夹杂物可以成为奥氏体转变产物的非自发核心，降低过冷奥氏体的稳定性，使 v_K 增大，降低钢的淬透性。

值得注意的是，钢的淬透性与实际工件的淬透层深度有关系，但两者并不是一回事。钢的淬透性是钢在规定条件下的一种工艺性能，是钢的一种属性，是确定的，可比较的。但实际工件的淬透层深度是指在具体条件下淬得的半马氏体层的厚度，是可变的，与钢本身的淬透性和外界条件有关。例如在同样的奥氏体化条件下，同一种钢的淬透性是相同的，但其淬透层深度确因零件的形状尺寸和冷却介质的不同而不同。

(2) 淬透性的大小对钢热处理后的力学性能的影响。对于多数的重要结构件都希望能淬透，以保证有良好使用性能。不过，并非所有的零件都要求钢的淬透性好。例如，对于承受弯曲、扭转应力的零件，由于应力主要集中在外层，而心部不需要很高的硬度，那么淬硬层为半径的 1/3～1/2 就足够了。又如某些表面淬火的工件，只要求表面淬硬，并不需要很高的淬透性。例如，发动机连杆的螺栓和齿轮的齿面等。

淬透性大的钢材可选用冷却能力较缓和的介质(如油类)，这对于减少零件的变形和开裂是有益的，尤其是对于形状复杂和截面变化较大的零件更为重要。

6) 钢的淬硬性

淬硬性是指钢在理想条件下淬火所能达到的最高硬度，即淬火后得到的马氏体的硬度。

淬硬性主要取决于钢的碳质量分数，合金元素没有显著影响。碳质量分数越高，淬火加热时固溶于奥氏体中的碳质量分数越高，所得马氏体的碳质量分数越高，钢的淬硬性越高。

钢的淬硬性、淬透性是两个不同的概念。淬透性是指在一定的淬火条件下，得到淬硬层深度的一种性质，表示钢接受淬火的能力。而淬硬性是指钢在淬火后所能达到的最高硬度，主要取决于马氏体的碳质量分数。淬硬性高的钢，不一定淬透性就高；淬硬性低的钢不一定淬透性就低。如低碳合金的淬透性相当好，但淬硬性却不高；再如高碳工具钢的淬透性较差，但淬硬性很高。零件的淬硬层深度与淬透性也是不同的概念。淬透性是钢本身的特性，与其成分有关；而淬硬层深度是不确定的，除了取决于钢的淬透性之外，还与零件形状及尺寸、冷却介质等外界因素有关。如同一钢种在相同的奥氏体化条件下，水淬要比油淬的淬硬层深，小件要比大件的淬硬层深。二者之间没有必然联系。

淬硬性对选材及制定热处理工艺具有指导作用。对要求高硬度、高耐磨性的工模具，可选用淬硬性高的高碳钢、高碳合金钢；对要求高综合力学性能的轴类、齿轮类零件，选用淬硬性中等的中碳钢；对要求高塑性的焊接件等，选用淬硬性低的低碳钢、低碳合金钢。

4. 钢的回火(tempering)

钢的回火

钢淬火后的组织主要是由马氏体和少量残余奥氏体组成，这种组织并不稳定，在室温下长期放置或工件受热时将会向稳定状态发生转变，并引起工件尺寸和性能的变化。另外，对于具有硬而脆的片状马氏体组织的淬火钢无法直接使用，况且淬火后又处于高应力状态，若不及时消除，常会引起工件变形或开裂。因此，钢淬火后，一般都需进行回火才能使用。

回火是将淬火钢重新加热至 A_1 以下的某一温度，经过适当时间的保温后冷却到室温的一种热处理工艺。

1) 淬火钢在回火时的组织变化

由 $Fe\text{-}Fe_3C$ 相图可知，钢 A_1 点以下最稳定的组织是由铁素体和粗粒状渗碳体(或碳化物)所构成的两相混合物。当淬火钢在重新加热接近 A_1 点以下时,无论是马氏体还是残余奥氏体,都有向铁素体和粗粒状渗碳体转化的趋势。

回火得到的最稳定组织称为回火珠光体,实际上回火转变并不是如此简单,而是由一系列转变组成的复杂过程。

对于淬火碳钢,回火时的组织转变大致可分为四个阶段:

(1) 马氏体的分解。在 200℃以下温度回火时,马氏体发生分解。即从过饱和碳的 α 固溶体中析出 ε 碳化物($Fe_{2.4}C$),这种碳化物是亚稳定相,或者说它是向着 Fe_3C 转变前的过渡相,ε 碳化物具有密排六方晶格,而且与过饱和的 α 固溶体晶格相联系在一起,保持着所谓的共格关系。

由于 ε 碳化物的析出,将引起马氏体的碳浓度降低,使其正方度(c/a)值也随之减小,但是马氏体中仍然固溶有过饱和的碳。这种由过饱和碳的 α 固溶体和高度弥散的 ε 碳化物组成的两相混合物,称为回火马氏体,记为 $M_{回}$(tempered martensite)。

随着回火温度的升高,马氏体继续分解,正方度(c/a)逐渐趋近于 1。对于碳钢而言,马氏体的分解一直延续到 350℃左右才基本结束。

(2) 残余奥氏体的转变。由于马氏体的不断分解,体积缩小,降低了对残余奥氏体的压应力,在 200～300℃的温度范围内残余奥氏体转变为下贝氏体。这一转变与过冷奥氏体等温冷却转变的本质是相同的,转变的温区也是相同的。

(3) 回火屈氏体(tempered troostite)的形成。当回火温度升高至 250～500℃时 ε 碳化物将转变为 Fe_3C,转变过程是以 ε 碳化物重新溶入 α 固溶体并以稳定相 Fe_3C 不断析出的方式进行的,最初析出的 Fe_3C 是细小片状,随着温度升高,Fe_3C 不断长大。同时,过饱和 α 固溶体逐渐转变为铁素体(仍保持着原来马氏体的形态)。这种由铁素体和弥散分布的细小 Fe_3C 颗粒所组成的混合组织,称为回火屈氏体,记为 $T_{回}$。

(4) 回火索氏体(tempered sorbite)的形成。随着回火温度升高到 500～600℃以上时,α 相逐渐发生再结晶,形成稳定平衡的铁素体等轴晶粒。与此同时,当回火温度超过 400℃时,Fe_3C 发生明显的聚集长大成为球粒状,这是一种自发地能量降低的过程。最终得到的是等轴晶的铁素体基体上分布有球粒状的渗碳体混合组织,称为回火索氏体,记为 $S_{回}$。

综上所述,回火转变是一个比较复杂的过程,主要反映了淬火马氏体和残余奥氏体在回火中的转变行为。虽然回火时组织转变分为上述四个阶段,但整个回火过程是一个连续地组织转变过程。往往是一种转变还未结束,另一种转变就已经开始了。

2) 淬火钢在回火时的性能变化

淬火钢在回火过程中发生的一系列组织变化,必然会引起力学性能发生相应的变化。淬火钢的回火,实质上是一个软化过程,性能变化的总趋势是随着回火温度的升高其硬度、强度降低,而塑性和韧性提高。同时淬火应力逐渐松弛直至消除。

不同碳质量分数的淬火钢其硬度随回火温度的变化而改变。高碳钢在低温(＜100℃)回火时,由于碳原子偏聚使硬度不仅没有下降,反而略有上升; 200～300℃回火时,由于高碳钢淬火后的残余奥氏体转变为下贝氏体,抵消了因马氏体的分解引起的硬度下降,这时硬度变化不大;当温度高于 300℃后,钢的硬度很快降低。低、中碳钢硬度变化与高碳钢相似,200℃以下温度回火,硬度变化不大,趋于平缓; 250～300℃以上温度回火,硬度显著下降。

综上所述,若把回火组织和性能变化归纳起来,可以看出:高碳回火马氏体的强度、硬度高，但塑性、韧性很差，钢易脆断；低碳回火马氏体则具有高的强度与韧性，并且硬度与耐磨性也较好；回火屈氏体具有高的强度和弹性极限并保持一定的硬度与韧性；回火索氏体具有较好的综合力学性能。

还应指出，在硬度相同时，回火屈氏体和回火索氏体比过冷奥氏体直接转变的屈氏体和索氏体的性能高，这主要是由于回火组织中的渗碳体是粒状形态的缘故。

3）回火的分类及应用

回火是紧接着淬火的热处理工序。除某些情况下，淬火后的钢都必须进行回火。回火决定钢在使用状态下的组织和性能，因此，回火是很关键的工序，回火不足还可以再补充回火，但一旦回火过度，就会前功尽弃，必须重新淬火才行。

根据零件工作的性能要求不同，按其回火温度范围，可将回火分为以下几种：

（1）低温回火（150～250℃）。回火后的组织为回火马氏体（$M_{回}$），硬度为58～64HRC，硬而耐磨，强度高、疲劳抗力大。这种回火多用于各种高碳工模具、滚动轴承和经渗碳淬火或表面淬火后的零件等。

（2）中温回火（350～500℃）。回火后的组织为回火屈氏体（$T_{回}$），硬度为35～45HRC，屈强比（R_e/R_m）高，弹性好，故这种回火主要用于各种大、中型弹簧，夹头及某些承受冲击的零件。

（3）高温回火（high tempering）（500～650℃）。回火后得到的回火索氏体（$S_{回}$），硬度为25～35HRC，具有强度、塑性及韧性配合较好的综合力学性能。在工业生产中，通常把淬火加高温回火的热处理称为调质处理。调质处理广泛用于各类重要的结构零件，尤其是那些在交变载荷下工作的连杆、螺栓以及轴类零件等。

必须指出，回火温度是决定工件回火后硬度高低的主要因素，但随着回火时间的增长，工件硬度也将下降。确定回火时间的基本原则是保证工件透热以及组织转变能够充分进行。实际上，组织转变所需时间一般不大于0.5h，而透热时间则随温度、工件的有效厚度，装炉量及加热方式等的不同而有较大波动，一般为1～3h。

关于回火的冷却方式，由于大多钢件在回火冷却时不发生相变，该回火冷却速度对钢的性能影响不大，回火加热后可空冷，也可水冷或油冷。但对于重要的或形状复杂的结构件，为避免高温回火快冷时产生新的热应力，通常采用空冷。对于具有高温回火脆性的合金钢工件，高温回火后应进行水冷或油冷，以防止回火脆性的产生。

3.1.3 表面热处理与化学热处理

金属表面淬火工艺

许多机器零件工作时，要求表面与心部具有显著不同的性能。例如在交变载荷及摩擦条件下，工作的齿轮、凸轮轴、曲轴及机床导轨等，其表面或轴颈部分应具有高的硬度和耐磨性，而心部则应具有高的强度和韧性。在这种情况下，如果单从钢材的选择上考虑满足上述要求是十分困难的。若采用高碳钢制造，则心部韧性不够。若采用低碳钢制造，则表面硬度和耐磨性低。至于某些零件的表面要具备特殊性能的要求：如防锈、耐蚀、耐热就更难满足了，这时应采用表面热处理（surface heat treatment）的方法来解决。表面热处理的种类较多，但大致可分为表面淬火及化学热处理两大类。

1. 表面淬火

表面淬火是利用快速的加热方法将钢的表层奥氏体化，然后淬火，而心部组织保持不变的一种热处理工艺。

根据加热的介质不同，表面淬火分为：感应加热表面淬火、火焰加热表面淬火、盐浴加热表面淬火、电解液加热表面淬火等。

1）感应加热表面淬火

（1）感应加热的基本原理。高频感应加热表面淬火的装置，如图 3-26 所示。把工件放在铜制的感应器中，当高频电流通过感应器时，感应器周围便产生高频交变磁场，在高频交变磁场的作用下，工件（导体）中感生出高频感生电流且自成回路，称为涡流。这种涡流主要分布在工件表面上，而且频率越高，涡流集中表面层越薄，工件中心几乎没有电流通过。这种现象称为“表面效应”或“集肤效应”。由于集肤效应使工件表面薄层在几秒钟内被迅速加热到淬火温度（800～1000℃），随后喷水或侵入水中冷却进行表面淬火。

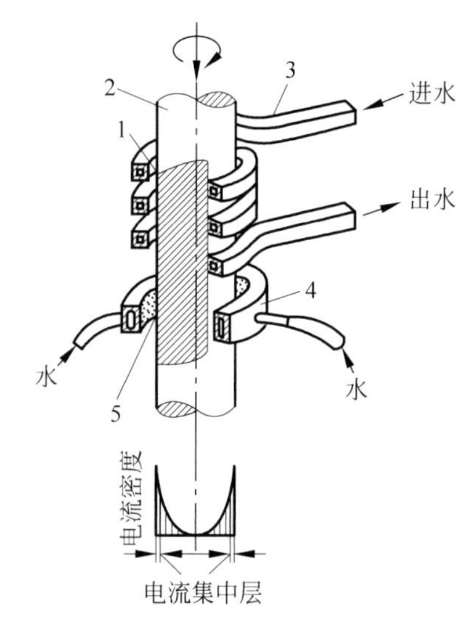

1—间隙；2—工件；3—加热感应圈；4—淬火喷水套；5—加热淬火层。

图 3-26 感应加热表面淬火示意图

高频淬火层的深度取决于高频电流透入工件表面的深度（δ），而 δ 又取决于高频电流的频率（f）。

δ 与 f 的关系可用下式表示：

$$\delta = \frac{500}{\sqrt{f}} \tag{3-4}$$

式中，δ 为高频感应电流透入深度，mm；f 为电流频率，Hz。

由式（3-4）可见，频率 f 越高，δ 越浅。热处理生产中所用的感应电流，按频率的高低可分为高频（70～1000kHz），中频（0.5～10kHz）和工频（普通工业电流，50Hz），应用最多的是高频感应加热表面淬火法。

一个零件要求的淬硬层的深度取决于零件的工作情况和零件尺寸。淬硬层太薄，减弱了零件的强度，淬硬层太厚，增加了零件脆断的危险性。因此，对于要求耐磨的零件，当直径大于20mm时，淬硬层深度推荐采用1.7～4.0mm。对于要求提高机械零件强度的，淬硬层深度一般采用零件直径的10%～20%，零件直径大于40mm时，建议采用零件直径的10%。

感应加热表面淬火常用于中碳钢和中碳合金结构钢零件，也可用于高碳工具钢和低合金工具钢零件及铸铁件。在汽车、拖拉机、机床中应用广泛。

高频淬火时对原始组织有一定要求，一般要进行正火或调质处理，对于铸铁件高频淬火前的原始组织应是珠光体基体和均匀细小分布的石墨为宜。

高频淬火后的回火均采用低温回火，通常为180～200℃，以降低应力，保持其硬度和耐磨性，也可利用工件淬火的余热进行回火。

(2) 感应加热表面淬火的特点。①生产率高。一般只需几秒钟到几分钟就可完成一次表面淬火。操作比较简单，容易实现机械化和自动化。几乎不造成环境污染。②淬火件质量好。表面层比普通淬火硬度高2～3HRC，疲劳强度、韧性也有所提高，一般可提高20%～30%。③工件淬火变形小，不易氧化脱碳，淬火层容易控制。④感应加热表面淬火的缺点是设备昂贵，处理形状复杂的零件比较困难。

2) 火焰加热表面淬火

(1) 火焰加热表面淬火的基本方法。火焰加热表面淬火是利用乙炔-氧或煤气-氧的混合气体燃烧的火焰，喷射在零件表面上，使它快速被加热，当达到淬火温度时立即喷水淬火冷却，从而获得预期的硬度和淬硬层深度的一种表面淬火方法，如图3-27所示。

火焰表面淬火零件的材料，常用中碳钢如35、45钢以及中碳合金结构钢如40Cr、65Mn等。如果碳含量太低，淬火后的硬度较低；碳和合金元素含量过高，则易淬裂。火焰表面淬火还可用于对铸铁件如灰铸铁、合金铸铁进行表面淬火。

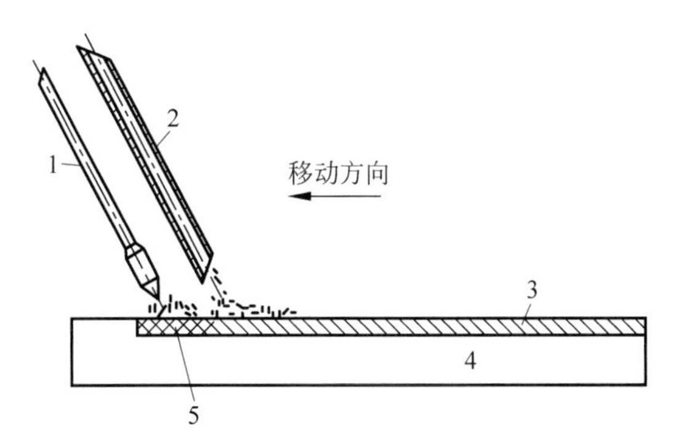

1—烧嘴；2—喷水管；3—淬硬层；4—工件；5—加热层。

图3-27　火焰加热表面淬火示意图

(2) 火焰加热表面淬火的特点。①具有设备简单、成本低等优点，但生产率低；②零件表面有不同程度的过热，质量控制比较困难；③主要用于单件、小批量生产及大型零件(如大型齿轮、轴、轧辊等)的表面淬火。

3) 激光表面淬火

激光表面淬火是利用激光束高能量产生的热效应，对金属材料表面进行热处理的一项新技术。

根据材料种类的不同，调节激光功率密度、激光辐照时间等工艺参数，增加一定的气氛条件，可进行激光表面淬火(相变硬化)、激光表面熔凝、激光表面合金化等激光表面处理。

其中激光表面淬火是激光表面改性领域中最成熟的技术。

(1) 激光表面淬火的工作原理。激光表面淬火技术是利用聚焦后的高能激光束作为热源照射在待处理工件表面,使其需要硬化部位温度瞬间急剧升高至相变点之上形成奥氏体。由于金属具有良好的导热性,当激光束移开后,工件快速的自激冷却获得晶粒细的马氏体或其他组织淬硬层。如果零件需要淬火的表面比较光滑,则需要在该表面涂以合适的涂层,以减少零件表面对激光的反射,从而降低淬火时的能量密度。

激光表面淬火的工作原理示意图,如图 3-28 所示。

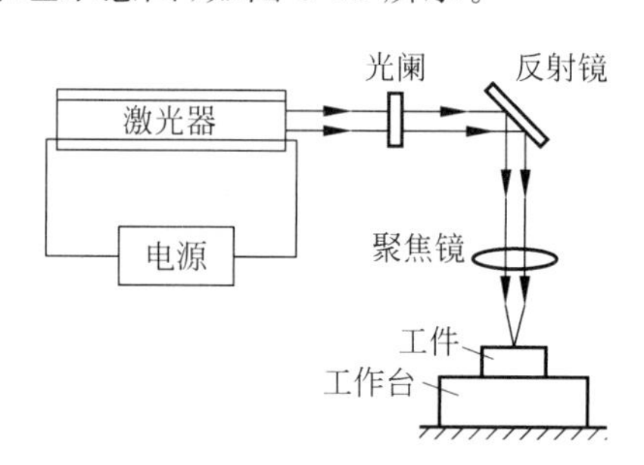

图 3-28 激光表面淬火的工作原理示意图

(2) 激光表面淬火的技术特点。激光表面淬火和中高频表面淬火、渗碳淬火相比,有以下特点:①功率密度高($>5\times10^3\text{W/cm}^2$)、加热速度极快,可达 $10^4\sim10^9$℃/s,零件变形极小,工件处理后不需要修磨,可以作为零件精加工的最后一道工序;②激光聚焦深度大,淬火时对零件的尺寸、大小及表面都没有严格的限制,通用性强,可对形状复杂零件如盲孔、内孔、小槽、薄壁零件等进行处理或局部处理,也可对同一零件的不同部位进行不同的处理;③激光表面淬火的冷却速度很快,可达 10^4℃/s,不需要水或油等冷却介质,是清洁、高效的环保淬火工艺;④表面淬硬层组织细,硬度高(比常规淬火层提高 15%~20%),耐磨性好,能满足淬硬层深度较浅(一般在 0.3~2.0mm)的表面淬火产品。激光淬火表面有很大的残余压力,有利于提高零件的疲劳强度。

(3) 激光表面淬火后的组织。钢铁材料激光表面淬火后的组织:表层分为硬化区、过渡区(热影响区)和基体三个区域。硬化区与常规淬火相似,过渡区则为部分马氏体转变区域。铸铁材料还有未溶的石墨带、球状石墨。

(4) 激光表面淬火的应用范围。激光表面淬火适用于各类结构钢、工具钢、模具钢、不锈钢、有色金属、铸铁等金属材料。在汽车制造行业中应用极为广泛,在许多汽车关键件上,如缸体、缸套、曲轴、凸轮轴、齿轮、排气阀、阀座、摇臂、铝活塞环槽等几乎都可以采用。激光表面淬火的生产效率高,易实现自动化操作,并可以配置在生产线上。

2. 化学热处理(thermo-chemical treatment)

化学热处理是将钢件置于一定温度的活性介质中保温,使一种或几种元素渗入钢件的表面,改变其化学成分和组织,从而达到改善表面性能,满足"表硬里韧"的技术要求的一种热处理工艺过程。

钢件表面渗入元素的不同,会使工件表面所具有的性能也不同。如渗碳、碳氮共渗可提高钢的硬度、耐磨性以及疲劳强度;氮化、渗硼、渗铬可使表面特别硬,显著提高耐磨性和耐蚀性；渗硅可以提高耐酸性；渗铝可提高耐热抗氧化性等。

1）化学热处理的基本过程

无论是哪一种化学热处理，元素渗入钢件表层的过程都是由分解、吸收和扩散三个基本过程所组成。

（1）分解过程。在化学热处理过程中，只有活性原子才能为钢的表面所吸收。化学介质在一定的温度下，由分解反应生成活性原子。

例如，渗碳时由 CO 或 CH_4 分解出活性碳原子[C]。

$$2CO \longrightarrow CO_2 + [C]$$

$$CH_4 \longrightarrow 2H_2 + [C]$$

而渗氮时由 NH_3 分解出活性氮原子[N]：

$$2NH_3 \longrightarrow 3H_2 + 2[N]$$

其中[C]、[N]即为活性原子。化学介质分解反应越快，介质中活性原子浓度越大，介质的活性越大。有时为了增加化学介质的活性，加入催渗剂加速分解速度，例如固体渗碳时，在渗碳剂中加入一定数量的碳酸盐等物质。

（2）吸收过程。吸收的必要条件是渗入元素（如[C]、[N]等）在钢基中有较大的可溶性，否则吸收过程很快就会中止，钢的表面就不可能形成扩散层。

碳、氮、硼等原子半径较小，是以间隙原子方式进入钢基的，而铝、硅、铬等原子半径较大，是以置换原子的方式进入钢基的。

（3）扩散过程。扩散过程是渗入元素原子由钢表面向内部扩散迁移的过程。一般情况下总是吸收过程快于扩散过程，所以使表面浓度逐渐升高与内部形成浓度梯度，而渗入元素的原子沿着浓度梯度下降的方向向内部扩散，形成一定深度的扩散层。

2）钢的渗碳

钢的渗碳

向钢的表面渗入碳原子的过程称为渗碳(nitriding)。

（1）渗碳的目的及渗碳用钢。一些重要零件如齿轮、凸轮、活塞等工作时受到较严重的磨损、冲击以及弯曲、扭转等复合应力作用。因此，要求这类零件表面具有较高的硬度，耐磨性及疲劳强度，而心部具有较高的强度和韧性。显然，选用高碳钢或低碳钢经过普通热处理都不能满足上述要求，但若用低碳钢进行渗碳，随后进行淬火回火处理就可以得到很好地解决。低碳钢经渗碳后，零件表层将获得高的碳质量分数，经淬火后会得到高的硬度，而心部仍为低碳成分，保留着较高的强度和韧性的特点。这样将高碳钢与低碳钢的不同性能结合在一个零件上，从而满足零件“表硬里韧”的性能要求特点。

因此，渗碳的目的是使零件表层获得高的碳质量分数，经淬火后使零件表面具有高的硬度、耐磨性及疲劳强度，并且保持心部具有较高的强度和韧性。以适应工件在工作时所产生的复合应力的作用。

渗碳用钢一般为碳质量分数 0.10%～0.25%的低碳钢和低碳合金钢，如 15、20、20Cr、20CrMnTi 钢等。

（2）渗碳方法。按照采用的渗碳剂不同，可分为固体渗碳、气体渗碳和液体渗碳三种，常用的为前两种，尤其是气体渗碳，在生产中应用最为广泛。①气体渗碳法。气体渗碳通常在井式渗碳炉中进行，如图 3-29 所示。目前采用两类气体渗碳气氛，一类是有机液体，如煤油、甲苯、甲醇、乙醇及丙酮等。使用时采用滴入法，使其在高温下分解出含碳气氛进行渗碳。另一类是渗碳气体，如城市煤气、丙烷(C_3H_8)、石油液化气、丁烷(C_4H_{10})以及天然气等，这些介质可直接通入炉内使用。渗碳时最主要的工艺因素是加热温度和保温时间：加热温度一般定为900～930℃，即超过Ac_3以上50～80℃的高温奥氏体区；渗碳时间由渗碳方法、渗碳温度及渗碳层深度来决定。一般渗碳层深度在0.5～2.0mm，气体渗碳只需3～9h。气体渗碳法是比较完善和经济的方法。不仅生产效率高，劳动条件好，而且渗碳质量高，容易控制，同时也容易实现机械化与自动化。因此，在现代热处理生产中得到广泛的应用。②固体渗碳法。固体渗碳是将工件放入四周填有固体渗碳剂的密封箱中，送入炉中，加热至渗碳温度(900～950℃)，保温一定时间，使零件表面渗碳的方法，如图3-30所示。

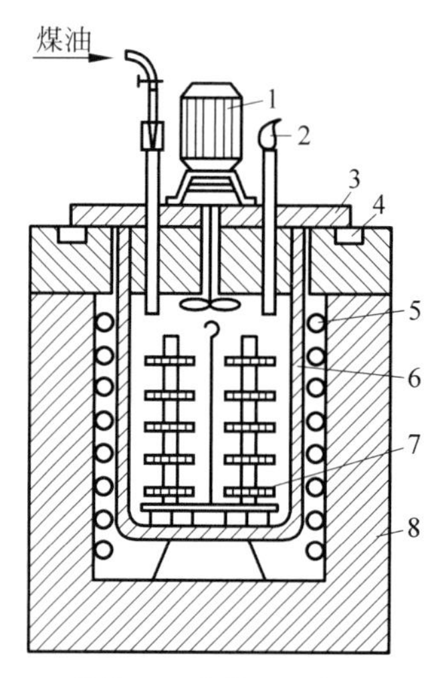

1—风扇电动机；2—废气火焰；3—炉盖；4—砂封；5—电阻丝；6—耐热罐；7—工件；8—炉体。

图3-29 气体渗碳法示意图

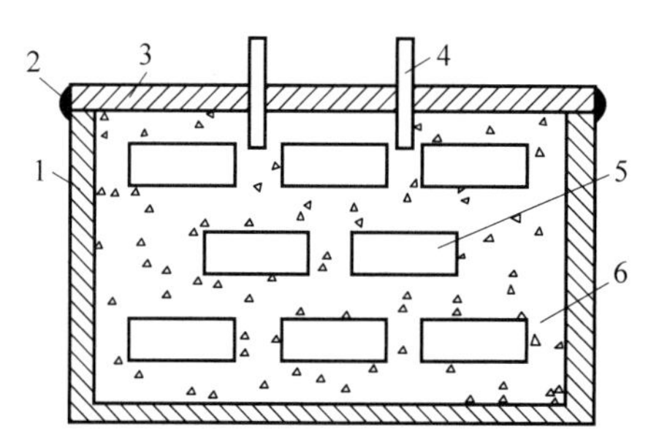

1—渗碳箱；2—泥封；3—盖；4—试棒；5—零件；6—渗碳剂。

图3-30 固体渗碳装箱示意图

固体渗碳剂一般是由木炭与碳酸盐(Na_2CO_3或$BaCO_3$等)混合组成。其中木炭是基本的渗碳物质，加入碳酸盐可加速渗碳过程。

固体渗碳法设备费用低廉，操作简单，适用大小不同的零件，因此目前仍在使用。其缺点是劳动条件差，质量不易控制，渗碳后不易直接淬火等。

(3) 渗碳后的金相组织。渗碳层厚度一般在0.5～2.0mm，渗碳层碳浓度一般控制在0.8%～1.05%范围内为宜。零件渗碳后，表面碳浓度最高，其表面向中心碳浓度逐渐降低，中心为原始碳浓度。因此，零件从渗碳温度缓慢冷却后，其金相组织表层为珠光体与网状的二次渗碳体混合的过共析组织；心部为珠光体与铁素体混合的亚共析原始组织；中间为过渡区，越靠近表层铁素体越少。一般规定，从表面到过渡区的一半处的厚度为渗碳层的厚度。

（4）渗碳后的热处理。零件渗碳后必须进行淬火和低温回火处理，才能有效地发挥渗碳层的作用。渗碳件的淬火方法有三种：直接淬火法；一次淬火法；两次淬火法，如图 3-31 所示。①直接淬火法：工件渗碳后经过预冷直接淬火，如图 3-31 曲线 1 所示。这种方法比较简单，不需要重新加热淬火，因而减少了热处理变形，节约了时间和费用，适用于本质细晶粒钢或耐磨性要求低和承受低载荷的零件。预冷可以减少变形和开裂，并能使表层析出一些碳化物，降低奥氏体碳浓度，淬火后减少残余奥氏体量，提高表层硬度。②一次淬火法：工件渗碳后出炉在空气中冷却，然后再重新加热淬火，如图 3-31 曲线 2 所示。对于心部组织要求较高的合金渗碳钢，一次淬火加热温度可略高于心部材料的 Ac_3，以达到细化心部晶粒，并得到低碳马氏体组织之目的；对于受载不大但表面性能要求高的零件，其淬火温度应选在 Ac_1 以上 30～50℃，以保证使表层晶粒细化，但心部组织得不到细化，性能稍差一点。③两次淬火法：对于性能要求很高的渗碳件或本质粗晶粒钢，若采用一次淬火很难使表面和心部都得到满意的强化效果，因而可进行两次淬火，如图 3-31 曲线 3 所示。第一次淬火加热到心部的 Ac_3 以上进行完全淬火，目的是细化心部组织，同时消除表面的网状碳化物。第二次淬火加热到表层的 Ac_1 以上进行不完全淬火。目的是使表层得到细针状马氏体和细粒状碳化物的组织，这次淬火对心部影响不大。两次淬火工艺复杂，成本高，故此法应用较少。

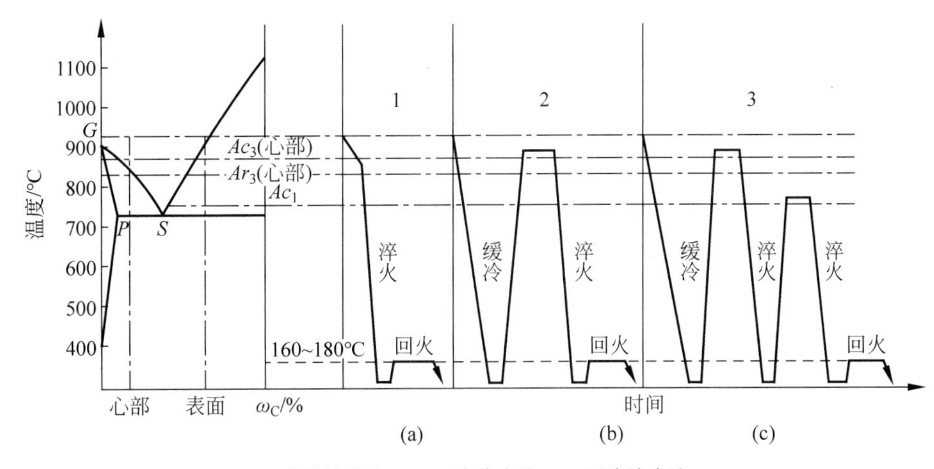

1—直接淬火法；2—一次淬火法；3—两次淬火法。

图 3-31　渗碳件常用的热处理方法

(a) 直接淬火法；(b) 一次淬火法；(c) 两次淬火法

渗碳件淬火后，都必须进行低温回火，回火温度一般为 150～220℃。工件经渗碳、淬火回火后的最终组织，其表层为针状回火马氏体、碳化物和少量的残余奥氏体，硬度为 58～62HRC。心部组织随钢的淬透性而定，对于低碳钢如 15、20 钢为铁素体＋珠光体，硬度相当 10～15HRC。而对于某些低碳合金钢如 20CrMnTi，心部为低碳马氏体和铁素体组成，其硬度为 35～45HRC，并具有较高的强度和韧性。

3）钢的氮化

氮化(ntriding)是向钢件表层渗入氮原子的过程，其目的是提高钢件表层的硬度、耐磨性、疲劳强度和抗蚀性。

(1) 氮化工艺。目前工业中应用最广泛的，比较成熟的是气体氮化法。利用氨气在加热时分解出活性氮原子，被钢吸收后在其表面形成氮化层，同时氮原子向心部扩散。氨的分解反应如下：

$$2NH_3 \xrightarrow{>380℃} 2[N] + 3H_2$$

气体氮化的工艺特点是：①氮化温度低。一般为500～600℃。氨在200℃以上即开始分解，铁素体对[N]有一定的溶解能力，因此不必加热到高温。此外，零件在氮化前要进行调质处理，氮化温度不能比调质温度高，以免破坏心部的组织与性能。②氮化时间长。若要得到0.3～0.5mm的氮化层需20～50h。而得到相同厚度的渗碳层只需3h左右。时间长是氮化工艺的一个缺点。③氮化前零件需经调质处理。目的是改善零件的机加工性能和获得均匀的回火索氏体组织，保证有较高的强度和韧性，达到"既强又韧"的性能要求特点。对形状复杂的或精度要求高的零件，在氮化前精加工后还要进行消除内应力的退火，以减少氮化时的变形。

(2) 氮化后的组织和性能。钢件氮化后不需淬火并且具有很高的硬度(1000～1100HV)，而且在600～650℃还能保持硬度不下降。因此，氮化件有很高的耐磨性和热硬性。其原因是氮可溶入铁素体中并与铁形成γ相(Fe_4N)和ε相(Fe_2N)，使钢件表面形成一层坚硬的氮化物层。

钢氮化后，渗层体积增大，造成表面压应力，可提高疲劳强度15%～35%。氮化温度低，氮化件变形小。氮化层具有较高的抗蚀性能(在水中、过热的蒸气中或碱性溶液中耐蚀)。这与氮化层是由致密的氮化物组成的连续薄层有关，能有效地防止某些介质的腐蚀。

(3) 氮化用钢。碳钢氮化时形成的氮化物不太稳定，加热至较高温度容易分解并聚集粗化，使硬度很快降低。为克服这个缺点，氮化用钢中常含有Al、Cr、Mo、W、V等合金元素。因为它们的氮化物AlN、CrN、MoN等都很稳定，并且在钢中均匀弥散分布，使钢的硬度提高，在600～650℃也不降低。常用氮化钢有35CrMo，38CrMoAlA等。

由于氮化工艺复杂，时间长，成本高，所以只用于对耐磨性和精度都要求较高的零件或要求抗热、抗蚀的耐磨件，如发动机油缸、排气阀、精密机床丝杠、镗床主轴、汽轮机的阀门、阀杆等零件。

生产实际中除了广泛采用的气体氮化外，还有液体氮化、洁净氮化、离子氮化等。

4) 钢的氰化(碳氮共渗)

氰化(cyaniding)即是同时向零件表面渗入碳和氮的化学热处理工艺，也称为"碳氮共渗"。氰化分为固体氰化、液体氰化、气体氰化三种，其中应用最普遍的是气体氰化。气体氰化又可分为高温气体氰化、中温气体氰化和低温气体氰化，目前常用的是后两种。

(1) 中温气体氰化。中温气体氰化温度大多在840～860℃，以渗碳为主，渗氮为辅。将工件放入密封炉内，向炉中滴入煤油，通入氨气，在共渗温度下，分解出活性碳、氮原子渗入工件表面形成一定深度的共渗层。

零件经中温气体氰化后需淬火、低温回火，氰化温度低，不会发生晶粒的长大，一般可采用直接淬火。氰化淬火后得到的含氮马氏体，硬度较高，因而耐磨性比渗碳更好。氰化层与渗碳层比具有较高的压应力，因而有更高的疲劳强度。

中温气体氰化主要用于低碳钢及中碳结构钢零件，如汽车、拖拉机变速箱齿轮，高速大马力柴油机传动齿轮等零件。

(2) 低温气体氰化。低温气体氰化实质上是气体软氮化，与一般气体氮化相比，渗层硬度较低，脆性较小。低温气体氰化温度一般在520～570℃，由于共渗温度低，以渗氮为主，渗碳为辅。共渗介质多用尿素、甲酰胺、三乙醇胺等有机液。在共渗温度下分解出活性碳、氮原子，同时渗入钢的表面形成共渗层。

低温气体氰化能有效地提高零件的耐磨性、疲劳强度、抗咬合性等。生产周期短(1～3h)，零件变形小，而且不受钢材限制，碳钢、合金钢以及铸铁等材料都可采用。现在该工艺普遍用于模具、量具以及耐磨零件的处理，效果良好。但需要注意氰化对环境的污染和对人体的伤害问题。

3. 表面淬火和化学热处理的比较

在实际生产中，可根据零件的工作条件、几何形状、尺寸大小等的不同，选用合适的表面热处理工艺。

(1) 高频表面淬火。主要用于耐磨性及硬度要求一般，形状简单及变形要求较小的工件，如曲轴、机床齿轮等。

(2) 渗碳。主要用于耐磨性要求高，受重载和较大冲击载荷的工件，如汽车齿轮、活塞销等。

(3) 氮化。主要用于耐磨性要求高，精度要求高的零件，如精密机床主轴，丝杠等。

(4) 氰化。主要用于耐磨性要求较高，形状复杂，变形要求较小的中小型零件。

3.1.4 非金属材料热处理

自19世纪以来，随着生产和科学技术的进步，尤其是无机化学和有机化学工业的发展，人类以天然的矿物、植物、石油等为原料，制造和合成了许多新型非金属材料，如水泥、人造石墨、特种陶瓷、合成橡胶、合成树脂(塑料)、合成纤维、塑料等。这些非金属材料是热和电的不良导体(碳除外)，因具有各种优异的性能，为天然的非金属材料和某些金属材料所不及，从而在近代工业中用途不断扩大，并得到迅速发展。

热处理有金属材料热处理和非金属材料热处理。非金属材料热处理包括碳纤维预氧化、碳化、石墨化烧结、玻璃的退火、钢化等等。

1. 碳纤维(carbon fiber)

碳纤维是一种含碳量在95%以上的高强度、高模量的新型纤维材料，是由片状石墨微晶等有机纤维沿纤维轴向方向堆砌而成，经碳化及石墨化处理而得到的微晶石墨材料。碳纤维“外柔内刚”，质量比金属铝轻，但强度却高于钢铁，并且具有耐腐蚀、高模量的特性，在国防军工和民用方面都是重要材料。不仅具有碳材料的固有本征特性，而且兼备纺织纤维的柔软可加工性，是新一代增强纤维。

碳纤维按原料来源可分为聚丙烯腈基碳纤维、沥青基碳纤维、黏胶基碳纤维、酚醛基碳纤维、气相生长碳纤维；按性能可分为通用型、高强型、中模高强型、高模型和超高模型碳纤维；按状态可分为长丝、短纤维和短切纤维；按力学性能可分为通用型和高性能型。通用型碳纤维强度为1000MPa、模量为100GPa左右。高性能型碳纤维又分为高强型（强度2000MPa、模量250GPa）和高模型（模量300GPa以上）。强度大于4000MPa的又称为“超高强型”；模量大于450GPa的称为超高模型。

随着航空和航天工业的发展，还出现了高强高伸型碳纤维，其伸长率大于2%。用量最大的是聚丙烯腈PAN基碳纤维。市场上90%以上碳纤维以PAN基碳纤维为主。

PAN基碳纤维的生产工艺主要包括原丝生产和原丝碳化两个过程：首先通过丙烯腈聚合和纺纱等一系列工艺加工成被称为“母体”的聚丙烯腈纤维或原丝，将这些原丝放入氧化炉中在200～300℃进行氧化，还要在碳化炉中，在温度为1000～2000℃下进行碳化等工序制成碳纤维。

碳纤维的制造包括纤维纺丝、热稳定化（预氧化）、碳化、石墨化等四个过程。其间伴随的化学变化包括脱氢、环化、预氧化、氧化及脱氧等。

由PAN（聚丙烯腈）原丝制备碳纤维的工艺流程如下：

PAN原丝→预氧化→碳化→石墨化→表面处理→卷取→碳纤维。

（1）原丝制备。聚丙烯腈和黏胶原丝主要采用湿法纺丝制得，沥青和酚醛原丝则采用熔体纺丝制得。制备高性能聚丙烯腈基碳纤维需采用高纯度、高强度和质量均匀的聚丙烯腈原丝，制备原丝用的共聚单体为衣康酸等。制备各向异性的高性能沥青基碳纤维需先将沥青预处理成中间相、预中间相（苯可溶各向异性沥青）和潜在中间相（喹啉可溶各向异性沥青）等。作为烧蚀材料用的黏胶基碳纤维，其原丝要求不含碱金属离子。

（2）预氧化。预氧化是指碳纤维原丝在碳化前须经的预氧化过程，在沥青基称作稳定化。使其转化成热稳定并具有半导体电阻值的吡啶环梯形结构，其耐热性、抗燃性和导电性等均有所提高。聚丙烯腈纤维200～300℃、沥青200～400℃、黏胶纤维240℃。预氧化发生反应如图3-32所示。

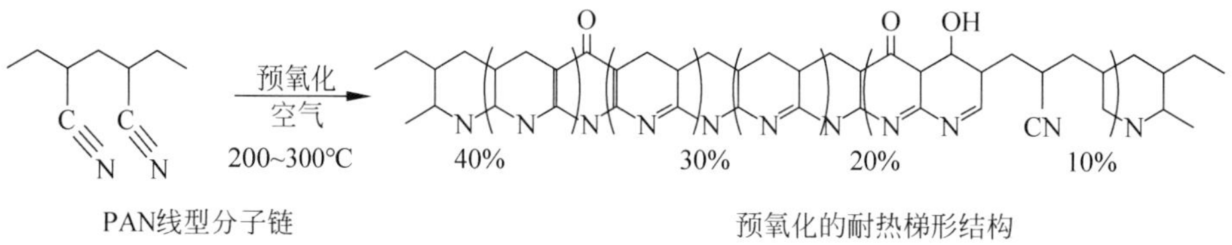

图3-32　PAN原丝经预氧化后的结构转化

预氧化过程所使用的设备是预氧化炉，预氧化炉大致可分为两大类型：一是外热式预氧化炉，结构示意如图3-33所示；二是内热式预氧化炉，结构特征如图3-34所示。

（3）碳化。原丝经预氧化处理后转化为耐热梯形结构的预氧丝，再经过低温碳化（300～1000℃）和高温碳化（1000～1800℃）转化为具有乱层石墨结构的碳纤维。在这一结构转化过程中，主要发生较小的梯形结构单元进一步进行交联和缩聚，非碳元素O、N、H逐步被排除，C逐渐富集，实现向乱层石墨结构的转化。同时也伴随着直链的热解，释放出许多小分子副产物。最终形成含碳量90%以上的碳纤维。其温度为：聚丙烯腈纤维1000～1500℃，沥青1500～1700℃，黏胶纤维400～2000℃。

（4）石墨化。碳纤维经过2200～3000℃的高温石墨化处理，通过二维乱层石墨结构向三维有序微晶结构的转化,可以获得高的碳质量分数和高模量的石墨纤维。小的六角碳网平面彼此缩合而脱氮的固相石墨化反应示意图,如图 3-35 所示。聚丙烯腈纤维为 2500～3000℃,沥青 2500～2800℃,黏胶纤维 3000～3200℃。

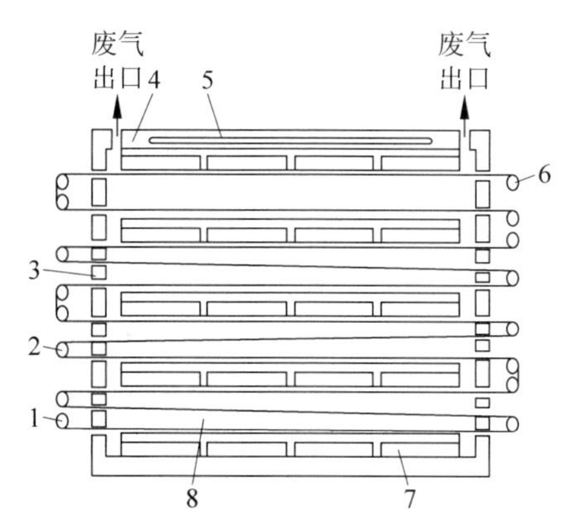

1—PAN 原丝;2—导向辊;3—丝束运行通道;4—隔热保温材料;5—预热空气管;6—预氧化丝;7—加热器;8—预氧化炉膛。

图 3-33　外热式预氧化炉结构示意图

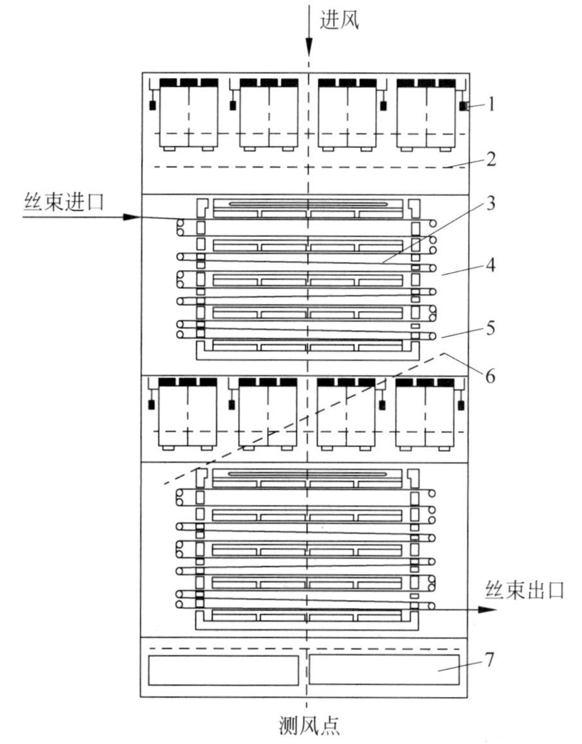

1—解压口;2—孔板;3—温度监测点;4—风速监测点;5—托丝网板;6—导丝辊;7—循环风出口。

图 3-34　内热式预氧化炉结构特征图

(5) 表面处理。进行气相或液相氧化等,赋予纤维化学活性,以增大对树脂的亲和性。

(6) 上浆处理。防止纤维损伤,提高与树脂母体的亲和性。所得纤维具有各种不同的断面结构。

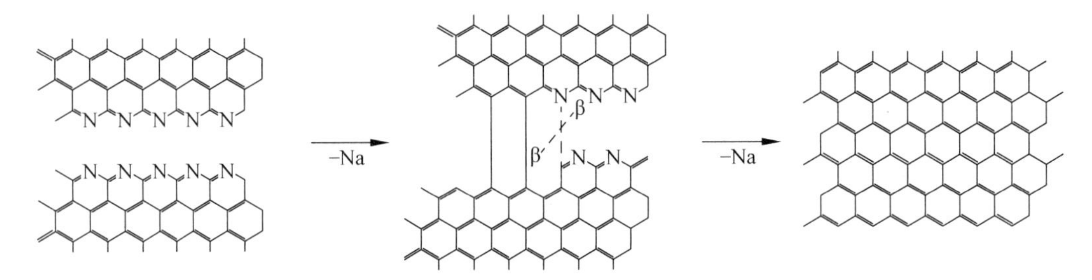

图 3-35 小的六角碳网平面彼此缩合而脱氮的固相石墨化反应示意图

2. 玻璃的退火

玻璃消除应力的退火，可认为是在成型之后的再加热，目的是使玻璃制品各部分上都达到均匀的温度。至今一直在努力使玻璃液熔化达到化学均匀的程度，并在均一的温度下成形。但成形时温度的不均匀性几乎是不可避免的。除了某些横截面相当薄的制品以外，一般玻璃制品成形后，在自然冷却到室温的条件下都会产生有害的应力。而退火却有这样的功能：能校正这些温度的不均匀性，消除已经产生的永久应变，避免变形或产生其他缺陷，最后在冷却到室温时不会产生炸裂，也不会产生新的有害应变。

玻璃的均化结构精密退火是在转变温度范围内，长时间的热处理使玻璃中的原子达到最致密的程度。这种最致密的结构排列可认为是接近"结构的均匀性"，相似于在熔化中达到化学的均匀性，在一般退火中可达到机械的均匀性和光学的均质性。由于精密退火需要很长时间(长达四周)，其应用只限于最高级的光学玻璃和其他一些工艺品。

3. 玻璃的钢化

虽然玻璃的钢化过程与钢的加热和淬火过程相似，但钢化玻璃(toughened glass)不同于淬火的钢。钢化玻璃与退火玻璃本质上的区别是它们的密度和其他物理性能不同。钢化玻璃的外层冷却较快，在物理性能上，与退火玻璃的里层稍有不同，但是，与钢化所产生的物理应变相比，这些差异对大部分玻璃来说是很小的。

热钢化可以认为是反向退火或"反退火"。这种方法不是力求制品的各部分达到均匀的温度分布，而是从尽可能接近变形的温度急剧冷却下来，使骤冷表面与内部之间产生温度梯度，并在适宜操作的条件下，使表面到内部之间的应力达到预期的不均匀分布，从而大幅提高玻璃的承载能力。

化学钢化是使固体玻璃表面薄层产生成分的变化。其生产方法是将玻璃制品在有电场和超声波或无电场和超声波的条件下，浸入溶盐内，用热膨胀系数较低的玻璃"包覆"，用加热吸收、酸处理或其他方法使玻璃表面脱碱。

3.2 材料表面工程技术

3.2.1 表面工程技术概述

表面工程技术(surface engineering technology)是跨学科、跨行业的领域，包含表面物理、固体物理、等离子物理、表面化学、有机化学、无机化学、电化学、冶金学、金属材料学、高分子材料学、硅酸盐材料学,以及物质的输送、热的传递等多门学科,是多种学科相互交叉、渗透与融合形成的一门新兴学科。表面工程技术主要是通过施加各种覆盖层或利用机械、物理、化学等方法,改变材料表面的形貌、化学成分、相组成、微观结构、缺陷状态或应力状态,从而在材料表面得到所期望的成分、组织结构和性能或外观。其实质就是要得到一种特殊的表面功能,并使表面和机体性能达到最佳配合。

表面工程技术的作用是多种多样的,其最主要的作用是提高金属构件的耐蚀性、耐磨性及获得电、磁、光等功能性表面层。具体包括抗磨性、绝缘性、导电性、抗高温氧化、热疲劳、反光性、光选择吸收性、磁性、半导体性、电磁屏蔽性、密封性、装饰性、耐疲劳性、保油性、可焊接性、耐大气、海洋大气、天然水及某些酸碱盐的腐蚀作用等。表面技术的应用使基体材料表面具有原来没有的性能,这就大幅地拓宽了材料的应用领域,充分发挥了材料的潜力。如:①可用一般的材料代替稀有的、昂贵的材料制造机器零件;②可以把两种或两种以上的材料复合,解决单一材料解决不了的问题;③延长在苛刻条件下服役机件的寿命;④大幅提高现有机件的寿命;⑤赋予材料特殊的物理、化学性能,有助于某些尖端技术的开发;⑥可成功地修复磨损、腐蚀的零件。

3.2.2 表面工程技术的分类

表面工程技术可以按照学科特点和工艺特点划分。通常按学科特点分为三大类:表面涂镀技术、表面扩渗技术和表面处理技术。

表面涂镀技术(surface coating/plating technology)是将液态涂料涂敷在材料表面,或者是将镀料原子沉积在材料表面,从而获得晶体结构、化学成分和性能有别于基体材料的涂层或镀层,此类技术有有机涂装、热浸镀、热喷涂、电镀、化学镀和气相沉积(如物理气相沉积和化学气相沉积等)。由于表面涂镀技术可以根据零部件或元件的用途方便地选择或涉及表面材料成分,控制表面性能,因此应用很广。

表面扩渗技术(surface diffusion and infiltration technology)是将原子渗入(或离子注入)基体材料的表面,改变基体表面的化学成分,从而达到改变其性能的目的,主要包括化学热处理、阳极氧化、表面合金化、离子注入、激光表面合金化等技术。

表面处理技术(surface treatment technology)是通过加热或机械处理,在不改变材料表层化学成分的情况下,使其组织结构或应力状态发生变化,从而改变其性能。常用的表面处理技术包括表面淬火(包括感应加热淬火技术、激光表面淬火和退火技术)和喷丸、滚压等表面加工硬化技术等。

3.2.3 表面工程技术常用方法及用途

1. 热喷涂

热喷涂(thermal spraying)技术是采用气体、液体燃料或电弧、等离子弧、激光等作热源,使金属、合金、金属陶瓷、氧化物、碳化物、塑料以及它们的复合材料等喷涂材料加热到熔融或半熔融状态，通过高速气流使其雾化，然后喷射、沉积到经过预处理的工件表面，从而形成附着牢固的表面层的加工方法。如果将喷涂层再加热重熔，则产生冶金结合。目前，热喷涂技术已广泛应用于宇航、国防、机械、冶金、石油、化工、机车车辆和电力等部门。图3-36为热喷涂原理示意图。

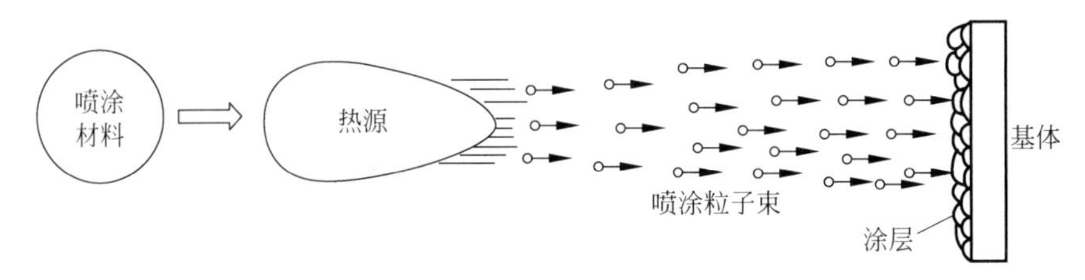

图3-36 热喷涂原理图

1）热喷涂的特点

（1）取材范围广，几乎所有的工程材料都可以作为喷涂材料。

（2）几乎所有固体材料都可以作为基体进行喷涂。

（3）工艺灵活，施工范围小到10mm的内孔，大到铁塔、桥梁。从整体表面到指定区域内涂敷，从真空或控制气氛中喷涂活性材料到野外现场作业都可进行。

（4）喷涂层厚度0.5～5mm，可调范围大，而且表面光滑，加工量少。

（5）工件受热程度可以控制，热喷涂时工件受热程度可控制在30～200℃，不改变基体的金相组织，工件不会发生畸变。

（6）比电镀生产率高。热喷涂的生产率可达到每小时喷涂数千克喷涂材料，有些工艺方法甚至可高达100kg/h以上。

（7）可赋予普通材料以特殊的表面性能，可使材料满足耐磨、耐蚀、抗高温氧化、隔热等性能要求，达到节约贵重材料，提高产品质量，满足多种工程和尖端技术的需求。

2）热喷涂工艺

实现热喷涂需要以下工艺过程，首先是喷涂材料被加热达到熔化或半熔化状态；然后是熔滴雾化后被气流或热源射流推动下向工件表面快速运动；最后以一定的动能冲击基体表面，产生强烈碰撞展平成扁平状涂层并瞬间凝固。喷涂层是由无数变形粒子互相交错呈波浪式堆叠在一起的层状组织结构，如图3-37所示。

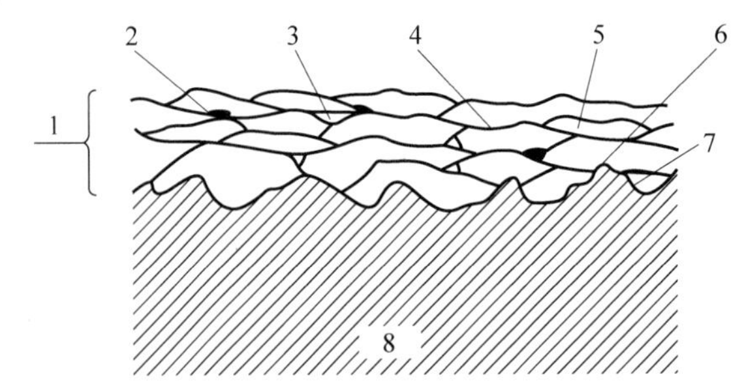

1—涂层；2—氧化物夹杂；3—孔隙或空洞；4—颗粒间的黏结；5—变形颗粒；
6—基体粗糙度；7—涂层与基体结合面；8—基体。

图3-37 喷涂层结构示意图

热喷涂分为喷涂和喷熔两种，其区别主要在涂层加热和结合方式不同。前者是基体不熔化，涂层与基体形成机械结合；后者则是涂层经再加热重熔，涂层与基体互溶并扩散形成冶金结合。热喷涂所用热源种类很多，具体包括：火焰喷涂、电弧喷涂、等离子喷涂、火焰超声速喷涂、爆炸喷涂、激光喷涂和重熔、电子束喷涂，等等，与堆焊的根本区别都在于母材基体不熔化或极少熔化。

热喷涂材料的形态有线材（丝材）、棒材和粉末材料，此外还有在长柔性管中装有粉末的带材。线材和棒材主要用于气体火焰喷涂、电弧喷涂等；粉末材料主要用于等离子喷涂、爆炸喷涂和气体火焰喷涂。热喷涂材料的材质有金属及其合金、陶瓷、金属化合物、某些有机塑料、玻璃、复合材料等。

3）几种不同热源的热喷涂方法

（1）火焰喷涂。火焰喷涂（flame spraying）的基本原理是通过乙炔、氧气喷嘴出口处产生的火焰，将线材（棒材）或粉末材料加热熔化，借助压缩空气使其雾化成微细颗粒，喷向经预先处理的粗糙工件表面使之形成涂层（见图3-38）。

火焰喷涂工艺流程为：工件表面准备→预热→喷涂打底层→喷涂工作层→喷后处理。

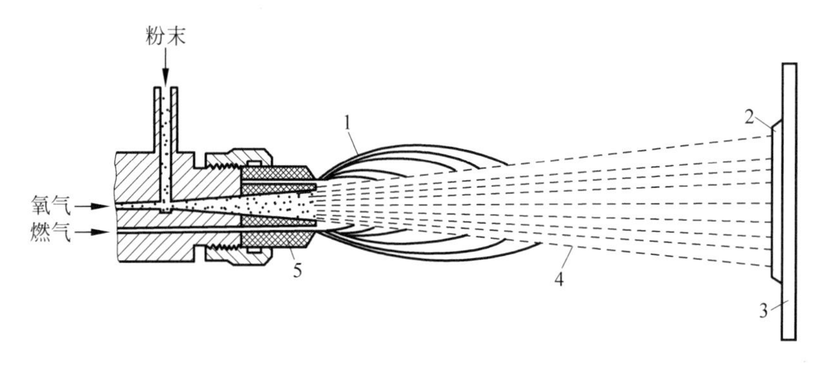

1—燃烧火焰；2—涂层；3—基材；4—飞行粒子；5—喷嘴。

图3-38 粉末气体火焰喷涂

（2）电弧喷涂。电弧喷涂（arc spraying）的基本原理是将两根被喷涂的金属丝作自耗性电极，连续送进的两根金属丝分别与直流的正负极相连接。在金属丝端部短接的瞬间，由于高电流密度，使两根金属丝间产生电弧，将两根金属丝端部同时熔化，在电源作用下，维持电弧稳定燃烧；在电弧发射点的背后由喷嘴喷射出的高速压缩空气使熔化的金属脱离金属丝并雾化成微粒，在高速气流作用下喷射到基材表面而形成涂层，如图3-39所示。该方法的优点是能够得到比普通火焰喷涂涂层更强结合力的涂层，对母材的热影响小，能够在塑料、木材、纸等基材上喷涂；且容易实现喷涂自动化、喷涂能力（单位时间内喷涂的金属量）强、喷涂成本低、经济性好。因此在满足涂层性能要求的情况下，应尽量采用电弧喷涂方法。一般采用不锈钢丝、高碳钢丝、合金工具钢丝、铝丝和锌丝等作喷涂材料。电弧喷涂广泛应用于轴类、导辊等负荷零件的修复，以及钢结构防护涂层。

（3）等离子喷涂。等离子喷涂（plasma spraying）法是利用等离子焰的热能将引入的喷涂粉末加热到熔融或半熔融状态，并在高速等离子焰的作用下，高速撞击工件表面，并沉积在经过粗糙处理的工件表面形成很薄的涂层。涂层与母材的结合主要是机械结合，工作原理如图3-40所示。

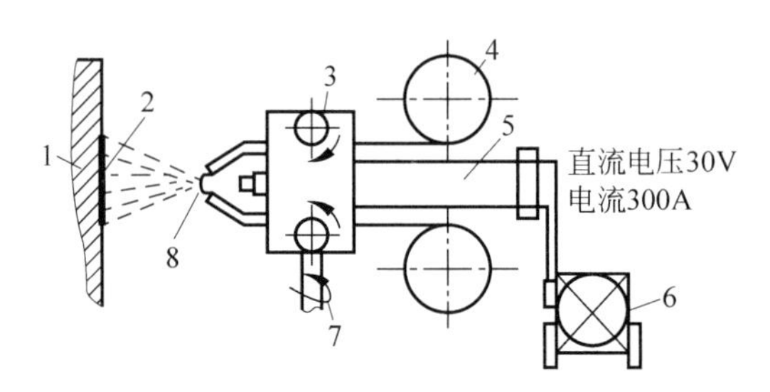

1—工件；2—涂层；3—送丝轮；4—丝盘；5—压缩空气；6—电源；7—送丝动力；8—电弧。

图 3-39 电弧喷涂示意图

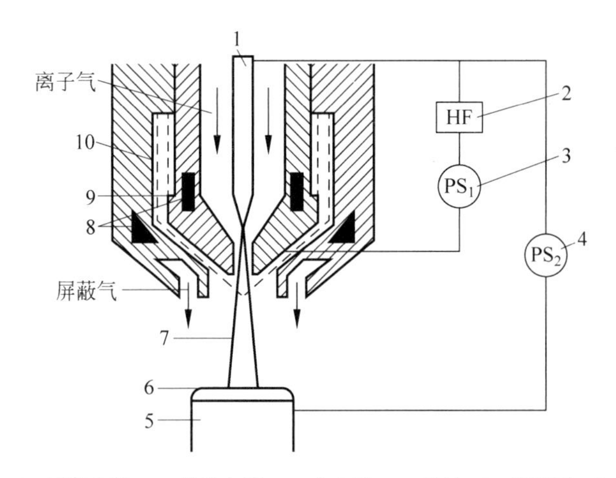

1—钨电极；2—高频电流；3—辅助电源；4—主电源；5—基材；6—喷焊层；7—等离子体；8—冷却水；9—喷嘴；10—粉末。

图 3-40 等离子喷涂原理示意图

等离子喷涂的工艺特点是：等离子焰温度高达10000℃以上，可喷涂几乎所有固态工程材料；等离子焰流速达1000m/s以上，喷出的粉粒速度可达180～600m/s，得到的涂层致密性和结合强度均比火焰喷涂及电弧喷涂高；等离子喷涂工件不带电，受热少，表面温度不超过250℃，母材组织性能无变化，涂层厚度可严格控制在几微米到1mm。等离子焰流的能量密度和流速(300～400m/s)远高于燃烧气体火焰，因此，采用该方法喷涂的涂层的气孔率低、密度高以及与母材的结合强度好。此外，因母材的热影响区小，且能保持母材的组织，故等离子喷涂法也可用于塑料表面的喷涂。等离子喷涂法相对其他喷涂法更适宜于喷涂陶瓷材料，使多种多样的喷涂材料形成涂层成为可能，并可促进新的喷涂材料的开发。

2. 电镀与化学镀

1) 电镀

电镀(electroplating)是一种用电化学方法在镀件表面上沉积所需形态的金属覆层工艺。电镀的基本原理如图3-41所示。在分别接入直流电源正、负极的两洁净铜片间，充入酸性硫酸铜溶液作为介质，就构成了一个简单的电镀铜装置。电镀时，在外电场驱使下，阳极(接正极铜片)表面铜原子失去电子，氧化成溶入溶液的铜离子；而运动到阴极(接负极铜片)表面的铜离子则获得电子，还原成铜原子，沉积在阴极表面形成铜镀层。如果在电解质溶液中加入一种或数种不溶性固体颗粒，在金属离子被还原的同时，将不溶性的固体颗粒均匀地夹杂到金属镀层中可形成复合电镀层。复合镀层是一类以基质金属（被沉积金属）为均匀连续相，以不溶性固体颗粒为分散相的金属基复合材料。

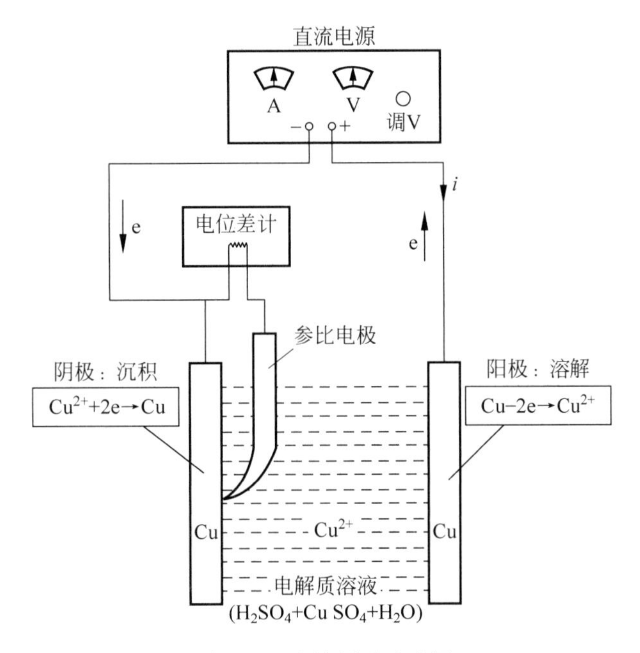

图 3-41　电镀原理示意图

电镀工艺过程主要包括：

工件→机械处理→化学处理→（电）化学精处理→预镀→电镀→镀后处理。工艺的主体和重点是电镀过程，在工艺方法上对不同金属基体有不同的工艺特点。

电镀工艺设备较简单，工艺条件（镀液组成、电流密度、温度和电镀时间等）易于控制，利于对微观过程施加影响和进行必要的调控，直接获得功能镀层；镀层种类多，适用范围宽，大小零件、异型工件都可实施工程电镀；多为常温常压水溶液施镀，成本较低。因此，在工业生产中广泛应用，是材料表面处理的重要方法。但对环境保护要求高，工艺过程较复杂。

2）化学镀

化学镀（chemical plating）是指在没有外电流通过的情况下，利用化学方法使溶液中的金属离子还原为金属并沉积在基体表面，从而形成镀层的一种工艺方法。

化学镀与电镀工艺相比，其特点如下：

（1）镀层厚度非常均匀，化学镀液的分散力接近100%，无明显的边缘效应，几乎是基材（工件）形状的复制，因此特别适合形状复杂工件、腔体件、深孔件、盲孔件、管件内壁等表面施镀，而电镀法因受电力线分布不均匀的限制是很难做到的。由于化学镀镀层厚度均匀，又易于控制，表面光洁平整，外观良好，一般均不需要镀后加工，所以适宜对加工件超差进行修复及选择性施镀。

（2）通过敏化、活化等前处理，化学镀可以在非金属（非导体）如塑料、玻璃、陶瓷及半导体材料表面上进行，而电镀法只能在导体表面上施镀，所以化学镀工艺是非金属表面金属化的常用方法，也是非导体材料电镀前做导电底层的方法。

(3) 工艺设备简单,不需要电源、输电系统及辅助电极,操作时只需把工件正确悬挂在镀液中即可。

(4) 化学镀是靠基材的自催化活性才能起镀,其结合力一般均优于电镀。镀层有光亮或半光亮的外观、晶粒细、致密、孔隙率低,某些化学镀层还具有特殊的物理化学性能。

由于电镀方法做不到的事情化学镀工艺可以完成,从而使其用途日益广泛,目前在工业上,已经普遍应用的化学镀主要是镀镍和镀铜,尤其是前者。

3. 电刷镀

电刷镀(brush plating)是采用专用的直流电源,镀笔接正极,工件接负极。镀笔通常采用高纯细石墨块,石墨块外面包裹上棉花和耐磨的涤棉套。刷镀时浸满镀液的镀笔以一定的速度在工件表面上作相对运动,并保持适当的压力。镀笔与工件接触的部位,镀液中的金属离子在电场力的作用下扩散到工件表面获得电子后还原成金属原子,这些金属原子沉积结晶就形成了镀层,随着刷镀的时间增长,镀层增厚。电刷镀原理图如图 3-42 所示。

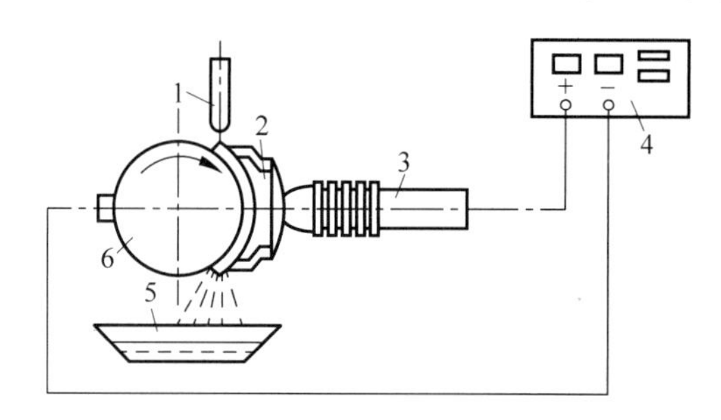

1—注液管;2—阳极及包套;3—镀笔;4—电源;5—溶液;6—工件。

图 3-42 电刷镀原理图

电刷镀技术的主要特点如下。

1) 设备特点

电刷镀设备多为便携式或可移动式,体积小、质量轻,便于现场使用或进行野外抢修,且一套设备可以完成多种镀层的刷镀。

镀笔(石墨块)的形状可根据需要制成各种式样,以适应被镀工件的表面形状。刷镀某些镀液时,也可以采用金属材料作阳极。设备的耗电、水量少,可以节约能源、资源。

2) 镀液特点

电刷镀溶液大多数是金属有机络合物水溶液,络合物在水中有相当大的溶解度,并且有很好的稳定性,能在较宽的电流密度和温度范围内使用,使用过程中不必调整金属离子浓度,镀液中金属离子的含量高;不燃、不爆、无毒性,大多数镀液接近中性,腐蚀性小,因而能保证手工操作的安全,也便于运输和储存。除金、银等个别镀液外,均不采用有毒的络合剂和添加剂。现无氰金镀液也已经研制出来。

3) 工艺特点

由于镀笔与工件有相对运动,散热条件好,在使用大电流密度刷镀时,不易使工件过热。电刷镀镀层的形成是一个断续结晶过程,镀液中的金属离子只是在镀笔与工件接触的那些部位放电、还原结晶。镀笔的移动限制了晶粒的长大和排列,因而镀层中存在大量的超细晶粒和高密度的位错,可使镀层得到强化。

镀液能随镀笔及时送到工件表面,大大缩短了金属离子扩散过程,不易产生金属离子贫乏现象。加上镀液中金属离子含量高,允许使用比电镀(槽镀)大得多的电流密度,因而镀层的沉积速度快。

使用手工操作,方便灵活,尤其对于复杂型面,凡是镀笔能触及到的地方均可镀上,非常适用于大设备的不解体现场修理。

电刷镀技术应用范围广泛,目前刷镀工艺主要用于机械设备的维修,也用来改善零部件的表面物理化学性能。诸如:①恢复磨损零件的尺寸精度与几何形状精度;②填补零件表面的划伤沟槽、压坑;③补救加工超差产品;④强化零件表面;⑤提高零件表面的导电性;⑥提高零件的耐高温性能;⑦改善零件表面的钎焊性;⑧减小零件表面的摩擦系数;⑨提高零件表面的防腐性;⑩装饰零件表面。一般来说,若沉积的厚度小于0.2mm,采用电刷镀时比其他维修方法更经济。

4. 热浸镀

热浸镀(hot dip plating)简称“热镀”,是将工件浸在熔融的液态金属中,在工件表面发生一系列物理和化学反应,取出冷却后表面形成所需的金属镀层。热浸镀是一种使用较早且普遍地用作处理金属制品表面的一种方法,但目前仍是世界各国公认的一种经济实惠的保护工艺。

1)热浸镀工艺

基本过程为前处理、热浸镀和后处理。按前处理的不同可分为熔剂法和保护气体还原法两大类。

(1)熔剂法。工艺流程为:预镀件—碱洗—水洗—酸洗—水洗—熔剂处理—热浸镀—镀后处理—成品。目前熔剂法主要用于钢管、钢丝和零件的热浸镀。

(2)保护气体还原法。现代热镀生产线普遍采用该方法。典型的生产工艺通称为森吉米尔法,是将被处理的钢件连续退火与热浸镀连在同一生产线上,钢件先通过用煤气或天然气直接加热的微氧化炉,使钢件表面的残余油污、乳化液等被火焰烧掉,同时被氧化形成氧化膜,然后进入密闭的通有由氢气和氮气混合而成的还原炉,在辐射管或电阻加热下,使工件表面氧化膜还原为适合于热浸镀的活性海绵铁,同时完成再结晶过程。钢件经还原炉的处理后,在保护气氛中被冷却到一定温度,再进入热浸镀锅。保护气体还原法通常用于钢板的热浸镀。

2)热浸镀层的种类

热浸镀所用镀层金属的熔点必须低于基体金属,常用的是低熔点金属及其合金,如锡、锌、铝、铅、Al-Sn、Al-Si、Pb-Sn。

5. 涂装

用有机涂料通过一定方法涂覆于材料或制件表面,形成涂膜的全部工艺过程,称为涂装(painting)。

1)涂料的主要组成

涂装用的有机涂料是涂于材料或制件表面而能形成具有保护、装饰或特殊性能(如绝缘防腐、标志等)固体涂膜的一类液体或固体材料的总称。早期大多以植物油为主要原料,故有“油漆”之称,后来合成树脂逐步取代了植物油,因而统称为“涂料”。现在除了对于呈黏稠液态的具体涂料品种仍可按习惯称为"漆"外,对于其他的则称为涂料,如水性涂料、粉末涂料等。

涂料主要由成膜物质、颜料、溶剂和助剂四部分组成。

成膜物质一般是天然油脂、天然树脂和合成树脂。它们是在涂料组成中能形成涂膜的主要物质,是决定涂料性能的主要因素。它们在储存期间相当稳定,而涂覆于制件表面后则在规定条件下固化成膜。

颜料能使涂膜呈现颜色和遮盖力,还可增强涂膜的耐老化性和耐磨性以及增强膜的防蚀、防污等能力。颜料呈粉末状,不溶于水或油,而能均匀地分散于介质中。大部分颜料是某些金属氧化物、硫化物和盐类等无机物,有的颜料是有机颜料。颜料按其作用可分为着色颜料、体质颜料,以及发光颜料、荧光颜料、示温颜料等。

溶剂使涂料保持溶解状态,调整涂料的黏度,使符合施工要求,同时可使涂膜具有均衡的挥发速度,以达到涂膜的平整和光泽,还可消除涂膜的针孔、刷痕等缺陷。溶剂要根据成膜物质的特性、黏度和干燥时间来选择。一般常用混合溶剂或稀释剂。按其组成和来源,常可分为植物性溶剂、石油溶剂、煤焦溶剂,以及酯类、酮类、醇类等。

助剂在涂料中用量虽小,但对涂料的储存性、施工性以及对所形成涂膜的物理性质有明显的作用。常用的助剂有催干剂、固化剂、增韧剂。除上述三种助剂外,还有表面活性剂(改善颜料在涂料中的分散性)、防结皮剂(防止油漆结皮)、防沉淀剂(防止颜料沉淀)、防老化剂(提高涂膜理化性能和延长使用寿命)以及紫外线吸收剂、润湿助剂、防霉剂、增滑剂、消泡剂,等等。

2) 涂装工艺方法

使涂料在被涂覆的表面形成涂膜的全部工艺过程称为涂装工艺。具体的涂装工艺要根据工件的材质、形状、使用要求、涂装用工具、涂装时的环境、生产成本等加以合理选用。涂装工艺的一般工序是:涂前表面预处理—涂布—干燥固化。

(1) 涂前表面预处理。为了获得优质涂层,涂前表面预处理是十分重要的。对于不同的工件材料和使用要求,有存在各种具体规范:①清除工件表面的各种污垢;②对清洗过的金属工件进行各种化学处理,以提高涂层的附着力和耐蚀性;③若前道切削加工未能消除工件表面的加工缺陷和未得到合适的表面粗糙度,则在涂前要用机械方法进行处理。

(2) 涂布。目前涂布的方法很多,包括:手工涂布法,浸涂,淋涂,空气喷涂法,静电涂布法等十几种。

(3) 干燥固化。涂料主要靠溶剂蒸发以及熔融、缩合、聚合等物理或化学作用而成膜。涂料和漆膜都必须进行严格的质量检验。

6. 高能束技术

采用激光束、离子束、电子束对材料表面进行改性或合金化的技术,称为高能束技术(high energy beam technology),是近十几年来迅速发展起来的材料表面新技术,也是材料科学的最新领域之一。

由于高能束流加热速度极快,当用于材料表面加热时,整个基体的温度在加热过程中基本不受影响,这些束流加热材料表层的深度仅为几微米,加热熔化这些微米级的表层所需能量一般为几个 J/cm^2。电子束、离子束的脉冲宽度可短至 10^{-9} s,激光的脉冲宽度可短至 10^{-12} s。能量沉积功率密度可以相当大,在被照物体上,由表面向里能够产生 $10^6 \sim 10^8$ K/cm

的温度梯度，使表面薄层迅速熔化。因为高的温度梯度，冷的基体又会使熔化部分以 10^9 ～ 10^{11} K/s 的速度冷却，致使固液界面以每秒几米的速度向表面推进，使凝固迅速完成。

用这些束流对材料表面进行改性的技术主要包括两个方面：一是用极高的加热和冷却速度，可制成微晶、非晶及其他一些奇特的、热平衡相图上不存在的亚稳态合金，从而赋予材料表面以特殊的性能；二是利用离子注入技术可把异类原子直接引入表面层中进行表面合金化，且引入的原子种类和数量不受任何常规合金化热力学条件的限制，从而可以很大程度地改变材料的表面性能。

7．表面形变处理

表面形变处理（surface deformation treatment）是利用机械能使工件表面产生塑性变形，引起加工硬化从而使表面层硬度、强度提高的工艺方法。目前使用较广的是喷丸、滚压和孔挤压。

1）喷丸

喷丸（shot peening）是利用高速运动的弹丸冲击工件表面，使工件表面产生塑性变形和宏观残余压应力，使表面层硬度、强度提高的工艺方法。

在喷丸过程中，金属表面产生塑性变形，由于位错相互作用，表面位错密度增加。在初始喷丸阶段，随着位错密度不断增加，原亚晶界逐渐模糊不清、消失；随着弹丸反复冲击金属表面，一些位错重新排列形成新的亚晶界，细化了亚晶粒；随着喷丸的继续进行，位错密度进一步增加，晶界逐步消失又形成新的晶界，使晶粒破碎、细化，如图 3-43 所示。有研究证明，工件表层的位错密度可达 $10^{12}/cm^2$，亚晶可碎化至 0.02μm。由于表面产生塑性变形，表面尺寸产生变化，引起表面残余压应力，其最大值可达工件屈服强度的 80%。

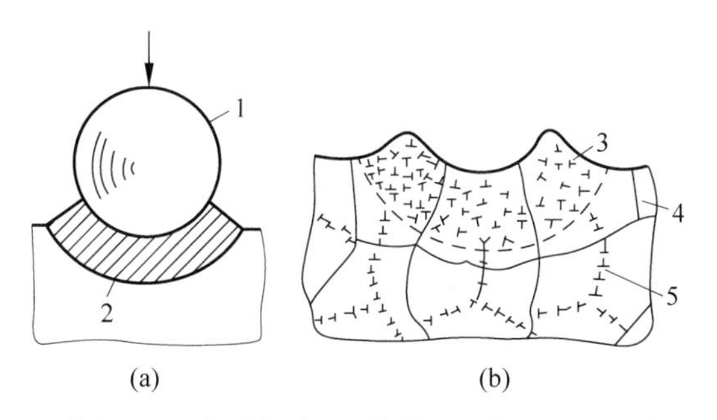

1—弹丸；2—塑性形变层；3—位错；4—晶界；5—正晶界。

图 3-43　喷丸后零件表面结构示意图

(a) 弹丸撞击表面塑性变形层；(b) 喷丸后表面层亚结构

通过位错强化、细晶强化以及表面残余压应力的综合作用，喷丸可以提高工件的疲劳强度，提高材料抵抗应力腐蚀开裂、晶间腐蚀、腐蚀疲劳和硫化腐蚀的能力，也是提高材料抗微动磨损的一种手段。

2）表面滚压和孔挤压

表面滚压（surface rolling）是使高硬度且光滑的滚柱与金属表面滚压接触，使其表面层发生局部微量的塑性变形后得到改善表面粗糙度的一种塑性加工法，如图 3-44 所示。表面滚压可以显著提高零件的疲劳强度、降低缺口敏感性，特别适合于形状简单的大零件，尤其是尺寸突然变化的结构应力集中处，如火车轴的轴颈、齿轮的齿根、曲轴轴颈的倒角处。

孔挤压(hole extrusion)是利用棒、衬套、模具等特殊的工具，对零件孔和周边连续、缓慢、均匀地加压，形成塑性变形的硬化层。塑性变形层内组织结构发生变化，引起变形强化，并产生残余压应力，降低了孔壁粗糙度，对提高材料疲劳强度和耐应力腐蚀能力很有效。凡是承受高交变载荷与应力腐蚀的连接孔、螺栓孔、铆钉孔等飞机构件一般均进行挤压强化。

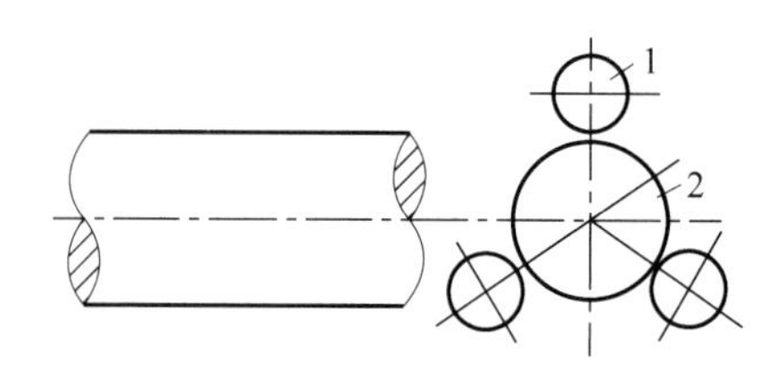

1—辊；2—工件。

图 3-44　表面滚压示意图

习题 3

3-1　比较下列名词

(1)奥氏体、过冷奥氏体和残余奥氏体；(2)马氏体与回火马氏体、索氏体与回火索氏体；(3)淬透性和淬硬性；(4)起始晶粒度、实际晶粒度与本质晶粒度。

3-2　下列钢件各选用何种退火方法？它们退火加热的温度各为多少？并指出退火的目的及退火后的组织：

(1)经冷轧后的 15 钢钢板，要求保持高硬度；(2)经冷轧后的 15 钢钢板，要求降低硬度；(3)ZG35 的铸造齿轮毛坯；(4)锻造过热的 60 钢锻坯；(5)具有片状渗碳体的 T12 钢坯。

3-3　指出下列零件的锻造毛坯进行正火的主要目的、正火加热的温度及正火后的显微组织。

(1)20 钢齿轮；(2)45 钢小轴；(3)T12 钢锉刀。

3-4　为什么亚共析碳钢的正常淬火加热温度为 $Ac_3+(30\sim50)$℃，而共析和过共析碳钢的淬火加热温度为 $Ac_1+(30\sim50)$℃，请分析原因。

3-5　确定下列钢的淬火温度，保温后大于临界冷却速度冷到室温各得什么组织？45、65、T8、T12。

3-6　指出 ϕ10mm 的 45 号钢试样分别经 700℃、760℃、840℃($Ac_1=780$℃)和 T12 钢试样分别经 700℃、760℃、900℃($Ac_{cm}=820$℃)不同温度加热并在水中快冷后的组织。

3-7　T8 钢的过冷奥氏体等温转变曲线如习题 3-7 图所示，若使该钢在 620℃进行等温转变，并经过不同时间保温后，按图示的 1、2、3、4 线的冷却速度冷却至室温，试问各获得什么组织？然后再进行中温回火，又获得什么组织？

3-8　一把厚 5mm 的锉刀，材料为 T12 钢，经球化退火、780℃淬火、160℃低温回火后，硬度达到 65HRC，现用火焰将锉刀一头加热，并依靠热传导使锉刀各点达到习题 3-8 图所示的温度，保温 15min 后，立即全部淬入水中，试问，当锉刀冷却到室温后，各点部位的组织和大致的硬度？

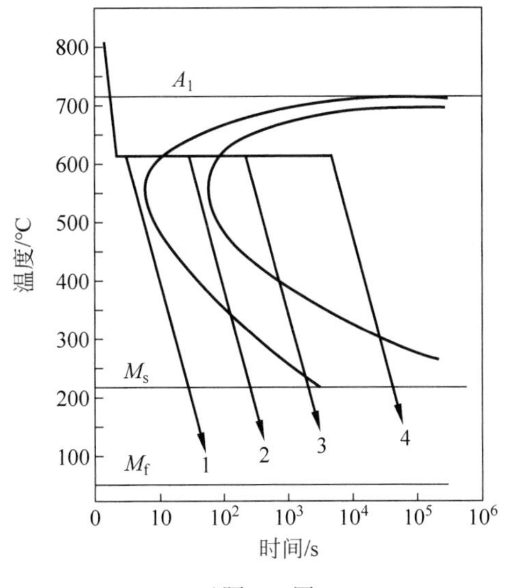

习题 3-7 图

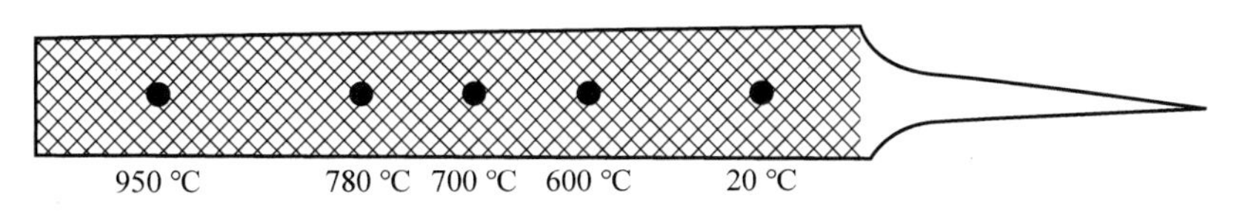

习题 3-8 图

3-9　表面工程技术的目的和作用是什么？

3-10　什么是热喷涂工艺？其技术特点是什么？

3-11　简述火焰喷涂、电弧喷涂和等离子喷涂的基本特点。

3-12　化学镀与电镀的区别是什么？

3-13　电刷镀的原理及特点是什么？

3-14　热浸镀常用的镀层金属有哪些？为什么？

3-15　简述表面喷丸技术与滚压强化技术的原理。

自测题

第4章

金属材料的液态成形

【本章导读】 材料的液态成形是指将液态(熔融态或浆状)材料注入一定形状和尺寸的铸型(mold)(或模具)型腔(mold cavity)中,凝固(或固化)后获得固态毛坯或零件的方法,如金属的铸造工艺、陶瓷的注浆成形、塑料的注射成形等。金属铸造(metal casting)是指将固态金属熔炼成液态,浇入与零件形状相适应的铸型型腔中,冷凝后获得铸件的工艺过程。金属是最常用的铸造材料之一。

根据造型材料不同,可将铸造方法分为砂型铸造(sand casting process)和特种铸造(special casting process)两类。砂型铸造是以型砂作为主要造型材料的铸造方法;而特种铸造是指砂型铸造以外的所有铸造方法的总称。常用的特种铸造方法有熔模铸造(investment casting)、金属型铸造(permanent mould casting)、压力铸造(die casting)、低压铸造(low-pressure die casting)和离心铸造(centrifugal casting)等。

本章主要介绍金属的铸造成形,其他材料的液态成形将在后续相关章节中分别加以介绍。需要掌握的核心知识点包括:①流动性;②凝固;③收缩性;④吸气性;⑤金属砂型铸造;⑥特种铸造;⑦铸件结构工艺性。能力要求包括:①能利用流动性、收缩、凝固、吸气等基本概念解释铸造过程一些缺陷产生的基本原因,提出改进方法;②能基于不同铸造工艺特点合理选择铸造工艺,具有制定简单铸造工艺规程的能力;③具有分析零件铸造结构工艺性和铸造缺陷的初步能力。

金属液态成形

4.1 铸造基础知识

4.1.1 铸造工艺原理

图4-1所示为砂型铸造工艺过程示意图。首先根据零件的形状和尺寸设计并制造出模样(pattern)和芯盒,配制好型砂(moulding sand)和芯砂,然后用型砂和模样在砂箱(flask)中制造砂型,用芯砂在芯盒中制造型芯(core),并把砂芯装入砂型中,合箱即得完整的铸型。将金属液浇入铸型型腔,冷却凝固后落砂清理即得所需的铸件。

合金在铸造生产过程中表现出来的工艺性能称为合金的铸造性能,如流动性、收缩性、吸气性、偏析性(即铸件各部位的成分不均匀性)等。合金的铸造性能好,是指熔化时合金不易氧化,熔液不易吸气,浇注时合金液易充满型腔,凝固时铸件收缩小,且化学成分均匀,冷却时铸件变形和开裂倾向小等。合金的铸造性能好能容易保证铸件的质量,铸造性能差的合金容易使铸件产生缺陷,须采取相应的工艺措施才能保证铸件的质量,这样就增加了工艺难度,提高了生产成本。

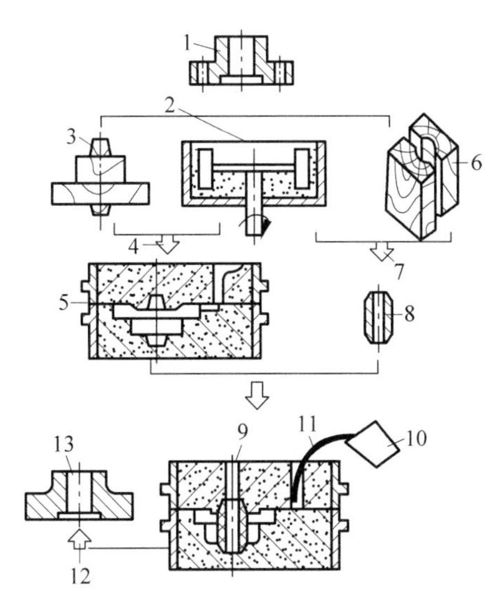

1—零件;2—混砂;3—木模;4—造型;5—砂型;6—芯盒;7—造芯;8—型芯;
9—合型;10—熔化金属;11—浇注;12—落砂清理;13—铸件。

图 4-1 砂型铸造基本工艺过程

4.1.2 充型能力

液态金属的充型能力(mold filling capacity)是指液态金属充满铸型型腔,获得形状完整、轮廓清晰铸件的能力。液态金属的充型能力强,则能浇注出壁薄而形状复杂的铸件;反之则易产生冷隔、浇不足等缺陷。充型能力主要受金属液本身的流动性、性质、浇注条件及铸型特性等因素的影响。

1. 金属液的流动性

液态金属的流动性是指金属液的流动能力。流动性越好的金属液,充型能力越强。流动性的好坏,通常用在特定情况下金属液浇注的螺旋形试样的长度来衡量,如图 4-2 所示。螺旋形试样长度大,说明金属液的流动性好。

液态金属的流动性是金属的固有性质,主要取决于金属的结晶特性和物理性质。不同成分的合金具有不同的结晶特点,纯金属和二元共晶成分的合金是在恒温下结晶,液态合金首先结晶的部分是紧贴铸型型腔的一层(铸件的表层),然后从铸件表层逐层向中心凝固。由于这类金属凝固时不存在固-液两相区,所以已结晶的固体和液体之间的界面比较光滑,对未结晶的液态金属的流动阻力小,有利于金属液充填型腔,故流动性好。共晶成分的合金往往熔点低,在相同的浇注温度下保持液态的时间长,其流动性最好。而其他成分合金的结

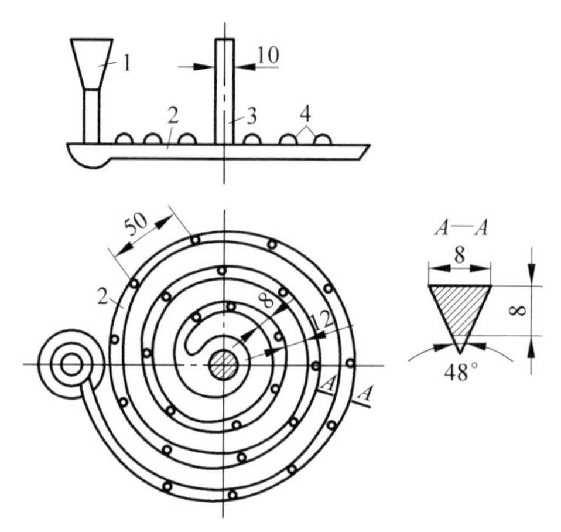

1—浇口；2—试样；3—冒口；4—试样凸点。

图 4-2 金属流动性试样

晶是在一定的温度范围(结晶温度范围，即液相线温度与固相线温度的差值)内进行，存在固-液两相共存区，在此区域内，已结晶的固相多以树枝晶的形式在液体中伸展，阻碍了液体的流动，故其流动性差。合金的结晶温度范围越大，枝晶越发达，其流动性越差。图 4-3 为铁-碳合金的流动性与碳的质量分数的关系。

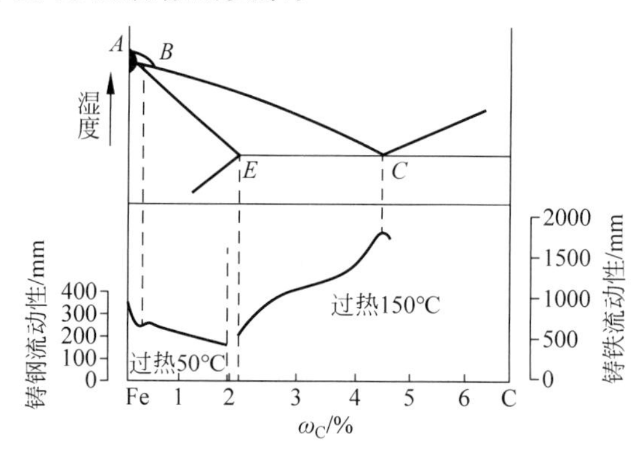

图 4-3 Fe-C 合金流动性与碳的质量分数的关系

2. 浇注(pouring)条件

提高浇注温度(pouring temperature)，可使液态金属黏度下降，流速加快，还能使铸型温度升高，金属散热速度变慢，增加金属保持液态的时间，从而大大提高金属液的充型能力。但浇注温度过高，容易产生粘砂(sand adherence)、缩孔(shrinkage cavity)、气孔、粗晶(grain coarsening)等缺陷。因此在保证金属液具有足够充型能力的前提下，浇注温度应尽量降低。

增加金属液的充型压力，如压铸、提高直浇道(sprue)高度等，能使其流速加快，有利于充型能力的提高。

3. 铸型特性

铸型结构和铸型材料均影响金属液的充型。铸型中凡能增加金属液流动阻力，降低流动速度和加快冷却速度的因素，如：型腔复杂，直浇道过低，浇口(gating)截面积小或不合理，型砂水分过多，铸型排气不畅和铸型材料导热性过高等，均能降低金属液的充型能力。为改善铸型的充填条件，在设计铸件时必须保证其壁厚(wall thickness)不小于规定的"最小壁厚"(见表 4-1)。对于薄壁铸件，要在铸造工艺上采取措施，如加外浇口、适当增加浇注系统的截面积、采用特种铸造方法等等。

表 4-1 一般砂型铸造条件下铸件的最小壁厚 mm

铸件尺寸	铸 钢	灰口铸铁	球墨铸铁	可锻铸铁	铝合金	铜合金
<200×200	8	4～6	6	5	3	3～5
200×200～500×500	10～12	6～10	12	8	4	6～8
>500×500	15～20	15～20	—	—	6	—

4.1.3 凝固

合金从液态到固态的状态转变称为凝固(solidification)或一次结晶(crystallization)。许多常见的铸造缺陷，如缩孔、缩松(porosity)、热裂(hot tear)、气孔、夹杂(inclusion)、偏析等，都是在凝固过程中产生的，认识铸件的凝固特点对获得优质铸件有着重要意义。

在铸件凝固过程中，其断面上一般存在固相区、凝固区和液相区三个区域，其中凝固区是液相与固相共存的区域。凝固区的大小对铸件质量影响较大，按照凝固区的宽窄，分为以下三种凝固方式。

1. 逐层凝固

纯金属、二元共晶成分合金在恒温下结晶时，凝固过程中铸件截面上的凝固区域宽度为零，截面上固液两相界面分明，随着温度的下降，固相区由表层不断向里扩展，逐渐到达铸件中心，这种凝固方式称为"逐层凝固"，如图 4-4(a)所示。如果合金的结晶温度范围很小，或铸件截面的温度梯度很大，铸件截面上的凝固区域就很窄，这也属于逐层凝固方式。

2. 体积凝固

当合金的结晶温度范围很宽，或因铸件截面温度梯度很小，铸件凝固的某段时间内，其液-固共存的凝固区域很宽，甚至贯穿整个铸件截面，这种凝固方式称为"体积凝固"(或称糊状凝固)，如图 4-4(c)所示。

3. 中间凝固

金属的结晶范围较窄，或结晶温度范围虽宽，但铸件截面温度梯度大，铸件截面上的凝固区域宽度介于逐层凝固与体积凝固之间，称为"中间凝固"方法，如图 4-4(b)所示。

合金的凝固方式影响铸件质量。通常逐层凝固的合金充型能力强，补缩性能好，产生冷隔(cold shuts)、浇不足(short run)、缩孔、缩松、热裂等缺陷的倾向小。因此，铸造生产中应优先使用铸造性能良好、结晶温度范围小的合金。当采用结晶温度范围宽的合金(如高碳钢、球墨铸铁等)时，应采取适当的工艺措施，增大铸件截面的温度梯度，减小其凝固区域，减少铸造缺陷的产生。

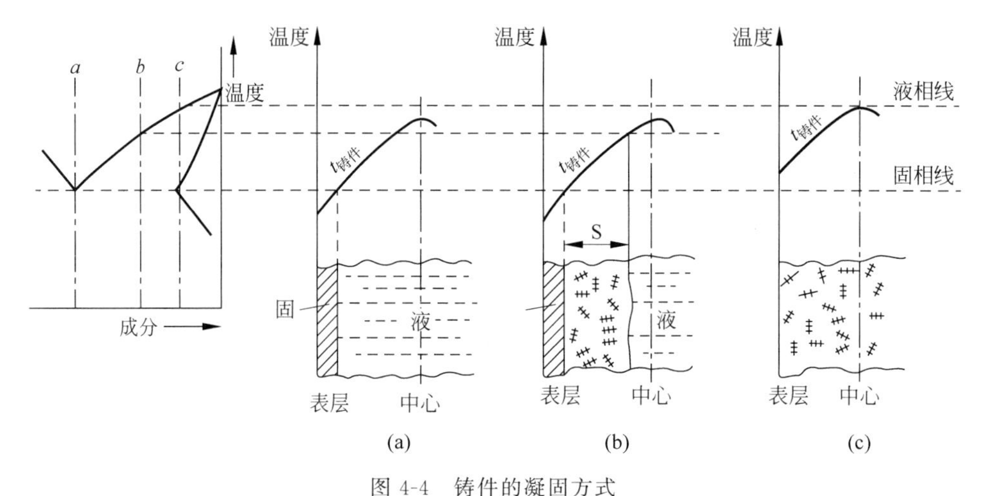

图 4-4 铸件的凝固方式

(a) 逐层凝固；(b) 中间凝固；(c) 体积凝固

影响铸件凝固方式的主要因素是合金的结晶温度范围(取决于合金成分)和铸件的温度梯度。合金的结晶温度范围越小,凝固区越窄,越倾向于逐层凝固；对于一定成分的合金,结晶温度范围已定,凝固方式取决于铸件截面的温度梯度,温度梯度越大,对应的凝固区域越窄,越趋向于逐层凝固,如图 4-5 所示。温度梯度又受合金性质、铸型的蓄热能力、浇注温度等因素影响。合金的凝固温度越低、导热率越高、结晶潜热越大,铸件内部温度均匀倾向越大,而铸型的冷却能力下降,铸件温度梯度越小；铸型的蓄热系数大,则激冷能力强,铸件温度梯度大；浇注温度越高,铸型吸热越多,冷却能力降低,铸件温度梯度减小。

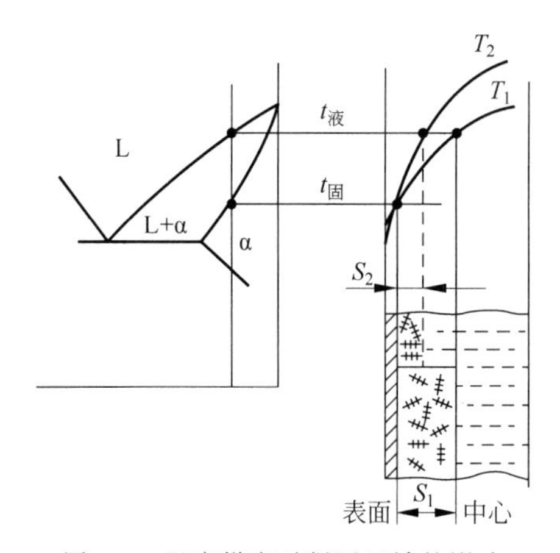

图 4-5 温度梯度对凝固区域的影响

4.1.4 收缩性

1. 收缩及其影响因素

铸件在冷却过程中,其体积和尺寸缩小的现象称为收缩,是铸造合金固有的物理性质。金属从液态冷却到室温,要经历三个相互联系的收缩阶段。

（1）液态收缩。从浇注温度冷却至凝固开始温度之间的收缩。

（2）凝固收缩。从凝固开始温度冷却到凝固结束温度之间的收缩。

（3）固态收缩。从凝固完毕时的温度冷却到室温之间的收缩。

金属的液态收缩和凝固收缩，表现为合金体积的缩小，使型腔内金属液面下降，通常用体收缩率来表示，是铸件产生缩孔和缩松缺陷的根本原因；固态收缩虽然也引起体积上的变化，但在铸件各个方向上主要表现出线尺寸的减小，对铸件的形状和尺寸精度影响最大，故常用线收缩率来表示，是铸件产生内应力以至引起变形和产生裂纹的主要原因。

影响铸件收缩的主要因素有化学成分、浇注温度、铸件结构与铸型条件等。不同成分合金的收缩率不同，表4-2列出几种铁碳合金的体积收缩率。碳素铸钢和白口铸铁的收缩率比较大，灰口铸铁和球墨铸铁的较小。这是因为灰口铸铁和球墨铸铁在结晶时析出石墨所产生的膨胀抵消了部分收缩。灰铸铁中碳、硅的含量越高，石墨析出量越大，收缩率就越小。

浇注温度主要影响液态收缩。浇注温度升高，液态收缩增加，则总收缩量相应增大。

铸件的收缩并非自由收缩，而是受阻收缩。其阻力来源于两个方面：一是由于铸件壁厚不均匀，各部分冷速不同，收缩先后不一致，而相互制约，产生阻力；二是铸型和型芯对收缩的机械阻力。铸件收缩时受阻越大，实际收缩率就越小。因此，在设计和制造模样时，应根据合金种类和铸件的受阻情况，采用合适的收缩率。

表4-2 几种铁碳合金的收缩率 %

合金种类	碳素铸钢	白口铸铁	灰口铸铁	球墨铸铁
体收缩率	10～14	12～14	5～8	—
线收缩率(自由状态)	2.17	2.18	1.08	0.81

2. 收缩导致的铸件缺陷

合金的收缩对铸件质量产生不利影响，容易导致铸件的缩孔、缩松、变形和裂纹等缺陷。

1）缩孔和缩松

铸件在凝固过程中，由于金属液态收缩和凝固收缩造成的体积减小得不到液态金属的补充，在铸件最后凝固的部位形成孔洞。其中容积较大而集中的称为缩孔，细小而分散的称为缩松。当逐层凝固的铸件在结晶过程中凝固壳内部的金属液收缩得不到补充时，则铸件最后凝固的部位就会产生缩孔，缩孔常集中在铸件的上部或厚大部位等最后凝固的区域，如图4-6所示。具有一定凝固温度范围的合金，存在着较宽的固-液两相区，已结晶的初晶常为树枝状。到凝固末期，铸件壁的中心线附近尚未凝固的液体会被生长的枝晶分割成互不连通的小熔池，熔池内部的金属液凝固收缩时得不到补充，便形成分散的孔洞即缩松，缩松常分布在铸件壁的轴线区域及厚大部位，如图4-7所示。

缩孔和缩松会减小铸件的有效截面积，并在该处产生应力集中，降低铸件的力学性能。缩松还严重影响铸件的气密性。防止铸件产生缩孔、缩松的基本方法是采用顺序凝固原则，即针对合金的凝固特点制定合理的铸造工艺，使铸件在凝固过程中建立良好的补缩条件，尽可能使缩松转化为缩孔，并使缩孔出现在最后凝固的部位，在此部位设置冒口补缩。使铸件的凝固按薄壁—厚壁—冒口的顺序先后进行，让缩孔移入冒口中，从而获得致密的铸件，如图4-8所示。

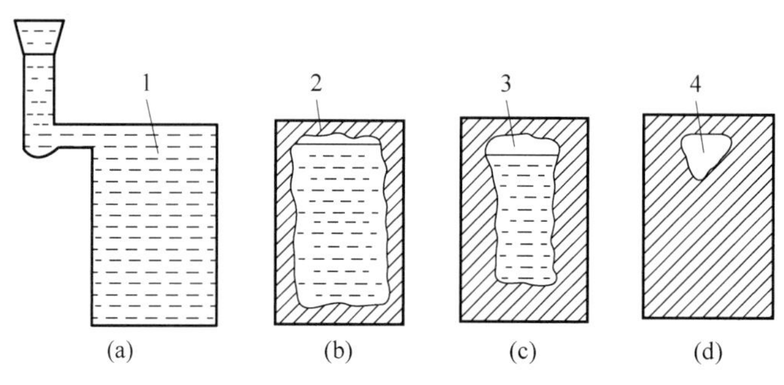

1—液态；2—固态区；3—真空区；4—缩孔。

图 4-6 缩孔形成示意图

(a) 金属液充满型腔；(b) 铸件表层凝固；(c) 液面下降；(d) 缩孔形成

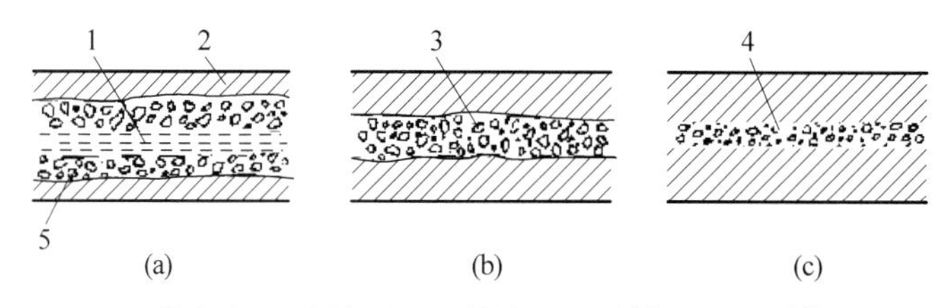

1—液态区；2—固态区；3—凝固区；4—缩松；5—初晶体。

图 4-7 缩松形成示意图

(a) 凝固初期；(b) 宽的固-液共存区；(c) 中心线缩松形成

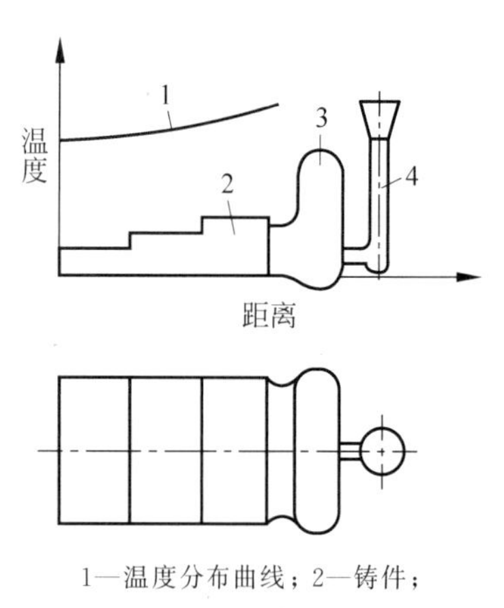

1—温度分布曲线；2—铸件；
3—冒口；4—浇注系统。

图 4-8 顺序凝固示意图

2）铸造应力、变形和裂纹

铸件在冷凝过程中，由于各部分金属冷却速度不同，使得各部位的收缩不一致，又由于铸型和型芯的阻碍作用，使铸件的固态收缩受到制约而产生内应力，在应力作用下铸件容易产生变形，甚至开裂。

铸造应力按其形成原因的不同，分为热应力、机械应力等。热应力是因铸件壁厚不均匀，各部位冷却速度不同，以致在同一时期内铸件各部分收缩不一致而相互制约引起的，一经产生就不会自行消除，故又称为“残余内应力”。机械应力是由于合金固态收缩受到铸型或型芯的机械阻碍作用而形成的。铸件落砂之后，随着这些阻碍作用的消除，应力也自行消除，因此，机械应力是暂时的，但当它与其他应力相互叠加时，会增大铸件产生变形与裂纹的倾向。

减少铸造应力就应设法减少铸件冷却过程中各部位的温差，使各部位收缩一致，如将浇口开在薄壁处，在厚壁处安放冷铁，即采取同时凝固原则，如图 4-9 所示。此外，改善铸型和砂芯的退让性，如在混制型砂时加入木屑等，可减少机械阻碍作用，降低铸件的机械应力。此外，还可以通过热处理等方法减少或消除铸造应力。

铸造应力是导致铸件产生变形和开裂的根源。图 4-10 为“T”形铸件在热应力作用下的变形情况，虚线表示变形的方向。防止铸件变形的方法除减少铸造内应力这一根本措施外，还可以采取一些工艺措施，如增大加工余量，采用反变形法等，消除或减少铸件变形对质量的影响。

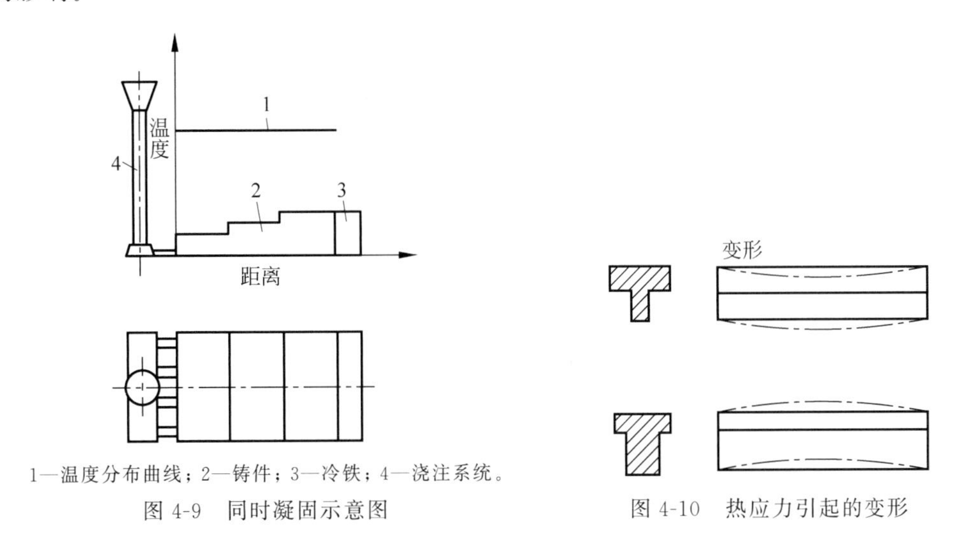

1—温度分布曲线；2—铸件；3—冷铁；4—浇注系统。

图 4-9　同时凝固示意图

图 4-10　热应力引起的变形

当铸造应力超过材料的强度极限时，铸件会产生裂纹，裂纹有热裂纹和冷裂纹两种。

热裂纹是在铸件凝固末期的高温下形成的，其形状特征是：裂纹短，缝隙宽，形状曲折，缝内呈氧化色。铸件的结构不合理，合金的结晶温度范围宽、收缩率高，型砂或芯砂的退让性差，合金的高温强度低等，易使铸件产生热裂纹。冷裂纹是较低温度下形成的裂纹，常出现在铸件受拉伸的部位，其形状细长，呈连续直线状，裂纹断口表面具有金属光泽或轻微氧化色。壁厚差别大、形状复杂的铸件，尤其是大而薄的铸件易于发生冷裂。凡是减少铸造内应力或降低合金脆性的因素，都有利于防止裂纹的产生。

4.1.5　吸气性

液态金属在熔炼和浇注时能够吸收周围气体的能力称为吸气性。吸收的气体以氢气为主，也有氮气和氧气，这些气体便成为铸件产生气孔缺陷的根源。气孔是铸件中最常见的缺陷。

根据气体来源的不同，气孔可分为析出性气孔、侵入性气孔和反应性气孔三类。

1. 析出性气孔

溶入金属液的气体在铸件冷凝过程中，随温度下降，合金液对气体的溶解度下降，气体析出并留在铸件内形成的气孔称为析出性气孔。析出性气孔多为裸眼可见的小圆孔(在铝合金中称为针孔)；分布面大，在冒口等热节处较密集；常常一炉次铸件中几乎都有，尤其在铝合金铸件中常见，其次是铸钢件。

防止此类气孔的主要措施有：尽量减少进入合金液的气体，如烘干炉料及浇注用具，清理炉料上的油污，真空熔炼和浇注等；对合金液进行除气处理，如有色合金熔液的精炼除气等；阻止熔液中气体析出，如提高冷却速度使熔液中的气体来不及析出。

2. 侵入性气孔

造型材料中的气体侵入金属液内所形成的气孔称为侵入性气孔。这类气孔一般体积较大,呈圆形椭圆形,分布在靠近砂型或砂芯的铸件表面。

防止此类气孔的主要措施有：减少砂型和砂芯的排气量,如严格控制型砂和芯砂中的水含量,适当减少有机黏结剂的用量等；提高铸型的排气能力,如适当减小紧实度,合理设置排气孔等。

3. 反应性气孔

反应性气孔主要是指金属液与铸型之间发生化学反应所产生的气孔。这类气孔多发生在浇注温度较高的黑色金属铸件中,通常分布在铸件表面皮下1～3mm,铸件经过机械加工或清理后才暴露出来,故被称为皮下气孔。

防止反应性气孔的主要措施有：减少砂型水分,烘干炉料用具；在型腔表面喷涂料,形成还原性气氛,防止铁水氧化等。

典型铸造缺陷

4.1.6 铸造缺陷

铸造生产工序繁多,铸件缺陷的种类很多,产生的原因也很复杂。表4-3列出了铸件常见的几种缺陷及其产生的主要原因。

表 4-3 铸件常见缺陷及其原因

类别	缺陷名称和特征	主要原因分析
孔洞	气孔　铸件内部出现的孔洞,常为梨形、圆形,孔的内壁较光滑	(1) 砂型紧实度过高； (2) 型砂太湿,起模、修型时刷水过多； (3) 砂芯未烘干或通气道堵塞； (4) 浇注系统不正确,气体排不出去
	缩孔　铸件厚截面处出现的形状极不规则的孔洞,孔的内壁粗糙 缩松　铸件截面上细小而分散的缩孔	(1) 浇注系统或冒口设置不正确,无法补缩或补缩不足； (2) 浇注温度过高、金属液收缩过大； (3) 铸件设计不合理,壁厚不均匀无法补缩； (4) 与金属液化学成分有关,铸铁中C、Si含量少、合金元素多时易出现缩松
	砂眼　铸件内部或表面带有砂粒的孔洞	(1) 型砂强度不够或局部没舂紧,掉砂； (2) 型腔、浇口内散砂未吹净； (3) 合箱时砂型局部挤坏,掉砂； (4) 浇注系统不合理,冲坏砂型(芯)
	渣气孔　铸件浇注时的上表面充满熔渣的孔洞,常与气孔并存,大小不一,成群集结	(1) 浇注温度太低,熔渣不易上浮； (2) 浇注时没挡住熔渣； (3) 浇注系统不正确、挡渣作用差

续表

类别	缺陷名称和特征	主要原因分析
表面缺陷	机械粘砂　铸件表面黏附着一层砂粒和金属的机械混合物，使表面粗糙	(1) 砂型舂得太松，型腔表面不致密； (2) 浇注温度过高，金属液渗透力大； (3) 砂粒过粗，砂粒间空隙过大
	夹砂　铸件表面产生的疤片状金属突起物。表画粗糙，边缘锐利，在金属片和铸件之间夹有一层型砂 金属片状物	(1) 型砂热湿强度较低，型腔表层受热膨胀后易鼓起或开裂； (2) 砂型局部紧实度过大，水分过多，水分烘干后，易出现脱皮； (3) 内浇道过于集中，使局部砂型烘烤厉害； (4) 浇注温度过高，浇注速度过慢
裂纹	热裂　铸件开裂，裂纹断面严重氧化，呈暗蓝色，外形曲折而不规则 冷裂　裂纹断面不氧化，并发亮，有时轻微氧化。呈连续直线状 裂纹	(1) 砂型(芯)退让性差，阻碍铸件收缩而引起过大的内应力； (2) 浇注系统开设不当，阻碍铸件收缩； (3) 铸件设计不合理，薄厚差别大

4.2　常用铸造合金及其铸造性能

合金在铸造生产过程中表现出来的工艺性能称为合金的铸造性能，如流动性、收缩性、吸气性、偏析性(即铸件各部位的成分不均匀性)等。合金的铸造性能好，是指熔化时合金不易氧化，熔液不易吸气，浇注时合金液易充满型腔，凝固时铸件收缩小，且化学成分均匀，冷却时铸件变形和开裂倾向小等。合金的铸造性能好则容易保证铸件的质量，铸造性能差的合金容易使铸件产生缺陷，须采取相应的工艺措施才能保证铸件的质量，但却增加了工艺难度，提高了生产成本。

常用的铸造合金有铸铁、铸钢、铸造有色合金等，其中以铸铁应用最广。常用铸造合金的铸造性能特点如下。

4.2.1　铸铁

常用的铸铁材料有灰口铸铁、球墨铸铁、可锻铸铁、蠕墨铸铁等。

1. 灰口铸铁

碳质量分数较高(2.7%～4.0%)，碳主要以片状石墨形态存在，如图4-11所示，断口呈灰色，简称“灰铁”。熔点低(1145～1250℃)，凝固时收缩量小，抗压强度和硬度接近碳素钢，减震性好。由于片状石墨存在，故耐磨性好。铸造性能和切削加工较好。用于制造机床床身、汽缸、箱体等结构件。

灰口铸铁中的碳当量(C.E=C%+Si%/3)接近共晶成分,熔点较低,属于中间凝固方式,铁液流动性好,可以浇注形状复杂的大、中、小型铸件。由于石墨化膨胀使其收缩率小,故灰口铸铁不容易产生缩孔、缩松缺陷,也不易产生裂纹。因而灰口铸铁具有良好的铸造性能。

浇注前向铁液中加入变质剂,形成大量的、高度弥散的难熔质点,成为石墨的结晶核心,促进石墨的形核,得到细小均匀分布的片状石墨。常用变质剂为含硅75%的硅铁,加入量一般为铁液质量的0.4%左右。铁液经硅铁等孕育剂处理后获得的高强度灰口铸铁叫孕育铸铁。孕育铸铁的碳当量低于普通亚共晶灰铸铁,凝固温度较高,结晶温度范围较大,再加上孕育处理会使铁水温度下降,其流动性低于普通亚共晶灰铸铁。为了得到良好的孕育效果和好的流动性,出炉温度必须提高到1400℃以上。牌号越高,要求出炉温度也越高。

孕育铸铁的线收缩和体收缩都比普通灰口铸铁大。随着牌号的提高,线收缩和体收缩增大,线收缩可达1.2%,缩松也越来越严重。厚大铸件必须考虑冒口补缩,薄壁复杂铸件必须充分估计由收缩而引起的变形和开裂问题。孕育铸铁原铁液碳当量较低,白口倾向较大,经孕育处理后,消除了白口组织,可以浇注较薄的铸件。总之,与普通灰口铸铁相比,它的流动性较差,收缩率较高。故应适当提高浇注温度,在铸件热节处设置补缩冒口。

2. 球墨铸铁

球墨铸铁是通过球化和孕育处理得到球状石墨,如图4-12所示,有效地提高了铸铁的机械性能,特别是提高了塑性和韧性,从而得到比碳钢还高的强度。

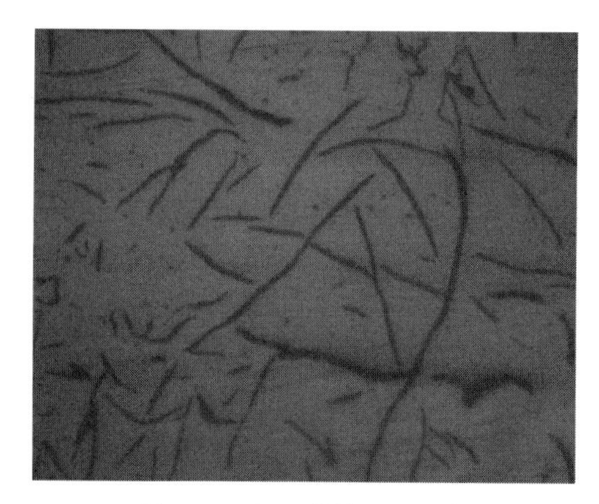

图4-11 灰口铸铁石墨形态

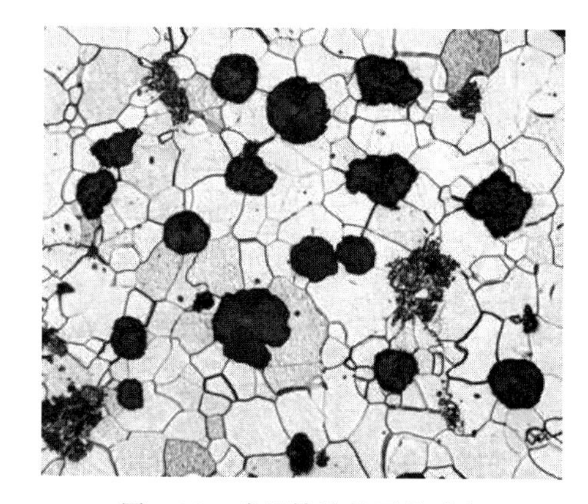

图4-12 球墨铸铁的石墨形态

球墨铸铁的铸造性能比灰口铸铁差,但好于铸钢。其流动性与灰口铸铁基本相同。因球化处理时铁液温度有所降低,易产生浇不足、冷隔缺陷。为此,必须适当提高铁液的出炉温度,以保证必需的浇注温度。

球墨铸铁的结晶特点是在凝固收缩前有较大的膨胀(即石墨化膨胀),当铸型刚度小时,铸件的外形尺寸会胀大,从而增大缩孔和缩松倾向,特别易产生分散缩松。应采用提高铸型刚度,增设冒口等工艺措施,来防止缩孔、缩松缺陷的产生。

另外,由于球化处理时加入Mg,铁液中的MgS与砂型中的水分作用生成H_2S气体,使球墨铸铁容易产生皮下气孔。因此,必须严格控制型砂的水分,并适当提高型砂的透气性,在保证球化的前提下,尽量少用Mg。

3. 可锻铸铁

可锻铸铁是先浇注出白口铸坯，再通过长时间的石墨化退火，使渗碳体分解为团絮状石墨，获得石墨呈团絮状的铸铁，如图4-13所示。由于可锻铸铁中的石墨呈团絮状，对基体的割裂作用较小，因此它的力学性能比灰口铸铁高，塑性和韧性好，但可锻铸铁并不能进行锻压加工。其碳、硅含量较低，熔点比灰铸铁高，凝固温度范围也较大，故铁液的流动性差。铸造时，必须适当提高铁液的浇注温度，以防止产生冷隔、浇不足等缺陷。

可锻铸铁的铸态组织为白口组织，没有石墨化膨胀阶段，体积收缩和线收缩都比较大，故形成缩孔和裂纹的倾向较大。在设计铸件时除要考虑合理的结构形状外，在铸造工艺上还应采取顺序凝固原则，设置冒口和冷铁，适当提高砂型的退让性和耐火性等措施，以防止铸件产生缩孔、缩松、裂纹及粘砂等缺陷。

4. 蠕墨铸铁

蠕墨铸铁是介于片状和球状石墨之间的一种过渡形态的灰口铸铁，它是一种以力学性能和导热性能较好，以及断面敏感性小为特征的新型工程结构材料。蠕墨铸铁的石墨短而厚，端部较圆，形同蠕虫，如图4-14所示。在电子显微镜下观察蠕虫状石墨的三维形态可知，石墨的端部具有螺旋生长的明显特征，类似于球状的表面形态。但在石墨的枝干部分则又具有叠层状结构，类似于片状石墨。其紧密程度也介于片状和球状之间。片状、蠕虫状、球状之间有个比例关系：片状石墨的长度 l 与厚度 d 之比即 $l:d>50$；一般蠕虫状石墨 $l:d=2\sim10$；球状石墨 $l:d\approx1$。

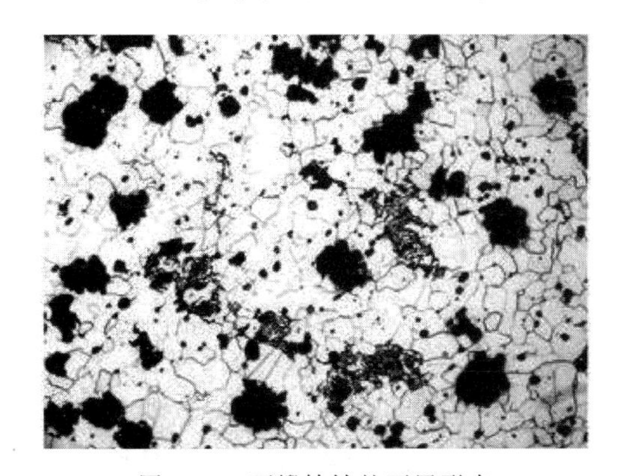

图4-13　可锻铸铁的石墨形态

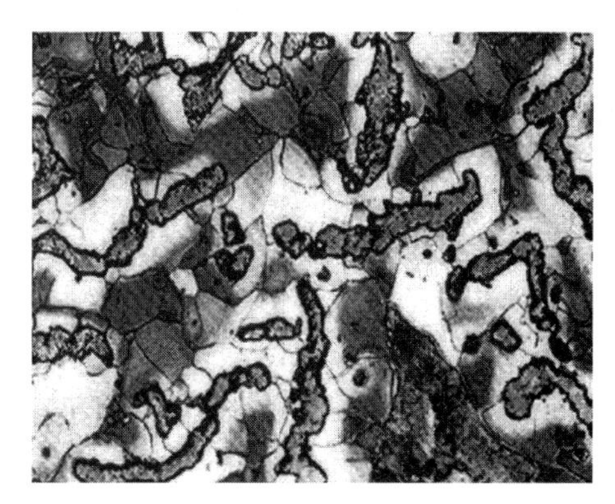

图4-14　蠕墨铸铁的石墨形态

蠕墨铸铁的碳当量高，加稀土合金后能使铁水得到净化，因而使它具有较好的流动性。在碳当量相同的情况下，蠕墨铸铁和灰口铸铁的流动性相似。

蠕墨铸铁的收缩也介于灰口铸铁和球墨铸铁之间，浇注系统可按灰口铸铁进行设计。但对致密性要求较高，壁厚相差较大的复杂铸件，要采用球铁的浇注和补缩系统。

蠕墨铸铁兼有灰口铸铁和球墨铸铁的良好性能，抗拉强度和屈服强度高于灰口铸铁，相当于铁素体球铁。导热性接近于灰口铸铁，因而铸造工艺方便、简单、成品率高。

蠕墨铸铁有较好的抗生长和抗氧化性能，蠕墨铸铁的耐磨性为中国标准HT300的2.2倍以上，比高磷铸铁高1倍，而与磷铜钛铸铁相近。

4.2.2 铸钢

铸钢的铸造性能差。铸钢的流动性比铸铁差，熔点高，易产生浇不足、冷隔和粘砂等缺陷。生产中常采用干砂型，增大浇注系统截面积，保证足够的浇注温度等措施，提高其充型能力。铸钢用型(芯)砂应具有较高的耐火性、透气性和强度，如选用颗粒大而均匀、耐火性好的石英砂制作砂型，烘干铸型，铸型表面涂以石英粉配制的涂料等。

铸钢的收缩性大，产生缩孔、缩松、裂纹等缺陷的倾向大，所以，铸钢件往往要设置数量较多、尺寸较大的冒口，采用顺序凝固原则，以防止缩孔和缩松的产生，并通过改善铸件结构，增加铸型(型芯)的退让性和溃散性，增设防裂筋，降低钢水硫、磷含量等措施，防止裂纹的产生。

4.2.3 铸造有色合金

常用的有铸造铝合金、铸造铜合金等。它们大都具有流动性好，收缩性大，容易吸气和氧化等特点，但容易产生气孔、夹渣等缺陷。有色合金的熔炼，要求金属炉料与燃料不直接接触，以免有害杂质混入以及合金元素急剧烧损，所以大都在坩埚炉内熔炼。所用的炉料和工具都要充分预热，去除水分、油污、锈迹等杂质，尽量缩短熔炼时间。不宜在高温下长时间停留，以免氧化和过多地吸收气体。浇注前常需对金属液进行特殊处理，减少熔液中的气体和熔渣。

砂型铸造

4.3 砂型铸造

砂型铸造(sand casting)就是将液态金属浇入砂型的铸造方法。型(芯)砂通常是由石英砂、黏土(或其他黏结材料)和水按一定比例混制而成的。型(芯)砂要具有“一强三性”，即一定的强度、透气性(permeability)、耐火性(refractoriness)和退让性(collapsibility)。砂型可用手工制造，也可用机器造型。

砂型铸造是目前最常用、最基本的铸造方法，其基本过程如图4-1所示，图4-15为一种阀体的砂型铸件实物图。砂型铸造的造型材料来源广，价格低廉。所用设备简单，操作方便灵活，不受铸造合金种类、铸件形状和尺寸的限制，并适合于各种生产规模。目前我国砂型铸件约占全部铸件产量的80%以上。

图4-15 砂型铸件实物图

4.3.1 铸造工艺设计

制造砂型的基本原材料是铸造砂和型砂黏结剂。最常用的铸造砂是硅质砂。硅砂的高温性能不能满足使用要求时则使用锆英砂、铬铁矿砂、刚玉砂等特种砂。为使制成的砂型和型芯具有一定的强度,在搬运、合型及浇注液态金属时不致变形或损坏,一般要在铸造中加入型砂黏结剂,将松散的砂粒黏结起来成为型砂。应用最广的型砂黏结剂是黏土,也可采用各种干性油或半干性油、水溶性硅酸盐或磷酸盐和各种合成树脂作型砂黏结剂。砂型铸造中所用的外砂型按型砂所用的黏结剂及其建立强度的方式不同分为黏土湿砂型、黏土干砂型和化学硬化砂型三种。

砂型铸造工艺过程如图 4-16 所示。其中主要步骤包括绘图,模具,制芯,造型,熔化及浇注,清洁等。

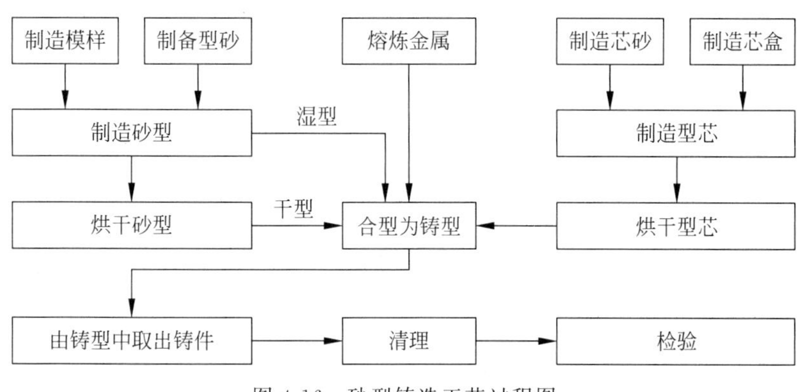

图 4-16　砂型铸造工艺过程图

铸造工艺设计是根据铸件结构特点、技术要求、生产批量、生产条件等,确定铸造方案和工艺参数,绘制图样和标注符号,编制工艺和工艺规程的,并是进行生产、管理、铸件验收和经济核算的依据。其主要内容是绘制铸造工艺图和铸件图。

1. 铸造工艺图

铸造工艺图是利用各种工艺参数及符号表示铸型分型面、浇冒口系统、浇注位置、型芯结构尺寸、控制凝固措施(冷铁、保温衬板)等内容的图样,是制造模样、模板、铸型、生产准备和验收最基本的工艺文件。

1) 浇注位置的确定

浇注位置是浇注时铸件在铸型中所处的位置。浇注位置对铸件的质量影响很大,选择时应考虑以下四点所述的原则。

(1) 主要工作面和重要面应朝下或置于侧壁。图 4-17(a)所示床身的导轨面要求组织致密、耐磨,所以导轨面朝下是合理的。图 4-17(b)所示气缸套要求质量均匀一致,浇注时应使其圆周表面处于侧壁。

(2) 宽大平面朝下。大平面长时间受到金属液的烘烤容易掉砂,在平面上易产生夹砂、砂眼、气孔等缺陷,故铸件的大平面应尽量朝下。图 4-17(c)所示划线平板的平面应朝下。

(3) 薄壁面朝下。铸件薄壁处铸型型腔窄,冷速快,充型能力差,容易出现浇不足和冷隔的缺陷。图 4-18 所示电机端盖薄壁部位朝下,可避免冷隔、浇不到等缺陷。

(4) 厚壁朝上。将厚大部分放于上部,可使金属液按自下而上的顺序凝固,在最后凝固部分便于采用冒口补缩,以防止缩孔的产生。图 4-19 所示缸头的较厚部位置于顶部,便于设置冒口补缩。

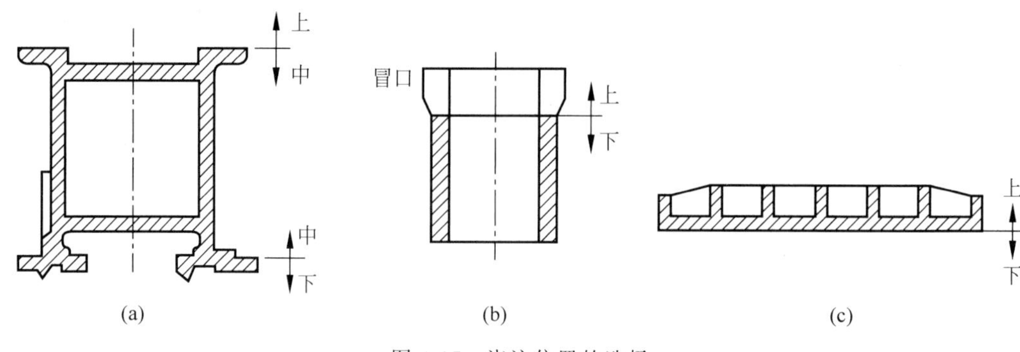

图 4-17　浇注位置的选择

(a) 机床床身；(b) 气缸套；(c) 平板铸件

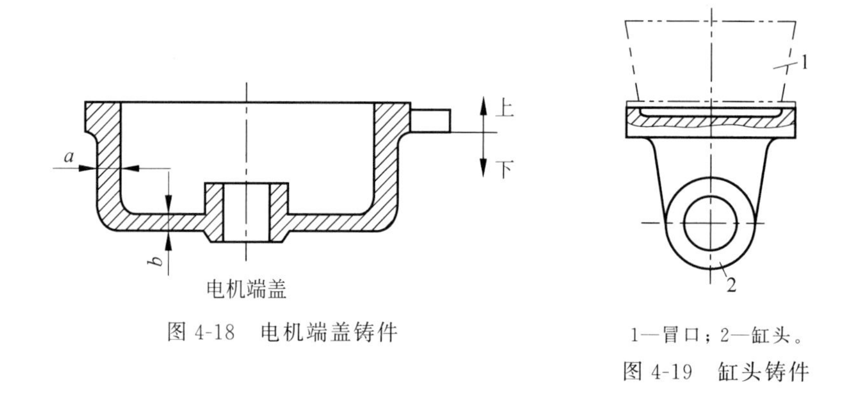

图 4-18　电机端盖铸件

1—冒口；2—缸头。

图 4-19　缸头铸件

2) 分型面的确定

分型面是铸型组元间的接合面，对铸件质量、制模、制芯、合型等工序的复杂程度影响很大。确定分型面时应考虑便于起模、能简化铸造工艺、能保证铸件质量。

(1) 尽可能使铸件全部或主要部分置于同一砂箱中，以避免错型而造成尺寸偏差。如图 4-20 所示，图(a)不合理，铸件分别处于两个砂箱中；图(b)合理，铸件处于同一砂箱中，既便于合型，又可避免错型。

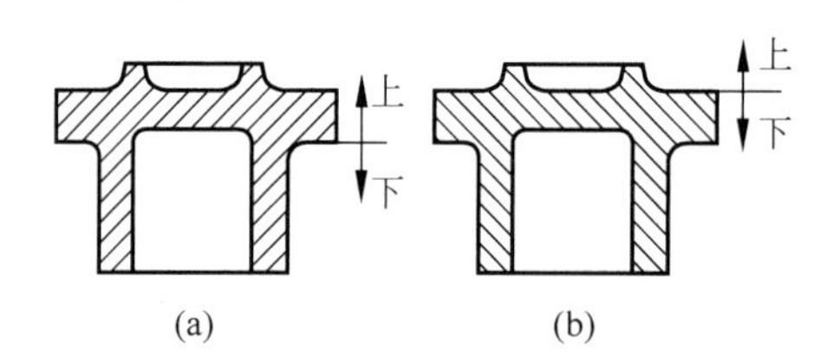

图 4-20　分型面的选择尽量使铸件全部或主要部分置于同一砂箱

(a) 不合理；(b) 合理

(2) 尽可能使分型面为一平面。如图 4-21 所示，图(a)若采用主视图弯曲对称面作为分型面，则需要采用挖砂或假箱造型，使铸造工艺复杂化。图(b)起重臂按图中所示分型面为一平面可用分模造型、起模方便。

(3) 尽量减少分型面。如图 4-22 所示，图(a)槽轮部分用三箱手工造型，操作复杂。图(b)若槽轮部分用环形芯来形成，可用二箱造型，既简化造型过程，又保证铸件质量，提高生产率。

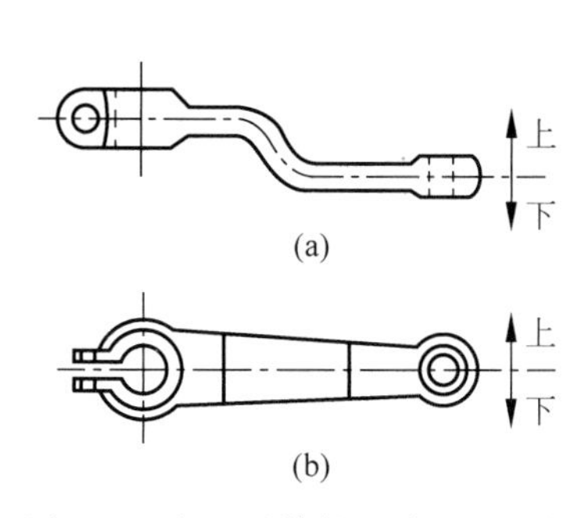

图 4-21　起重臂铸件的分型面选择
(a) 不合理；(b) 合理

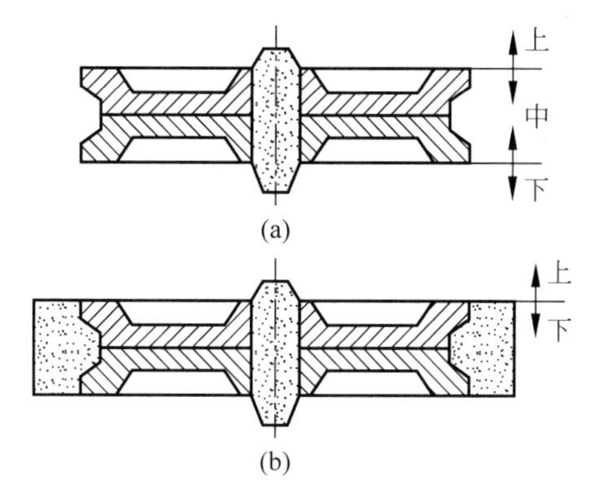

图 4-22　槽轮铸件的分型面选择
(a) 不合理；(b) 合理

3) 工艺参数的确定

(1) 加工余量及尺寸公差。加工余量是在铸件加工面上，在铸造工艺设计时预先增加的，在机械加工时需切除的金属层厚度。尺寸公差是指铸件基本尺寸允许的最大极限尺寸和最小极限尺寸之差值。

①铸件加工余量确定。加工余量的大小确定取决于铸件材料、铸造方法、铸件尺寸与形状复杂程度、生产批量、加工面在铸型中的位置及加工面的质量要求。一般灰铸铁件的加工余量小于铸钢件，有色金属件小于灰铸铁件；手工造型、单件小批、形状复杂、大尺寸、位于铸型上部的面及质量要求高的面，加工余量大些；机器造型、大批生产加工余量可小些。但加工余量过大会浪费材料、增加机加工工时；过小又不易保证加工面的质量。②铸件尺寸公差确定。铸件尺寸公差数值按 GB/T 6414—2017《铸件　尺寸公差、几何公差机械加工余量》确定，在图样上的标注方法有二种：一是采用公差等级代号标注，二是将公差直接在铸件基本尺寸后面标注，如“95±3.2”。

(2) 起模斜度。也叫作“拔模斜度”，为使模样从铸型中取出或型芯从芯盒中脱出，平行于起模方向在模样(或芯盒)壁上所增加的斜度称为起模斜度，如图 4-23、图 4-24 所示。

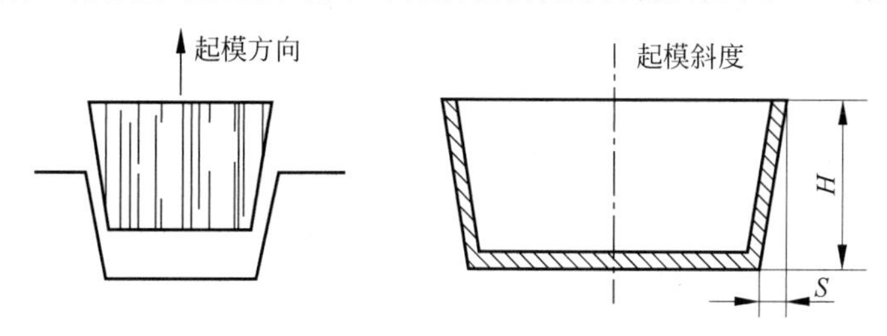

图 4-23　铸件的起模斜度

(3) 铸造收缩率。为补偿铸件在冷却过程中产生的收缩，模样比铸件图样尺寸增加的数值，主要与合金种类、型砂的退让性、阻碍收缩等因素有关。通常，中小型灰铸铁件线收缩率约取 1%；有色金属约取 1.5%；铸钢件约取 2%。

(4) 最小铸出孔。当铸件上的孔和槽的尺寸过小且铸件壁厚较大时孔可不铸出，待机械加工时切出，这样可简化铸造工艺。一般铸铁件，$\phi<30$mm(单件小批)、$\phi<15$mm(成批)、$\phi<12$mm(大量)；铸钢件，$\phi<50$mm(单件小批)、$\phi<30$mm(成批)的孔可不铸出。

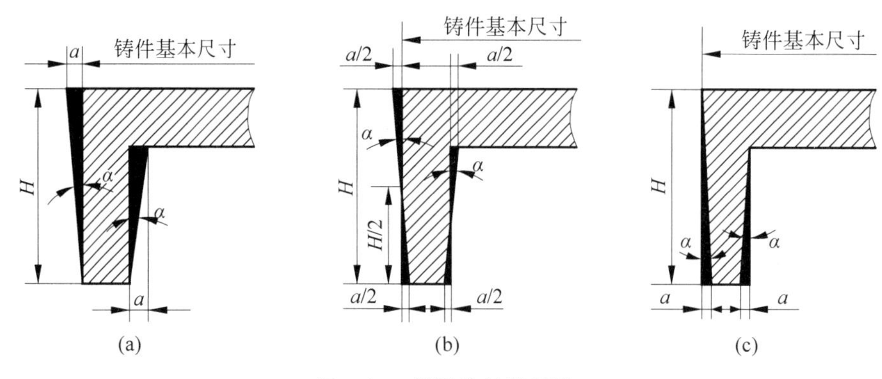

图 4-24 模样的起模斜度

(a) 增加铸件厚度；(b) 加减铸件厚度；(c) 减少铸件厚度

(5) 芯头。芯头是指砂芯的外伸部分，不形成铸件的轮廓，只落入芯座内，用以定位和支承砂芯腔。

(6) 铸造圆角。制造模样时，壁的连接和转角处要做成圆角，此可便于造型，并可减少或避免砂型尖角损坏，但分型面的转角处不能有圆角。一般内圆角半径可按相邻两壁平均厚度的 1/5～1/3 选取；外圆角半径可取内圆角半径的一半。

4) 铸造工艺图绘制举例

铸造工艺图有两种绘法，如图 4-25 所示。单件小批生产时，可直接在零件图上绘制，供制造模样、造型和检验使用；在大批量生产时，可另绘铸造工艺图。铸造工艺符号及绘制方法可参阅 JB/T 2435—2013《铸造工艺符号及表示方法》。

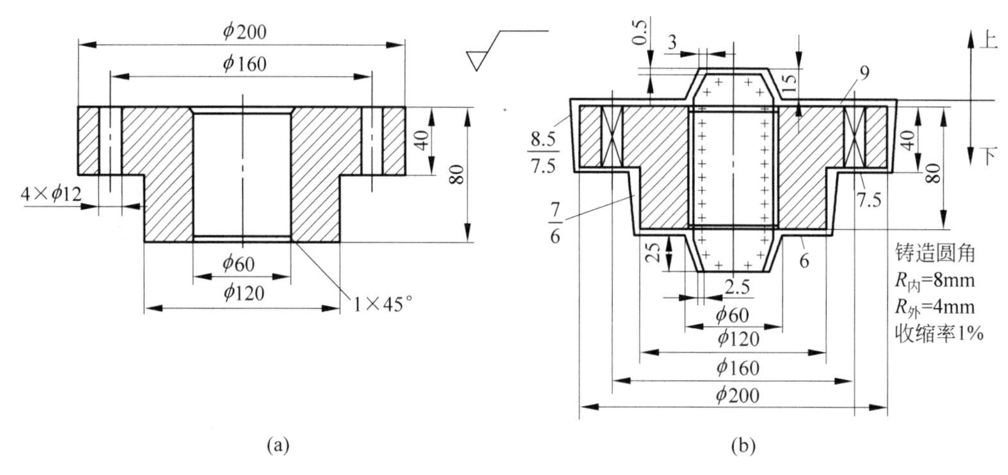

图 4-25 零件图与铸造工艺图

(a) 零件图；(b) 铸造工艺图

2. 铸件图

铸件图是反映铸件实际尺寸、形状和技术要求的图样，是铸造生产、铸件检验与验收的主要依据，也是机械加工工艺装备设计的依据。铸件图应在完成了铸造工艺图的基础上画出，用图形、工艺符号和文字标注。内容包括：切削加工余量、零件实际尺寸、不铸出的孔槽、铸件尺寸公差、硬度、不允许出现的铸造缺陷、检验方法及相关的铸造工艺符号等，图 4-26 是根据图 4-25 的铸造工艺图绘制而成的铸件图。

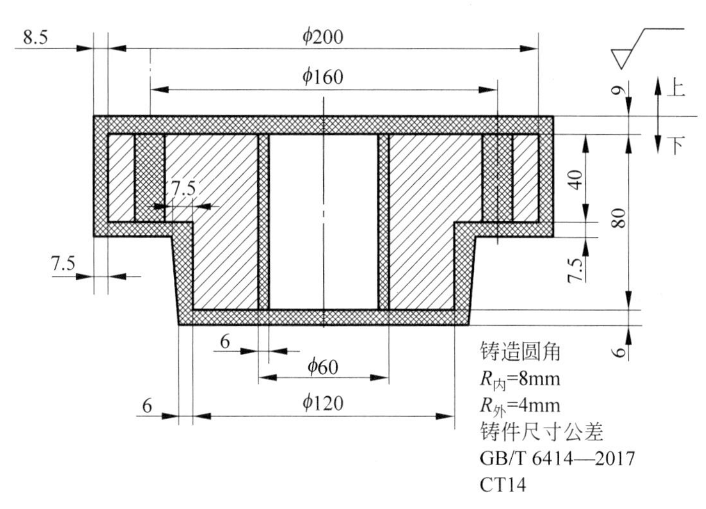

图 4-26 铸件图

3. 铸造工艺卡

表 4-4 为铸造工艺卡片样例。铸造工艺卡根据整个铸造工艺设计，说明造型(芯)、浇注、开箱、清理等工艺操作的要求，是生产管理和成本核算的依据。铸造工艺设计应注意在保证生产合格铸件的前提下降低成本、节约能源和保护环境。采用不同的工艺对铸件工艺出品率和综合出品率、成本、利润等有较大影响，因此应多方比较，选择最优的铸造工艺。

表 4-4 铸造工艺卡片样例

铸造工艺卡片			产品型号		铸件图号		86	每台件数			
			产品名称		铸件名称		支架	每箱件数			2
铸件材料	HT300	单件质量/kg	6	浇冒口质量/kg	3.15	浇注总质量/kg	15.15	工艺出品率/%	78	模型类别	木模

工艺简图

浇冒口			
名称	面积/cm^2	材料	数量
直浇道	3.1	木模	1
横浇道	4	木模	1
内浇道	3.4	木模	2
补缩冒口			
出气冒口			

工序	工序内容						
模型	工艺参数	缩尺/% 外模	缩尺/% 芯盒	加工余量/mm		起模斜度 外型	起模斜度 内腔
				5 双边 3.5 单边		0°40′	1°15′
造型	方法	铸型种类	型砂名称	通气方式		合型方式	铸型质量/kg
	手工造型	湿型					
浇注	浇注温度/℃	浇注时间/s	冒口浇高	零件最小壁厚/mm	冷铁 规格 / 数目		芯撑 材料 / 数目
	1450	1.602	70	6			
造芯	型芯标号	型砂号	数量	造芯方式	芯骨 材料		芯骨 数量
		编制	校对	审核	会签		批准

标记	处数	更改文件名	签字	日期

4.3.2 造型方法选择

造型方法的选择具有较大灵活性，一个铸件往往可用多种方法造型，应根据铸件结构特点、形状和尺寸、生产批量及车间具体条件等进行分析比较，以确定最佳方案。

1. 手工造型

手工造型的方法很多，按模样特征分为：整模造型、分模造型、活块造型，刮板造型，假箱造型和挖砂造型等；按砂箱特征分为：两箱造型、三箱造型、地坑造型、脱箱造型等。具体造型方法见工程训练教材。

2. 机器造型（制芯）

机器造型是用机器来完成填砂、紧实和起模等造型操作过程。与手工造型相比，可以提高生产率和铸型质量，减轻劳动强度。但设备及工装模具投资较大，生产准备周期较长，主要用于成批大量生产。机器造型按紧实方式的不同可分震压造型、抛砂造型和射砂造型等。

1）震压造型

图 4-27 所示为震压造型过程。首先将砂箱放在造型机的模板（见图 4-27(a)、(b)）上，打开定量砂斗门，型砂从上方填入砂箱内（见图 4-27(c)）。控制压缩空气经进气口 1 进入震击活塞底部，顶起震击活塞等并将进气路关闭。活塞在压缩空气的推力下上升，当活塞底部

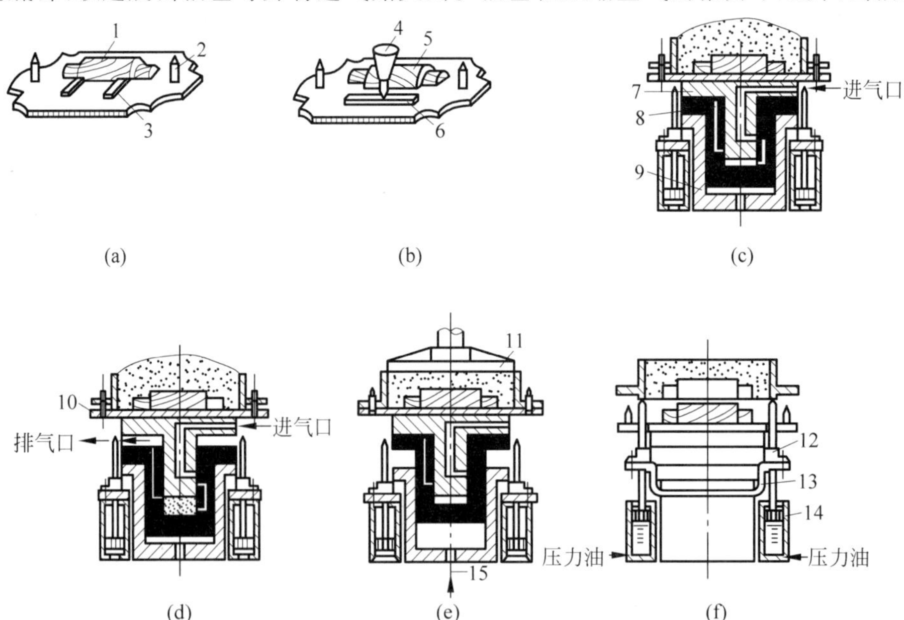

1—下模样；2—定位销；3—内浇道；4—直浇道；5—上模样；6—横浇道；7—震击活塞；8—压实活塞；9—压实气缸；10—模板；11—压板；12—起模顶杆；13—同步连杆；14—起模液压缸。

图 4-27 震压造型过程

(a) 下模板；(b) 上模板；(c) 填砂；(d) 震击；(e) 压实；(f) 取模

升至排气口以上时压缩空气被排出。震击活塞等自由下落与压实活塞顶面进行一次撞击。此时进气路开通，上述过程再次重复使型砂逐渐紧实，如图 4-27(d)所示。控制压缩空气由进气口 2 通入压实汽缸底部，顶起压实活塞、震击活塞和砂箱等，使砂型受到压板的压实，如图 4-27(e)所示。然后排气，压实汽缸等下降，压缩空气推动压力油进入起模压力缸内，四根起模顶杆同步上升顶起砂型，同时振动器振动，模样脱出，如图 4-12(f)所示。

2）抛砂造型

图 4-28 为抛砂机的工作原理图。抛砂头转子上装有叶片，型砂由皮带输送机连续地送入，高速旋转的叶片接住型砂并分成一个个砂团，当砂团随叶片转到出口处时，由于离心力的作用，以高速抛入砂箱，同时完成填砂与紧实。

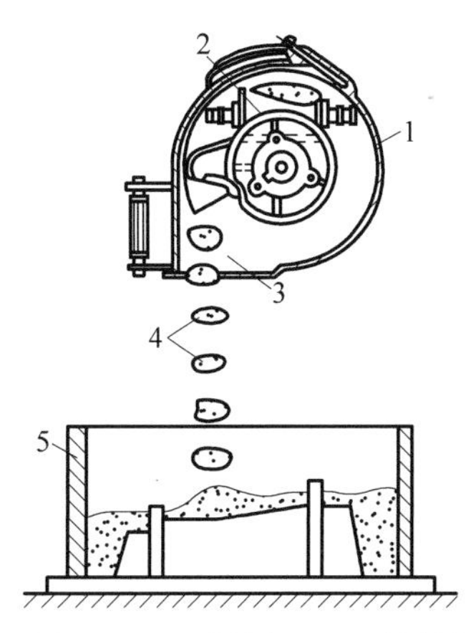

1—机头外壳；2—型砂入口；3—砂团出口；4—被紧实的砂团；5—砂箱。

图 4-28 抛砂紧实原理图

3）射砂造型(制芯)

射砂紧实方法除用于造型外还多用于制芯。图 4-29 为射砂机工作原理图。由储气筒中迅速进入到射膛的压缩空气，将芯砂由射砂孔射入芯盒的空腔中，而压缩空气经射砂板上的排气孔排出，射砂过程是在较短的时间内同时完成填砂和紧实，生产率极高。

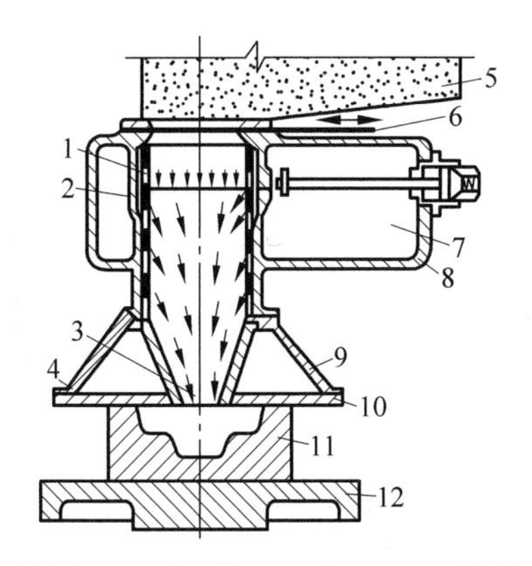

1—射砂筒；2—射膛；3—射砂孔；4—排气孔；5—砂斗；6—砂闸板；7—进气阀；8—储气筒；
9—射砂头；10—射砂板；11—芯盒；12—工作台。

图 4-29 射砂机工作原理图

4.4 特种铸造

砂型铸造的工艺灵活性是其他铸造方法无法比拟的，但也存在一些难以克服的缺点，如一型一件，生产率低，铸件表面粗糙，加工余量较大，废品率较高，工艺过程复杂，劳动条件差等。为了克服上述缺点，在生产实践中发展出一些区别于砂型铸造的其他铸造方法，统称为特种铸造(special casting processes)。特种铸造方法很多，不同的方法往往在某种特定条件下适应不同铸件生产的特殊要求，以获得更好的质量或更高的经济效益。以下介绍几种常用的特种铸造方法。

金属型铸造

4.4.1 金属型铸造

金属型铸造是将液态金属浇入金属铸型，以获得铸件的铸造方法。由于金属型可重复使用，所以又称为"永久型铸造"。

根据铸件的结构特点，金属型可采用多种型式。图 4-30(a)为活塞的金属型铸造示意图，图 4-30(b)为金属型铸造铝活塞实物图。该金属型由左半型 1 和右半型 2 组成，采用垂直分型，活塞的内腔由组合式型芯构成。铸件冷却凝固后，先取出中间型芯 4，再取出左、右两侧型芯 3，然后沿水平方向拔出左右销孔芯 5，最后分开左右两个半型，即可取出铸件。

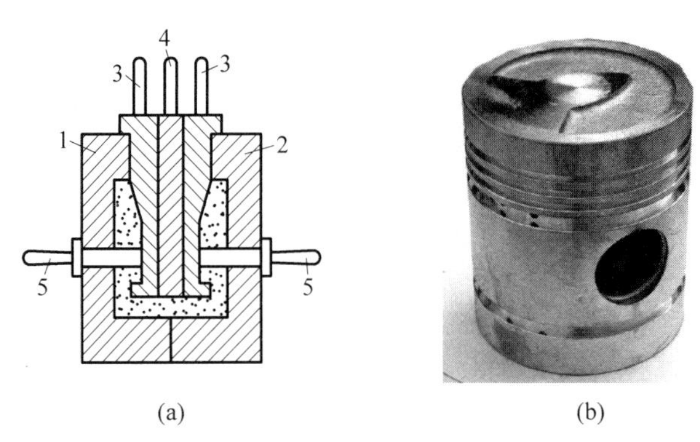

(a) (b)

1—左半型；2—右半型；3，4—组合型芯；5—销孔型芯。

图 4-30 金属型铸造示意图及铸件实物图

(a) 铸造示意图；(b) 铸件实物图

金属型"一型多铸"，工序简单，生产率高，劳动条件好。金属型内腔表面光洁，刚度大，因此，铸件精度高，表面质量好。金属型导热快，铸件冷却速度快，凝固后铸件晶粒细小，从而提高了铸件的机械性能。

金属型导热快，无退让性和透气性，铸件容易产生浇不足、冷隔、裂纹、气孔等缺陷。此外，在高温金属液的冲刷下，型腔易损坏。为此，需要采取如下工艺措施：浇注前预热铸型，使金属型在一定的温度范围内工作；型腔内涂以耐火涂料，以减慢铸型的冷却速度，并延长铸型寿命；在分型面上做出通气槽、出气口等，以利于气体的排出；掌握好开型时间以利于取件和防止铸铁件产生白口组织。

金属型的成本高，制造周期长，铸造工艺规程要求严格，铸铁件还容易产生白口组织。因此，金属型铸造主要适用于大批量生产形状简单的有色合金铸件，如铝活塞、气缸、缸盖、油泵壳体，以及铜合金轴瓦，轴套等。

4.4.2　压力铸造

压力铸造是在压铸机上将熔融的金属在高压下快速压入金属型，并在压力下凝固，以获得铸件的方法。

压铸机分为立式和卧式两种，图 4-31 为立式压铸机工作过程示意图及铸件实物图。合型后，用定量勺将金属液注入压室中（见图 4-31(a)），压射活塞向下推进，将金属液压入铸型（见图 4-31(b)），金属凝固后，压射活塞退回，下活塞上移顶出余料，动型移开，取出铸件（见图 4-31(c)，图 4-31(d)）为一铝合金壳体的压力铸造实物图。

压力铸造是在高速、高压下成形，可铸出形状复杂、轮廓清晰的薄壁铸件，铸件的尺寸精度高，表面质量好，一般不需机械加工可直接使用，而且组织细密，力学性能好；在压铸机上生产，生产率高，劳动条件好。

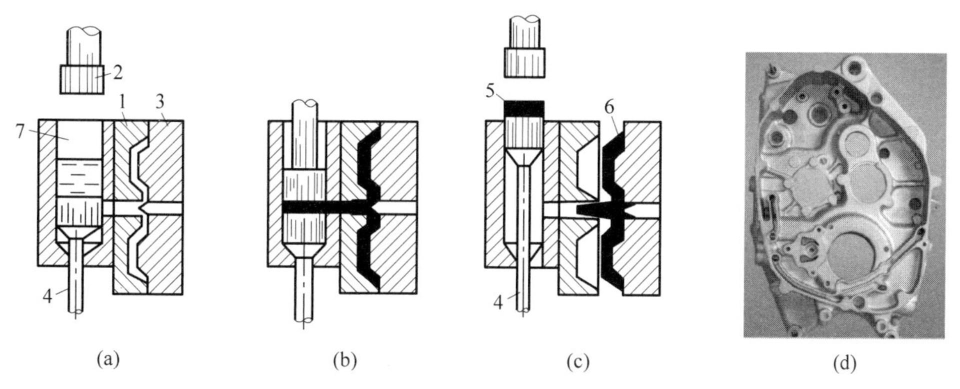

1—定型；2—压射活塞；3—动型；4—下活塞；5—余料；6—压铸件；7—压室。

图 4-31　压铸机工作过程示意图

(a) 浇注；(b) 压射；(c) 开型；(d) 铸件实物图

但是，压铸设备投资大，压型制造成本高，周期长，压型工作条件恶劣，易损坏。因此，压力铸造主要用于大批生产低熔点合金的中小型铸件，在汽车、拖拉机、航空、仪表、电器、纺织、医疗器械、日用五金及国防等部门获得广泛的应用。

4.4.3　低压铸造

低压铸造是介于金属型铸造和压力铸造之间的一种铸造方法。是在较低的压力下，将金属液注入型腔，并在压力下凝固，以获得铸件，如图 4-32(a)所示。在一个密闭的保温坩埚中，通入压缩空气，使坩埚内的金属液在气体压力下，从升液管内平稳上升充满铸型，并使金属在压力下结晶。当铸件凝固后，撤除压力，使升液管和浇口中尚未凝固的金属液在重力作用下流回坩埚。最后开启铸型，取出铸件。图 4-32(b)为一铝合金皮带轮的低压铸件实物图。

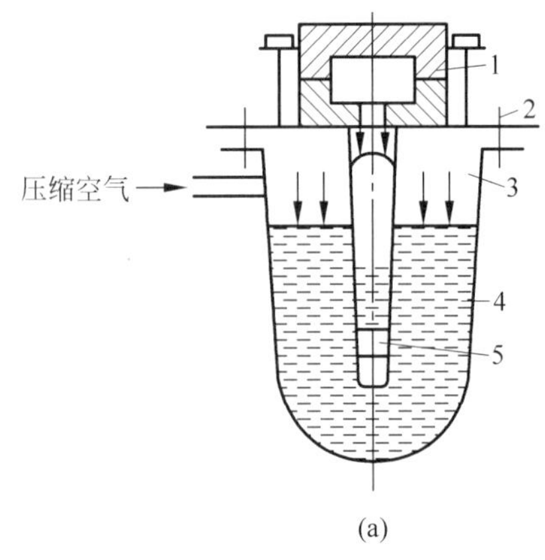

(a)

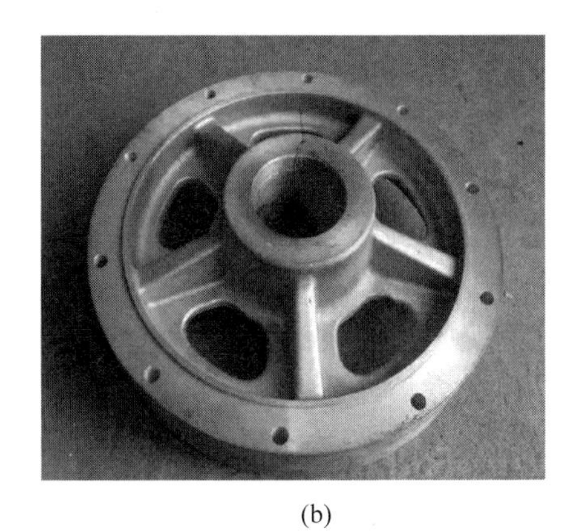

(b)

1—铸型；2—密封盖；3—坩埚；4—金属液；5—升液管。

图 4-32 低压铸造工作原理图及铸件图

(a) 工作原理图；(b) 铸件实物图

低压铸造充型时的压力和速度容易控制，充型平稳，对铸型的冲刷力小，故可适用各种不同的铸型；金属在压力下结晶，而且浇口有一定补缩作用，故铸件组织致密，力学性能高。另外，低压铸造设备投资较少，便于操作，易于实现机械化和自动化。因此，低压铸造广泛用于大批量生产铝合金和镁合金铸件，如发动机的缸体和缸盖、内燃机活塞、带轮、粗纱锭翼等，也可用于球墨铸铁、铝合金等较大铸件的生产。

4.4.4 熔模铸造

熔模铸造

熔模铸造(investment casting)是用易熔材料制成模样，造型之后将模样熔化，排出型外，从而获得无分型面的型腔。由于熔模广泛采用蜡质材料制成，所以又称“失蜡铸造”。这种铸造方法能够获得具有较高精度和表面质量的铸件，故有“精密铸造”之称。

1. 基本工艺过程

熔模铸造的工艺过程及铸件实物如图 4-33 所示。主要包括蜡模(wax pattern)制造、结壳、脱蜡(dewax)、焙烧和浇注等过程。

1）蜡模制造

通常根据零件图制造出与零件形状尺寸相符合的母模(见图 4-33(a))，再由母模形成一种模具(称压型)的型腔(见图 4-33(b))，把熔化成糊状的蜡质材料压入压型，等冷却凝固后取出，就得到蜡模(见图 4-33(c)、(d)、(e)，图 4-33(i))是熔模铸造生产的叶轮铸件实物图。在铸造小型零件时，常把若干个蜡模黏合在一个浇注系统上，构成蜡模组(见图 4-33(f))，以便一次浇出多个铸件。

2）结壳

把蜡模组放入黏结剂和石英粉配制的涂料中浸渍，使涂料均匀地覆盖在蜡模表层，然后在上面均匀地撒一层石英砂，再放入硬化剂中硬化。如此反复 4～6 次，最后在蜡模组外表形成由多层耐火材料组成的坚硬的型壳(见图 4-33(g))。

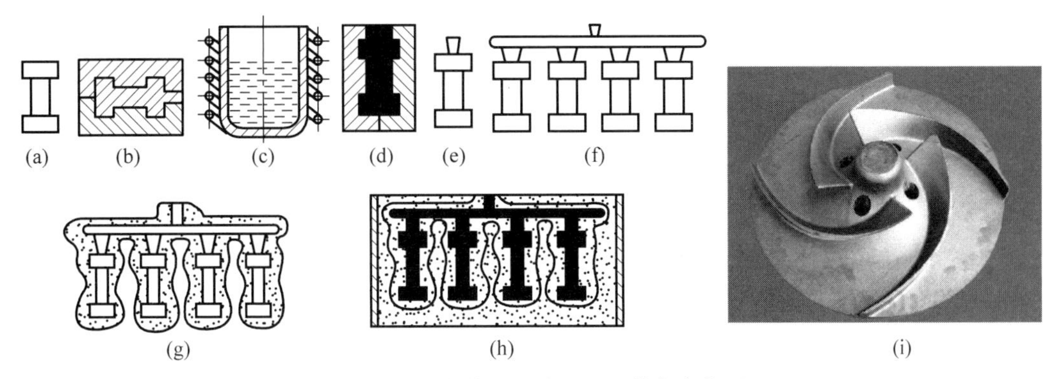

图 4-33　熔模铸造工艺过程及铸件实物图

(a) 母模；(b) 压型；(c) 熔蜡；(d) 制造蜡模；(e) 蜡模；(f) 蜡模组；
(g) 结壳，脱蜡；(h) 填砂，浇注；(i) 铸件实物图

3）脱腊

通常将附有型壳的蜡模组浸入 85～95℃的热水中，使蜡料熔化并从型壳中脱除，以形成型腔。

4）焙烧和浇注

型壳在浇注前，必须在 800～950℃下进行焙烧，以彻底去除残蜡和水分。为了防止型壳在浇注时变形或破裂，可将型壳排列于砂箱中，周围用砂填紧（见图 4-33(h)）。焙烧后通常趁热（600～700℃）进行浇注，以提高充型能力。

2. 熔模铸造的特点和应用

熔模铸件精度高，表面质量好，无分型面，可铸出形状复杂的薄壁铸件，大大减少机械加工工时，显著提高金属材料的利用率。熔模铸造的型壳耐火性强，适用于各种合金材料，尤其适用于那些高熔点合金及难切削加工合金的铸造，并且生产批量不受限制，单件、小批、大量生产均可。但熔模铸造工序繁杂，生产周期长，铸件的尺寸和质量受到铸型（沙壳体）承载能力的限制（一般不超过 25kg）。熔模铸造主要用于成批生产形状复杂、精度要求高或难以进行切削加工的小型零件，如汽轮机叶片和叶轮、大模数滚刀等。

4.4.5　离心铸造

离心铸造

离心铸造（centrifugal casting）是将熔融金属浇入高速旋转的铸型中，使其在离心力作用下填充铸型和结晶，从而获得铸件的方法。离心铸造必须在离心铸造机上进行，按铸型旋转轴线的空间位置不同，离心铸造分为立式和卧式两种，如图 4-34 所示，图 4-34(c)为用离心铸造生产的铜套铸件实物图。

离心铸造不用型芯，不需要浇冒口，工艺简单，生产率和金属的利用率高，成本低。在离心力作用下，金属液中的气体和夹杂物因比重小而集中在铸件内表面，金属液自外表面向内表面顺序凝固，因此，铸件组织致密，无缩孔、气孔、夹渣等缺陷，力学性能高，而且提高了金属液的充型能力。但是，利用自由表面所形成的内孔，尺寸误差大，内表面质量差，且不适于比重偏析大的合金。目前主要用于生产空心回转体铸件，如铸铁管、气缸套、活塞环及滑动轴承等，也可用于生产双金属铸件。

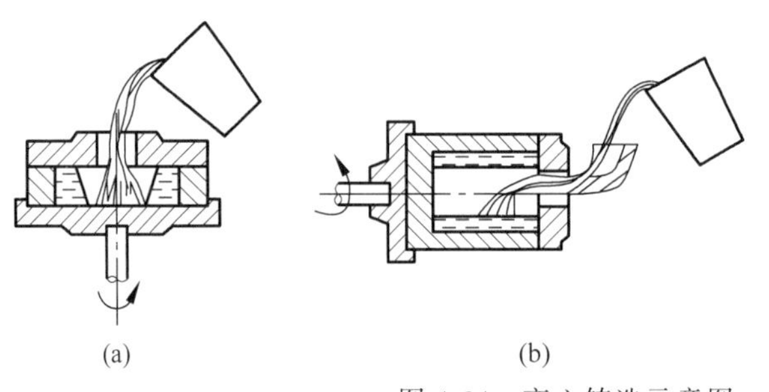

(a) (b) (c)

图 4-34 离心铸造示意图

(a) 立式；(b) 卧式；(c) 铸件实物

消失模铸造

4.4.6 消失模铸造

消失模铸造技术是将发泡塑料制成的模型黏结组合成模型组，刷涂耐火涂层并烘干后，埋在干石英砂中振动造型，在一定条件下浇注液体金属，使模型气化并占据模型位置，凝固冷却后形成所需铸件的方法，如图 4-35 所示。对于消失模铸造，有多种不同的叫法。国内主要的叫法还有"干砂实型铸造"和"负压实型铸造"。国外的叫法主要有：lost foam process（USA）、plicast process(Italy)等。与传统的铸造技术相比，消失模铸造技术具有无与伦比的优势，因此被国内外铸造界誉为"21 世纪的铸造技术和铸造工业的绿色革命"。

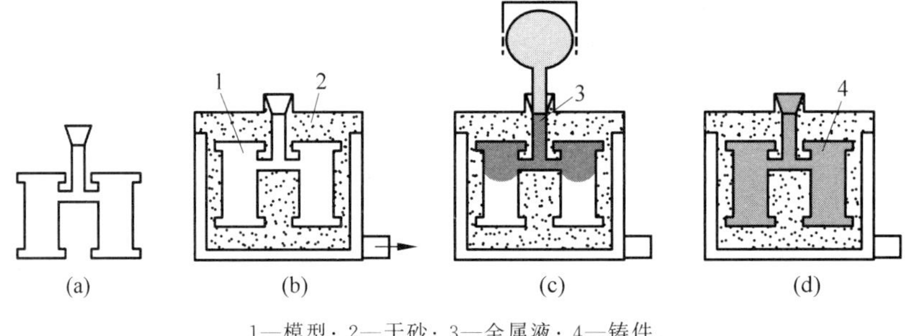

1—模型；2—干砂；3—金属液；4—铸件。

图 4-35 消失模铸造原理图

(a) 模型组；(b) 造型；(c) 浇铸；(d) 充型

大量生产的消失模铸造工艺流程如图 4-36 所示。图 4-37 为一种立式加工中心立柱件消失模铸件图。

消失模铸造根据其铸型材料不同可分为：自硬砂消失模铸造和无黏结剂干砂消失模铸造。根据其浇注条件的不同可分为：普通消失模铸造和负压消失模铸造。

与传统的砂型铸造相比，大量生产的消失模铸造有如下工艺特征(见表 4-5)：

(1) 一个与铸件形状完全一致、尺寸大小只差金属收缩量的泡沫塑料模样保留在铸型内，形成"实型"铸型，而不是传统砂型的"空腔"铸型(即"空型")。

(2) 其砂型为无黏结剂、无水分、无任何附加物的干石英砂。

(3) 浇注时，泡沫塑料模型在高温液体金属作用下不断分解气化，产生金属—模型的置换过程，而不像传统"空型"铸造是一个液体金属的填充过程。制作一个铸件，就要"消失"掉一个泡沫塑料模型。

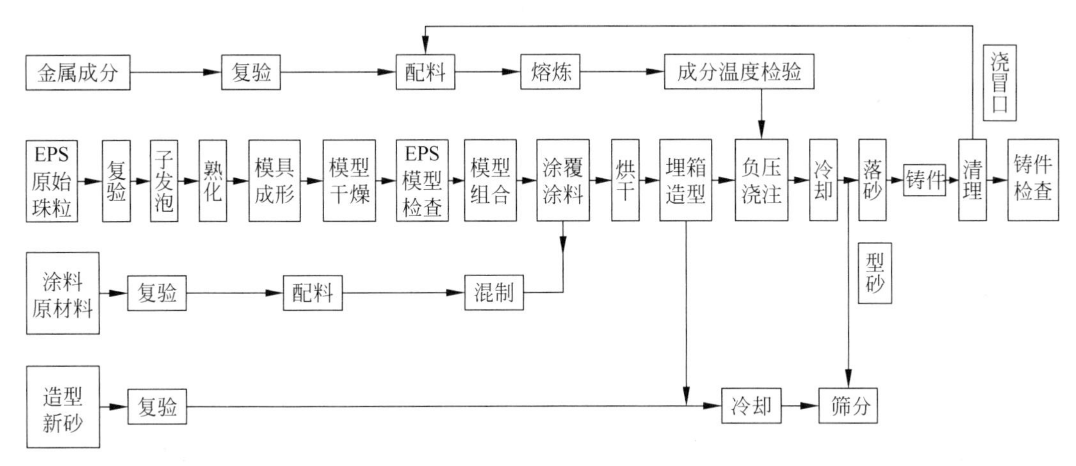

图 4-36　大量生产的消失模铸造工艺流程图

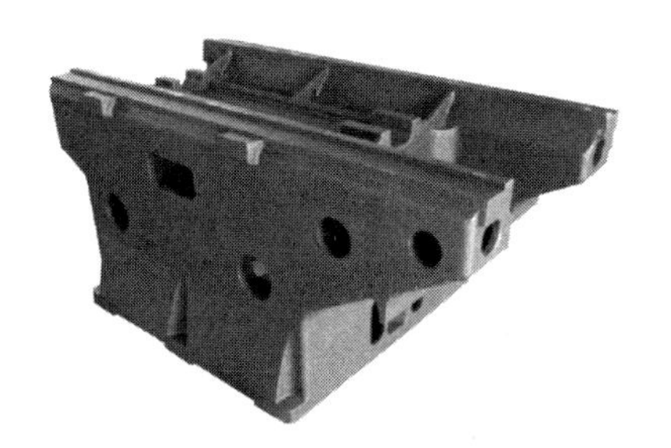

图 4-37　立柱件消失模铸件图

(4) 泡沫塑料模型可以分块成形再进行黏结组合。模型形状(即铸件形状)基本不受任何限制。

表 4-5　大量生产条件下传统黏土砂型铸造与消失模铸造工艺特点的比较

项目		传统砂型铸造	消失模铸造
模型工艺	1. 开边	必须分型开边,便于造型	无须开边
	2. 起模斜度	必须有一定的起模斜度	基本没有或很小的起模斜度
	3. 组成	有外型芯合组成	单一模型
	4. 应用次数	一个模型多次使用	一型一次
	5. 材质	金属或木材	泡沫塑料
造型工艺	1. 型砂	有黏结剂、水、附加物经过混制的型芯砂	无黏结剂、任何附加物和水的干砂
	2. 填砂方式	机械力填砂	自重微振填砂
	3. 紧实方式	机械力紧实	物理(自重、微振、真空)作用紧实
	4. 砂箱特点	根据每个零件特点制备专用砂箱	简单的通用砂箱
	5. 铸型型腔	由型芯装配组成空腔	实型
	6. 涂料层	大部分无须涂层	必须有涂层
浇注工艺	1. 充型特点	只是填充空腔	金属与模型发生物理化学作用
	2. 影响充型速度的主要因素	浇注系统与浇注温度	主要受型内气体压力状态,浇注系统,浇注温度的影响
落砂清理	1. 落砂	需强力振动打击	翻箱或吊出铸件,铸件与砂自动分离
	2. 清理	需打磨飞边毛刺及内浇口	只需打磨内浇口,无飞边毛刺

4.5 铸件结构工艺性

铸件结构工艺性通常是指铸件的本身结构应符合铸造生产的要求，既便于整个工艺过程的进行，又有利于保证产品质量。铸件结构是否合理，对简化铸造生产过程，减少铸件缺陷，节省金属材料，提高生产率和降低成本等方面具有重要意义，并与铸造合金、生产批量、铸造方法和生产条件有关。

4.5.1 利于避免或减少缺陷的铸件结构

铸件的许多缺陷，如缩孔、缩松、裂纹、变形、浇不足、冷隔等，有时是由于铸件结构不合理而引起的。因此，设计铸件结构时应首先从保证产品质量的角度出发，尽量做到以下几点：

1. 壁厚合理

铸件壁厚大有利于金属液充型，但随着壁厚的增加，金属液冷速降低，铸件晶粒变粗大，力学性能下降。所以从细化结晶组织和节省金属材料考虑，应尽量减小铸件壁厚。但铸件壁厚太小又易导致出现冷隔、浇不足或白口等缺陷，故各种不同的合金视铸件大小、铸造方法不同，其最小壁厚应受到限制(见表 4-1)。

通常情况下，设计铸件壁厚时应首先保证金属液的充型能力，在此前提下尽量减小铸件壁厚。若铸件壁的承载能力或刚度不能满足要求时，可采用加强筋等结构。图 4-38 为台钻底板设计中采用加强筋的例子，采用加强筋后，可避免铸件有厚大截面，从而防止某些铸造缺陷的产生。

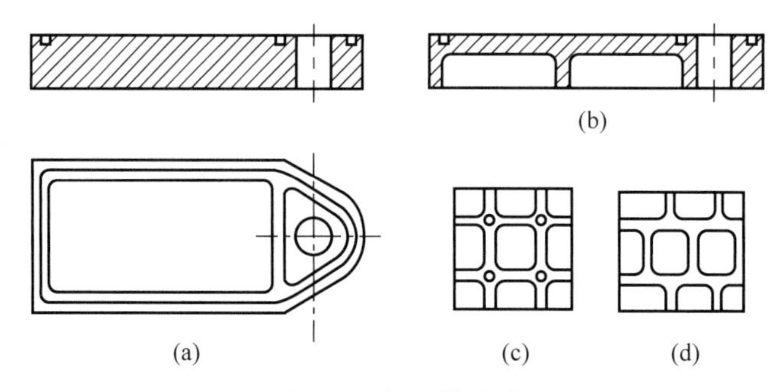

图 4-38 加强筋设计

(a) 原板结构(无筋板)；(b) 筋板结构；(c) 直方格形筋板；(d) 交错方格形筋板

2. 铸件壁厚力求均匀

铸件壁厚均匀，可防止形成热节而产生缩孔、缩松、晶粒粗大等缺陷，并能减少铸造热应力及因此而产生的变形和裂纹等缺陷。如图 4-39 所示铸件的结构设计，图 4-39(a)在厚壁处易产生缩孔，在过渡处易产生裂纹。改为图 4-39(b)可防止上述缺陷的产生。铸件上的筋条分布应尽量减少交叉，以防形成较大的热节，如图 4-40。将图 4-40(a)交叉接头改为图 4-40(b)交错接头结构，或采用图 4-40(c)的环形接头，以减少金属的积聚，避免缩孔、缩松缺陷的产生。

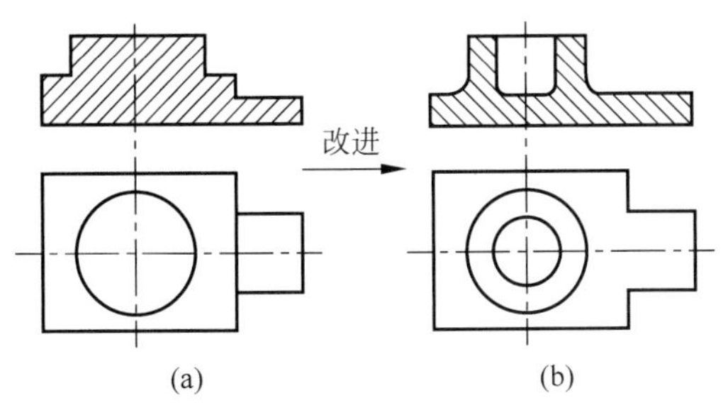

图 4-39　铸件壁厚设计实例

（a）不合理；（b）合理

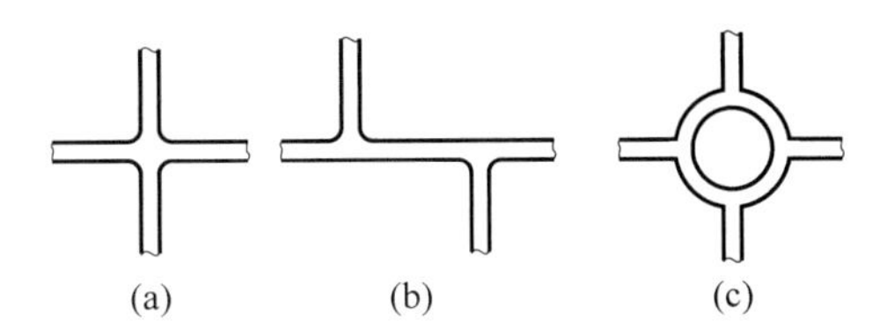

图 4-40　筋条的分布

（a）十字接头不合理；（b）交错接头合理；（c）环形接头合理

3. 铸件壁的连接

铸件不同壁厚的连接应逐渐过渡（见表 4-6）。拐弯和交接处应采用较大的圆角连接（见图 4-41），避免锐角结构而采用大角度过渡（见图 4-42），以避免因应力集中而产生开裂。

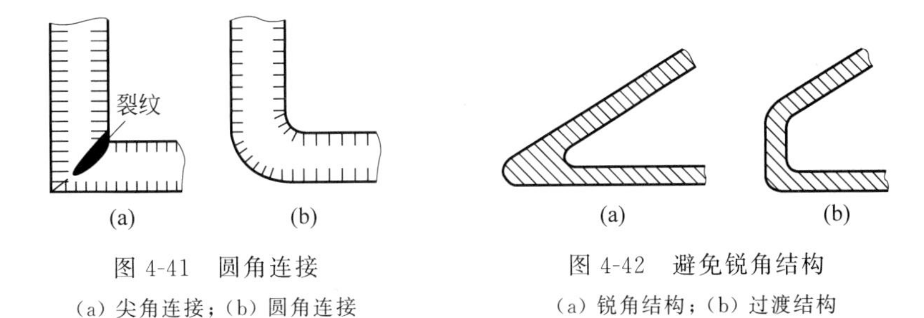

图 4-41　圆角连接

（a）尖角连接；（b）圆角连接

图 4-42　避免锐角结构

（a）锐角结构；（b）过渡结构

表 4-6　铸件壁的过渡形式和尺寸

壁厚比	壁的过渡形式	尺寸关系
$\frac{S_1}{S_2} \leqslant 2$	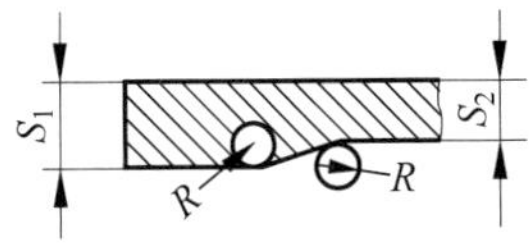	$R=(0.15\sim0.25)(S_1+S_2)$
	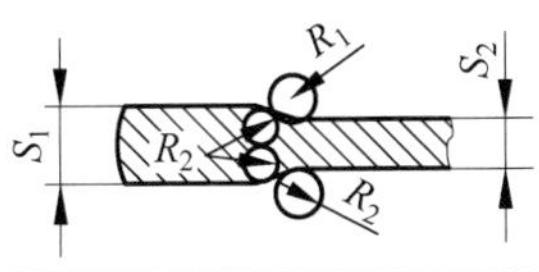	$R_1=(0.15\sim0.25)(S_1+S_2)$ $R_2=S_1/4$
$\frac{S_1}{S_2}>2$	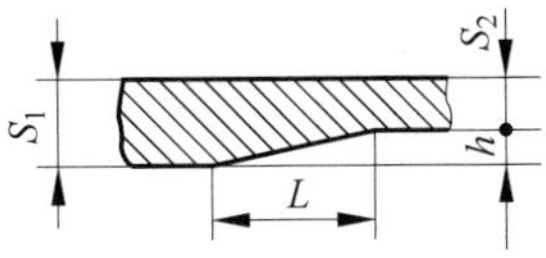	$h=S_1-S_2$ $I \geqslant 4h$
	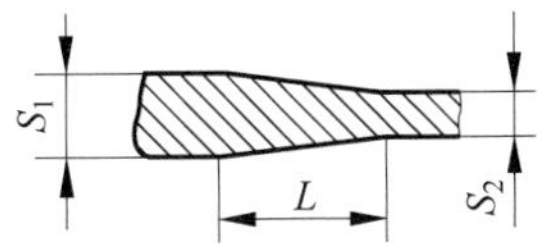	$L \geqslant 3(S_1-S_2)$

4. 避免较大水平面

在浇注时，铸件上水平方向的较大平面，引起金属液面上升较慢，长时间烘烤铸型表面，使铸件容易产生夹砂、浇不足等缺陷，也不利于夹渣、气体的排除，因此，应尽量用倾斜结构代替过大水平面，如图 4-43 所示。

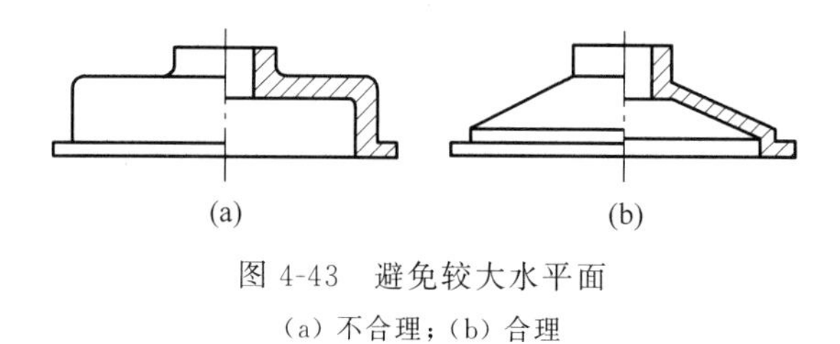

图 4-43 避免较大水平面

(a) 不合理；(b) 合理

4.5.2 利于简化铸造工艺的铸件结构

为简化造型、制芯及减少工装制造工作量，便于下芯和清理。对铸件结构有如下要求。

1. 铸件外型应尽量简单

在满足铸件使用要求的前提下，应尽量简化外形，减少分型面，以便于造型，获得优质铸件。图 4-44(a)所示铸件水平方向分型时有两个分型面，要采用三箱造型或者增设外部环形砂芯然后用两箱造型，使造型工艺复杂。若改为图 4-44(b)的设计，取消了底部凸缘，使铸件只有一个分型面，即可用两箱造型进行生产，从而大大简化了造型工艺。

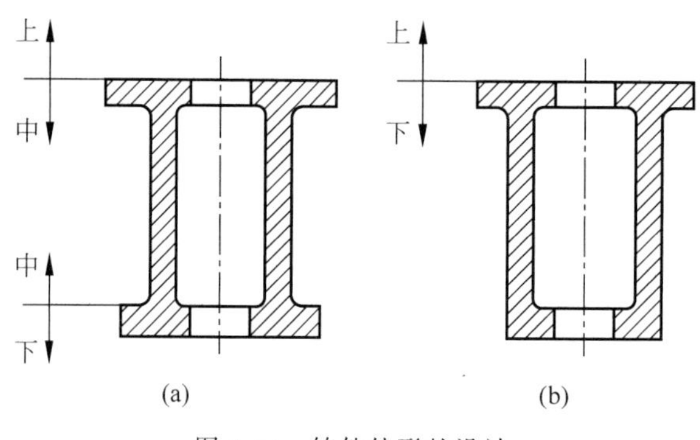

图 4-44 铸件外形的设计

(a) 不合理；(b) 合理

铸件上的凸台、加强筋等要方便造型，尽量避免使用活块。图 4-45(a)所示的凸台通常采用活块(或外壁型芯)才能起模，所以要求操作者技术高，消耗工时多，在机器造型的流水线上无法采用。如改为图 4-45(b)的结构可避免使用活块。

铸型的分型面若不平直(见图 4-46(a))，造型时必须采用挖砂(或假箱)造型，操作复杂，生产率低。若改为图 4-46(b)结构，可采用整模造型，简化了造型过程。

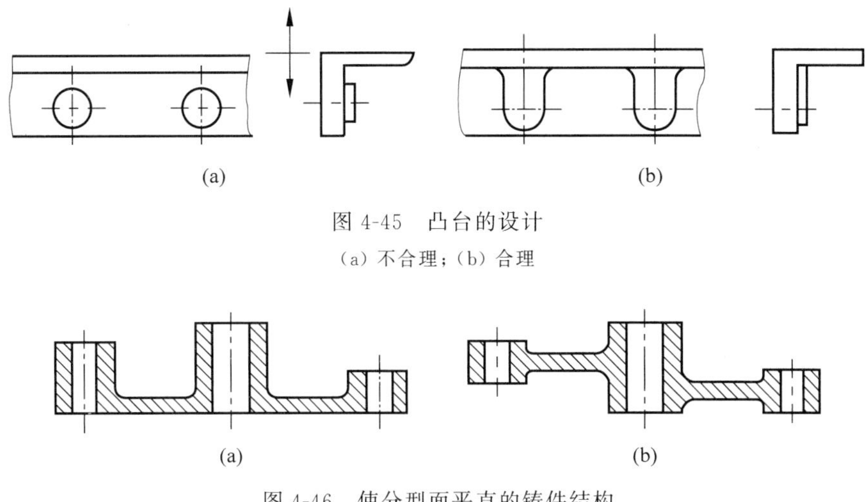

图 4-45　凸台的设计

(a) 不合理；(b) 合理

图 4-46　使分型面平直的铸件结构

(a) 不合理；(b) 合理

2. 铸件内腔结构应符合铸造工艺要求

铸件的内腔结构若采用型芯来形成，将延长生产周期，增加成本，因此，设计铸件结构时，应尽量不用或少用型芯。图 4-47 为悬臂支架的两种设计方案，图 4-47(a)采用方形空心截面，需用型芯，而图 4-47(b)改为工字型截面，可省掉型芯。

在必须采用型芯的情况下，应尽量做到便于下芯、安装、固定以及排气和清理。如图 4-48 所示的轴承架铸件，图 4-48(a)的结构需要两个型芯，其中大的型芯呈悬臂状态，装配时必须用型芯撑 *A* 辅助支撑。如改为图 4-48(b)结构，成为一个整体型芯，其稳定性大大提高，并便于安装，易于排气和清理。

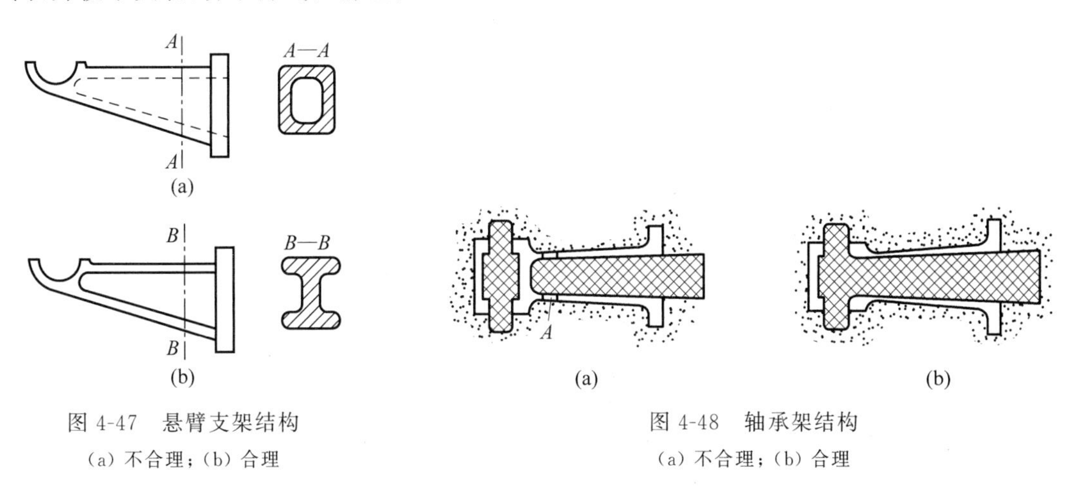

图 4-47　悬臂支架结构

(a) 不合理；(b) 合理

图 4-48　轴承架结构

(a) 不合理；(b) 合理

3. 铸件的结构斜度

铸件上垂直于分型面的不加工面最好具有一定的结构斜度，以利于起模，同时便于用砂垛代替型芯(称为自带型芯)，以减少型芯数量。如图 4-49 中(a)、(b)、(c)、(d)各件不带结构斜度，不便起模，应相应改为(e)、(f)、(g)、(h)，带一定斜度的结构。对不允许有结构斜度的铸件，应在模样上留出起模斜度。

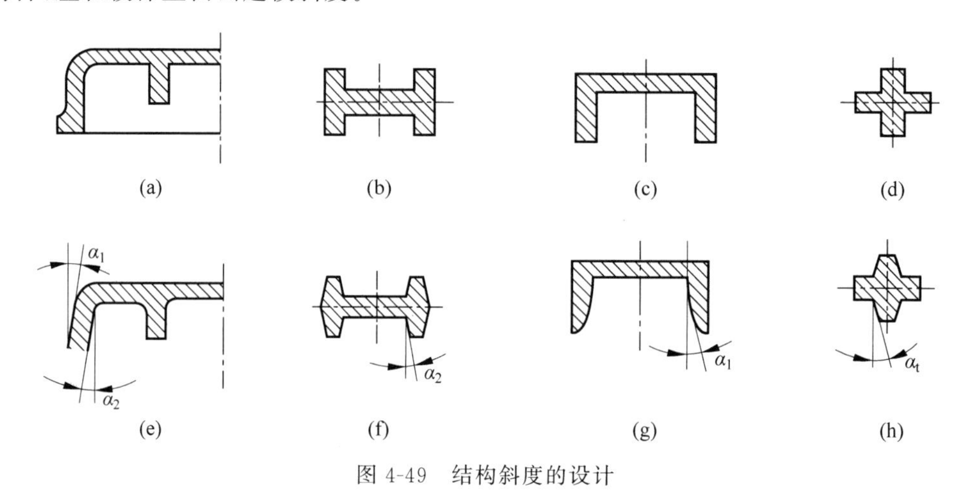

图 4-49 结构斜度的设计

4. 组合铸件的应用

对于大型或形状复杂的铸件，可采用组合结构，即先设计成若干个小铸件进行生产，切削加工后，用螺栓连接或焊接成整体。这样可简化铸造工艺，便于保证铸件质量。图 4-50 为大型坐标镗床床身(见图 4-50(a))和水压机工作缸(见图 4-50(b))的组合结构示意图。

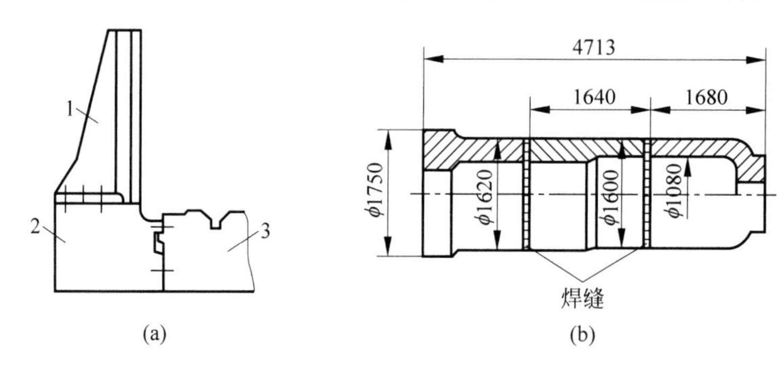

1—立柱；2—支承箱；3—底座。

图 4-50 组合结构铸件

(a) 坐标镗床床身；(b) 水压机工作缸

4.5.3 便于后续加工的铸件结构

大多数铸件都要经过切削加工才能满足使用要求。因此，铸件结构设计应考虑减少加工量和便于加工。图 4-51 所示为电机端盖铸件。原设计(见图 4-51(a))在加工 ϕD 时不便于装夹。改为图 4-51(b)带工艺搭子的结构，能在一次装夹中完成轴孔 ϕd 和定位环 ϕD 的加工，并能较好地保证其同轴度要求。

铸件结构工艺性内容丰富，以上原则都离不开具体的生产条件。在设计铸件结构时，应善于从生产实际出发，具体分析，灵活运用这些原则。

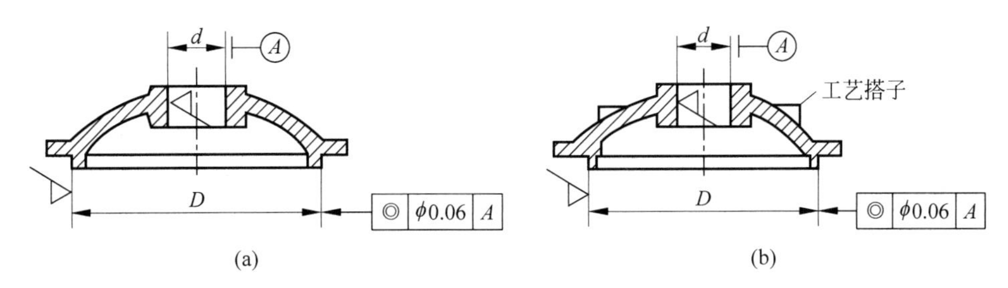

图 4-51 端盖设计

(a) 改进前；(b) 改进后

4.6 液态成形新技术

4.6.1 计算机在铸造生产中的应用

微型计算机的广泛应用，促进了铸造过程各个方面如工厂（车间）管理、参数测试、过程控制、过程模拟等的计算机应用开发。随着计算模拟、几何模拟和数据库的建立及其相互联系的扩展，数值模拟已迅速发展为铸造工艺 CAD（计算机辅助设计）、CAE（计算机辅助工程），并将实现铸造生产的 CAM（计算机辅助制造）。图 4-52 为传统的铸造过程与实现了 CAD、CAM 的铸造过程的比较。

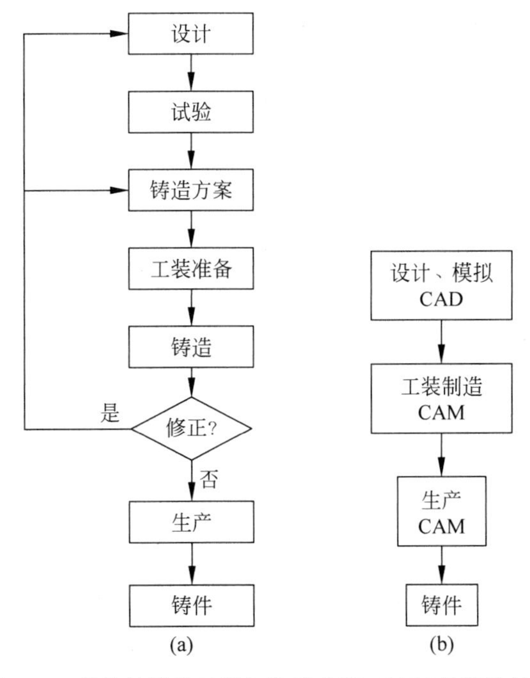

图 4-52 传统的铸造过程与实现 CAD、CAM 的铸造过程

(a) 传统的铸造过程；(b) CAD、CAM 的铸造过程

在铸造生产过程中，常常要对某些物理量(如温度、压力、成分等)进行检测，经判断后采取相应的调节和控制措施。为此，人们利用微机系统的快速取样、分析和控制能力来实现这一需要。本节仅介绍微型计算机对铸造生产过程进行控制的简单系统的组成和作用。

1. 系统组成

微机测试与控制系统的组成除微机本身外，还包括以下几个部分：

(1) 传感器。将生产中变化的各种物理量转换成电信号(模拟量)。

(2) A/D。将传感器输入的模拟量(通常是电压信号)转换成计算机能接受的数字信息。

(3) D/A。计算机做出的控制决定是用二进制数字形式输出的，通过 D/A 就可将输出的数字信息转换成模拟量信号。

(4) 执行机构。用于对生产过程参数进行调节的执行装置。常用的有步进电机、电磁阀、电动执行机构等。

(5) 数据输入设备。用于输入程序和有关数据，如键盘等。

(6) 数据输出设备。用于提供控制过程各参数的动态信息，如打印机，CRT 显示器等。

2. 测试系统的工作过程

在铸造测试技术中，应用微型计算机测试系统可以对温度、压力、流量和湿度等物理量进行检测或多参数巡回检测、数据处理，并给出必要的打印或显示输出等。其优点是速度快、效率高、精度高。

微型计算机测试系统的简单框图如图 4-53 所示。其工作过程是，当被测参数经过传感器转变为电信号输入 A/D 时，在事先存在计算机内的应用程序控制下，启动 A/D 转换，等 A/D 转变完后，将转换得到的数字量读入计算机进行数据处理，最后将测量结果通过打印或显示器输出。

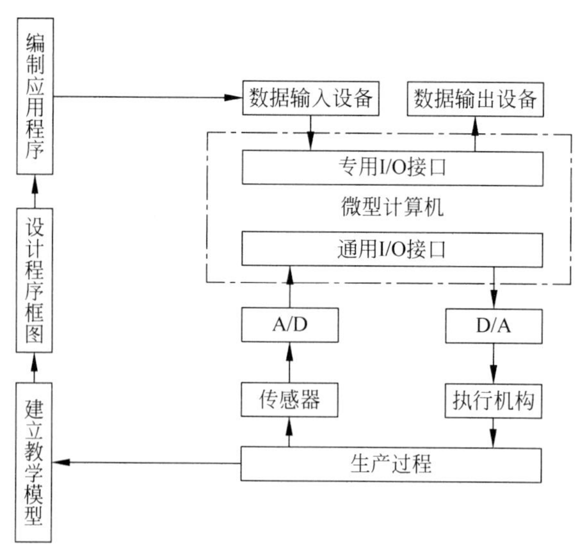

图 4-53 微机测试与控制系统

3. 控制系统

微机控制系统是实现节约能源、控制过程最优化和综合自动化的有力工具，应用它可以实现对冲天炉熔炼过程各种参数的检测和控制，以及铸造生产中砂处理、造型线、热处理、特种铸造等方面的过程优化。

1）控制方式

（1）离线控制。也称"开环控制"，是指计算机测量数据的计算结果仅作为操作人员控制生产过程的参考，而不直接介入生产过程。介入时，一般要经人工干预。

（2）在线控制。也称"闭环控制"，是指计算机用测量数据的计算结果直接改变常规调节器的给定值或直接操纵执行机构，去控制生产过程，计算机直接参与控制。

2）直接数字控制系统（DDC）

DDC 系统是当前计算机控制的主要形式之一。生产过程中各参数经计算机测量运算后，以数字形式输出，直接控制执行机构的动作，从而控制生产过程，如图 4-54 所示。

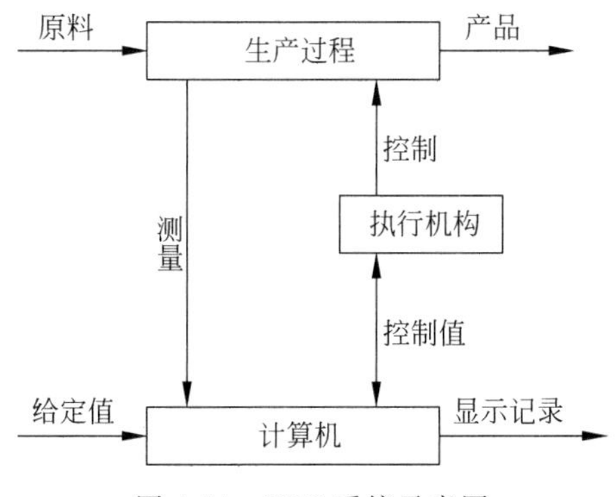

图 4-54　DDC 系统示意图

生产过程的各种被调参数（如温度、压力等）通过传感器变成模拟量直流电压信号，又通过 A/D 转换成二进制信息，经过接口输入计算机。计算机按事先存入内部的应用程序对被测数据进行处理，从而得到执行机构的控制量，被控制量经 D/A 转换成电压或电流信号去控制执行机构的动作，实现对生产过程的控制。实践证明，这种方法控制精度高，重现性好，工艺稳定，安全可靠和使用灵活。

4.6.2　铸造生产自动化

随着自动控制、人工智能等技术的发展，铸件生产过程的自动化水平也在不断提高，机器人在铸造方面的应用也得到了快速发展，在铸造各工序的自动化生产中得到推广应用。图 4-55 为一条砂型铸造自动生产线的示意图，在地面建立环形线，线上放置铸造各工序的生产设备，线外设置熔炼炉，并依靠工业机器人上下料，铸造机、驱动电机、工业机器人等设备，统一实现通讯和数字化控制。

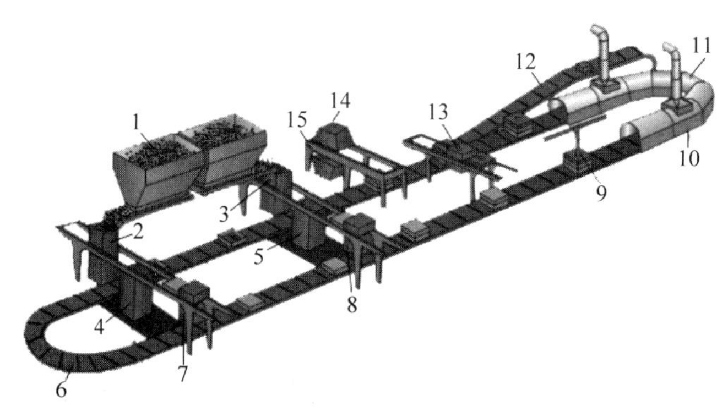

1—型砂；2,3—加砂机；4—下箱造型机；5—上箱造型机；6—铸件输送机；7—下箱翻箱、落箱机；8—合箱机；9—浇注；10—冷却；11—冷却箱；12—铸件传送机；13—压铁传送机；14—捅箱机；15—落砂。

图 4-55 砂型铸造生产线

4.6.3 增材制造技术在铸造中应用

增材制造技术能够改造现有的技术形态，促进铸造技术提升。利用快速原型技术制造蜡模可以将生产效率提高数十倍，而产品质量和一致性也得到大大提升；利用快速制模技术可以三维打印出用于金属制造的砂型(芯)，大大提高了生产效率和质量。在铸造行业采用增材制造快速制模已渐成趋势。

1. 砂型铸造中的模样制作

砂型铸造的木模一直以来依靠传统的手工制作，其周期长，精度低。3D 打印技术的出现为快速高精度制作砂型铸造的模型提供了良好的手段，尤其是基于 CAD 设计的复杂形状的模型制作，3D 打印技术更显示了其突出的优越性。用 3D 打印技术得到的箔材叠层(laminated object manufacturing，LOM)实体模型可以代替木模直接用于传统砂型铸造的母模。图 4-56 为铸铁手柄的 CAD 模型和 LOM 原型。

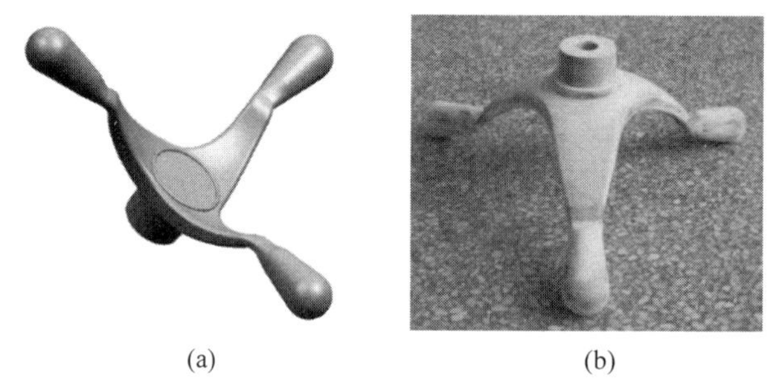

(a) (b)

图 4-56 铸铁手柄的 CAD 模型和 LOM 原型

(a) CAD 模型；(b) LOM 原型

下面以图 4-57 为例介绍某铝质零件的砂型铸造过程。首先进行铸件的三维设计(见图 4-57(a))，然后通过布尔运算获得此铸件的砂型三维造型(见图 4-57(b))，并采用喷射成型的 3DP 工艺直接制造砂型(见图 4-57(c))，之后合型固定(见图 4-57(d))，浇注铝水(见

图 4-57(e)),凝固后开模打碎砂型(见图 4-57(f)、(g)),待铸件冷却(见图 4-57(h))后,去掉浇注系统(见图 4-57(i)),将铸件进行后处理后(见图 4-57(j)),得到最终的铝质铸件(见图 4-57(k))。

当前推出的许多系列型号的基于喷射黏结剂的 3D 打印机与原有的粉末激光烧结成型设备,都可以直接将砂子制作成铸造用的砂模。图 4-58 为铝合金车用离合器零件的 3D 设计、3D 打印的砂型以及最后的铸件,铸件尺寸为 465mm×390mm×175mm,质量为 7.6kg。砂型尺寸为 697mm×525mm×353mm,总质量为 145kg,用时 10h。

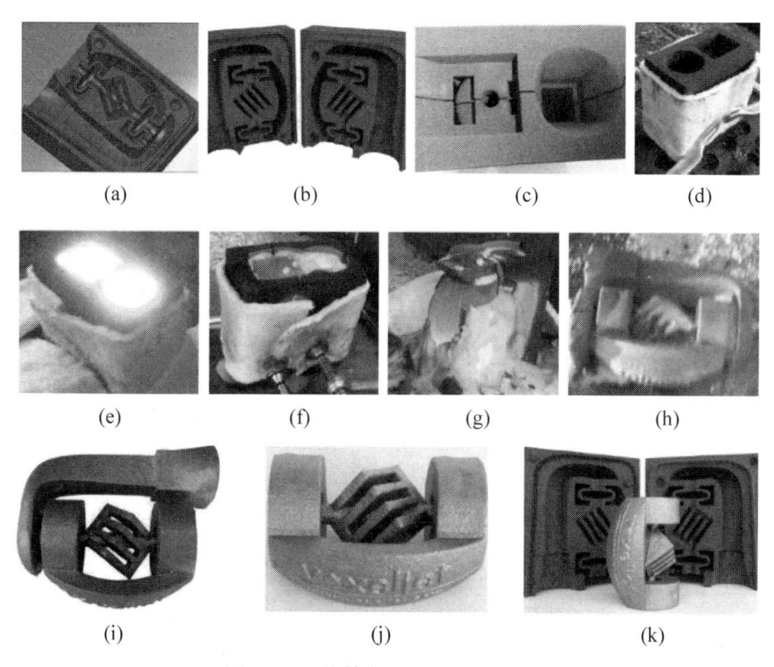

图 4-57　某铸件的砂型铸造过程

(a) 铸件的三维设计;(b) 砂型模具三维造型;(c) 采用喷射成型 3DP 工艺制造的砂型;(d) 合型固定;(e) 浇注;(f),(g) 凝固后落砂;(h) 铸件冷却;(i) 去掉浇注系统;(j) 铸件后处理;(k) 铸件

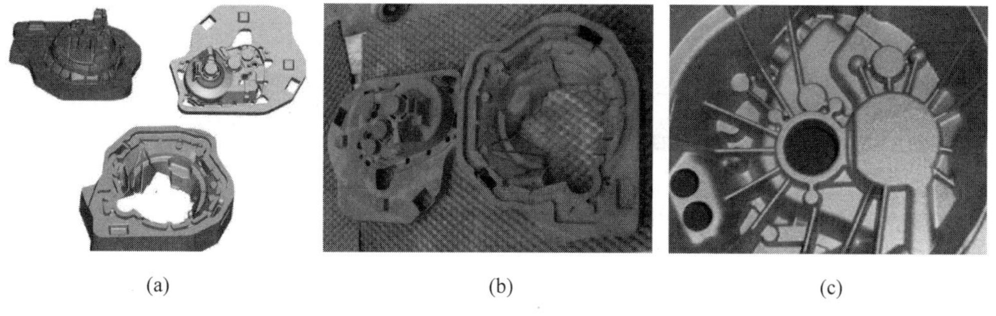

图 4-58　3DP 工艺制作砂型模具及其铸件

(a) 3D 设计;(b) 砂型;(c) 铸件

2. 熔模铸造中的消失型(蜡模)制作

熔模铸造也称为"失蜡铸造"或"消失型铸造",是一种可以由几乎所有的合金材料进行

净形制造金属制件的精密铸造工艺，尤其适合于具有复杂结构的薄壁件的制造。3D 打印技术的出现和发展，为熔模精密铸造消失型的制作提供了速度更快、精度更高、结构更复杂的保障。

图 4-59 给出了某发动机壳体的熔模铸造过程。首先进行三维造型设计（见图 4-59(a)），然后采用 SLS 工艺制造 PMMA 材质的蜡模（见图 4-59(b)），在消失型上附加蜡质的浇道等浇注系统（见图 4-59(c)），之后反复喷涂陶瓷浆制壳（见图 4-59(d)～(f)），制壳完毕后进行焙烧（见图 4-59(g)），形成可用于浇注的陶瓷壳（见图 4-59(h)），接着浇注熔化的铝水（见图 4-59(i)），凝固后进行后处理（见图 4-59(j)），最后，去掉浇道（见图 4-59(k)），得到最终铝质的发动机壳体铸件（见图 4-59(l)）。

图 4-59　发动机壳体熔模铸造过程

(a) 三维造型设计；(b) 采用 SLS 工艺制造的消失型；(c) 在消失型上附加蜡质的浇注系统；(d)、(e)、(f) 结壳；(g) 焙烧；(h) 型壳；(i) 浇注；(j) 落砂；(k) 去浇道；(l) 铸件

将 SLS 激光成形技术与精密铸造工艺结合起来，特别适于具有复杂形状的金属功能零件整体制造。在新产品试制和零件的单件小批量生产中，不需复杂工装及模具，可大大提高制造速度，并降低制造成本。图 4-60 是利用增材制造技术制作的涡轮增压器蜡模及其铸件。图 4-61 给出了若干基于 SLS 原型由熔模铸造方法制作的产品。

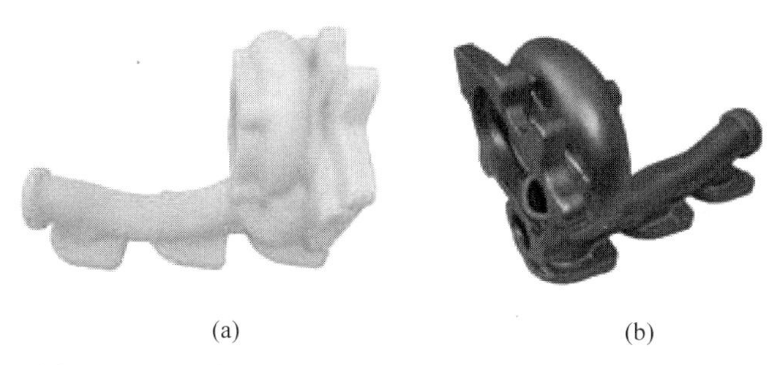

(a)　　　　(b)

图 4-60　增材制造技术制作的涡轮增压器消失型及其铸件

(a) 蜡模；(b) 铸件

图 4-61　基于 SLS 原型由快速无模具铸造方法制作的产品

3. 石膏型铸造中的可消失模制作

熔模铸造通常被用来从 3D 打印的原型作为消失型来制造钢质件，但对低熔点金属件，如铝镁合金件，采用石膏型铸造，效率更高。同时，铸件质量能得到有效的保证，铸造成功率较高。在石膏型铸造过程中，增材方式制造的成型件仍然是可消失模型，然后由此得到石膏模进而得到所需要的金属零件。

石膏型铸造的第一步是用 3D 打印方法获得的成形件制作可消失模，然后将消失模埋在石膏浆体中得到石膏模，再将石膏模放进焙烧炉内焙烧。消失模通过高温分解，最终完全消失干净，同时石膏模干燥硬化，此过程一般要两天左右。最后在专门的真空浇铸设备内将熔化的金属铝合金注入石膏模，冷却后，破碎石膏模得到金属件。这种生产金属件的方法成本很低，一般只有压铸模生产的 2%～5%。生产周期很短，一般只需 2～3 周。石膏型铸件的性能也可与精铸件相比，由于是在真空环境下完成浇注，所以性能甚至更优于普通精密铸造。图 4-62 所示为使用石膏型铸造得到的发动机进气歧管系列产品。

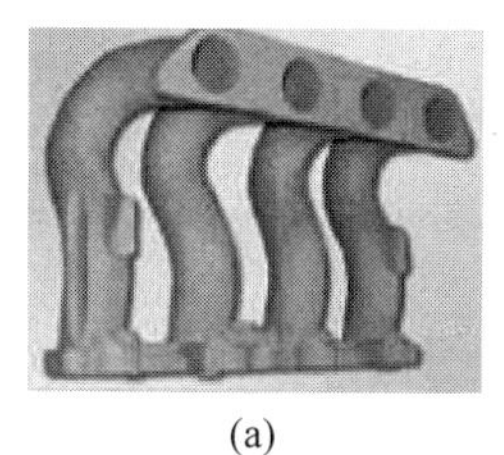

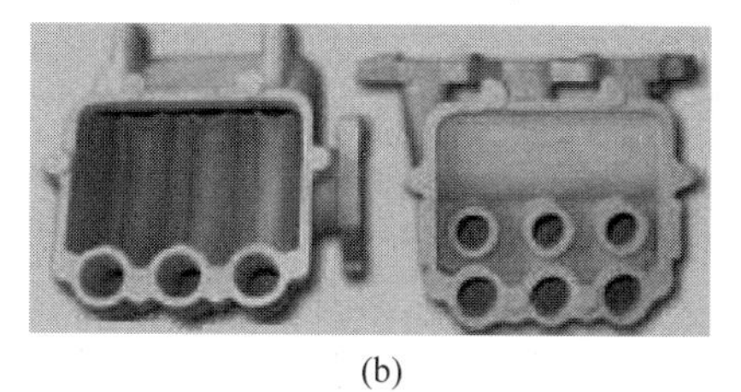

(a)　　　　(b)

图 4-62　采用石膏型铸造的发动机进气歧管

(a) 消失型；(b) 铸件

习题 4

4-1 什么是液态金属的充型能力？充型能力主要受哪些因素影响？充型能力差易产生哪些铸造缺陷？

4-2 不同形态的石墨（片状、球状、絮状、蠕虫状）对不同的铸件性能有何影响？

4-3 浇注温度过高或过低，易产生哪些铸造缺陷？

4-4 什么是顺序凝固原则？需采取什么措施来实现？哪些合金常需采用顺序凝固原则？

4-5 怎样理解同时凝固与顺序凝固原则，两者出现矛盾时如何处理？

4-6 铸件的壁厚为什么不能太薄，也不宜太厚，而且应尽可能厚薄均匀？

4-7 砂型铸造常见缺陷有哪些？如何防止？

4-8 为什么铸铁的铸造性能比铸钢好？

4-9 什么是特种铸造？常见的特种铸造方法有哪几种？

4-10 在大批量生产的条件下，下列铸件宜选用哪种铸造方法生产？

机床床身；铝活塞；铸铁污水管；汽轮机叶片

4-11 为便于生产和保证铸件质量，通常对铸件结构有哪些要求？

自测题

第5章

金属材料的塑性成形

【本章导读】 材料的塑性成形(plastic forming)是利用工具或模具使材料发生塑性变形(plastic deformation),从而得到所需形状、尺寸、组织和性能的工件的成形方法。塑性成形也称"塑性加工"(plastic processing),与切削加工等的减材制造不同,塑性变形时材料的体积和质量基本保持不变,因此塑性成形也是等材制造(equal material manufacturing)(也称"净形制造")的重要方法之一。

常见的塑性成形方法主要有自由锻、模锻、板料冲压等。特种塑性成形方法有轧制、挤压、拉拔、超塑性成形、旋压成形、摆动辗压成形、粉末锻造、液态模锻、爆炸成形、电液成形、电磁成形、充液拉深、聚氨酯成形等。近年来,随着计算机、自动控制、物联网和大数据等相关技术在塑性成形领域的深入应用,塑性成形的新方法不断涌现,特别是数控冲压、多点成形、渐进成形等先进塑性成形技术的出现,促进了塑性成形的数字化、柔性化和智能化的发展。液力成形、电流辅助成形、微细成形、成形成性一体化等先进塑性成形技术则大大扩展了塑性成形技术在工业生产中的应用。

塑性成形在现代工业中占有非常重要的地位,被广泛地应用于工业生产的各个领域,例如各种原材料、精密机械、医疗设备及器械、运输车辆与交通工具、农机具、电气设备、通信设备以及日用工业、国防工业、能源工业等。塑性成形已成为工业生产不可缺少的重要制造方法。

通过本章的学习,除了了解、掌握上述塑性成形方法的原理、方法、特点及应用范围外,还应能利用塑性成形的基本原理和规律解释材料的塑性成形性;会制定简单锻件和冲压件的工艺规程;会分析常用金属锻件的工艺性能好坏,能基于不同锻压工艺特点为锻件合理选择锻压工艺;能绘制简单锻件的锻件图;会判断塑性成形件的结构工艺性。

5.1 金属塑性成形及原理

金属在受到外力作用时,会在其内部产生应力,并迫使原子离开原来的位置,从而改变了原子间的相互距离,使金属发生变形,同时引起原子位能的增高。处于高位能的原子具有返回原来低能平衡位置的倾向。当外力停止作用后,应力消失,变形也随之消失。金属的这种变形称为弹性变形(elastic deformation)。当外力增大时,使金属内部应力超过该金属的屈服强度后,即使外力停止作用,金属的变形也不能消失。这种变形称为塑性变形。

5.1.1 单晶体的塑性变形

单晶体的塑性变形主要是晶粒内部的滑移变形。如图 5-1 所示,晶体在切应力 τ 的作用下,一部分相对于另一部分沿着一定的晶面(亦称"滑移面")产生滑移,引起单晶体的塑性变形。此外,还有孪晶变形等也是构成单晶体塑性变形的因素。

单晶体的滑移变形除了晶体内两部分彼此以刚性的整体相对滑动外,晶体内部各种缺陷(尤其是位错)的运动更容易使晶体产生滑移变形,如图 5-2 所示。而且位错运动所需切应力远远小于刚性的整体滑移所需的切应力。当位错运动到晶体表面时,就实现了单晶体的塑性变形。

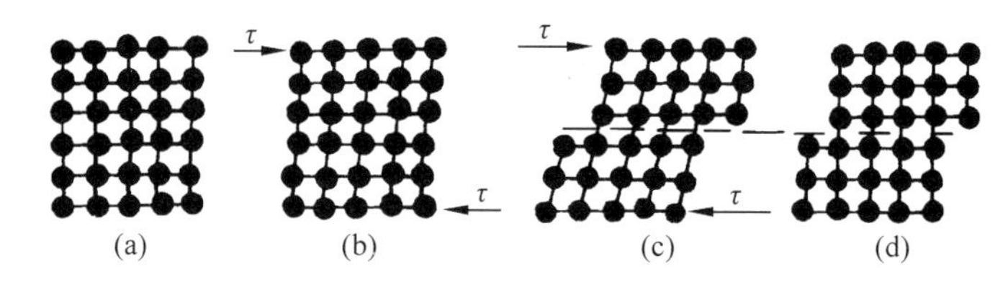

图 5-1 单晶体滑移变形示意图

(a) 未变形;(b) 弹性变形;(c) 弹塑性变形;(d) 塑性变形

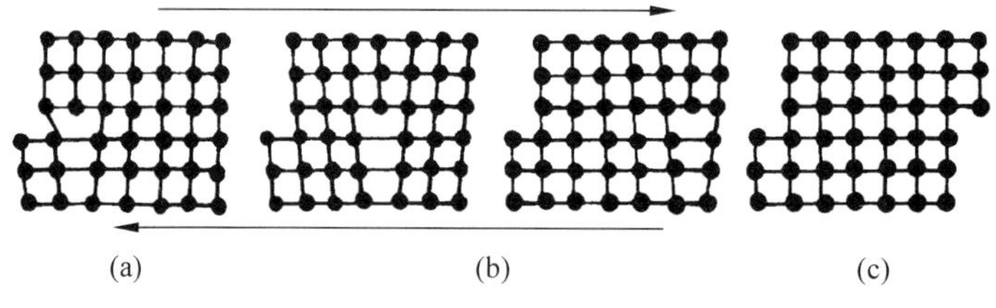

图 5-2 位错运动引起塑性变形示意图

(a) 未变形;(b) 位错运动;(c) 塑性变形

5.1.2 多晶体的塑性变形

多晶体的塑性变形包括各个单晶体的塑性变形(称为晶内变形)和各晶粒之间的变形(称为晶间变形)。晶内变形主要是滑移变形,而晶间变形则包括各晶粒之间的滑动和转动变形,如图 5-3 所示。通常情况下的塑性变形主要是晶内变形,当变形量特别大(尤其是超塑性变形)时,晶间变形占主导地位。

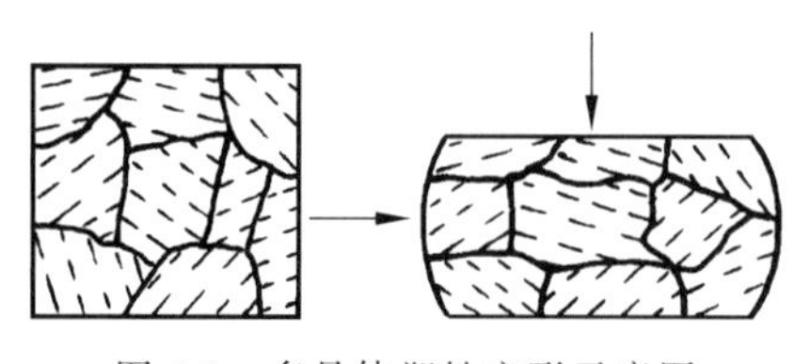

图 5-3 多晶体塑性变形示意图

金属变形时首先发生的是弹性变形。应力增大到一定程度后将产生塑性变形。因此,塑性变形过程中会伴有弹性变形。当外力消除后,弹性变形将恢复,称为弹复现象(也称"回弹")。弹复对塑性加工工艺影响很大,在设计与生产中必须予以考虑。

5.2 塑性变形后金属的组织和性能

金属在常温下经过塑性变形后，内部组织将发生晶粒沿变形最大的方向伸长；晶格与晶粒均发生扭曲，产生内应力；晶粒间产生碎晶等变化。

5.2.1 加工硬化

金属的力学性能随其内部组织的改变而发生明显变化。变形程度增大时，金属的强度和硬度升高，而塑性和韧性下降，如图5-4所示。

发生这种现象的原因是由于滑移面上的碎晶块和附近晶格的强烈扭曲，增大了滑移阻力，使滑移难于继续进行。这种随变形程度增大、强度硬度上升而塑性韧性下降的现象称为加工硬化。

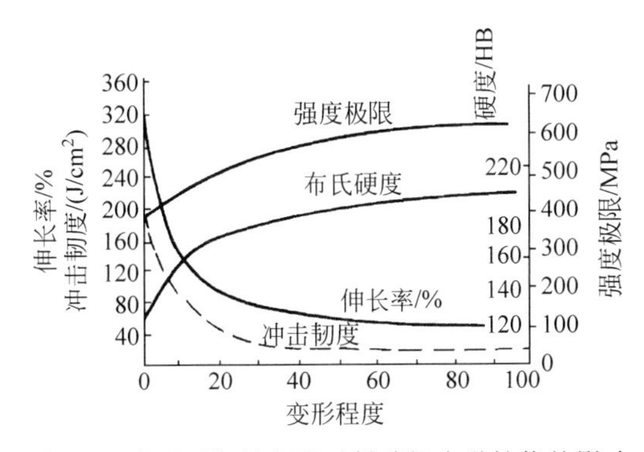

图5-4　常温下塑性变形对低碳钢力学性能的影响

5.2.2 回复与再结晶

1. 回复

塑性成形中的加工硬化是一种不稳定现象，具有自发地回复到稳定状态的倾向。但在室温下不易实现。经过提高温度，原子获得热能，热运动加剧，使原子得以回复正常排列，消除晶格扭曲后，可使加工硬化得到部分消除。这一过程称为回复(recovery)，如图5-5(b)所示。回复温度是金属熔点绝对温度的0.25～0.3，这时的温度称为回复温度，即

$$T_{回} = (0.25 \sim 0.3)T_{熔} \tag{5-1}$$

式中，$T_{回}$为以绝对温度表示的金属回复温度，K；$T_{熔}$为以绝对温度表示的金属熔化温度，K。

2. 再结晶

塑性成形中当温度继续升高到该金属熔点绝对温度的0.4时，金属原子获得更多的热能，则开始以某些碎晶或杂质为核心结晶成新晶粒，从而消除全部加工硬化现象。这个过程称为再结晶(recrystallization)，如图5-5(c)所示。这时的温度称为再结晶温度，即

$$T_{再}=0.4T_{熔} \tag{5-2}$$

式中，$T_{再}$ 为以绝对温度表示的金属再结晶温度，K。

利用金属的加工硬化可提高金属的强度，这是工业生产中强化金属材料的一种手段。在塑性加工生产中，加工硬化使金属难以继续进行塑性变形，应加以消除。常采用加热的方法使金属发生再结晶，从而再次获得良好塑性。

当金属在高温下受力变形时，加工硬化和再结晶过程同时存在。不过变形中的加工硬化随时都被再结晶过程所消除，变形后没有加工硬化现象。

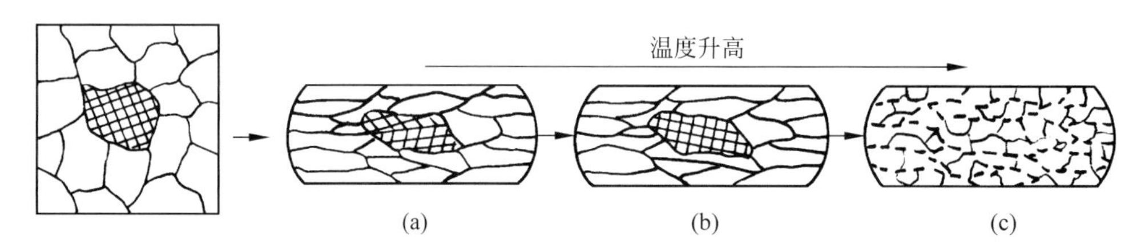

图 5-5　金属的回复和再结晶示意图

(a) 塑性变形后的组织；(b) 金属回复后的组织；(c) 再结晶组织

5.2.3　冷变形、热变形、温变形

1. 冷变形

金属在不同温度下变形得到的组织和性能不同。在回复温度以下的变形叫冷变形。在此变形过程中无再结晶现象，变形后的金属只具有加工硬化现象。所以，变形过程中变形程度不能过大，避免产生破裂。冷变形能使金属获得较高的硬度和精度。生产中常应用冷变形来提高产品的性能。

2. 热变形

金属在再结晶温度以上的变形叫热变形。在此变形后，金属具有再结晶组织，而无加工硬化痕迹。金属只有在热变形情况下，才能以较小的功完成较大的变形，同时能获得具有较高力学性能的再结晶组织。因此，金属塑性加工生产多采用热变形。

3. 温变形

金属变形温度在高于回复温度和低于再结晶温度范围内的变形叫作温变形。在温变形过程中有加工硬化及回复现象，但无再结晶。加工硬化现象只能得到部分消除。温变形与冷变形相比，可降低变形力并有利于提高金属塑性。与热变形相比能降低能耗并减少加热缺陷。温变形适用于强度较高、塑性较差的金属，生产中常用温锻、温挤压、温拉拔等工艺方法制造尺寸较大、材料强度较高的零件或半成品。

5.2.4　锻造纤维、各向异性、锻造流线

1. 锻造纤维

金属塑性加工最原始的坯料是铸锭。其内部组织很不均匀，晶粒较粗大，并存在气孔、

缩松、非金属夹杂物等缺陷，如图 5-6(a)所示。将这种铸锭加热进行塑性加工后，由于金属经过塑性变形及再结晶，从而改变了粗大的铸造组织，获得细化的再结晶组织，同时还可以消除铸锭中的气孔、缩松，使金属更加致密、力学性能更好。

铸锭在塑性加工中产生塑性变形时，基体金属的晶粒形状和沿晶界分布的杂质形状都发生了变化，沿着变形方向被拉长，呈纤维形状。这种结构叫作纤维组织，如图 5-6(b)所示。

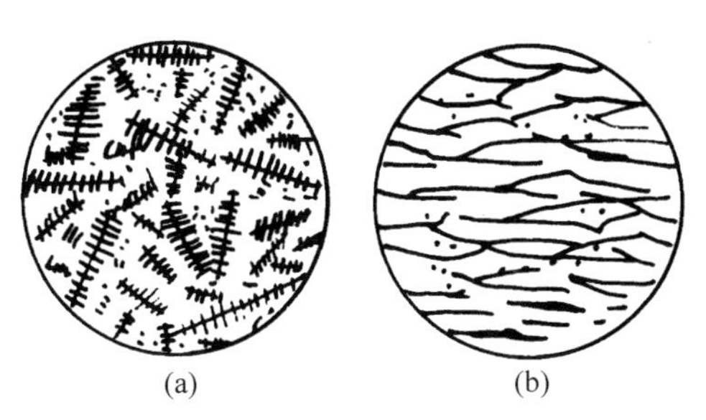

(a)　　(b)

图 5-6　铸锭热变形前后的组织

(a) 变形前；(b) 变形后

2. 各向异性

纤维组织使金属在性能上有了方向性，称之为各向异性。各向异性对金属变形后的质量也有一定影响。纤维组织越明显，金属在纵向(平行纤维方向)上塑性和韧性提高，而在横向(垂直纤维方向)上塑性和韧性降低。纤维组织的明显程度与金属的变形程度有关。变形程度越大，纤维组织越明显。

3. 锻造流线

纤维组织的构成包括两部分，一部分是基体金属的晶粒沿着主要变形方向被拉长，呈带状分布；另一部分是塑性变形过程中金属中的脆性杂质被打碎，沿金属的主要伸长方向呈碎粒状或链状分布，而塑性杂质随着金属变形沿主要伸长方向呈带状分布。经热锻后，变形后的基体金属晶粒可通过再结晶得以恢复，而金属中的杂质仍然会沿着变形后的状态分布，通常称为锻造流线(或流纹)。因此，流线也是纤维组织。

纤维组织的稳定性很高，不能用热处理方法加以消除。只有经过锻压使金属变形，才能改变其方向和形状。因此，为了获得具有最好力学性能的零件，在设计和制造零件时，都应使零件在工作中产生的最大正应力方向与纤维方向一致、最大切应力方向与纤维方向垂直、纤维分布与零件的轮廓相符合，从而使纤维组织不被切断。

例如，当采用棒料经锻造方法制造曲轴时，纤维不被切断，连贯性好，方向也较为有利，故曲轴质量较好，如图 5-7(a)所示。而当采用同样棒料直接经切削加工制造曲轴时，纤维被切断，不能连贯起来，受力时产生的正应力垂直于纤维方向，故曲轴的承载能力较弱，如图 5-7(b)所示。

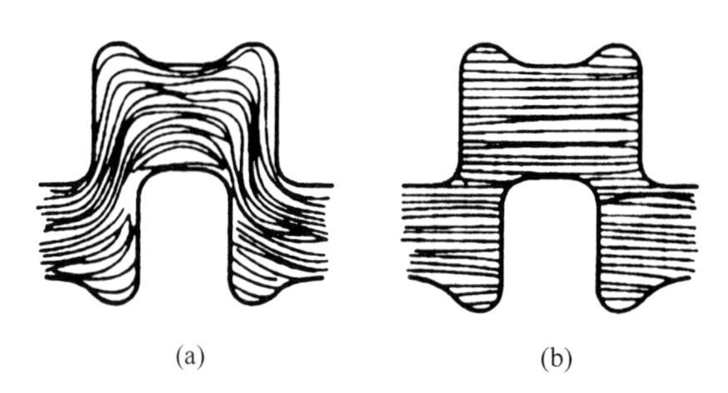

图 5-7 不同工艺方法对纤维组织分布的影响

(a) 锻造加工的曲轴纤维分布；(b) 未经锻造切削加工制造的曲轴纤维分布

5.2.5 变形程度与锻造比

变形程度是表征材料变形前与变形后形状变化大小的比较量，即材料变形量的大小。锻造过程中，常用锻造比（也称“锻比”）($Y_{锻}$)来表示变形程度。

拔长时的锻造比为

$$Y_{拔} = F_0 / F \tag{5-3}$$

镦粗时的锻造比为

$$Y_{镦} = H_0 / H \tag{5-4}$$

式中，H_0、F_0 分别为坯料变形前的高度和横截面积；H、F 分别为坯料变形后的高度和横截面积。

锻比 $Y_{锻} \geqslant 1$，锻比数值越大，变形程度越大，锻造纤维组织就越显著。

5.3 材料的塑性成形性

材料的塑性成形性（也称“可锻性”）是衡量材料通过塑性加工获得优质零件的难易程度的工艺性能。某种金属的塑性成形性好，表明该金属适合于塑性加工成形；塑性成形性差，说明该金属不宜选用塑性加工方法成形。

5.3.1 塑性成形基本规律

1. 最小阻力定律

金属受外力作用发生塑性变形时，金属质点将沿阻力最小的方向流动，故宏观上变形阻力最小的方向变形量最大。根据这一规律，可以通过调整某个方向的流动阻力来改变金属在某些方向上的流动量，使成形更为合理。

运用最小阻力定律可以解释平头锤镦粗时，各种截面形状的坯料随着变形程度的增加，截面形状逐渐趋近于圆形。如图 5-8 所示。

图 5-8(a)、(b)、(c)分别为圆形、方形和矩形截面上各质点在镦粗时的流动方向。图 5-8(d)是矩形截面坯料镦粗后的截面形状。若镦粗时各方向上摩擦力相等，则各方向上变形量的大小就与各边长度成正比。由于金属流动的距离越短，摩擦阻力就越小，端面上任

何一点的金属必然沿着垂直边缘的方向流动。随着变形程度的增加，端面的周边将趋于椭圆，继而进一步变为圆。不断镦粗下去，坯料最终可能成为圆形截面。如图5-8(d)所示(图中箭头长度可视为变形量的大小)。此后，各质点将沿半径方向流动。因为相同面积的任何形状，圆形的周长最短，因而最小阻力定律在镦粗中也称为最小周边法则。

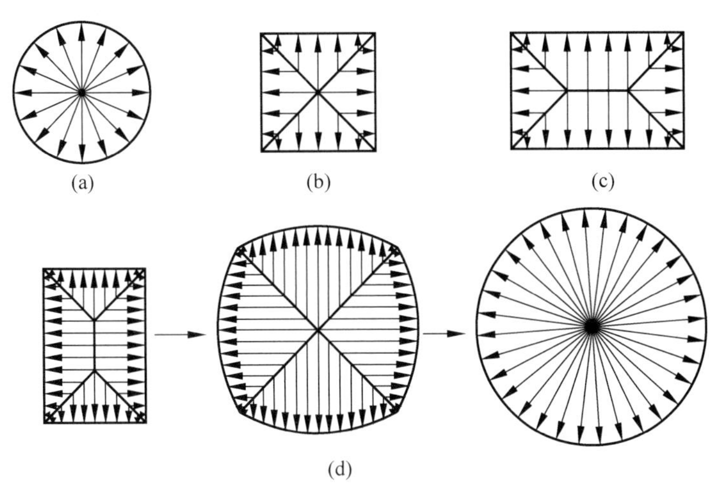

图5-8 最小阻力定律示意图

2. 体积不变定律

金属塑性变形时，物体主要发生形状改变，密度的变化很小。其体积的变化量与塑性变形量相比可以忽略不计，可以近似认为变形前后体积不变。即三个垂直方向上应变量的代数和为零：$e_x+e_y+e_z=0$。

主轴坐标时为 $e_1+e_2+e_3=0$，反映了三个主应变值之间的相互关系。根据体积不变定律可知：塑性变形时只可能有三向应变状态和平面应变状态，不可能有单向应变状态。在平面应变状态时(若 $e_2=0$)，另外两个应变绝对值必然相等，而符号相反(即 $e_1=-e_3$)。在三向应变状态下，$e_1=-(e_2+e_3)$。即塑性变形时某一方向的应变等于另外两个方向的应变之和，且方向相反。

根据这一定律，自由锻拔长时，随着坯料长度的增加，必然会有高度的减小和宽度的增大。采用V形砧拔长，可尽量减小宽度的增加，从而提高拔长的效率。

最小阻力定律和体积不变定律可以用于分析金属坯料的变形趋势，大体确定金属的流动模型，进而采用相应的工艺措施，以保证对生产过程和产品质量的控制。

5.3.2 塑性成形性

塑性成形性常用材料的塑性和变形抗力来综合衡量。塑性高，变形抗力小，则可认为塑性成形性好。反之则差。

金属的塑性用金属的断面收缩率 Z、伸长率 A 和冲击韧度 K 等来表示。凡是 Z、A、K 值越大或镦粗时在不产生裂纹情况下变形程度越大的，其塑性就越高。变形抗力是指在变形过程中金属抵抗工具作用的力。变形抗力越小，则变形中所消耗的能量也越少。材料的塑性成形性取决于材料的性质和变形条件。

1. 材料性质对塑性成形性的影响

(1) 化学成分的影响。一般情况下,纯金属的可锻性比合金好。例如,纯铁的塑性就比钢好,变形抗力也较小。钢中合金元素含量越多,合金成分越复杂,越容易引起固溶强化或形成硬、脆的碳化物,其塑性越差,变形抗力也越大,塑性成形性越差。因此,纯铁、低碳钢、高合金钢的塑性成形性是依次下降的。

(2) 金属组织的影响。纯金属及固溶体(如奥氏体)的塑性成形性好,而碳化物(如渗碳体)的塑性成形性差。铸态柱状组织和粗晶粒结构不如晶粒细小而又均匀的组织的塑性成形性好。

2. 变形条件对塑性成形性的影响

(1) 变形温度的影响。提高金属变形时的温度,是改善金属可锻性的有效措施,并对生产率、产品质量及金属的有效利用等均有很大影响。

金属在加热中随温度的升高,其性能的变化很大。在一定范围内,基本上是随温度升高,金属的塑性上升,变形抗力下降,即金属的塑性成形性增加。对碳素结构钢而言,加热温度超过 Fe-C 合金状态图的 A_3 线,其组织为单一的奥氏体,塑性好,故很适宜于进行塑性加工。但温度过高会产生过热、过烧、脱碳和严重氧化等缺陷,甚至使锻件报废。因此,应严格控制锻造温度。

锻造温度是指始锻温度(开始锻造的温度)和终锻温度(停止锻造的温度)间的温度范围。碳素钢的始锻温度和终锻温度的确定以 Fe-C 合金状态图为依据。例如,碳钢的始锻温度和终锻温度如图 5-9 所示。始锻温度比 AE 线低 200℃左右,终锻温度约为 800℃。终锻温度过低,金属的加工硬化严重,变形抗力急剧增加,使加工难以进行。强行锻造,将导致锻件破裂报废。

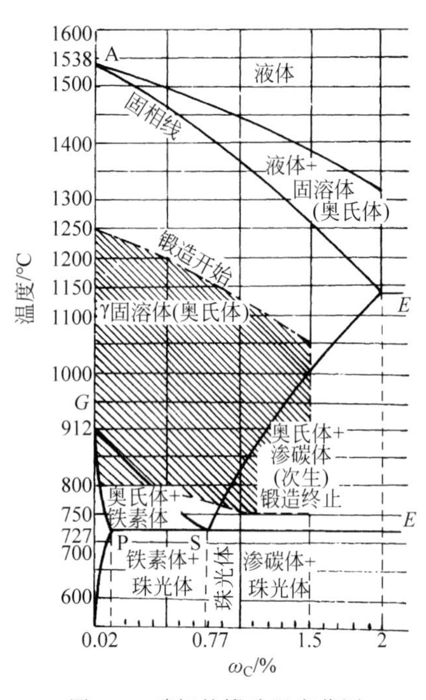

图 5-9 碳钢的锻造温度范围

(2) 变形速度的影响。变形速度即单位时间内的变形程度。对塑性成形性的影响是矛盾的。一方面由于变形速度的增大,回复和再结晶不能及时克服加工硬化现象,金属则表现出塑性下降、变形抗力增大(见图 5-10),可锻性变坏;另一方面,金属在变形过程中,消耗于塑性变形的能量有一部分转化为热能,使金属温度升高(称为热效应现象)。变形速度越大,热效应现象越明显,则金属的塑性提高、变形抗力下降(见图 5-10 中点 a 以后),可锻性变好。但热效应现象除高速锤锻造外,一般塑性加工的变形过程中,因速度低,故不甚明显。

(3) 应力状态的影响。金属在经受不同方法进行变形时,所产生的应力大小和性质(压应力或拉应力)是不同的。例如,挤压变形时(见图 5-11)为三向受压状态，而拉拔时（见图 5-12）则为两向受压、一向受拉的应力状态。

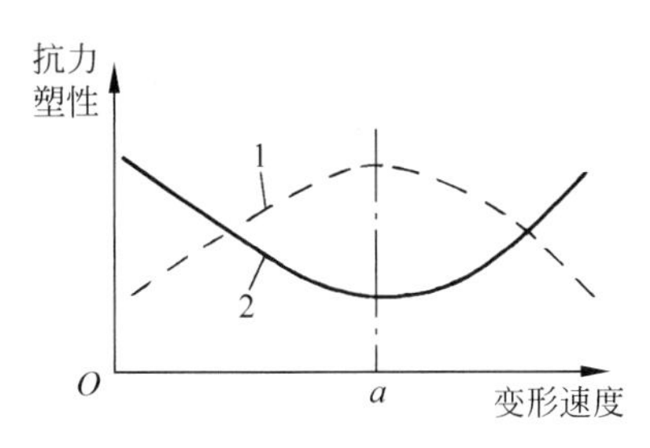

1—变形抗力曲线；2—塑性变化曲线。

图 5-10　变形速度对塑性及变形抗力的影响

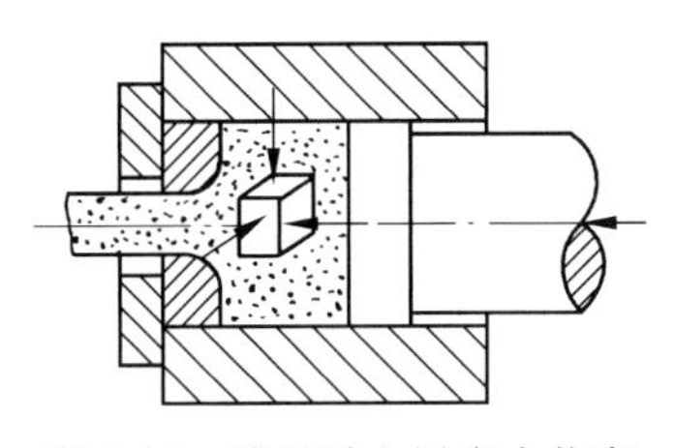

图 5-11　挤压时金属应力状态

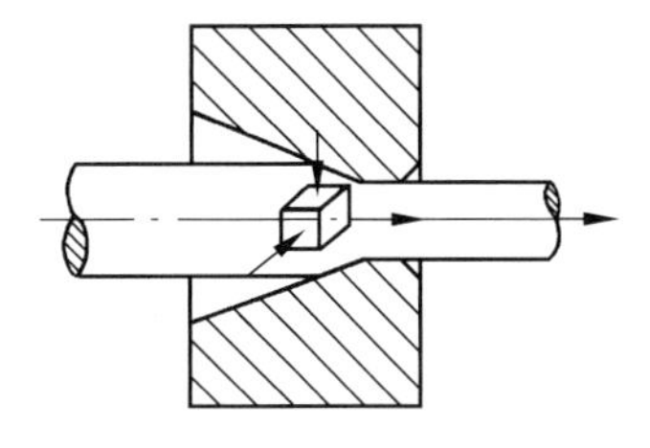

图 5-12　拉拔时金属应力状态

实践证明，三个方向中压应力的数目越多，则金属的塑性越好。拉应力的数目越多，则金属的塑性越差。而同号应力状态下引起的变形抗力大于异号应力状态下的变形抗力。当金属内部存在气孔、小裂纹等缺陷时，在拉应力作用下，缺陷处易产生应力集中，缺陷必将扩展，甚至破坏而使金属失去塑性。压应力使金属内部摩擦增大，变形抗力随之增大。但压应力使金属内部原子间距减小，又不易使缺陷扩展，故金属的塑性会增高。

5.4　自由锻

自由锻

自由锻(free forging)是利用冲击力或压力使金属在上下两个抵铁之间产生塑性变形，从而得到所需锻件的锻造方法。金属坯料在平面抵铁间受力变形时，除打击方向外，朝其他方向的变形基本不受限制。锻件形状和尺寸由锻工的操作技术来保证。

自由锻分手工锻造和机器锻造两种。手工锻造只能生产小型锻件，生产率也较低。机器锻造则是自由锻的主要生产方法。

自由锻所用设备根据其对坯料作用力的性质，可分为锻锤和液压机两大类。锻锤产生冲击力，使金属坯料变形。生产中使用的自由锻锤主要是空气锤和蒸汽-空气锤。空气锤用于锻造小型件。蒸汽-空气锤用来生产质量小于 1500kg 的锻件。液压机（特别是水压机）用于制作大型锻件或巨型锻件。

5.4.1　自由锻工序

自由锻生产中能进行的工序很多，可分为基本工序、辅助工序及精整工序三大类。自由锻的基本工序是使金属坯料产生一定程度的塑性变形，以达到所需形状和尺寸的工艺过程，如镦粗、拔长、弯曲、冲孔、切割、扭转和错移等。辅助工序是为基本工序操作方便而进行的预先变形工序，如压钳口、压钢锭棱边、切肩等。精整工序是用以减少锻件表面缺陷而进行的工序，如清除锻件表面凸凹不平及整形等。一般在终锻温度以下进行。自由锻工序见表 5-1。

表 5-1 自由锻工序

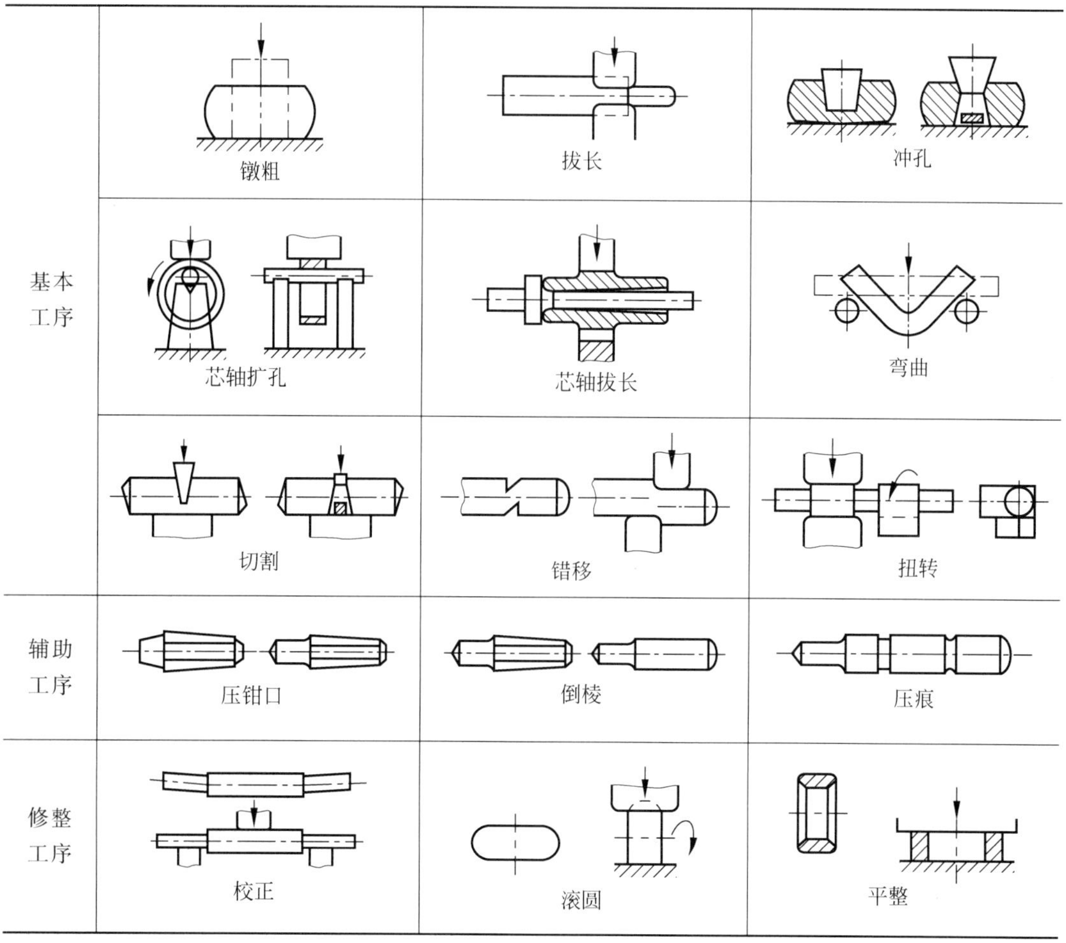

基本工序	镦粗	拔长	冲孔
	芯轴扩孔	芯轴拔长	弯曲
	切割	错移	扭转
辅助工序	压钳口	倒棱	压痕
修整工序	校正	滚圆	平整

1. 基本工序

(1) 镦粗。使坯料高度减小、横截面积增大的锻造工序。它是自由锻生产中最常用的工序，适用于盘类件、环类件的生产。镦粗的主要方法有平砧镦粗、垫环镦粗和局部镦粗。

(2) 拔长。使坯料横截面积减小，长度增加的锻造工序。适用于轴类、杆类锻件的生产。为达到规定的锻造比及改变金属内部组织结构，锻制以钢锭为坯料的锻件时，拔长与镦粗经常交替进行。

(3) 冲孔。在坯料上冲出透孔和不透孔的锻造工序。对于环类件冲孔后还应扩孔。

(4) 切割。将坯料分成几部分或部分割开，或从坯料的外部割掉一部分，或从内部割出一部分的锻造工序。

(5) 错移。将坯料的一部分相对于另一部分错移开，但仍保持轴心平行的锻造工序。它是生产曲拐和曲轴的主要工序。

(6) 扭转。将坯料的一部分相对于另一部分绕其轴线旋转一定角度的锻造工序。

2. 辅助工序

辅助工序是指进行基本工序之前的预变形工序，如压钳口、倒棱、压肩等。

3. 修整工序

在完成基本工序之后，用以提高锻件尺寸及位置精度的工序。

5.4.2　自由锻件分类及其锻造工序

自由锻件大致可分为六类。其形状特征及主要变形工序见表5-2。

表5-2　自由锻件分类及其主要锻造关系

锻件名称	图　　例	锻造工序
盘类锻件	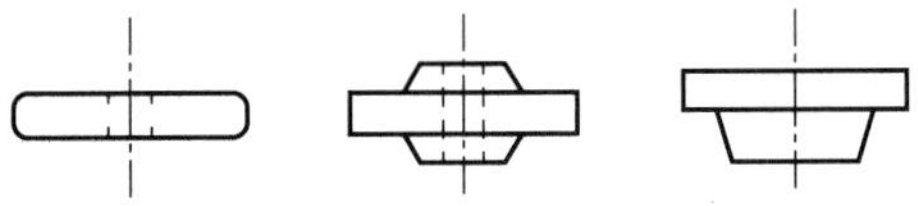	镦粗（或拔长及镦粗），冲孔
轴类锻件	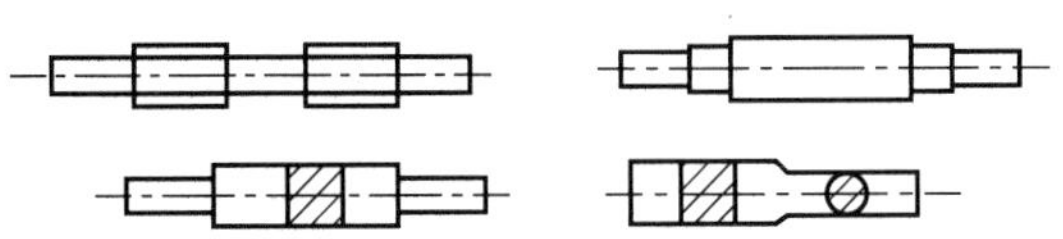	拔长（或镦粗及拔长），切肩或锻台阶
筒类锻件	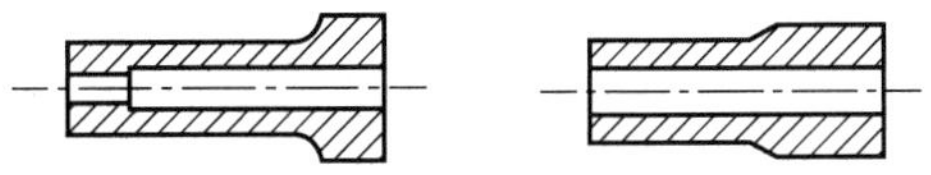	镦粗（或拔长及镦粗），冲孔，在芯轴上拔长
环类锻件	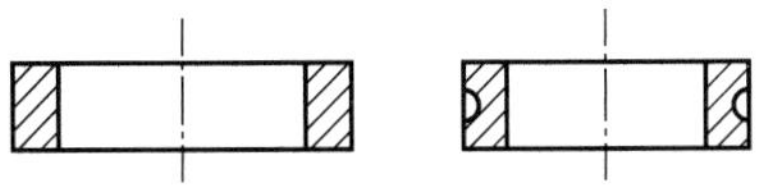	镦粗，冲孔，在芯轴上扩孔
曲轴类锻件	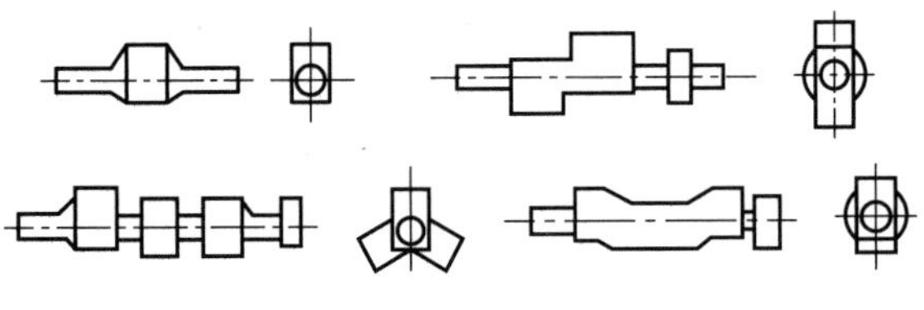	拔长（或镦粗及拔长），错移，锻台阶，扭转
弯曲类锻件	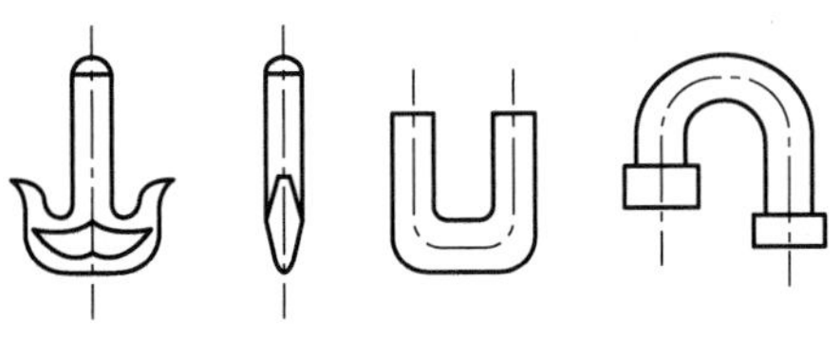	拔长，弯曲

5.4.3 自由锻工艺规程的制定

工艺规程的制定、编写工艺卡片是进行自由锻生产必不可少的技术准备工作，是组织生产过程、规定操作规范、控制和检查产品质量的依据。自由锻工艺规程包括以下几个主要内容。

1. 绘制锻件图

锻件图是工艺规程中的核心内容，是以零件图为基础、结合自由锻工艺特点绘制而成的。绘制锻件图应考虑以下几个因素：

（1）敷料。为了简化锻件形状、便于进行锻造而增加的一部分金属，称为敷料，如图 5-13(a)所示。

（2）锻件余量。由于自由锻锻件的尺寸精度低、表面质量较差，需再经切削加工制成成品零件，所以，应在零件的加工表面上增加供切削加工用的金属，称为锻件余量。其大小与零件的状态、尺寸等因素有关。零件越大，形状越复杂，则余量越大。具体数值结合生产的实际条件查表确定。

（3）锻件公差。锻件公差是锻件名义尺寸的允许变动量。其值的大小应根据锻件形状、尺寸并考虑到生产的具体情况加以选取。典型锻件图如图 5-13(b)所示。

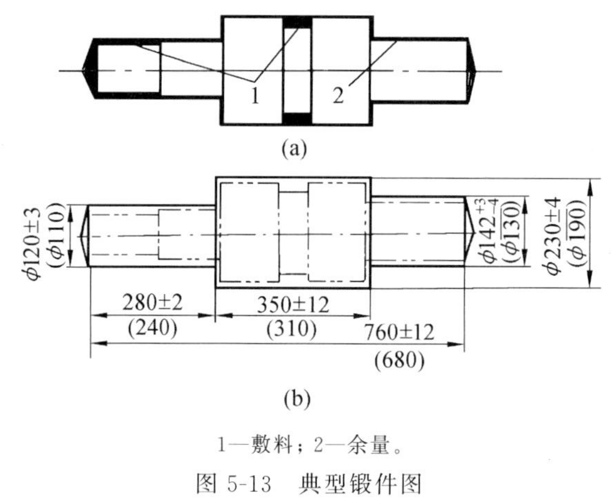

1—敷料；2—余量。

图 5-13 典型锻件图

(a) 锻件的余量及敷料；(b) 锻件图

为了使锻造者了解零件的形状和尺寸，在锻件图上用双点划线画出零件主要轮廓形状，并在锻件尺寸线的下面用括弧标注出零件尺寸。对于大型锻件，必须在同一个坯料上锻造出做性能检验用的试样。该试样的形状和尺寸也应该在锻件图上表示出来。

2. 坯料质量及尺寸计算

材料质量可按下式计算

$$G_{坯料}=G_{锻件}+G_{烧损}+G_{料头} \tag{5-5}$$

式中，$G_{坯料}$为坯料质量；$G_{锻件}$为锻件质量；$G_{烧损}$为加热时坯料表面氧化而烧损的质量，第一次加热取被加热金属的 2%～3%，以后各次加热取 1.5%～2.0%；$G_{料头}$为在锻造过程中冲掉或被切掉的金属的质量，如冲孔时坯料中部的料芯，修切端部产生的料头等。

当锻造大型锻件采用钢锭作坯料时，还要考虑切掉的钢锭头部和钢锭尾部的质量。

确定坯料尺寸时，应考虑到坯料在锻造过程中必须的变形程度，即锻造比的问题。对于以碳素钢锭作为坯料并采用拔长方法锻制的锻件，锻造比一般不小于 2.5～3；如果采用轧材作坯料，则锻造比可取 1.3～1.5。

工艺规程的内容还包括：选择锻造工序、确定所用工具、加热设备、加热规范、加热火次、冷却规范、锻造设备和锻件的后续处理等。

5.5　模锻

模锻(die forging)是在高强度金属锻模上预先制出与锻件形状一致的模膛，使坯料在模膛内受压变形的锻造方法。在变形过程中，由于模膛对金属坯料流动的限制，因而锻造终了时能得到和模膛形状相符的锻件。

模锻与自由锻比较有如下优点：

(1) 生产率较高。自由锻时，金属的变形是在上、下两个抵铁间进行的，难以控制。模锻时，金属的变形是在模膛内进行的，故能较快获得所需形状。

(2) 模锻件尺寸精确，加工余量小。

(3) 可以锻造出形状比较复杂的锻件。如图 5-14 所示。若用自由锻来生产，则必须加大敷料量来简化形状。

(4) 模锻生产可以比自由锻生产节省金属材料，减少切削加工工作量。在批量足够的条件下降低零件成本。

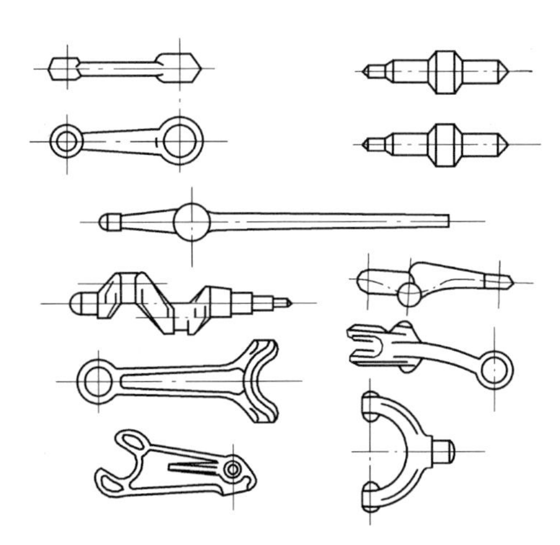

图 5-14　典型模锻件

模锻生产由于受模锻设备吨位的限制，模锻件不能太大，模锻件质量一般在 1500kN 以下。又由于制造锻模成本很高，所以模锻不适合于小批和单件生产。模锻生产适合于小型锻件的大批量生产。

模锻生产越来越广泛地应用在国防工业和机械制造业中。如飞机、坦克、汽车、拖拉机、轴承等。按质量计算，飞机上的锻件中模锻件占 85%，坦克上的占 70%，汽车上的占 80%，机车上的占 60%。

模锻按使用的设备不同,可分为:锤上模锻、胎模锻、压力机上模锻等。

5.5.1 锤上模锻

锤上模锻

锤上模锻所用设备有蒸汽-空气锤、无砧座锤、高速锤等。一般工厂中主要使用蒸汽-空气锤,如图 5-15 所示。

模锻生产所用蒸汽-空气锤的工作原理与蒸汽-空气自由锻锤基本相同。但模锻锤的锤头与导轨之间的间隙比自由锻锤小,且机架直接与砧座连接,这样使锤头运动精确,保证了上下模对得准。并且模锻锤一般均由一名模锻工人操纵,除了掌钳外,还同时踩踏板带动操纵系统控制锤头行程及打击力的大小。

1. 锻模结构

锤上模锻用的锻模如图 5-16 所示。它是由带有燕尾的上模和下模两部分组成的。下模用紧固楔铁固定在模垫上;上模靠楔铁紧固在锤头上,随锤头一起作上下往复运动。上下模合在一起,其中部形成完整的模膛,图 5-16 中 8 为分模面,3 为飞边槽。

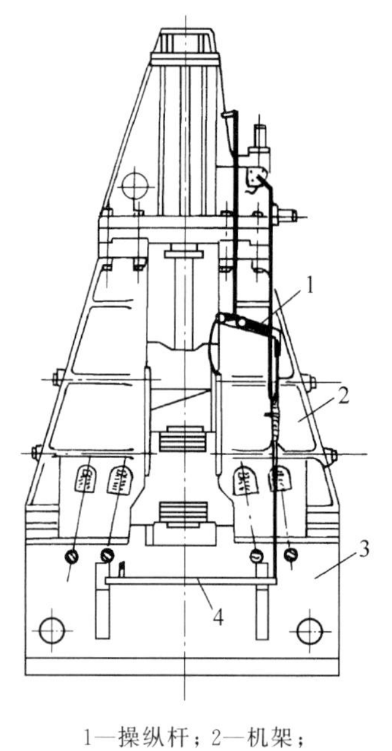

1—操纵杆;2—机架;
3—砧座;4—踏板。

图 5-15 蒸汽-空气模锻锤

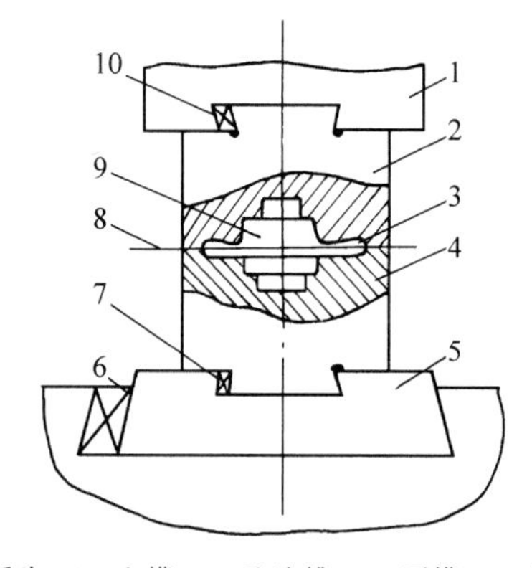

1—锤头;2—上模;3—飞边槽;4—下模;5—模垫;
6,7,10—紧固楔铁;8—分模面;9—模膛。

图 5-16 锤上锻模的锻模结构

2. 模膛分类

模膛根据其功用的不同,可分为模锻模膛和制坯模膛两大类。

1）模锻模膛

模锻模膛分为终锻模膛和预锻模膛两种。

（1）终锻模膛。终锻模膛的作用是使坯料最后变形到锻件所要求的形状和尺寸，因此形状和锻件的形状相同。终锻模膛的尺寸应比锻件尺寸放大一个收缩量。钢件收缩量取1.5%。另外，沿模膛四周有飞边槽，用以增加金属从模膛中流出的阻力，促使金属充满模膛，同时容纳多余的金属。对于具有通孔的锻件，终锻后在孔内留下一薄层金属，称为冲孔连皮，如图5-17所示。把冲孔连皮和飞边冲掉后，才能得到有通孔的模锻件。

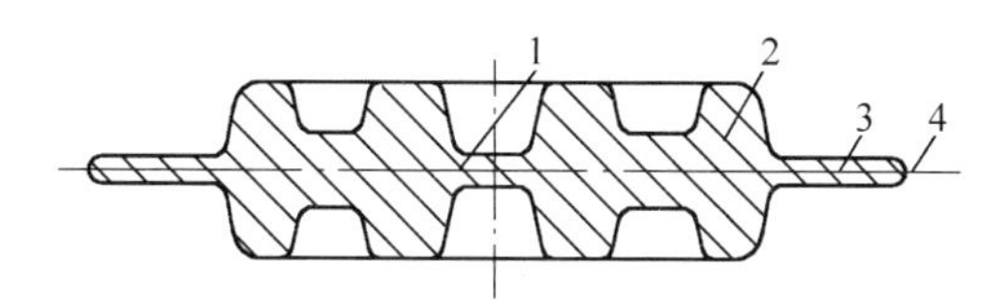

1—冲孔连孔；2—锻件；3—飞边；4—分模面。

图5-17 带有冲孔连皮及飞边的模锻件

（2）预锻模膛。预锻模膛的作用是使坯料变形到接近锻件的形状和尺寸，这样再进行终锻时，金属容易充满终锻模膛。同时减少了终锻模膛的磨损，以延长锻模的使用寿命。预锻模膛和终锻模膛的区别是前者的圆角和斜度较大，没有飞边槽。对于形状简单或批量不大的模锻件可不设置预锻模膛。

2）制坯模膛

对于形状复杂的模锻件，为了使坯料形状基本接近模锻件形状，使金属能合理分布，并很好地充满模膛，就必须预先在制坯模膛内制坯。制坯模膛有以下几种：

（1）拔长模膛。用来减小坯料某部分的横截面积，以增加该部分的长度，如图5-18所示。当模锻件沿轴向横截面积相差较大时，采用这种模膛进行拔长。拔长模膛分为开式（见图5-18(a)）和闭式（见图5-18(b)）两种，一般设在锻模的边缘。操作时坯料除送进外还需翻转。

（2）滚压模膛。用来减小坯料某部分的横截面积，以增大另一部分的横截面积。如图5-19所示。滚压模膛分为开式（见图5-19(a)）和闭式（见图5-19(b)）两种。当模锻件沿轴线的横截面积相差不很大或修整拔长后的毛坯时采用开式滚压模膛。当模锻件的最大和最小截面相差较大时，采用闭式滚压模膛。操作时需不断翻转坯料。

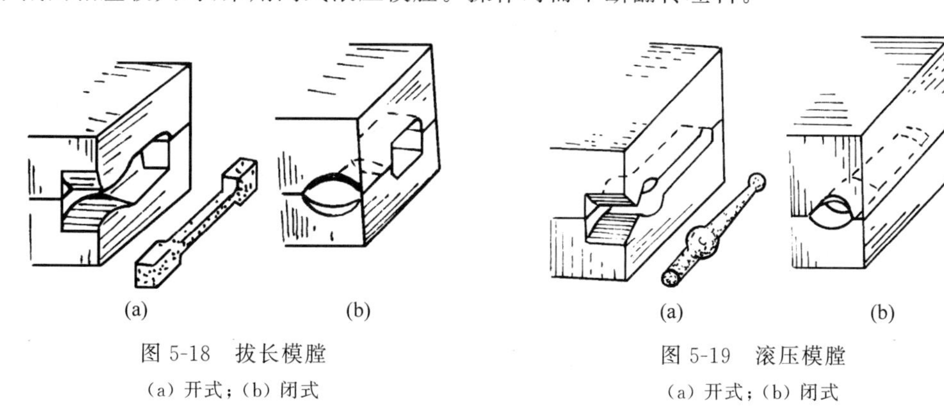

图5-18 拔长模膛

(a) 开式；(b) 闭式

图5-19 滚压模膛

(a) 开式；(b) 闭式

(3) 弯曲模膛。对于弯曲的杆类模锻件,需用弯曲模膛来弯曲坏料,如图 5-20(a)所示。坯料可直接或先经其他制坯工步后放入弯曲模膛进行弯曲变形。弯曲后的坯料需翻转90°,再放入模锻模膛成形。

(4) 切断模膛。切断模膛是在上模与下模的角部组成的一对刃口,用来切断金属,如图 5-20(b)所示。单件锻造时,用来从坯料上切下锻件或从锻件上切下钳口;多件锻造时,用来分离成单个件。

此外,还有成形模膛、镦粗台及击扁面等制坯模膛。

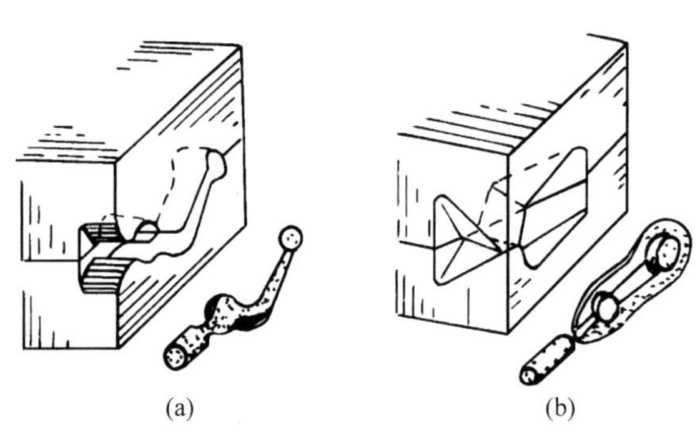

(a) (b)

图 5-20 弯曲模膛和切断模膛

(a) 变曲模膛;(b) 切断模膛

根据模锻件的复杂程度不同,所需变形的模膛数量不等,可将锻模设计成单膛锻模或多膛锻模。单膛锻模是指在一副锻模上只有终锻模膛一个模膛。例如,齿轮坯模锻件就可将圆柱形坯料直接放入单膛锻模中成形。多膛锻模是指在一副锻模上具有两个以上模膛的锻模。

5.5.2 压力机上模锻

摩擦压力机传动原理

1. 摩擦压力机上模锻

摩擦压力机也称"螺旋压力机",工作原理如图 5-21 所示。锻模分别安装在滑块和机座上。滑块与螺杆相连,沿导轨只能上下滑动。螺杆穿过固定在机架上的螺母,上端装有飞轮。两个圆轮(也称"摩擦盘")同装在一根轴上,由电动机经过皮带使圆轮轴在机架上的轴承中旋转。改变操纵杆位置可使圆轮轴沿横向移动,这样就会把某一个圆轮靠紧飞轮边缘,借摩擦力带动飞轮转动。飞轮分别与两个圆轮接触就可获得不同方向的旋转,螺杆也就随飞轮做不同方向的转动。在螺母的约束下,螺杆的转动变为滑块的上下滑动,实现模锻生产。

在摩擦压力机上进行模锻主要是靠飞轮、螺杆及滑块向下运动时所积蓄的能量来实现。

摩擦压力机上模锻的特点:

(1) 滑块行程不固定,并具有一定的冲击作用,可实现轻打、重打,可在一个模膛内进行多次锻打。

(2) 滑块运动速度慢,金属变形过程中的再结晶现象可以充分进行。特别适合于锻造

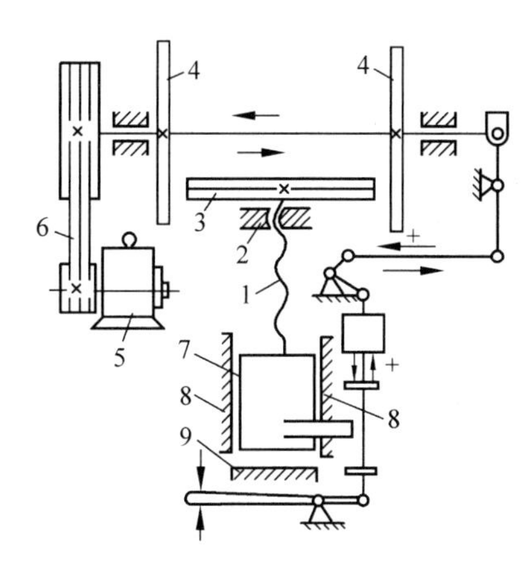

1—螺杆；2—螺母；3—飞轮；4—圆轮；5—电动机；6—皮带；7—滑块；8—导轨；9—机座。

图 5-21　摩擦压力机传动简图

低塑性合金钢和有色金属（如铜合金）等。

(3) 设备本身具有顶料装置，不仅可以使用整体式锻模，还可以采用特殊结构的组合模具。同时可以锻制出形状更为复杂、敷料和模锻斜度都很小的锻件，并可将轴类锻件直立起来进行局部镦锻。

(4) 摩擦压力机承受偏心载荷能力差，通常只适用于单膛锻模进行模锻。对于形状复杂的锻件，需要在自由锻设备或其他设备上制坯。

摩擦压力机上模锻适合于中小型锻件的小批和中批生产。如铆钉、螺钉、螺帽、配气阀、齿轮、三通阀体等，如图 5-22 所示。

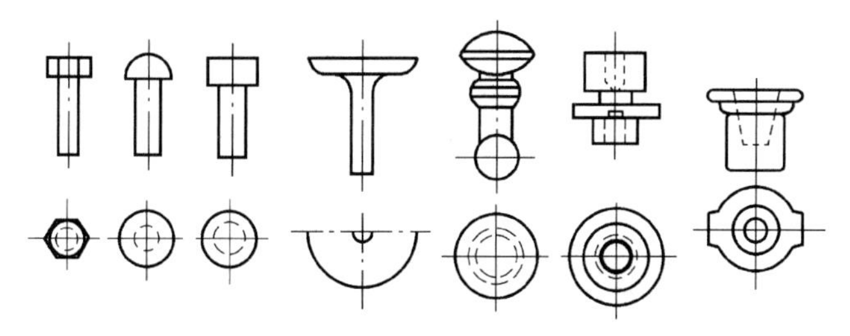

图 5-22　摩擦压力机上模锻件

2. 曲柄压力机上模锻

曲柄压力机传动原理

曲柄压力机的传动系统如图 5-23 所示。用三角皮带将电动机的运动传到飞轮上，通过飞轮轴及传动齿轮带动曲柄连杆机构的曲柄、连杆和滑块，使曲柄连杆机构实现上下往复运动。停止靠制动器完成。锻模的上模固定在滑块上，而下模锻则固定在下部的楔形工作台上。下顶料由凸轮、拉杆和顶杆来实现。

曲柄压力机上模锻的特点：

(1) 滑块行程固定，并具有良好的导向装置和顶件机构，因此锻件的公差、余量和模锻斜度都比锤上模锻小。

(2) 作用力的性质是静压力。因此锻模的主要模膛都设计成镶块式的，如图 5-24 所

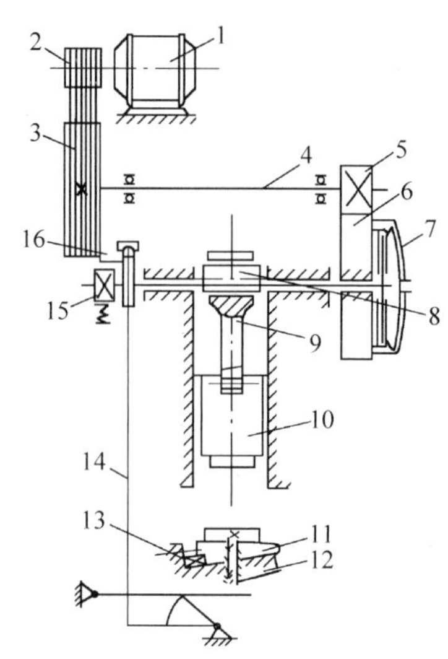

1—电动机；2—皮带；3—飞轮；4—飞轮轴；5,6—齿轮；7—离合器；8—曲柄；9—连杆；10—滑块；11—工作台；12—预杆；13—楔铁；14—拉杆；15—制动器；16—凸轮。

图 5-23 曲柄压力机传动图

示。镶块用螺栓和压板固定在模板上，导柱用来保证上下模之间的最大精确度，顶杆的端面形成模膛的一部分。这种组合模制造简单、更换容易，而且可节省贵重模具材料。

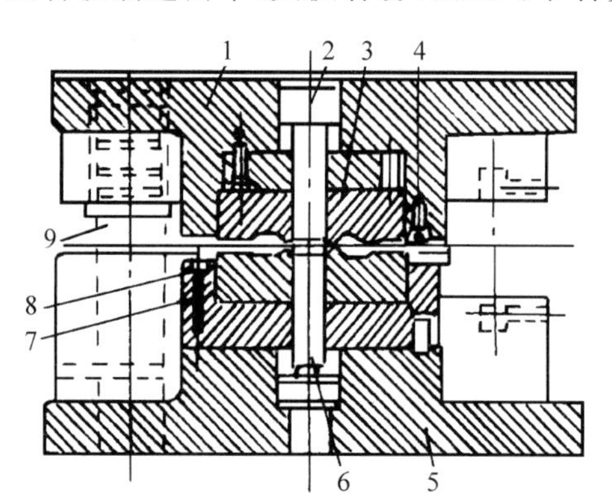

1—上模板；2,6—顶杆；3—上模；4—螺栓；5—下模板；7—压板；8—下模；9—导柱。

图 5-24 曲柄压力机用的锻模

(3) 热模锻曲柄压力机有顶件装置，能够对杆件的头部进行局部镦粗。如图 5-25(a)所示汽阀，在 6300kN 热模锻曲柄压力机上模锻，其锻坯可由平锻机或电镦机供给，如图 5-25(b)、(c)所示。

(4) 滑块行程固定，不论在什么模膛中都是一次成形，所以坯料表面上的氧化皮不易被清除掉，影响锻件质量。同时，也不宜进行拔长和滚压工步。如果是横截面变化较大的长轴类锻件，可以采用周期轧制坯料或用辊锻机制坯来代替这两个工步。

(5) 变形应该逐渐进行。终锻前常采用预成形及预锻工步。图 5-26 即为经预成形、预锻和最后终锻的齿轮模锻工步。

曲柄压力机上模锻与锤上模锻比较，具有锻件精度高、生产率高、劳动条件好和节省金

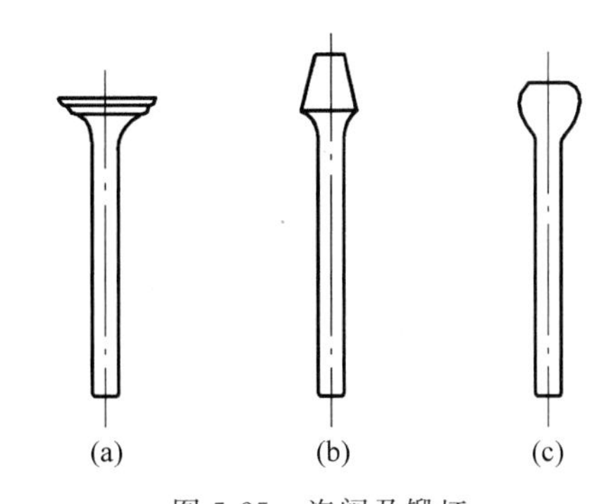

图 5-25　汽阀及锻坯
(a) 汽阀锻件；(b) 手锻锻坯；(c) 电锻锻坯

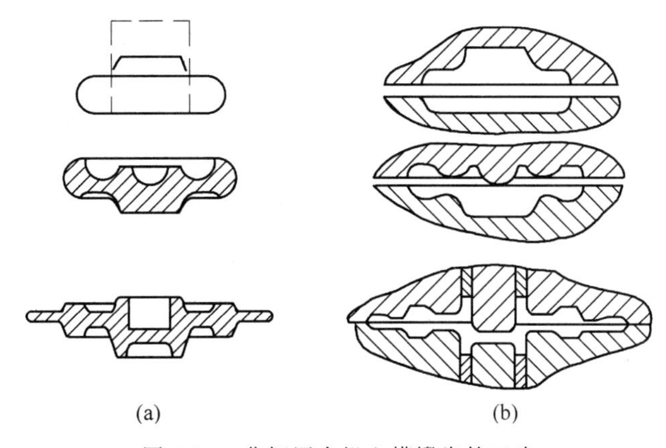

图 5-26　曲柄压力机上模锻齿轮工步
(a) 坯料变形过程；(b) 模膛

属等优点。曲柄压力机上模锻适合于大批量生产。但设备复杂、造价相对较高。

5.5.3　模锻工艺规程制定

模锻生产的工艺规程包括：制定模锻件图、计算坯料尺寸、确定模锻工步(模膛)、选择设备及安排修整工序等。

1. 制定模锻件图

1) 分模面

分模面是上下锻模在模锻件上的分界面。锻件分模面的位置选择得合适与否，关系到锻件成形、锻件出模、材料利用率等一系列问题。故制定模锻件图时，必须按以下原则确定分模面位置。

(1) 要保证模锻件能从模膛中取出。图 5-27 所示零件，若锻件的 a—a 面为分模面，则无法从模膛中取出锻件。一般情况，分模面应选在模锻件最大尺寸的截面上。

(2) 按选定的分模面制成锻模后，应使上下两模沿分模面的模膛轮廓一致，以便在安装锻模和生产中容易发现错模现象，及时调整锻模位置。图 5-27 的 c—c 面选做分模面时，就不符合此原则。

(3) 最好把分模面选在能使模膛深度最浅的位置处。这样可使金属容易充满模膛，便于取出锻件，并有利于锻模的制造。图 5-27 中的 $b—b$ 面，就不适合做分模面。

(4) 选定的分模面应使零件上所加的敷料最少。图 5-27 中的 $b—b$ 面被选做分模面时，零件中间的孔锻造不出来，其敷料最多。既浪费金属、降低材料的利用率，又增加切削加工的工作量。因此，该面不宜选做分模面。

(5) 最好使分模面为一个平面，使上下锻模的模膛深度基本一致，差别不宜过大，以便于制造锻模。

按上述原则综合分析，图 5-27 中的 $d—d$ 面是最合理的分模面。

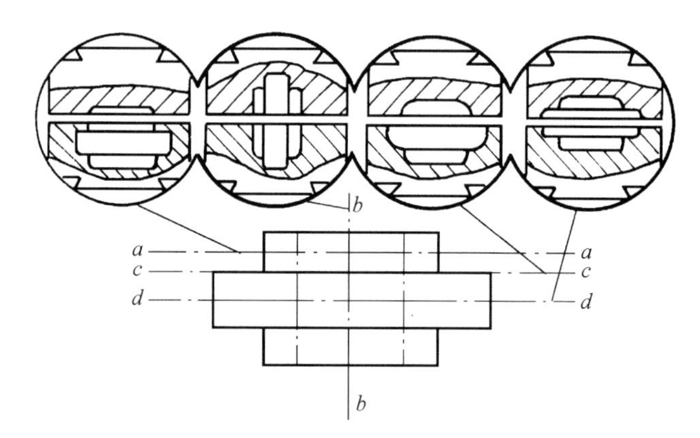

图 5-27 分模面的选择比较图

2) 余量、公差和敷料

模锻时金属坯料是在锻模中成形的，因此模锻件的尺寸较精确，其公差和余量比自由锻件小得多。余量一般为 1～4mm，公差一般取在 ±(0.3～3)mm。当模锻件孔径 $d>25$mm 时孔应锻出，但需留冲孔连皮，如图 5-28 所示。冲孔连皮的厚度与孔 d 有关，当孔径为 30～80mm 时，冲孔连皮的厚度为 4～8mm。

3) 模锻斜度

模锻件上平行于锤击方向的表面必须具有斜度，如图 5-28 所示。以便于从模膛中取出锻件。对于锤上模锻，模锻斜度一般为 5°～15°。模膛深度与宽度的比值(h/b)越大，取的斜度值也越大。斜度 a_2 为内壁斜度(即当锻件冷却时锻件与模壁夹紧的表面)，其值比外壁斜度 a_1(即当锻件冷却时锻件与模壁离开的表面)大 2°～5°。

4) 模锻圆角半径

在模锻件上所有两平面的交角处均须做成圆角，如图 5-29 所示。可增大锻件强度，使锻造时金属易于充满模膛，避免锻模上的内尖角处产生裂纹，减缓锻模外尖角处的磨损，从而提高锻模的使用寿命。钢模锻件外圆角半径(r)取 1.5～12mm，内圆角半径(R)比外圆角半径大 2～3 倍。模膛深度越深，圆角半径取值就越大。

图 5-30 为齿轮坯的模锻件图。图中点画线为零件轮廓外形，分模面选在锻件高度方向的中部。零件轮辐部分不加工，故不留加工余量。图上内孔中部的两条直线为冲孔连皮切掉后的痕迹线。

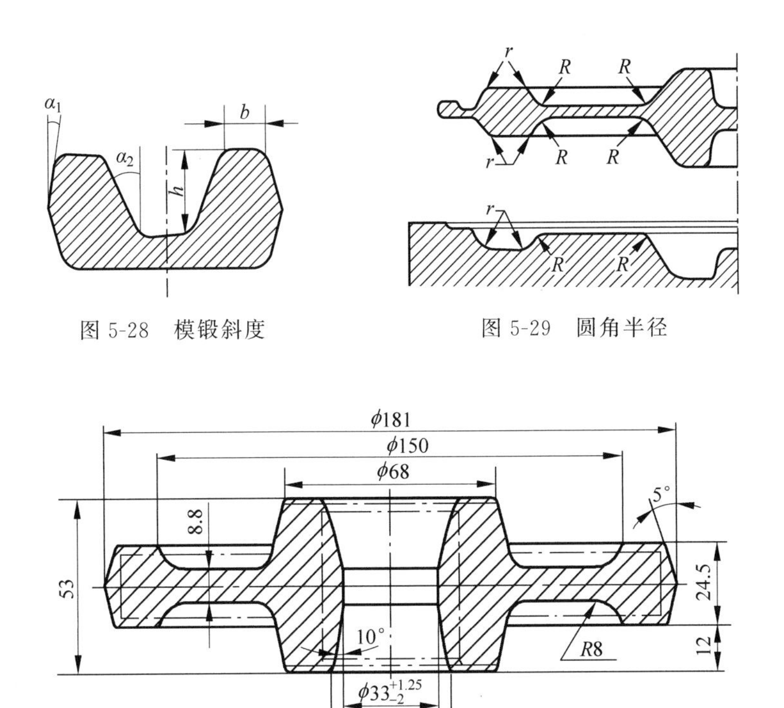

图 5-28　模锻斜度

图 5-29　圆角半径

图 5-30　齿轮坯模锻件图

2. 确定模锻工步

模锻工步主要是根据锻件的形状和尺寸来确定的，模锻件按形状可分为两大类：一类是长轴类零件，如台阶轴、曲轴、连杆、弯曲摇臂等，如图 5-31 所示。另一类为盘类模锻件，如齿轮、法兰盘等，如图 5-32 所示。

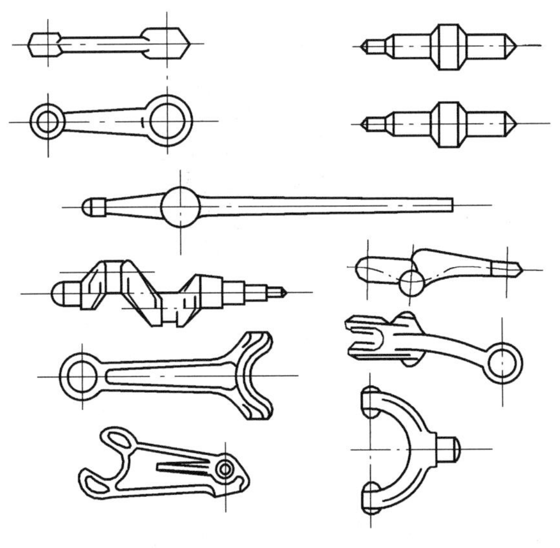

图 5-31　长轴类模锻件

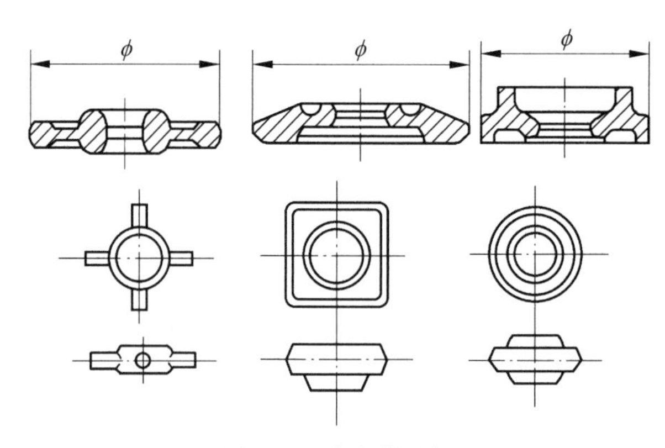

图 5-32 盘类模锻件

1）长轴类模锻件

长轴类模锻件的长度与宽度之比较大，锻造过程中锤击方向垂直于锻件的轴线。终锻时，金属沿高度与宽度方向流动，而长度方向流动不显著。因此，常选用拔长、滚压、弯曲、预锻和终锻等工步。

对于形状复杂的锻件，还需选用预锻工步，最后在终锻模膛中模锻成形。如弯曲连杆模锻件（见图 5-33）。坯料经过拔长、滚压、弯曲等三个工步，形状接近于锻件，然后经预锻及终锻两个模膛制成带有飞边的锻件。再经切飞边等其他工步后即可获得合格锻件。

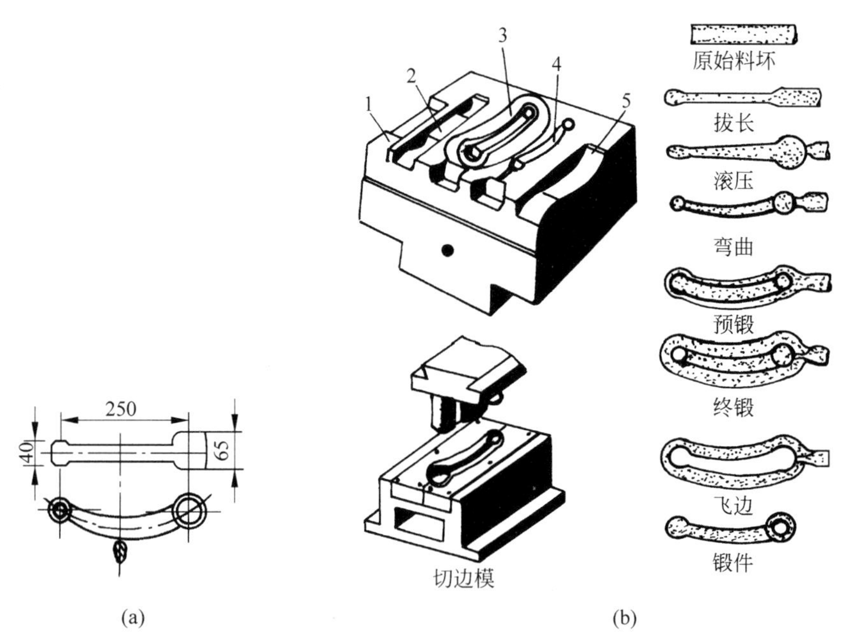

1—拔长模膛；2—滚压模膛；3—终锻模膛；4—预锻模膛；5—弯曲模膛。

图 5-33 弯曲连杆锻造过程

（a）零件图；（b）锻造工艺过程

2）盘类锻件

盘类锻件是在分模面上的投影为圆形或长度接近于宽度的锻件。锻造过程中锤击方向与坯料轴线相同，终锻时金属沿高度、宽度及长度方向均产生流动。因此常选用镦粗、终锻等工步。

3. 修整工序

1）切边和冲孔

刚锻制成的模锻件，一般都带有飞边及连皮，须在压力机上将其切除。切边模（见图 5-34(a)）由活动凸模和固定的凹模所组成。切边凹模的通孔形状和锻件在分模面上的轮廓一样。凸模工作面的形状与锻件上部外形相符。

在冲孔模（见图 5-34(b)）上，凹模作为锻件的支座，凹模的形状做成使锻件放到模中时能对准中心。冲孔连皮从凹模孔落下。

当锻件为大量生产时，切边及冲连皮可在一个较复杂的复合模或连续模上联合进行。

2）校正

在切边及其他工序中都可能引起锻件变形。因此对许多锻件，特别对形状复杂的锻件在切边（冲连皮）之后还需进行校正。校正可在锻模的终锻模膛或专门的校正模内进行。

3）热处理

模锻件进行热处理的目的是消除模锻件的过热组织或加工硬化组织，使模锻件具有所需的力学性能。模锻件的热处理一般是用正火或退火。

4）清理

为了提高模锻件的表面质量，改善模锻件的切削加工性能，模锻件需要进行表面处理，去除在生产过程中形成的氧化皮、所沾油污及其他表面缺陷（残余毛刺）等。

对于要求精度高和表面粗糙度低的模锻件，除进行上述各修整工序外，还应在压力机上进行精压。

精压分为平面精压和体积精压两种。平面精压（见图 5-35(a)）用来获得模锻件某些平行平面间的精确尺寸。体积精压（见图 5-35(b)）主要用来提高模锻件所有尺寸的精度、减少模锻件质量差别。精压模锻件的尺寸精度，其偏差可达±(0.1～0.25)mm，表面粗糙度 Ra 值为 0.4～0.8μm。

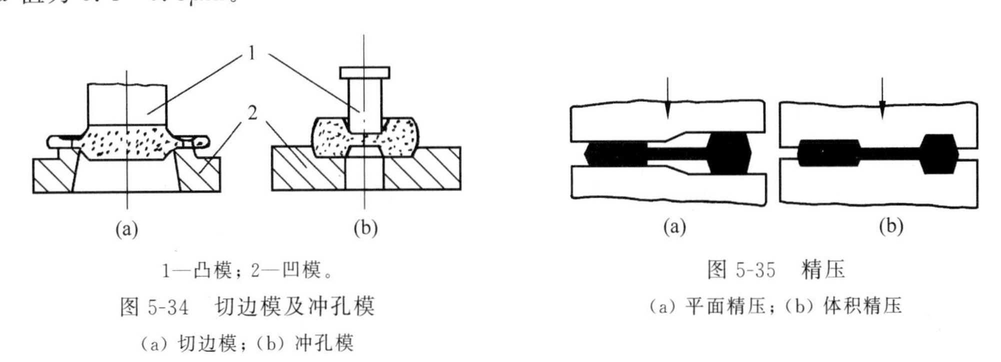

1—凸模；2—凹模。

图 5-34　切边模及冲孔模

(a) 切边模；(b) 冲孔模

图 5-35　精压

(a) 平面精压；(b) 体积精压

5.6　板料冲压成形

板料冲压（sheet metal stamping）是利用冲模使板料产生分离或成形的加工方法。这种加工方法通常是在冷态下进行的，所以又叫作“冷冲压”。

几乎在一切有关制造金属制品的工业部门中，都广泛地应用着板料冲压。特别是汽车、拖拉机、航空、电器、仪表及国防等工业中，板料冲压占有极其重要的地位。

板料冲压具有下列特点：

(1) 可以冲压出形状复杂的零件，废料较少。

(2) 产品具有足够高的精度和较低的表面粗糙度，互换性能好。

(3) 能获得质量小、材料消耗少、强度和刚度较高的零件。

(4) 冲压操作简单，工艺过程便于实现机械化和自动化，生产率很高。故零件成本低。但冲模制造复杂，适用于大批量生产。

板料冲压所用的原材料，特别是在制造中空杯状和钩环状等成品时，必须具有足够的塑性，板料冲压常用的金属材料有低碳钢、铜合金、铝合金、镁合金及塑性好的合金钢等。从形状上分，金属材料有板料、条料及带料。

冲压生产中常用的设备是剪床和冲床。剪床用来把板料剪切成一定宽度的条料，以供下一步的冲压工序用。冲床用来实现冲压工序，制成所需形状和尺寸的成品零件。冲床最大吨位可达 40000kN 以上。

5.6.1 冲压成形基本工序

冲压生产有很多种工序，其基本工序有分离工序和变形工序两大类。

1. 分离工序

分离工序是使坯料的一部分与另一部分相互分离的工序。如冲裁、修整、切断等。

1) 冲裁(落料和冲孔)

冲裁是使坯料按封闭轮廓分离的工序。落料和冲孔这两个工序中坯料变形过程和模具结构都是一样的，只是用途不同。落料被分离的部分为成品，而周边是废料；冲孔被分离的部分为废料，而周边是成品，如图 5-36 所示。

(1) 冲裁变形过程。冲裁件质量、冲裁模结构与冲裁时板料变形过程有密切关系，其过程可分为以下三个阶段，如图 5-37 所示。

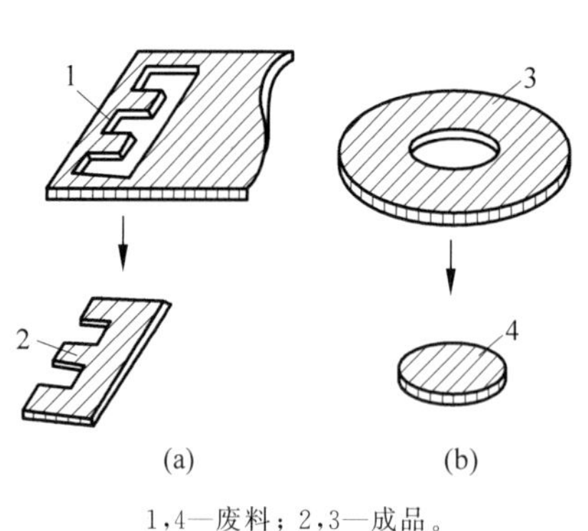

1,4—废料；2,3—成品。

图 5-36 落料与冲孔示意图

(a) 落料；(b) 冲孔

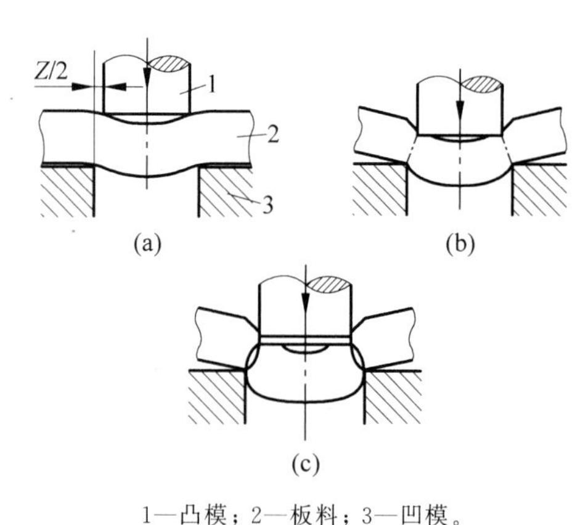

1—凸模；2—板料；3—凹模。

图 5-37 冲裁变形过程

(a) 弹性变形；(b) 塑性变形；(c) 断裂变形

弹性变形阶段。板料中的应力迅速增大。此时，凸模下的材料略有弯曲，凹模上的材料则向上翘。间隙 Z 的数值越大，弯曲和上翘越明显。

塑性变形阶段。冲头继续压入，材料中的应力值达到屈服点，则产生塑性变形。变形达一定程度时，位于凸、凹模刃口处的材料硬化加剧，出现微裂纹，塑性变形阶段结束。

断裂分离阶段。冲头继续压入，已形成的上下微裂纹逐渐扩大并向内扩展。上、下裂纹相遇重合后，材料被剪断分离。

冲裁件的断面具有明显的区域性特征，由圆角带、光亮带、断裂带和毛刺四部分组成，如图 5-38 所示。圆角带是在冲裁过程中模具刃口附近的材料被牵连产生弯曲和拉伸变形所形成的；光亮带是在塑性变形过程中模具挤压切入板料，使其受到剪切和挤压应力的作用而形成的；断裂带是模具刃口处的材料裂纹在拉应力作用下不断扩展断裂而形成的；毛刺是模具刃口附近的侧面上材料出现微裂纹时形成的，当凸模继续下行时，使已形成的毛刺被拉长并残留在冲裁件上。

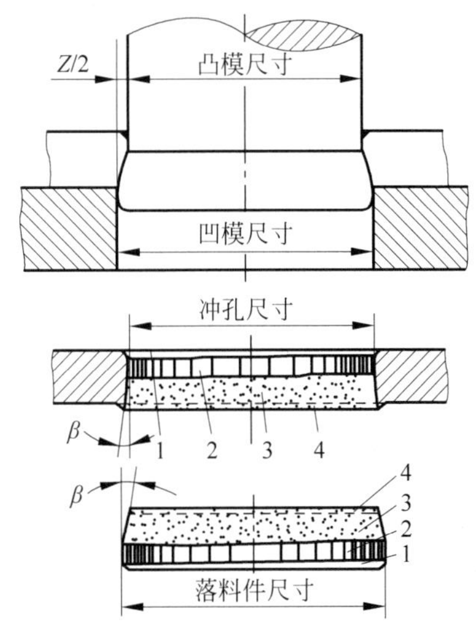

1—圆角带；2—光亮带；3—断裂带；4—毛刺。

图 5-38 冲裁零件断面组成

冲裁件断面上光亮带部分的质量最好，通常以该部分的尺寸作为冲裁件的尺寸。由图 5-38 可知，落料件的尺寸是由凹模刃口尺寸决定的，冲孔件的尺寸是由凸模刃口尺寸决定的。

(2) 凸凹模间隙。凸凹模间隙不仅严重影响冲裁件的断面质量，而且影响模具寿命、卸料力、推件力、冲裁力和冲裁件的尺寸精度。

间隙过大，材料中的拉应力增大，塑性变形阶段结束较早。凸模刃口附近的剪裂纹较正常间隙时向里错开一段距离，因此光亮带小一些，剪裂带和毛刺均较大。间隙过小时，材料中拉应力成分减小，压应力增强，裂纹产生受到抑制，凸模刃口附近的剪裂纹较正常间隙时向外错开一段距离，上下裂纹不能很好重合，致使毛刺增大。间隙控制在合理的范围内，上裂纹才能基本重合于一线，毛刺最小。

间隙也是影响模具寿命的最主要的因素。冲裁过程中，凸模与被冲的孔之间、凹模与落料件之间均有摩擦，间隙越小，摩擦越严重。

间隙对卸料力、推件力也有比较明显的影响。间隙越大，则卸料力和推件力越小。因此，正确选择合理间隙对冲裁生产是至关重要的。选用时主要考虑冲裁件断面质量和模具寿命这两个因素。

合理的间隙值可按表 5-3 选取。对于冲裁件断面质量要求较高时，表中数据减小三分之一。

表 5-3 冲裁模合理间隙值(双边)

材料种类	材料厚度 S/mm				
	0.1～0.4	0.4～1.2	1.2～2.5	2.5～4	4～6
软钢、黄铜	0.01%～0.02%	7%～10%	9%～12%	12%～14%	15%～18%
硬钢	0.01%～0.05%	10%～17%	18%～25%	25%～27%	27%～29%
磷青铜	0.01%～0.04%	8%～12%	11%～14%	14%～17%	18%～20%
铝及铝合金(软)	0.01%～0.03%	8%～12%	11%～12%	11%～12%	11%～12%
铝及铝合金(硬)	0.01%～0.03%	10%～14%	13%～14%	13%～14%	13%～14%

(3) 凸、凹模刃口尺寸的确定。冲裁件尺寸和冲模间隙都决定于凸模和凹模刃口的尺寸,因此必须正确决定冲模刃口尺寸。

由于落料件的尺寸是由凹模刃口尺寸决定的,设计落料模时,应先按落料件确定凹模刃口尺寸。以凹模做设计基准件,然后根据间隙 Z 确定凸模尺寸(即用缩小凸模刃口尺寸来保证间隙值)。

而冲孔件的尺寸是由凸模刃口尺寸决定的,设计冲孔模时,应先按冲孔件确定凸模刃口尺寸。以凸模做设计基准件,然后根据间隙 Z 确定凹模尺寸(即用扩大凹模刃口尺寸来保证间隙值)。

冲模在工作过程中必然有磨损,落料件尺寸会随凹模刃口的磨损而增大。而冲孔件尺寸则随凸模的磨损而减小。为了保证零件的尺寸要求,并提高模具的使用寿命,落料时取凹模刃口的尺寸应靠近落料件公差范围内的最小尺寸。而冲孔时,选取凸模刃口的尺寸应靠近孔的公差范围内的最大尺寸。

(4) 冲裁力的计算。冲裁力是选用冲床吨位和设计、检验模具强度的一个重要依据。计算的准确有利于发挥设备的潜力;计算不准确时有可能使设备超载而损坏,造成严重事故。平刃冲模的冲裁力按下式计算

$$P = kLS\tau \tag{5-6}$$

式中,P 为冲裁力,N;L 为冲裁周边长度,mm;S 为坯料厚度,mm;τ 为材料抗剪强度,MPa;k 为系数,一般可取 $k=1.3$。

为了简便,冲裁力也可按下式进行估算

$$P = LSR_{\mathrm{m}} \tag{5-7}$$

式中,R_{m} 为材料抗拉强度,MPa。

2) 修整

修整是利用修整模沿冲裁件外缘或内孔刮削一薄层金属,以切掉普通冲裁时在冲裁件断面上存留的剪裂带和毛刺。从而提高冲裁件的尺寸精度和降低表面粗糙度。

修整冲裁件的外形称外缘修整,修整冲裁件的内孔称内缘修整,如图 5-39 所示。

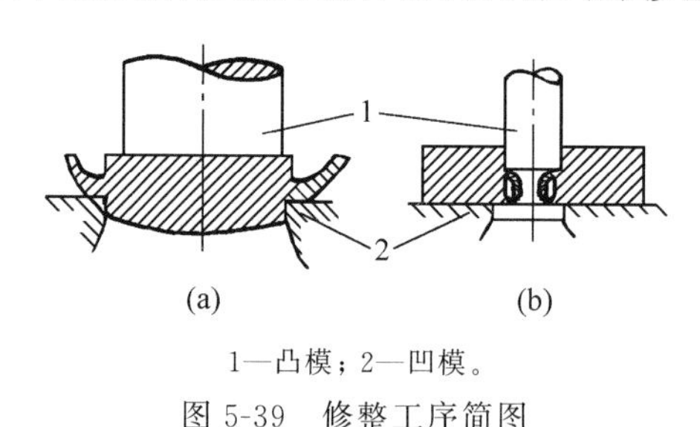

1—凸模;2—凹模。

图 5-39 修整工序简图

(a) 外缘修整;(b) 内缘修整

修整的机理与冲裁完全不同,与切削加工相似。修整时应合理确定修整余量及修整次数。对于小间隙落料件,单边修整量在材料厚度的 8%以下。当冲裁件的修整总量大于一次修整量时,或材料厚度大于 3mm 时,均需多次修整。但修整次数越少越好。

外缘修整模的凸凹模间隙,单边取 0.001~0.01mm,也可以采用负间隙修整,即凸模大于凹模的修整工艺(极少用)。

修整后冲裁件公差等级达 IT7～IT6，表面粗糙度 Ra 值为 1.6～0.8μm。

3）切断

切断是指用剪刃或冲模将板料沿不封闭轮廓进行分离的工序。剪刃安装在剪床上，把大块板料剪成一定宽度的条料，供下一步冲压工序用。

2. 变形工序

变形工序是使坯料的一部分相对于另一部分产生位移而不破裂的工序。如拉深、弯曲、翻边、胀形等。

1）拉深

（1）拉深过程。利用模具使落料后得到的平板坯料变形成开口空心零件的成形工序，如图 5-40 所示。其变形过程为：把直径为 D 的平板坯料放在凹模上，在凸模作用下，板料通过塑性变形，被拉入凸模和凹模的间隙中，形成空心零件。拉深件的底部一般不变形，只起传递拉力的作用，厚度基本不变。零件直壁由坯料外径 D 减去内径 d 的环形部分所形成，主要受拉力作用，厚度有所减小。而直壁与底部之间的过渡圆角部位变薄最严重。拉深件的法兰部分，切向受压应力作用，厚度有所增大。

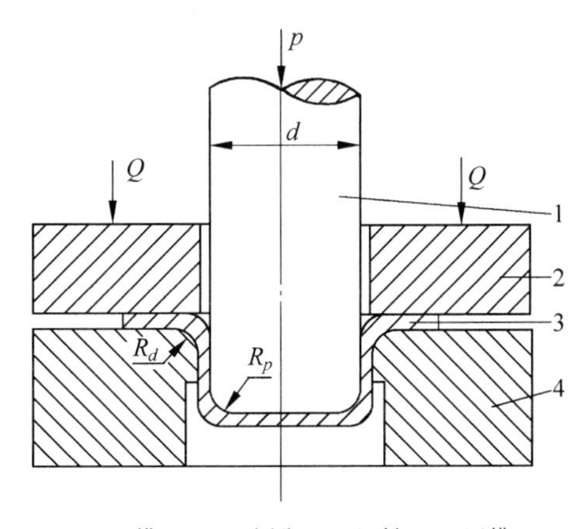

1—凸模；2—压边圈；3—坯料；4—凹模。

图 5-40 拉深工序

（2）拉深系数。拉深件直径 d 与坯料直径 D 的比值称为拉深系数，用 m 表示，即

$$m = d/D \tag{5-8}$$

它是衡量拉深变形程度的指标。拉深系数越小，表明拉深件直径越小，变形程度越大，坯料被拉入凹模越困难。一般情况下，拉深系数 m 不小于 0.5～0.8。坯料的塑性差按上限选取，坯料的塑性好可选下限值。但 m 值过小时，往往会产生底部拉裂现象。

如果拉深系数过小，不能一次拉深成形时，则可采用多次拉深工艺，如图 5-41、图 5-42 所示。多次拉深过程中，必然产生加工硬化现象。为保证坯料具有足够的塑性，首先，生产中坯料经过一两次拉深后，应安排工序间的退火处理。其次，在多次拉深中，拉深系数应一次比一次略大些，确保拉深件质量，使生产顺利进行。总拉深系数等于每次拉深系数的乘积。

（3）拉深件的成形质量问题。拉深件成形过程中最常见的质量问题是破裂（见图 5-43）和起皱（见图 5-44）。

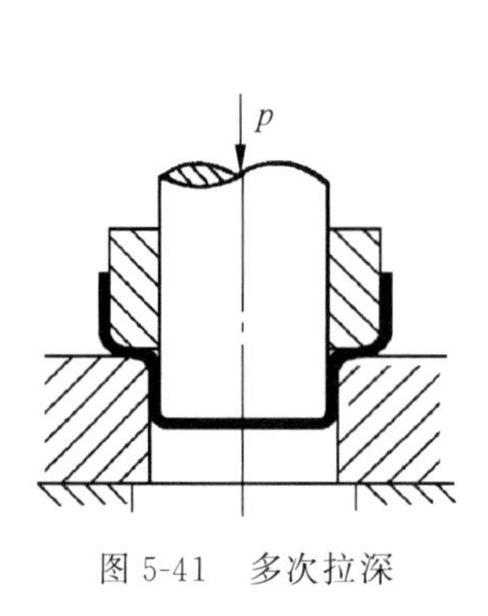

图 5-41 多次拉深

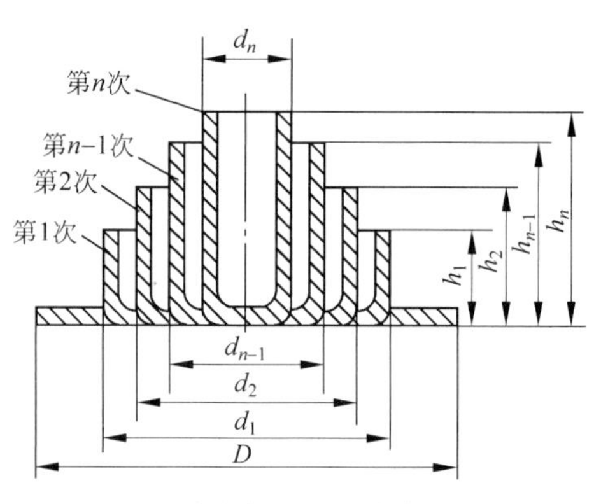

图 5-42 多次拉深时圆筒直径的变化

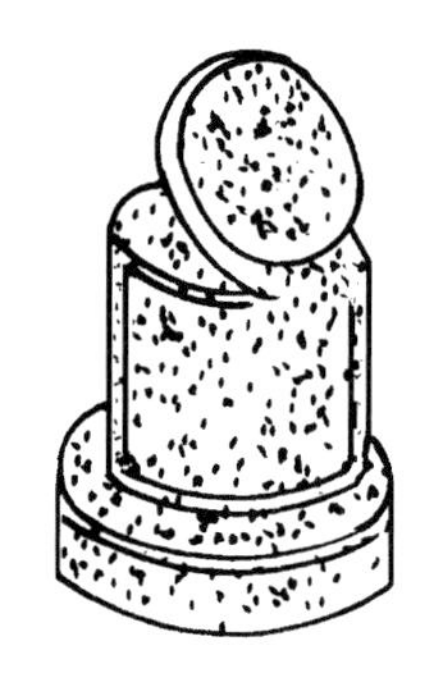

图 5-43 破裂拉深件

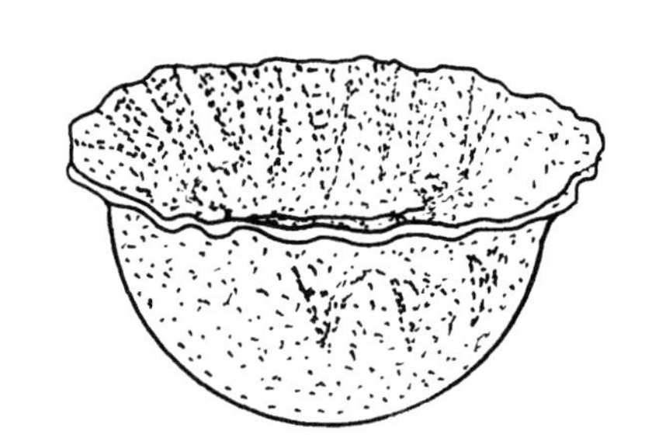

图 5-44 起皱拉深件

破裂是拉深件最常见的破坏形式之一。多发生在直壁与底部的过渡圆角处。产生破裂的原因主要有以下几点：

①凸凹模圆角半径设计不合理。②凸凹模间隙不合理。拉深模的凸凹模间隙一般取 $Z=(1.1\sim1.2)S$。③拉深系数过小。m 值过小时，板料的变形程度加大，拉深件直壁部分承受的拉力也加大，当超出其承载能力时，即会被拉断。④模具尺寸精度、表面粗糙度和润滑条件差。当模具压料面粗糙和润滑条件不好时，会增大板料进入凹模的阻力，严重时会导致底角部位破裂。

起皱多发生在拉深件的法兰部分。当无压边圈或压边力 Q 值较小时，法兰部分在切向压应力的作用下失稳，产生起皱现象。起皱主要与板料的相对厚度(S/D)、拉深系数 m 及压边力 Q 等有关，S/D、m、Q 值越小，越容易起皱。

2）弯曲

弯曲是使坯料的一部分相对于另一部分弯曲成一定角度的工序，如图 5-45 所示。弯曲时材料内侧受压，而外侧受拉。当外侧拉应力超过坯料的抗拉强度极限时，即会造成金属破裂。坯料越厚，内弯曲半径 r 越小，则压缩和拉伸应力越大，越容易弯裂。为防止破裂，弯曲的最小半径应为 $r_{\min}=(0.25\sim1)S$，S 为板料的厚度。材料塑性好，则弯曲半径可小些。

弯曲时还应尽可能使弯曲线与坯料纤维方向垂直，如图 5-46 所示。若弯曲线与纤维方向一致，则容易产生破裂。此时可用增大最小弯曲半径来避免。

在弯曲结束后，由于弹性变形的恢复，坯料回弹一些，使被弯曲的角度增大。此现象称

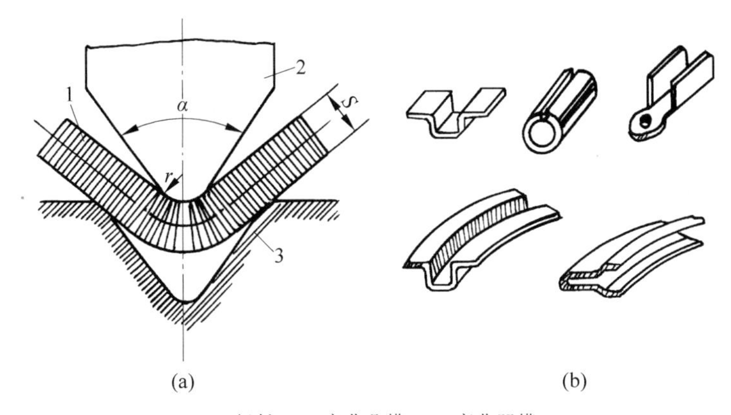

1—板料；2—弯曲凸模；3—弯曲凹模。

图 5-45　弯曲过程中金属变形简图

(a) 弯曲过程；(b) 弯曲产品

为回弹现象。一般回弹角为 0°～10°。因此，在设计弯曲模时必须使模具的角度比成品件角度小一个回弹角，以便在弯曲后得到准确的弯曲角度。

3) 胀形

胀形是利用坯料局部厚度变薄形成零件的成形工序。胀形是冲压成形的一种基本形式，也常和其他成形方式结合出现于复杂形状零件的冲压过程之中。

胀形主要有平板坯料胀形、管坯胀形、拉形等几种方式。

(1) 平板坯料胀形。平板坯料胀形过程如图 5-47 所示，将直径为 D_0 的平板坯料放在凹模上，加压边圈并在压边圈上施加足够大的压边力，当凸模向凹模内压入时，坯料被压边圈压住不能向凹模内收缩，只能靠凸模底部坯料的不断变薄，来实现成形过程。

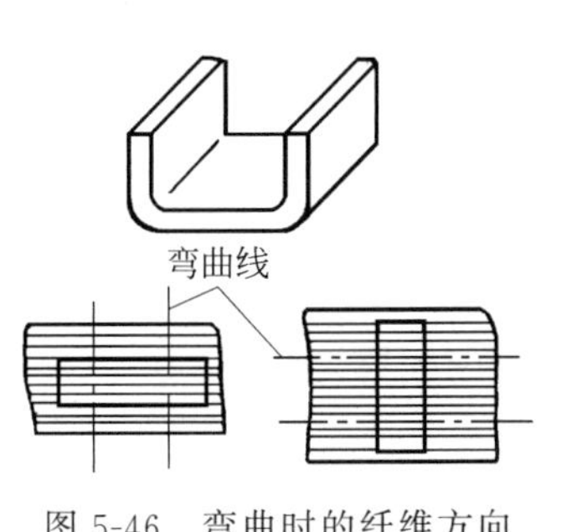

图 5-46　弯曲时的纤维方向

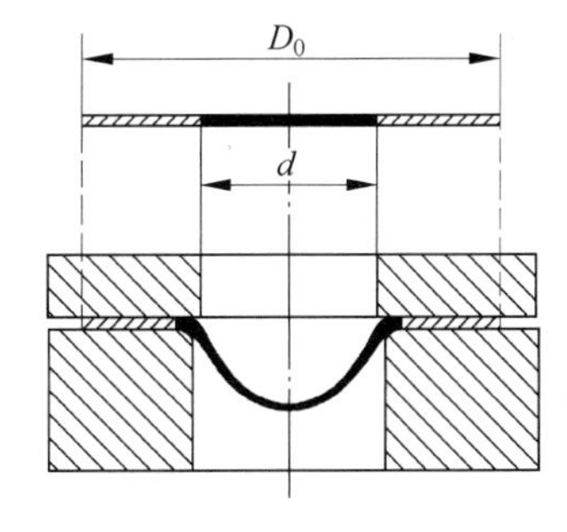

图 5-47　平板坯料胀形

(2) 管坯胀形。管坯胀形如图 5-48 所示，在凸模压力的作用下，管坯内的橡胶变形，直径增大，将管坯直径胀大，靠向凹模。胀形结束后，凸模抽回，橡胶恢复原状，从胀形件中取出。凹模采用分瓣式，从外套中取出后即可分开，将胀形件从中取出。

有时也可用液体或气体代替橡胶来加工形状复杂的空心零件，例如波纹管、高压气瓶等。

(3) 拉形。拉形工艺如图 5-49 所示，它是胀形的另一种形式，在强大的拉力作用下，使坯料紧靠在模型上并产生塑性变形。拉形工艺主要用于板料厚度小而成形曲率半径很大的曲面形状零件，如飞机的蒙皮等。

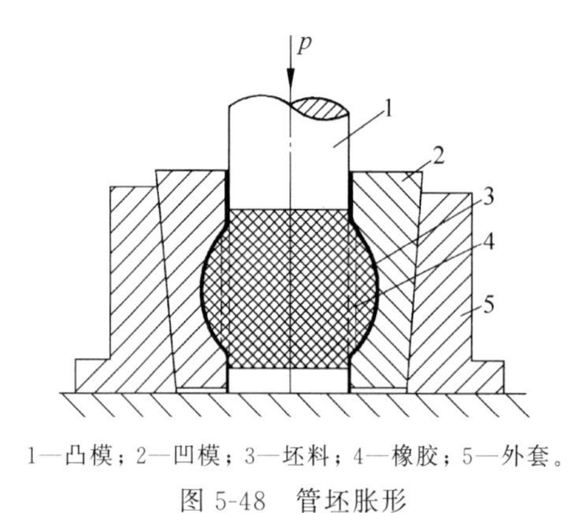

1—凸模；2—凹模；3—坯料；4—橡胶；5—外套。

图 5-48　管坯胀形

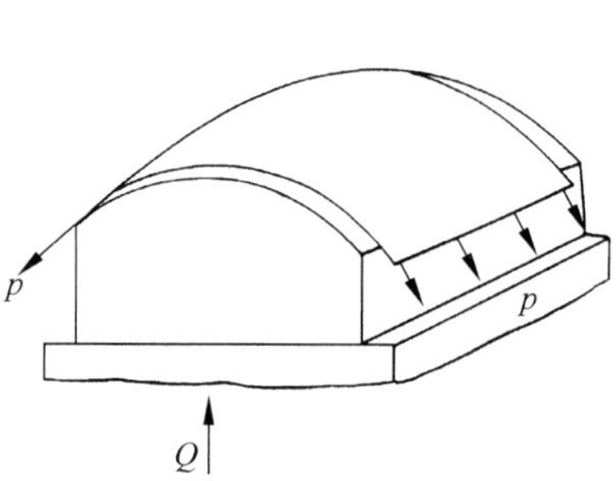

图 5-49　拉形

4）翻边

翻边是在成形坯料的平面或曲面部分上使板料沿一定的曲线翻成竖直边缘的冲压方法。翻边的种类较多，常用的是圆孔翻边。

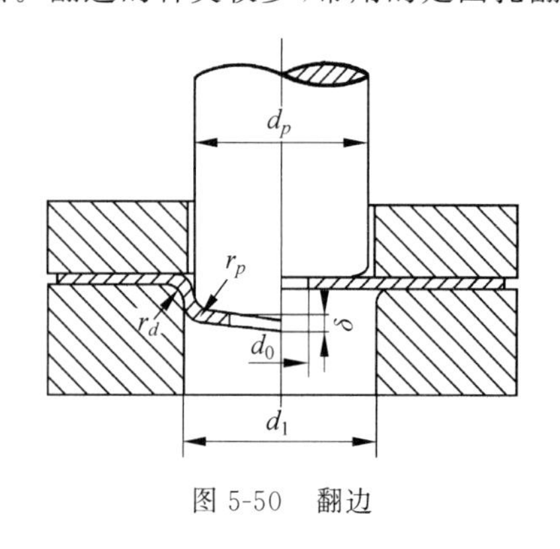

图 5-50　翻边

圆孔翻边工艺如图 5-50 所示，翻边前坯料孔的直径是 d_0，变形区是内径为 d_0、外径为 d_1 的环形部分。翻边过程中变形区在凸模作用下内径不断扩大，翻边结束时达到凸模直径，最终形成了竖直的边缘，如图 5-51(a)所示。

进行翻边工序时，如果翻边孔的直径超过容许值，会使孔的边缘造成破裂。其容许值可用翻边系数 K_0 来衡量，即

$$K_0 = d_0 / d_1 \tag{5-9}$$

式中，d_0 为翻边前的孔径尺寸；d_1 为翻边后的内孔尺寸。

对于镀锡铁皮 $K_0 \geqslant 0.65 \sim 0.70$；对于酸洗钢 $K_0 \geqslant 0.68 \sim 0.72$。

当零件所需凸缘的高度较大，用一次翻边成形计算出的翻边系数 K_0 值很小，直接成形无法实现时，则可采用先拉深，后冲孔(按 K_0 计算得到的容许孔径)，再翻边的工艺来实现，如图 5-51(b)、(c)所示。

翻边成形在冲压生产中应用广泛，尤其在汽车、拖拉机、车辆等工业部门应用更为普遍。

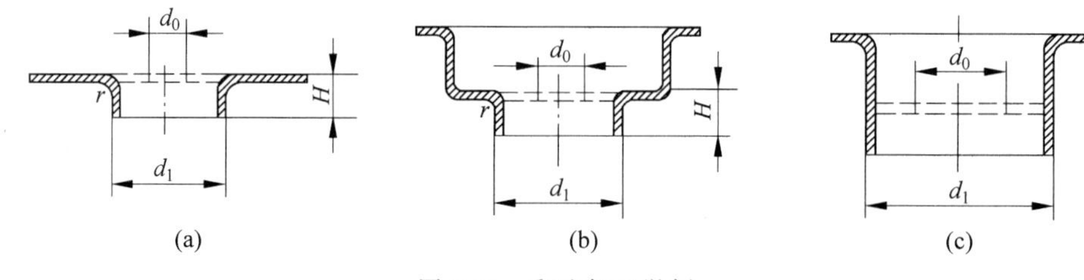

图 5-51　翻边加工举例

5.6.2　冲模分类及基本结构

冲模是冲压生产中必不可少的模具。冲模结构合理与否对冲压件质量、冲压生产的效率及模具寿命等都具有很大的影响。冲模基本上可分为简单冲模、连续冲模和复合冲模三种。

1. 简单冲模

简单冲模结构及工作原理

简单冲模是在冲床的一次行程中只完成一道工序的冲模。如图 5-52 所示为落料用的简单冲模。凹模 7 用压板 6 固定在下模板 5 上，下模板用螺栓固定在冲床的工作台上，凸模 10 用压板 8 固定在上模板 2 上，上模板则通过模柄 1 与冲床的滑块连接。因此，凸模可随滑块作上下运动。为了使凸模向下运动能对准凹模孔，并在凸凹模之间保持均匀间隙，通常用导柱 4 和套筒 3 的结构。条料在凹模上沿两个导板 9 之间送进，碰到定位销 11 为止。凸模向下冲压时，冲下的零件(或废料)进入凹模孔，而条料则夹住凸模并随凸模一起回程向上运动。条料碰到卸料板 12 时(固定在凹模上)被推下，这样，条料继续在导板间送进。重复上述运作，冲下第二个零件。

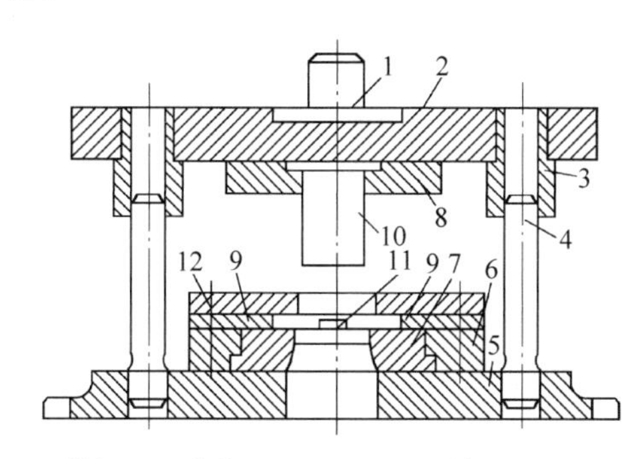

1—模柄；2—上模板；3—套筒；4—导柱；5—下模板；6,8—压板；7—凹模；
9—导板；10—凸模；11—定位销；12—卸料板。

图 5-52　简单冲模

2. 连续冲模

连续冲模结构及工作原理

连续冲模是在冲床的一次行程中，在模具不同部位上同时完成数道冲压工序的模具。如图 5-53 所示。工作时定位销 2 对准预先冲出的定位孔，上模向下运动，凸模 1 进行落料，凸模 4 进行冲孔。当上模回程时，卸料板 6 从凸模上推下残料。这时再将坯料 7 向前送进，执行第二次冲裁。如此循环进行，每次送进距离由挡料销控制。

3. 复合冲模

复合冲模结构及工作原理

复合冲模是在冲床的一次行程中，在模具同一部位上同时完成数道冲压工序的模具，如图 5-54 所示。复合模的最大特点是模具中有一个凸凹模 1。凸凹模的外圆是落料凸模刃口，内孔则成为拉深凹模。当滑块带着凸凹模向下运动时，条料首先在凸凹模 1 和落料凹模 5 中落料。落料件被下模当中的拉深凸模 7 顶住，滑块继续向下运动时，凹模随之向下运动进行拉深。顶出器 2 和卸料器 4 在滑块的回程中将拉深件 10 推出模具。复合模适用于产量大、精度高的冲压件。

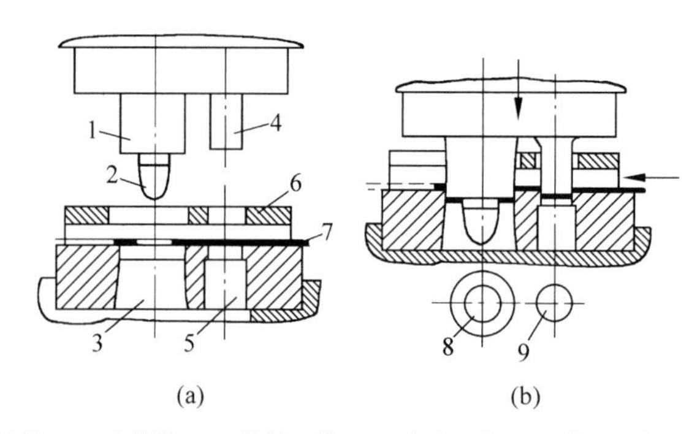

1—落料凸模；2—定位销；3—落料凹模；4—冲孔凸模；5—冲孔凹模；6—卸料板；
7—坯料；8—成品；9—废料。

图 5-53　连续冲模

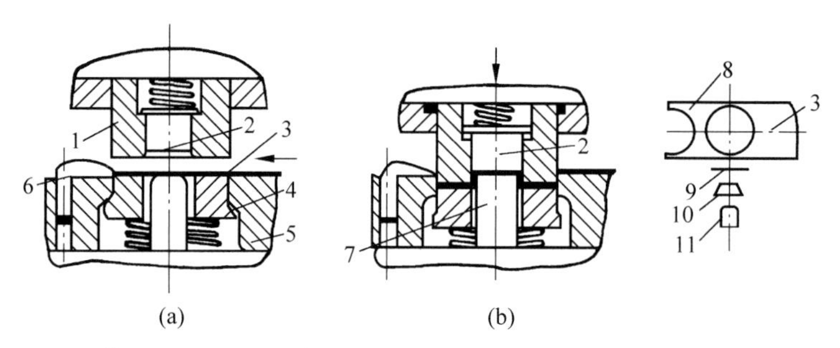

1—凸凹模；2—顶出器；3—条料；4—压板(卸料器)；5—落料凹模；6—挡料销；
7—拉深凸模；8—切余材料；9—坯料；10—拉深件；11—零件。

图 5-54　落料及拉深复合模

5.6.3　冲压工艺实例(冲压工艺卡)

表 5-4 是某设备上的 U 形托架的冲压工艺卡。该 U 形托架的材料为 08F 钢板。底部中心有一个 $\phi10$ 的孔，两侧边沿上分布有 4 个 $\phi5$ 的孔，用于固定零件。

该零件冲压成形过程共分三道工序：第一道工序冲 $\phi10$ 孔和落料复合；第二道工序是弯曲校正复合，采用带压边 U 形弯曲模进行，同时进行弯曲角和 4 个 $R1.5$ 圆角校正；第三道工序冲两侧边沿上的 4 个 $\phi5$ 孔。

工艺卡上详细列出了各工序的名称、工序内容、加工简图、所用设备及工艺装备等。

表 5-4　冲压工艺实例

(厂名)	冲压工艺卡	产品型号		零部件名称	U 形托架	共 页
		产品名称		零部件型号		第页
材料牌号及规格	材料技术要求	坯料尺寸		每个坯料可制零件数	毛坯质量	辅助材料
08F		1.5mm×97.6mm×800mm		25		

续表

工序号	工序名称	工序内容	加 工 简 图	设备	工艺装备	工时
1	冲孔 落料	冲 φ10 孔和落料复合	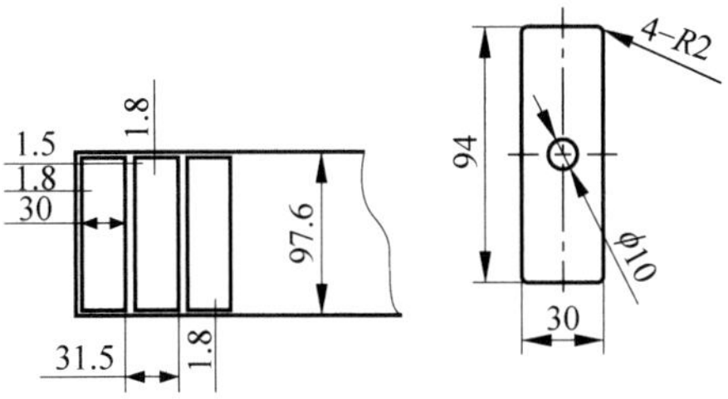	JC23—16	冲孔落料复合模	
2	弯曲 校正	带压边 U 形弯曲、校正	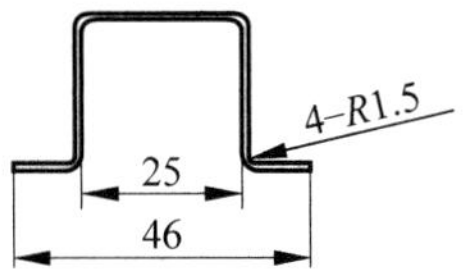	JC23—16	带压边 U 形弯曲模校正模	
3	冲孔	冲 4-φ5 孔	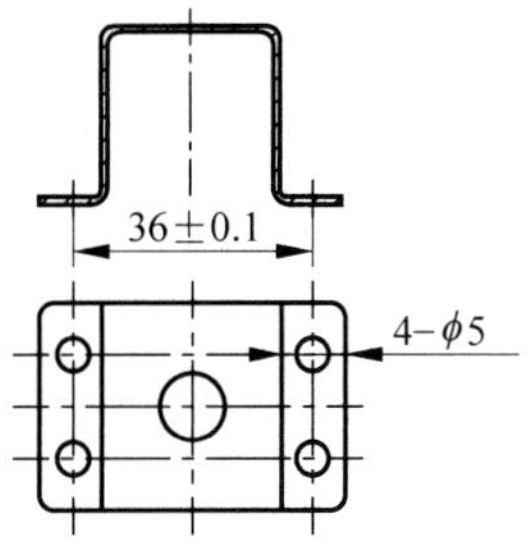	JC23—6.3	冲孔模	
4	检验	按零件图检验				

									绘制 （日期）	审核 （日期）	会签 （日期）	
标记	处数	更改文件号	签字	日期	标记	处数	更改文件号	签字	日期			

5.7 塑性成形件结构工艺性

5.7.1 锻件结构工艺性

1. 自由锻件结构工艺性

设计自由锻件时，除应满足使用性能外，还必须考虑自由锻设备和工具的特点，零件结构要符合自由锻的工艺性要求。锻件结构合理，可达到锻造方便、节约金属、保证锻件质量和提高生产率的目的。

(1) 从工艺角度衡量锻件上具有锥体或斜面的结构是不合理的(见图 5-55(a))。因为锻造这种结构，必须制造专用工具，锻件成形也比较困难，使工艺过程复杂化，操作很不方便，影响设备的使用效率，所以要尽量避免，并改进设计，如图 5-55(b)所示。

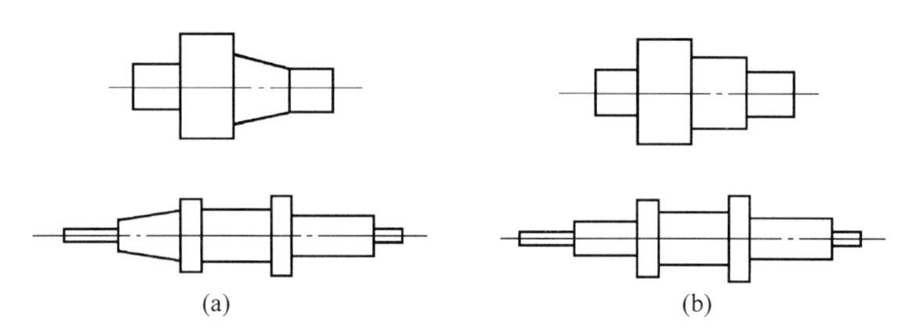

图 5-55 轴类锻件结构

(2) 锻件由数个简单几何体构成时，几何体的交接处不应形成空间曲线，如图 5-56(a)所示结构。这种结构锻造成形极为困难，应改成平面与圆柱、平面与平面相接(见图 5-56(b))，消除空间曲线结构，使锻造成形容易。

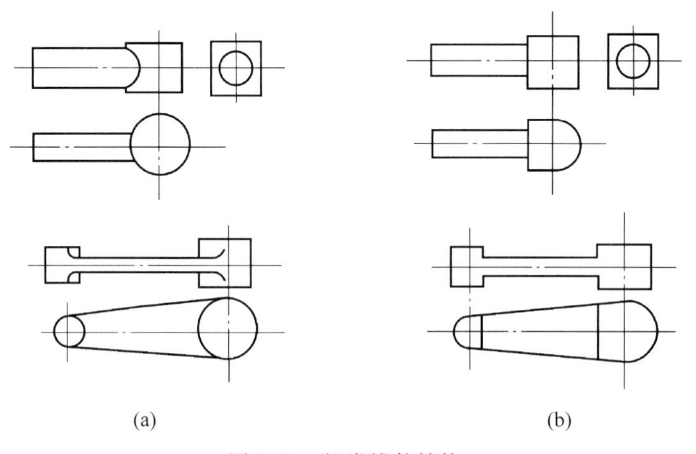

图 5-56 杆类锻件结构

(3) 自由锻件上不应设计出加强筋、凸台、工字形截面或空间曲线形表面，如图 5-57(a)所示。该种结构难以用自由锻方法获得。如果采用特殊工具或特殊工艺措施来生产，必将降低生产率，增加产品成本。将锻件结构改成如图 5-57(b)所示结构，则工艺性好，并可提高经济效益。

(4) 锻件的横截面积有急剧变化或形状较复杂结构时，应设计成由几个简单件构成的组合体，如图 5-58(a)所示。每个简单件锻制成形后，再用焊接或机械连接方式构成整体零件，如图 5-58(b)所示。

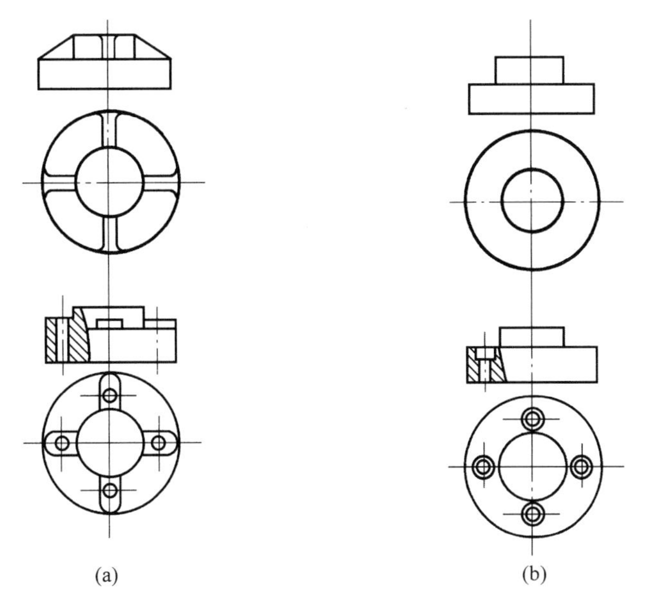

图 5-57　盘类锻件结构

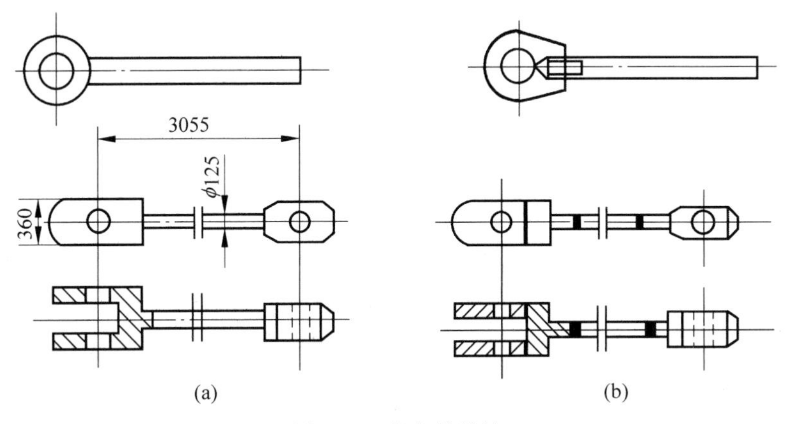

图 5-58　复杂件结构

2. 模锻件结构工艺性

(1) 模锻零件必须具有一个合理的分模面，以保证模锻件易于从锻模中取出、敷料最少、锻模容易制造。

(2) 由于模锻件尺寸精度高和表面粗糙度低，零件上只有与机件配合的表面，才需进行机械加工，其他表面均应设计为非加工表面。零件上与锤击方向平行的非加工表面，应设计出模锻斜度。非加工表面所形成的角都应按模锻圆角设计。

(3) 零件外形力求简单、平直和对称。尽力避免零件截面间差别过大或具有薄壁、高筋、凸起等结构。图 5-59(a)所示零件的最小截面与最大截面之比如小于 0.5,就不宜采用模锻方法制造。此外,该零件的凸缘薄而高,中间凹下很深也难于用模锻方法锻制。图 5-59(b)所示零件扁而薄,模锻时薄的部分金属容易冷却,不易充满模膛。图 5-59(c)所示零件有一个高而薄的凸缘,使锻模的制造和取出锻件都很困难。假如,在对零件功用无影响的情况下,改为图 5-59(d)的形状,锻制成形就很容易了。

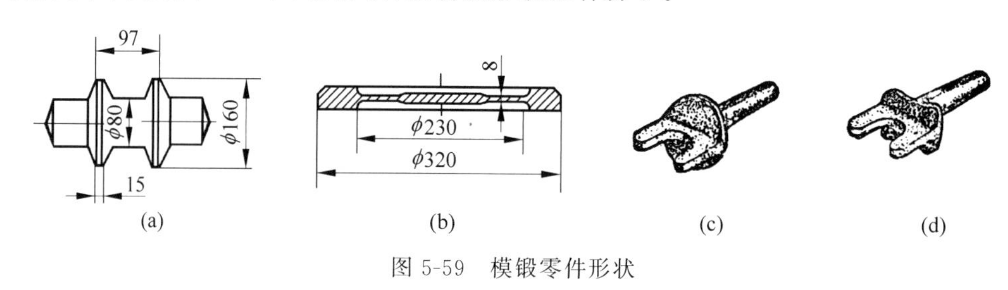

图 5-59　模锻零件形状

(4) 在零件结构允许的条件下,设计时尽量避免有深孔或多孔结构。图 5-60 所示零件上 4 个 20mm 的孔就不能锻出。只能用机械加工成形。

(5) 在可能条件下,应采用锻—焊组合工艺,以减少敷料、简化模锻工艺(见图 5-61)。

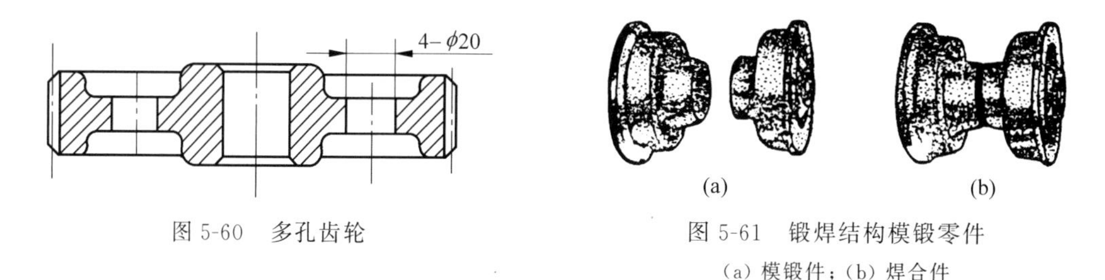

图 5-60　多孔齿轮

图 5-61　锻焊结构模锻零件
(a) 模锻件;(b) 焊合件

5.7.2　冲压件结构工艺性

冲压件的设计不仅要保证具有良好的使用性能,而且也要具有良好的工艺性能,从而达到减少材料的消耗、延长模具寿命、提高生产率、降低成本及保证冲压件质量等目的。

影响冲压件工艺性的主要因素有:冲压件的形状、尺寸、精度及材料等。

1. 冲压件的形状与尺寸

1) 落料和冲孔件

(1) 落料件的外形和冲孔件的孔形。应力求简单、对称,尽可能采用圆形、矩形等规则形状。同时应避免长槽与细长悬臂结构。否则制造模具困难、模具寿命低。图 5-62 所示零件为工艺性很差的落料件。

(2) 孔及其有关尺寸。如图 5-63 所示,冲圆孔时,孔径不得小于材料厚度 S。方孔的每边长不得小于 $0.9S$,孔与孔之间、孔与工件边缘之间的距离不得小于 S,外缘凸出或凹进的尺寸不得小于 $1.5S$。

(3) 冲孔件或落料件上直线与直线、曲线与直线的交接处，均应用圆弧连接。以避免尖角处因应力集中而被冲模冲裂。

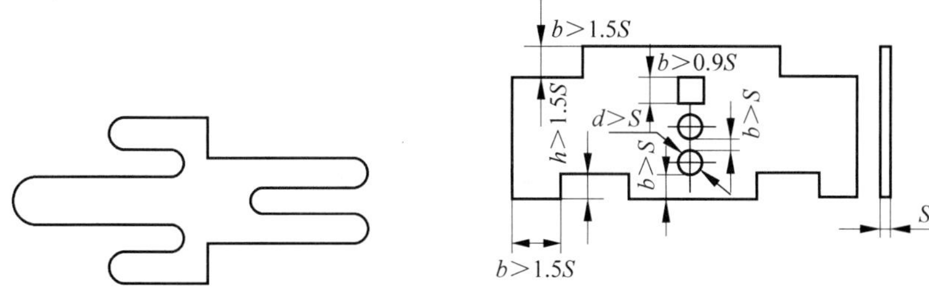

图 5-62　不合理的落料件外形　　图 5-63　冲孔件尺寸与厚度的关系

(4) 冲裁件的排样。排样是指落料件在条料、带料或板料上进行合理布置的方法。排样合理可使废料最少，材料利用率大。图 5-64 给出了同一个冲裁件采用四种不同的排样方式时材料消耗的对比。落料件的排样有两种类型：无搭边排样和有搭边排样。

无搭边排样是用落料件形状的一个边作为另一个落料件的边缘(见图 5-64(d))。这种排样，材料利用率很高。但毛刺不在同一个平面上，而且尺寸不准确。因此，只有对冲裁件质量要求不高时才采用；有搭边排样是在各个落料件之间均留有一定尺寸的搭边。其优点是毛刺小，而且在同一个平面上，冲裁件尺寸准确，质量较高，但材料消耗多。

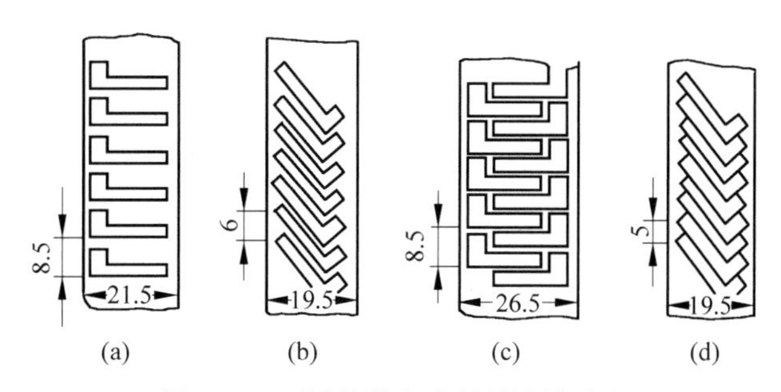

图 5-64　不同排样方式材料消耗对比

(a) 182.7mm^2；(b) 117mm^2；(c) 112.63mm^2；(d) 97.5mm^2

2) 弯曲件

(1) 弯曲件形状应尽量对称，弯曲半径不能小于材料允许的最小弯曲半径，并应考虑材料纤维方向，以免成形过程中弯裂。

(2) 弯曲边过短，不易弯曲成形，故应使弯曲边的平直部分 $H>2S$(见图 5-65)。如果要求 H 很短，则需先留出适当的余量，以增大 H，弯好后再切去多余材料。

(3) 弯曲带孔件时，为避免孔的变形，孔的位置应如图 5-66 所示。图中 $L>(15\sim2)S$。

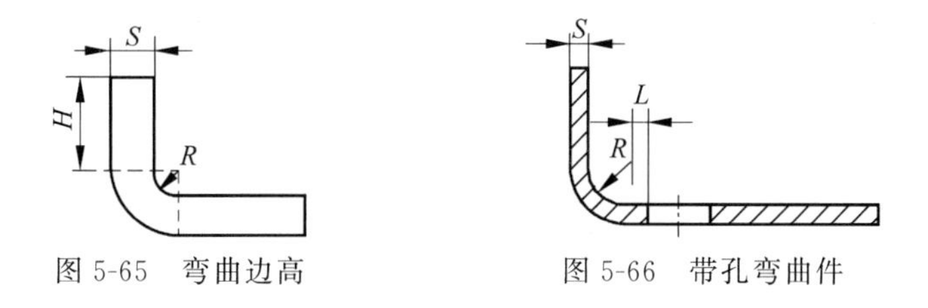

图 5-65　弯曲边高　　图 5-66　带孔弯曲件

3）拉深件

（1）拉深件外形应简单、对称，且不宜太高，以便使拉深次数尽量少，并容易成形。

（2）拉深件的圆角半径在不增加工艺程序的情况下，最小许可半径如图 5-67 所示。否则必将增加拉深次数和整形工序、增多模具数量、容易产生废品和提高成本。

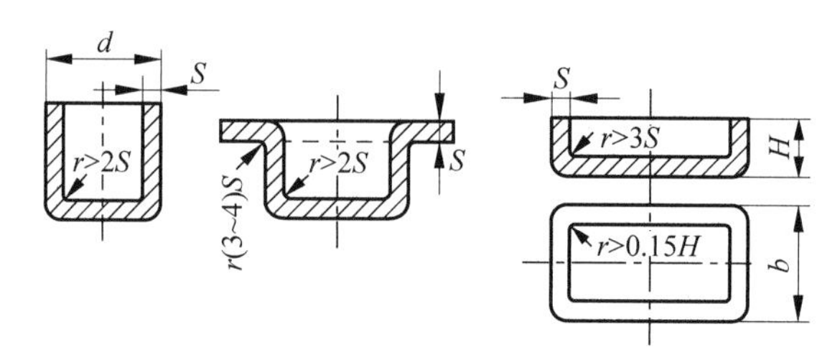

图 5-67　拉深件最小允许半径

2. 改进结构、简化工艺、节省材料

（1）采用冲焊结构。对于形状复杂的冲压件，可先分别冲制若干个简单件，然后焊成整体件（见图 5-68）。

（2）采用冲口工艺，以减少组合件数量。如图 5-69 所示，原设计用三个件铆接或焊接组合，现采用冲口工艺（冲口、弯曲）制成整体零件，可以节省材料、简化工艺过程。

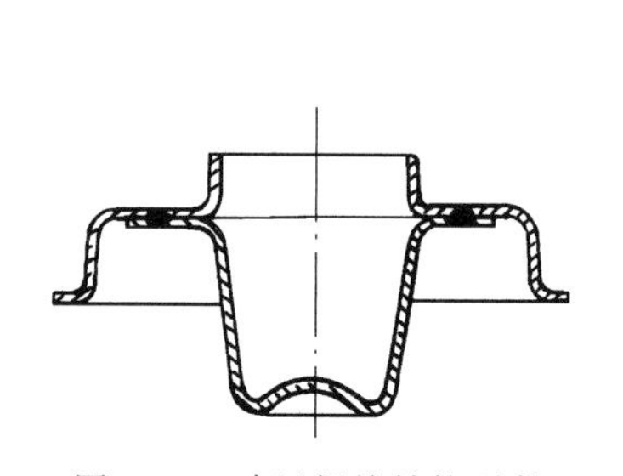

图 5-68　冲压焊接结构零件

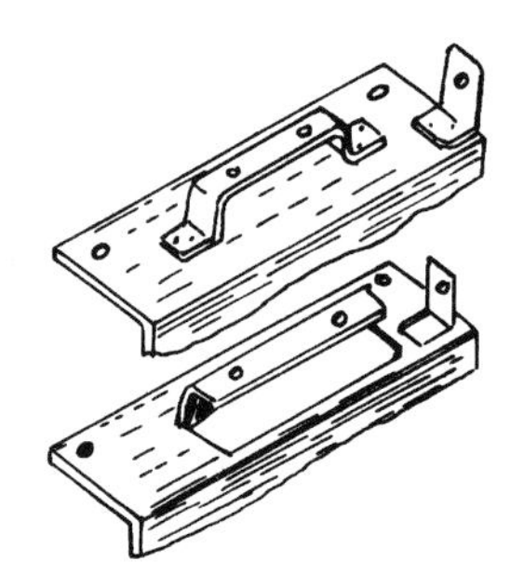

图 5-69　冲口工艺的应用

（3）在使用性能不变的情况下，应尽量简化拉深件结构，以便减少工序、节省材料、降低成本。如消声器后盖零件结构，原设计如图 5-70（a）所示，经过改进后如图 5-70（b）所示。结果冲压加工由八道工序降为二道工序，材料消耗减少 50%。

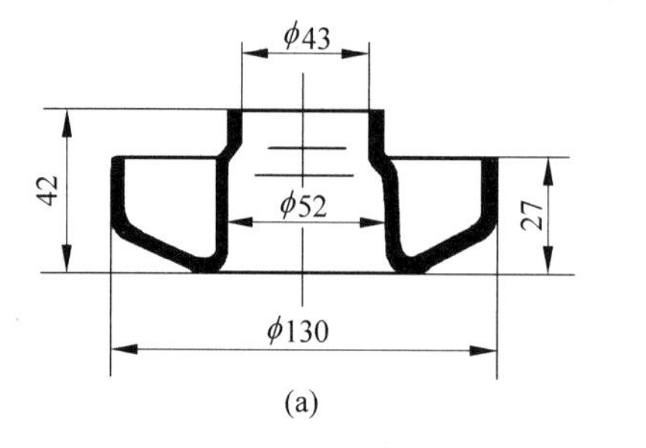

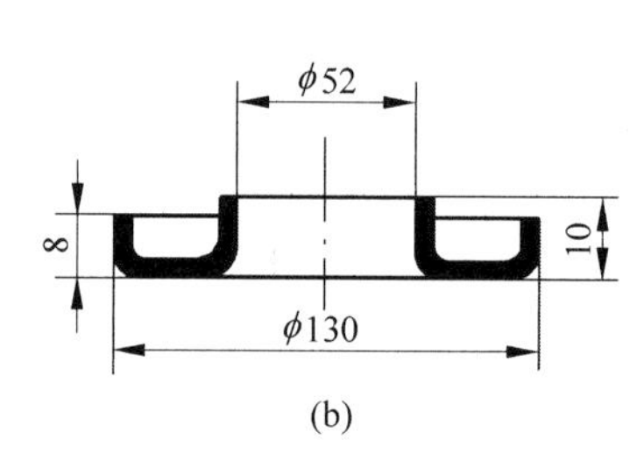

图 5-70　消声器后盖零件结构

（a）改进前；（b）改进后

3. 冲压件的厚度

在强度、刚度允许的条件下，应尽可能采用较薄的材料来制作零件，以减少金属的消耗。对局部刚度不够的地方，可采用加强筋措施，以实现薄材料代替厚材料，如图5-71所示。

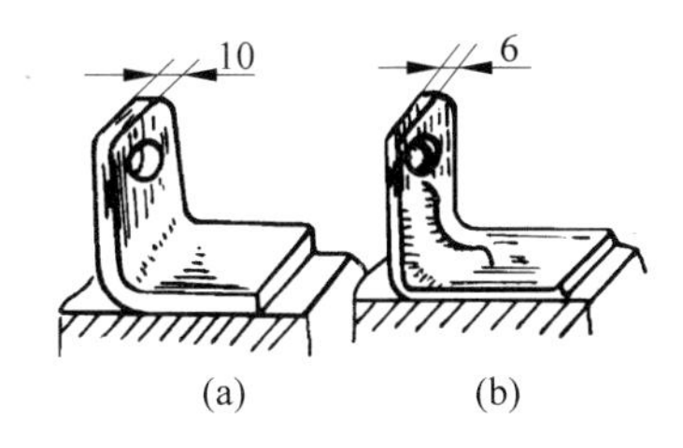

图5-71　使用加强筋举例
(a) 无加强筋；(b) 有加强筋

5.8 特种塑性成形方法

5.8.1 轧制成形

轧制(rolling)方法除了生产型材、板材和管材外，也用它生产各种零件，在机械制造中得到了越来越广泛的应用。零件的轧制具有生产率高、质量好、成本低，并可大量减少金属材料消耗等优点。

根据轧辊轴线与坯料轴线方向的不同，轧制分为纵轧、横轧、斜轧等。

1. 纵轧

纵轧是轧辊轴线与坯料轴线互相垂直的轧制方法。包括各种型材轧制、辊锻轧制、辗环轧制等。

1）辊锻轧制

辊锻轧制是把轧制工艺应用到锻造生产中的一种新工艺。辊锻是使坯料通过装有圆弧形模块的一对相对旋转的轧辊时受压而变形的生产方法，如图5-72所示。既可作为模锻前的制坯工序，也可直接辊锻锻件。

2）辗环轧制

辗环轧制是用来扩大环形坯料的外径和内径，从而获得各种环状零件的轧制方法。如图5-73所示。图中驱动辊由电动机带动旋转，利用摩擦力使坯料5在驱动辊和芯辊2之间受压变形。驱动辊还可由油缸推动作上下移动，改变1、2两轧辊间的距离，使坯料厚度逐渐变小、直径增大。导向辊3用以保持坯料正确运送。信号辊4用来控制环件直径。当环坯直径达到需要值与信号辊4接触时，信号辊旋转传出信号，使轧辊1停止工作。

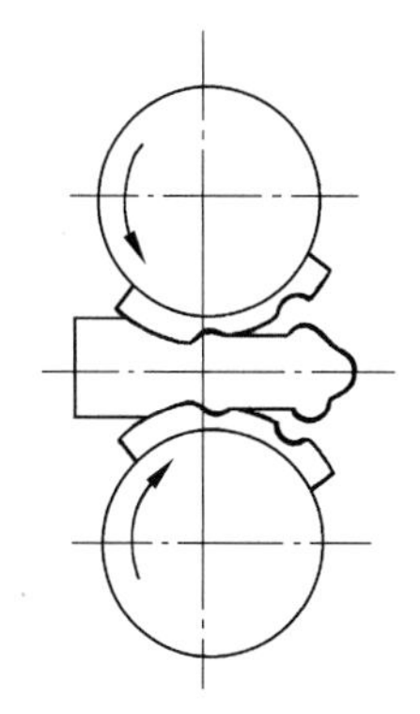

图5-72　辊锻示意图

这种方法生产的环类件，其横截面可以是各种形状的。如火车轮箍、轴承座圈、齿轮及法兰等。

2. 横轧

横轧是轧辊线与坯料轴线互相平行的轧制方法。如齿轮轧制等。

齿轮轧制是一种无屑或少屑加工齿轮的新工艺。直齿轮和斜齿轮均可用热轧制造，如图 5-74 所示。在轧制前将毛坯外缘加热，然后将带齿形的轧轮 2 做径向进给，迫使轧轮与毛坯 1 对辗。在对辗过程中，毛坯上一部分金属受压形成齿谷，相邻部分的金属被轧轮齿部“反挤”而上升，形成齿顶。

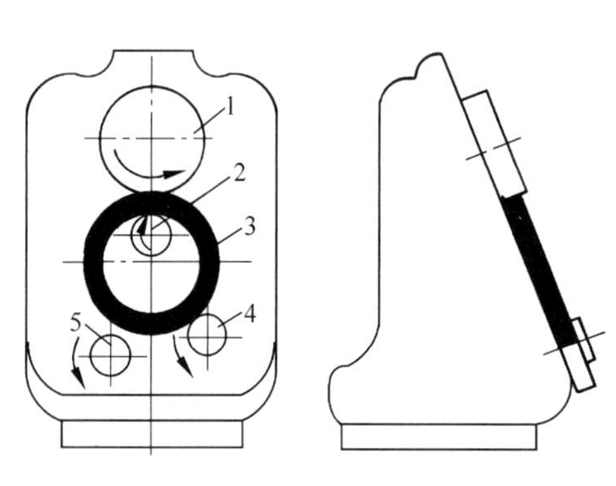

1，2—轧辊；3—坯料；4—导向辊；5—信号辊。

图 5-73 辗环轧制示意图

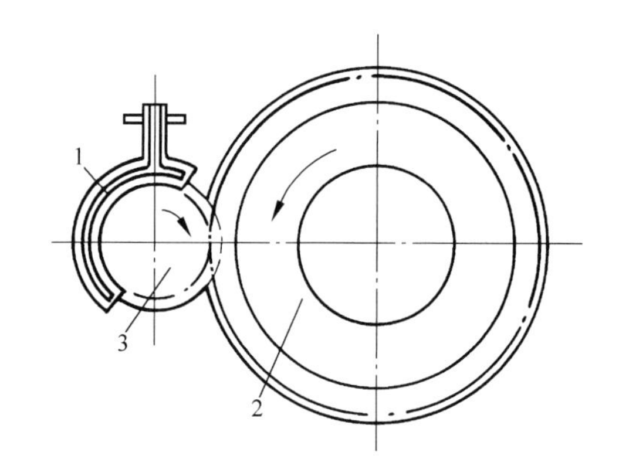

1—感应加热器；2—轧轮；3—毛坯。

图 5-74 热轧齿轮示意图

3. 斜轧

斜轧亦称“螺旋斜轧”。它是轧辊轴线与坯料轴线相交一定角度的轧制方法。如钢球轧制(见图 5-75(a))、周期轧制(见图 5-75(b))、冷轧丝杠等。

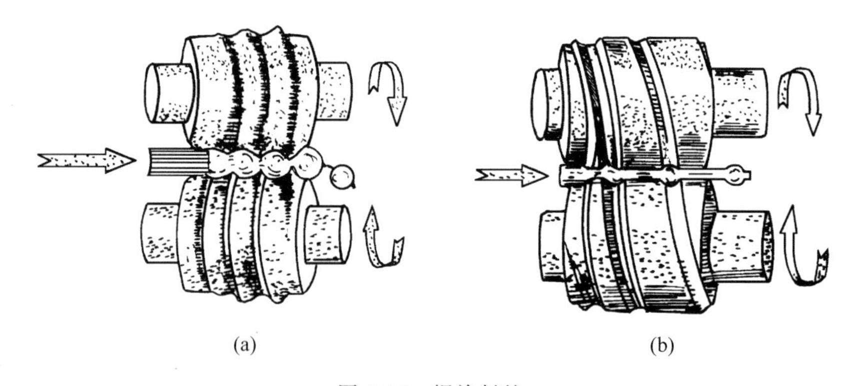

图 5-75 螺旋斜轧

(a) 钢球轧制；(b) 周期轧制

螺旋斜轧钢球(见图 5-75(a))是使棒料在轧辊间螺旋型槽里受到轧制，并被分离成单球。轧辊每转一周即可轧制出一个钢球。轧制过程是连续的。

5.8.2　挤压成形

1. 挤压成形的特点

挤压(extrusion)是使坯料在挤压模中受强大的压力作用而变形的加工方法。

2. 挤压成形的种类

挤压成形主要有以下几种形式：

(1) 正挤压。挤压模出口处金属流动方向与凸模运动方向相同，如图 5-76 所示。

(2) 反挤压。挤压模出口处金属流动方向与凸模运动方向相反，如图 5-77 所示。

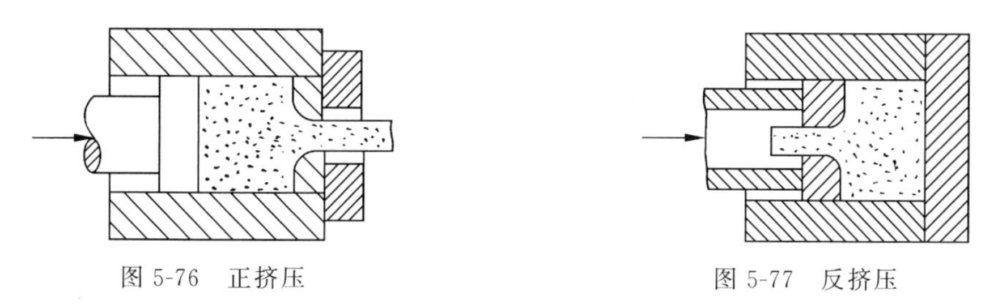

图 5-76　正挤压　　　图 5-77　反挤压

(3) 复合挤压。挤压过程中，在挤压模的不同出口处，有的金属流动方向与凸模运动方向相同，而有的金属流动方向与凸模运动方向相反，如图 5-78 所示。

(4) 径向挤压。挤压模出口处金属朝径向流动，如图 5-79 所示。

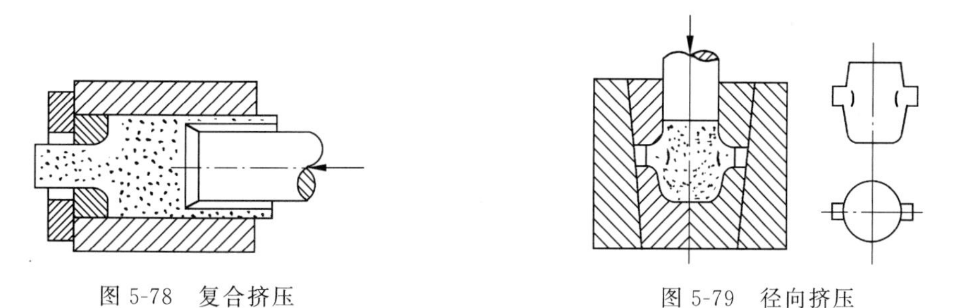

图 5-78　复合挤压　　　图 5-79　径向挤压

(5) 静液挤压。如图 5-80 所示，静液挤压时凸模与坯料不直接接触，而是给液体施加压力(压力可达 3.04×10^8 Pa 以上)，再经液体传给坯料，使金属通过凹模而成形。由于静液挤压在坯料侧面无通常挤压时存在的摩擦，所以变形较均匀，可提高一次挤压的变形量。挤压力也较其他挤压方法小 10%～50%。

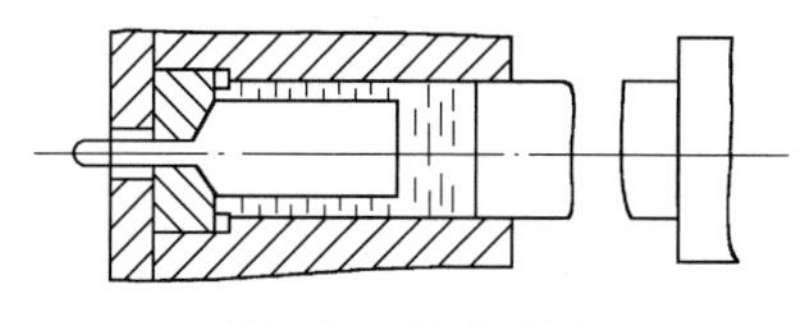

图 5-80　静液挤压

静液挤压可用于低塑性材料，如铍、钽、铬、钼、钨等金属及其合金的成形。对常用材料可采用大变形量（不经中间退火）一次挤成线材和型材。静液挤压法已用于挤制螺旋齿轮（圆柱斜齿轮）及麻花钻等形状复杂的零件。

5.8.3 拉拔成形

拉拔(drawing)是将金属坯料拉过拉拔模的模孔，使其变形的塑性加工方法，如图 5-81 所示。拉拔过程中坯料在拉拔模内产生塑性变形，通过拉拔模后，坯料的截面形状和尺寸与拉拔模模孔出口相同。目前的拉拔形式主要有线材拉拔、棒料拉拔、型材拉拔和管材拉拔。

线材拉拔主要用于各种金属导线（工业用金属线以及电器中常用的漆包线）的拉制成形。此时的拉拔也称为“拉丝”。拉拔生产的最细的金属丝直径可达 0.01mm 以下。

拉拔生产的棒料可有多种截面形状，如圆形、方形、矩形、六角形等。

型材拉拔多用于特殊截面或复杂截面形状的异形型材（见图 5-82）生产。

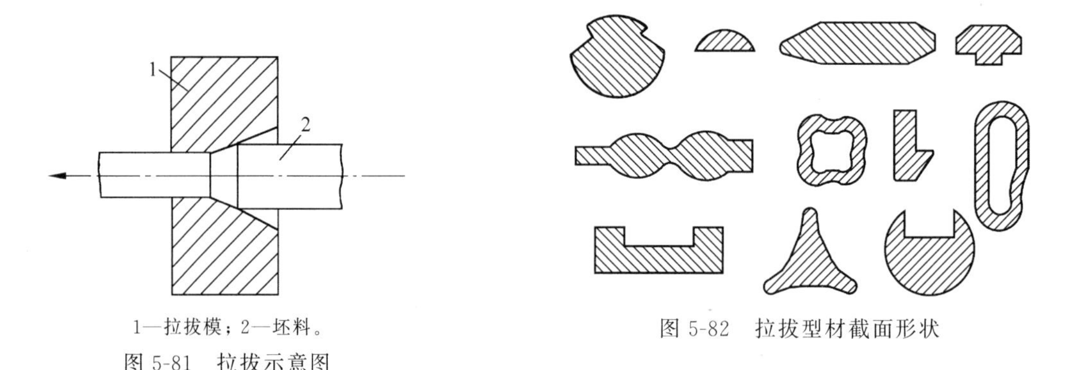

1—拉拔模；2—坯料。

图 5-81　拉拔示意图

图 5-82　拉拔型材截面形状

管材拉拔以圆管为主，也可拉制椭圆形管、矩形管和其他截面形状的管材。当需要管壁厚度不变或变薄时，也必须加芯棒来控制壁管的厚度，如图 5-83 所示。

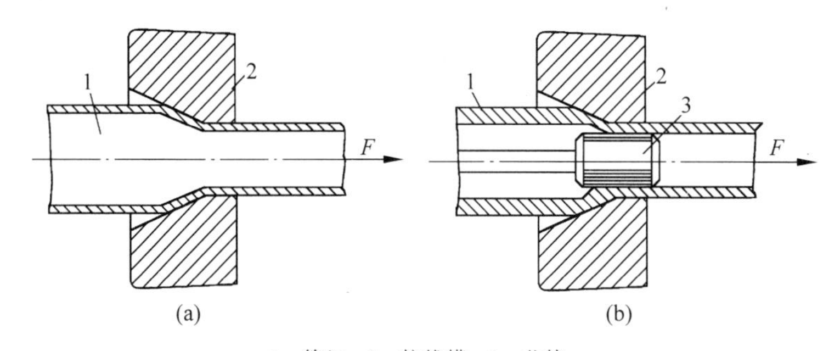

1—管坯；2—拉拔模；3—芯棒。

图 5-83　管材拉拔

(a) 不加芯棒；(b) 加芯棒

5.8.4 摆动辗压成形

摆动辗压(rotary forging)是利用一个绕中心轴摆动的圆锥形模具对坯料局部加压的工

艺方法,如图 5-84 所示。具有圆锥面的上模 1、中心线 OZ 与机器主轴中心线 OM 相交成 α 角,此角称为摆角。当主轴旋转时,OZ 绕 OM 旋转,使上模产生摆动。同时,滑块 3 在油缸作用下上升,对坯料 2 旋压。这样上模母线在坯料表面连续不断地滚动,最后达到使坯料整体变形的目的。图中下部阴影部分为上模与坯料的接触面积。

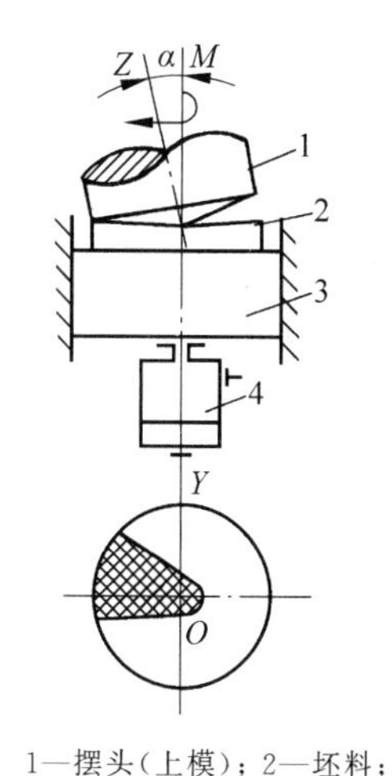

1—摆头(上模);2—坯料;3—滑块;4—进给油缸。

图 5-84　摆动辗压工作原理

摆动辗压主要适用于加工回转体饼盘类或带法兰的半轴类锻件。如汽车后半轴、扬声器导磁体、止推轴承圈、碟形弹簧、齿轮和铣刀毛坯等。

5.8.5　特种锻造成形

1. 精密锻造成形

精密锻造成形(precision forging)技术,是指在零件基本成形后,只需少许加工或无须加工就可以使用的零件成形技术,又称“近净成形技术”。

1) 热精锻工艺

锻造温度在再结晶温度之上的精密锻造工艺称为热精锻。热精锻材料变形抗力低、塑性好,容易成形比较复杂的工件。热精锻常用的工艺方法为闭式模锻。图 5-85 所示为涡轮盘铝合金精锻件。

2) 冷精锻工艺

冷精锻是在室温下进行的精密锻造工艺。毛坯是在封闭的模腔里,被挤压冲头推入型腔充填成形,如图 5-86 所示。成形精度主要决定于模腔的加工精度,并受到模具弹性变形的影响。冷精锻工艺工件形状和尺寸较易控制,可以避免高温带来的误差;工件强度和精度高,表面质量好。冷锻成形过程中,工件塑性差、变形抗力大,对模具和设备要求高,而且很难成形结构复杂的零件。

图 5-85　涡轮盘铝合金精锻件

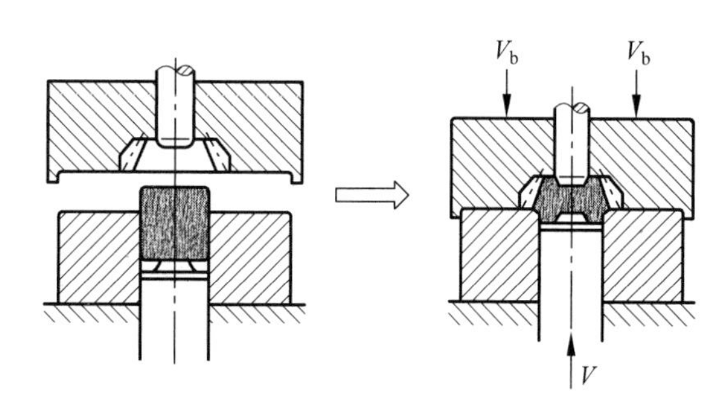

图 5-86　伞齿轮闭式成形原理

3) 温精锻工艺

温精锻是在再结晶温度之下某个适合的温度下进行的精密锻造工艺。温精锻成形技术既突破了冷锻成形中变形抗力大,零件形状不能太复杂,需增加中间热处理和表面处理工步的局限性,又克服了热锻中因强烈氧化作用而降低表面质量和尺寸精度的问题。所以它同时具有冷锻和热锻的优点，且克服了二者的缺点。

4）等温精锻工艺

等温精锻是指坯料在趋于恒定的温度下模锻成形。等温精锻常用于航空航天工业中的钛合金、铝合金、镁合金等难变形材料的精密成形，近年来也用于汽车和机械工业有色金属的精密成形。等温锻造主要应用于锻造温度较窄的金属材料，尤其是对变形温度非常敏感的钛合金。

5）复合精锻工艺

随着精锻工件的日趋复杂以及精度要求提高，单纯的冷、温、热锻工艺已不能满足要求。复合精锻工艺将冷、温、热锻工艺进行缝合共同完成一个工件的锻造，能发挥冷、温、热锻的优点，摒弃冷、温、热锻的缺点。

随着成形零件工艺要求的不断提高，单一的精密锻造很难满足要求，需要采用复合成形工艺，将不同温度或不同工艺方法的锻造工艺结合起来，共同完成一个零件的加工制造。

2. 液态模锻成形

液态模锻(liquid forging)是将一定量的液态金属直接注入金属模膛，随后在压力的作用下，使处于熔融或半熔融状态的金属液发生流动并凝固成形，同时伴有少量塑性变形，从而获得毛坯或零件的加工方法。

液态模锻典型工艺流程如图 5-87 所示。此工艺一般化分为金属液和模具准备、浇注、合模施压、开模取件四个步骤。

液态模锻适用于各种形状复杂、尺寸精确的零件制造，在工业生产中应用广泛。如活塞、炮弹引信体、压力表壳体、波导弯头、汽车油泵壳体、摩托车零件等铝合金零件；齿轮、蜗轮、高压阀体等铜合金零件；钢平法兰、钢弹头、凿岩机缸体等碳钢、合金钢零件。

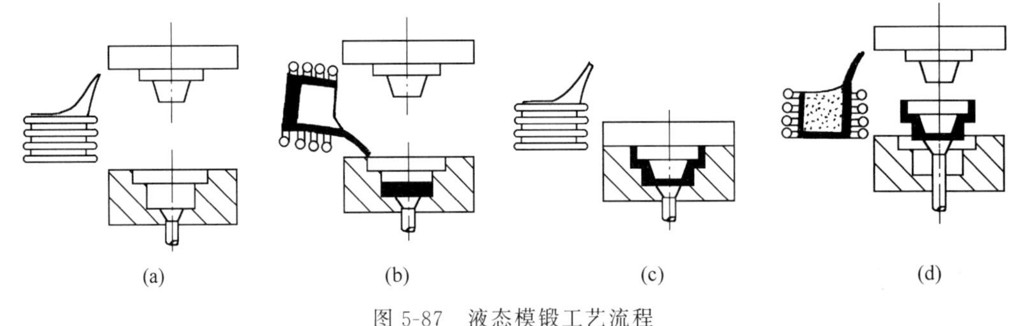

图 5-87 液态模锻工艺流程

(a) 熔化；(b) 浇注；(c) 加压；(d) 顶出

3. 粉末锻造成形

粉末锻造(powder forging)通常是指粉末烧结的预成形坯经加热后，在闭式模中锻造成零件的成形工艺方法。它是将传统的粉末冶金和精密锻造结合起来的一种新工艺。

粉末锻造的目的是把粉末预成形坯锻造成致密的零件。目前，常用的粉末锻造方法有粉末锻造、烧结锻造、锻造烧结和粉末冷锻几种，其基本工艺过程如图 5-88 所示。

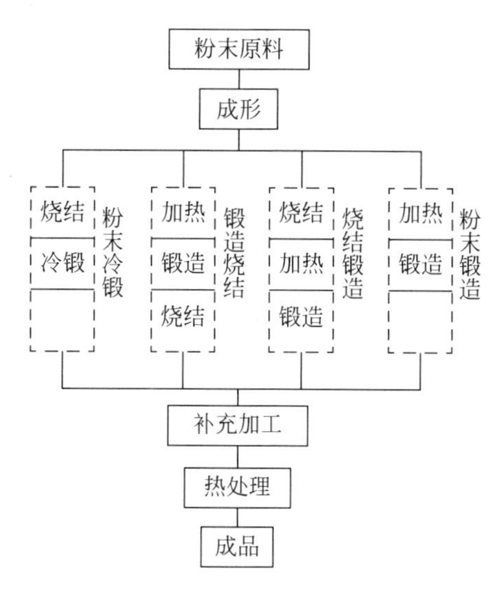

图 5-88 粉末锻造的基本工艺过程

表 5-5 给出了适于粉末锻造工艺生产的汽车零件。

表 5-5 适于粉末锻造工艺生产的汽车零件

零 件 类 别	零 件 名 称
发动机	连杆、齿轮、气门挺杆、交流电机转子、阀门、气缸衬套、环形齿轮
变速器(手动)	毂套、回动空转齿轮、离合器、轴承座圈同步器、各种齿轮
变速器(自动)	内座圈、压板、外座圈、制动装置、离合器凸轮、各种齿轮
底盘	后轴壳体端盖、扇形齿轮、万向轴、侧齿轮、轮箍、伞齿轮、环齿轮

5.8.6 特种板料成形

1. 旋压成形

旋压成形(spinning forming)也称“回转成形”是利用旋压机使坯料和模具以一定的速度共同旋转,并在滚轮的作用下使坯料在与滚轮接触的部位上产生局部变形,获得空心回转体零件的加工方法,如图 5-89 所示。

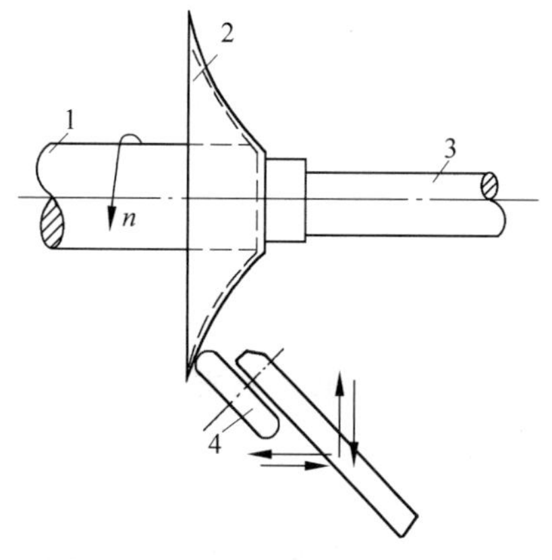

1—芯模;2—坯料;3—尾顶;4—旋轮。

图 5-89 旋压成形原理

旋压过程中,板厚基本保持不变,成形主要依靠坯料圆周方向与半径方向上的变形来实现。旋压过程中坯料外径有明显变化是其主要特征。普通旋压分为拉深旋压(见图 5-90(a))、缩径旋压(见图 5-90(b))和扩口旋压(见图 5-90(c))三种。

有一些形状复杂的零件和大型封头类零件

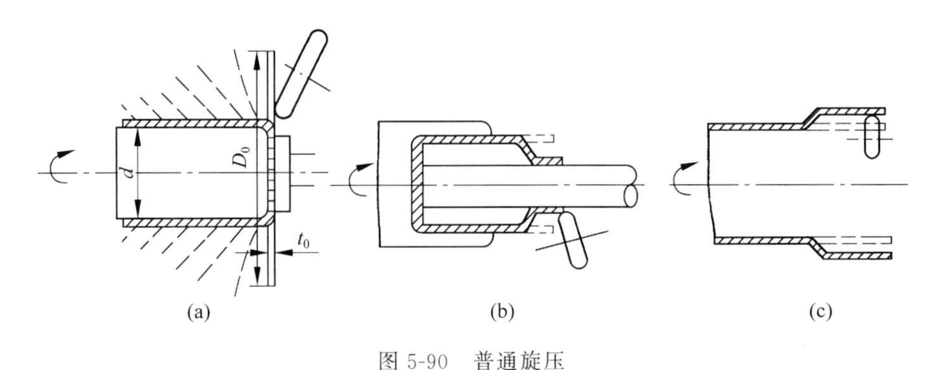

图 5-90 普通旋压

(a) 拉深旋压；(b) 缩径旋压；(c) 扩口旋压

(见图 5-91)冲压很难甚至无法成形，但却适合于旋压加工。例如，头部很尖的火箭弹锥形药罩、薄壁收口容器、带内螺旋线的猎枪管以及内表面有分散的点状突起的反射灯碗、大型锅炉及容器的封头等。典型的旋压件形状如图 5-92 所示。

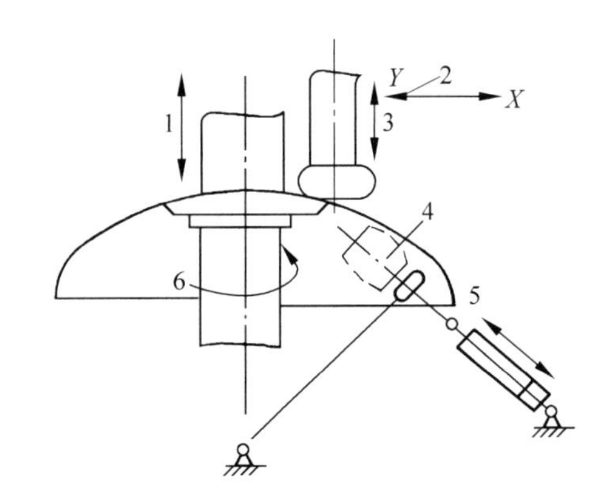

1—上压下缸上下动作；2—旋轮水平动作；3—旋转垂直动作；

4—成形辊转动；5—成形辊缸摆动；6—主轴转动。

图 5-91 大型封头旋压

2. 高能率成形

高能率成形(high-energy rate forming)是一种在极短时间内释放高能量使金属变形的成形方法。高能率成形主要包括爆炸成形、电液成形和电磁成形等几种形式。

1) 爆炸成形

爆炸成形(explosive forming)是利用爆炸物质在爆炸瞬间释放出的巨大化学能对金属坯料进行加工的高能率成形方法。

爆炸成形时，爆炸物质的化学能在极短时间内转化为周围介质(空气或水)中的高压冲击波，以脉冲波的形式作用于坯料，使其产生塑性变形并以一定速度贴模，完成成形过程。冲击波对坯料的作用时间为微秒级，仅占坯料变形时间的一小部分。这种高速变形条件，使爆炸成形的变形机理及过程与常规冲压加工有着根本性的差别。爆炸成形装置如图 5-93 所示。

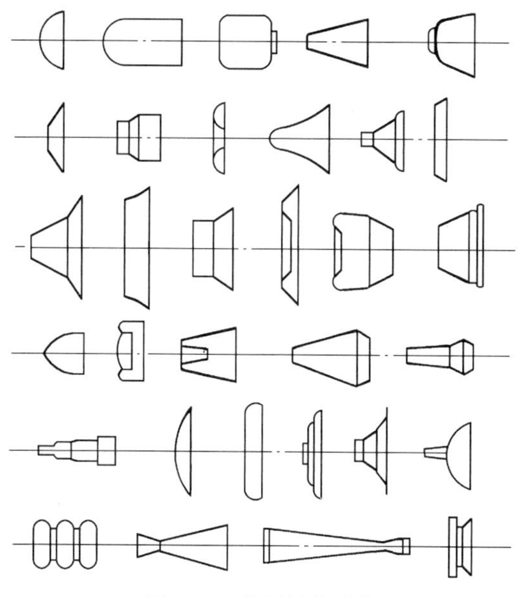

图 5-92　旋压件的形状

目前爆炸成形主要用于板材的拉深、胀形、校形等成形工艺。此外还常用于爆炸焊接、表面强化、管件结构的装配、粉末压制等方面。

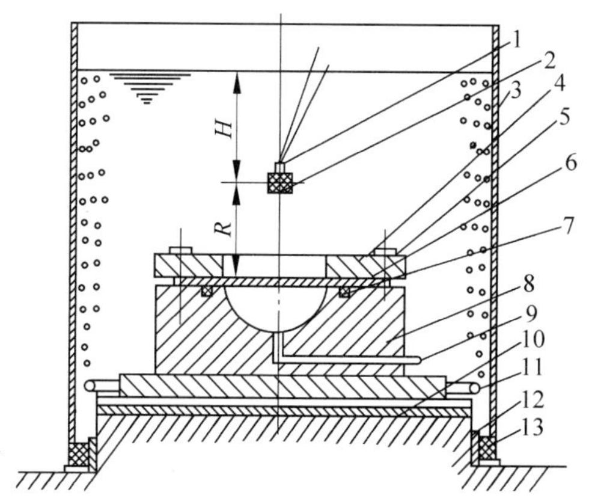

1—电雷管；2—炸药；3—水筒；4—压边圈；5—螺栓；6—毛坯；7—密封；8—凹模；9—真空管道；10—缓冲装置；11—压缩空气管路；12—垫环；13—密封。

图 5-93　爆炸拉深装置

2）电液成形

电液成形(electro-hydraulic forming)是利用液体中强电流脉冲放电所产生的强大冲击波对金属进行加工的高能率成形方法。

电液成形装置的基本原理如图 5-94 所示。该装置由两部分组成，即充电回路和放电回路。充电回路主要由升压变压器、整流器及充电电阻组成。放电回路主要由电容器、辅助间隙及电极组成。来自网路的交流电经升压变压器及整流变压器后变为高压直流电并向电容器充电。当充电电压达到所需值后，点燃辅助间隙，高压电瞬时加到两放电电极所形成的主放电间隙上，并使主间隙击穿，产生高压放电，在放电回路中形成非常强大的冲击电流，结果在电极周围介质中形成冲击波及液流冲击从而使金属坯料成形。

与爆炸成形相比，电液成形除了具有模具简单、零件精度高、能提高材料塑性变形能力等特点外，还具有电液成形时能量易于控制、成形过程稳定、操作方便、生产率高、便于组织生产等优点。电液成形主要用于板材的拉深、胀形、翻边、冲裁等。

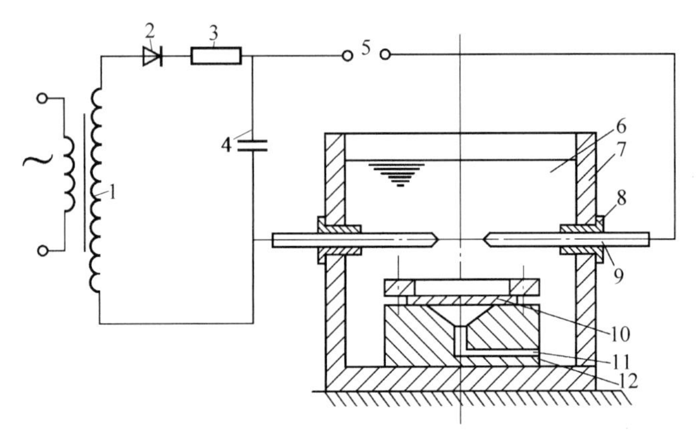

1—升压变压器；2—整流器；3—充电电阻；4—电容器；5—辅助间隙；6—水；7—水箱；8—绝缘体；9—电极；10—毛坯；11—抽气孔；12—凹模。

图 5-94 电液成形原理图

3）电磁成形

电磁成形(electromagnetic forming)是利用脉冲磁场对金属坯料进行塑性加工的高能率成形方法。电磁成形装置原理如图 5-95 所示。通过放电磁场与感应磁场的相互叠加，产生强大的磁场力，使金属坯料变形。与电液成形装置原理比较可见，除放电元件不同外，其他都是相同的。电液成形的放电元件为水介质中的电极，而电磁成形的放电元件为空气中的线圈。

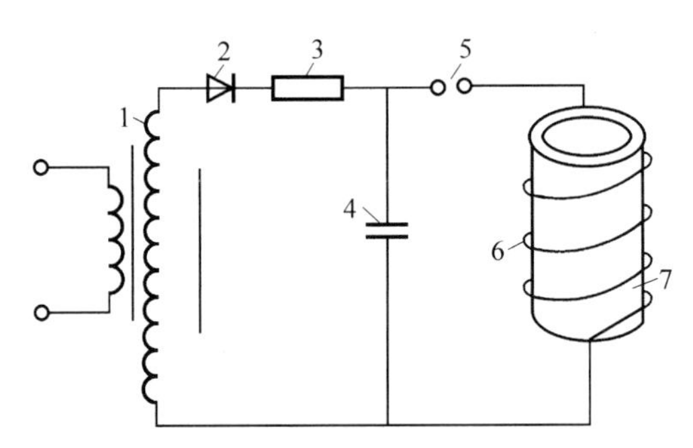

1—升压变压器；2—整流器；3—限流电阻；4—电容器；5—辅助间隙；6—工作线圈；7—毛坯。

图 5-95 电磁成形装置原理图

电磁成形除具有一般的高能成形特点外，还无须传压介质，可以在真空或高温条件下成形，能量易于控制，成形过程稳定，再现性强，生产效率高，易于实现机械化和自动化。

4. 充液拉深

充液拉深(fluid-filled drawing)是利用液体代替刚性凹模的作用所进行的拉深成形方法，如图 5-96 所示。高压液体进入凹模与坯料之间(见图 5-97)，会大大降低坯料与凹模之间的摩擦阻力，减少了拉深过程中侧壁的载荷。因此，极限拉深系数比普通拉深时小很多，时常可达 0.4～0.45。

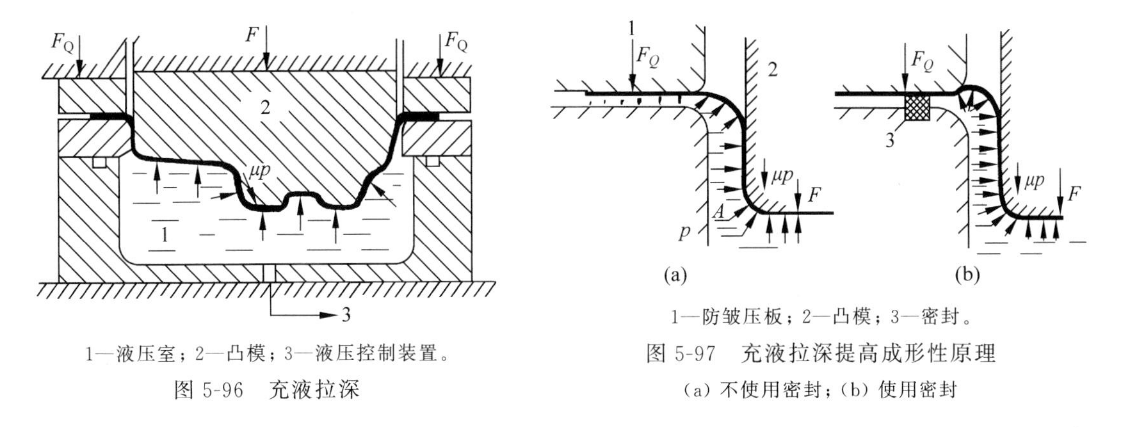

1—液压室；2—凸模；3—液压控制装置。

图 5-96 充液拉深

1—防皱压板；2—凸模；3—密封。

图 5-97 充液拉深提高成形性原理

(a) 不使用密封；(b) 使用密封

充液拉深主要应用于质量要求较高的深筒形件、锥形、抛物线形等复杂曲面零件、盒形件以及带法兰件的成形。近年来在汽车覆盖件的成形中也有应用。

5.8.7 超塑性成形

超塑性(super plasticity)是指金属或合金在特定条件下，即低的形变速率($\dot{\varepsilon}=10^{-4}\sim10^{-2}$/s)、一定的变形温度和均匀的细晶粒度(晶粒平均直径为 0.2～5μm)，其相对伸长率 A 超过 100%以上的特性。如钢超过 500%、纯钛超过 300%、锌铝合金超过 1000%。

目前常用的超塑性成形材料主要是锌铝合金、铝基合金、钛合金及高温合金。

(1) 板料冲压。如图 5-98 所示，零件直径较小，但很高。选用超塑性材料可以一次拉深成形，质量很好，零件性能无方向性。图 5-98(a)为拉深成形示意图。

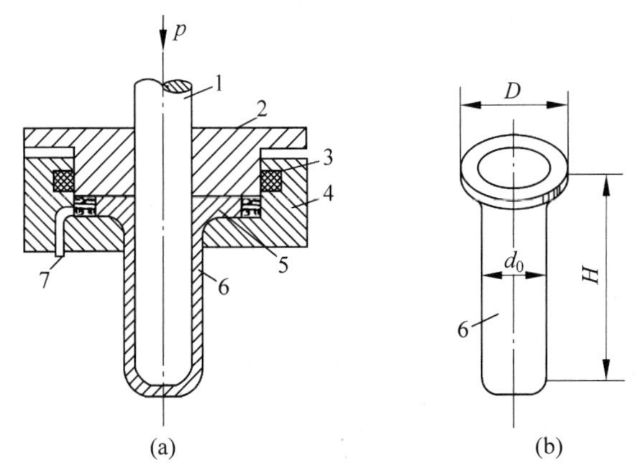

1—冲头(凸模)；2—压板；3—电热元件；4—凹模；5—坯料；6—工件；7—高压油孔。

图 5-98 超塑性板料拉深

(a) 拉深过程；(b) 工件

(2) 板料气压成形。如图 5-99 所示。超塑性金属板料放于模具中，把板料与模具一起加热到规定温度，向模具内充入压缩空气或抽出模具内的空气形成负压，板料将贴紧在凹模或凸模上，获得所需形状的工件。该方法可加工的板料厚度为0.4～4mm。

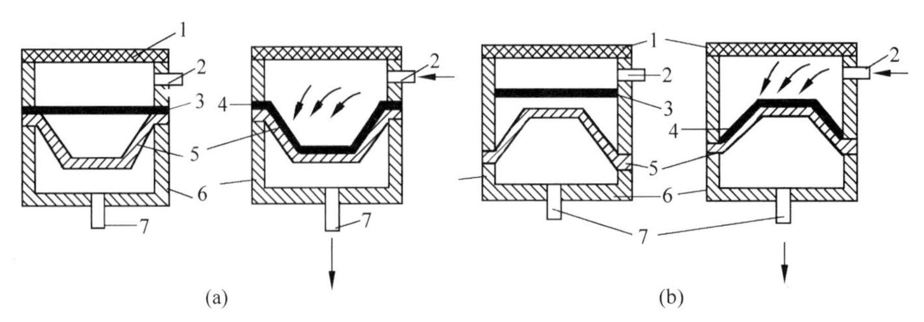

1—电热元件；2—进气孔；3—板料；4—工件；5—凹(凸)模；6—模框；7—抽气孔。

图5-99 板料气压成形

(a) 凹模内成形；(b) 凸模内成形

5.9 金属塑性成形新进展

5.9.1 塑性成形的数字化、柔性化、智能化

数字化、柔性化、智能化塑性加工方法，不需要设计、制造模具，而是使用逐次成形的方式直接制作零件。这种新的加工技术有别于传统的“先设计、制造模具，然后进行成形”的塑性加工技术，而是将数控技术、CAD技术和金属塑性成形技术相结合的先进成形技术。

1. 数控冲压

数控冲压(CNC stamping)是利用数字控制技术对板料进行冲压的加工方法。根据冲压件的结构和尺寸，按规定的格式、标准代码和相关数据编写出程序。冲压设备按程序顺序实现指令内容，自动完成冲压工作。

数控冲压设备称为数控冲床(亦称数控步冲压力机或数控转塔冲床)，如图5-100所示。由控制台、工作台、夹钳送料机构和装有多套模具的回转盘组成。回转盘中模具的套数称为工位数。工位数越多，数控冲床的工作能力(适应性)就越强。

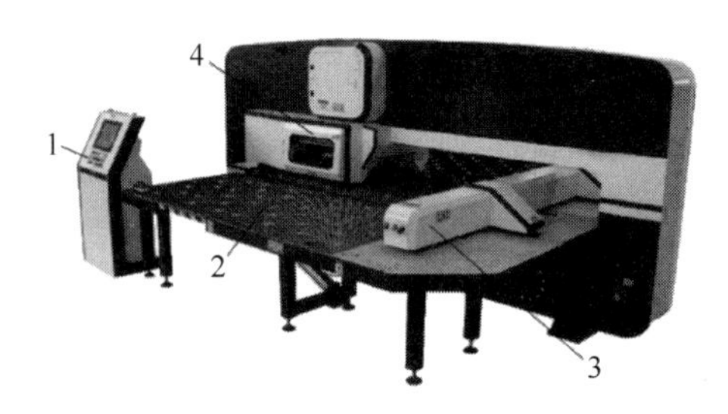

1—控制台；2—工作台；3—夹钳；4—转塔模具。

图5-100 数控步冲压力机

1) 数控冲床工作原理

数控转塔冲床(NCT)系统由电脑控制系统、机械或液压动力系统、伺服送料机构、模具

库、模具选择系统、外围编程系统等组成。通过编程软件(或手工)编制的加工程序,由伺服送料机构将板料送至需加工的位置,同时由模具选择系统选择模具库中相应的模具,液压动力系统按程序进行冲压,自动完成工件的加工。

板材通过气动系统由夹钳夹紧,并由工作台上的滚珠托住,以减小板料沿工作台在 X、Y 轴方向移动时的阻力。在控制台发出的指令控制下,板材待冲位准确移动至转塔模具冲压工作位置。同时控制回转盘转动,使选定的模具也到达冲压工作位置。此时,数控系统控制机床进行冲压加工,并按加工程序进行冲压工作,直到整个工件加工完成。

2) 数控冲压的应用

数控步冲压力机不仅可以进行单冲(冲孔、落料),浅成形(压印、翻边、开百叶窗等),也可以采用步冲方式,用简单的小冲模冲出大的圆孔、方孔、任意形状的曲线孔及轮廓步冲,还可以利用组合成形法冲压出较复杂的孔,如图 5-101 所示。数控冲床具有较强的通用性,特别适合多品种的中、小批量或单件的板料冲压,广泛应用于航空、航天、航海、汽车、仪表、电器、计算机、纺织机械等行业。

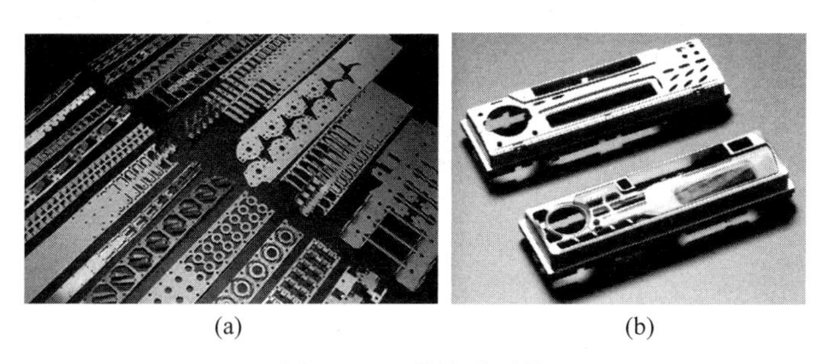

(a) (b)

图 5-101 数控冲压件

(a) 冲裁件;(b) 冲裁-成形零件

2. 数控多点成形

多点成形(multi-pint forming)是金属板材三维曲面成形的全新技术。多点成形中由基本体群冲头的包络面(或称成形曲面)来完成,如图 5-102 所示。

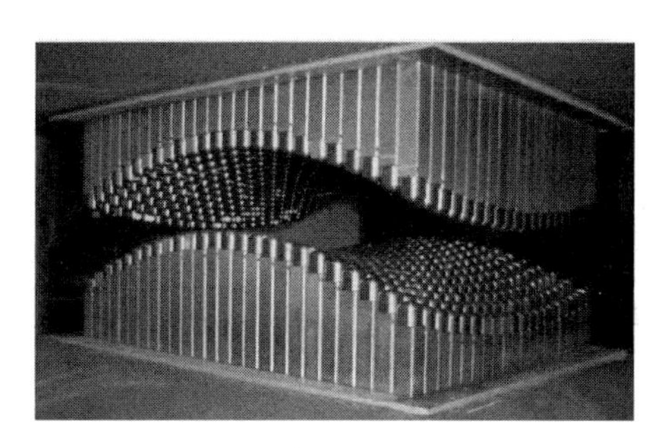

图 5-102 多点成形离散模具

1) 多点成形原理

多点模具成形法是在成形前把基本体调整到所需的适当位置,使基本体群形成制品曲面的包络面,而在成形时各基本体间无相对运动。其实质与模具成形基本相同,只是把模具分成离散点。这种成形方法的整个成形过程如图 5-103(a)、(b)、(c)所示。多点模具成形的主要特点是其装置简单，而且容易制作成小型设备。

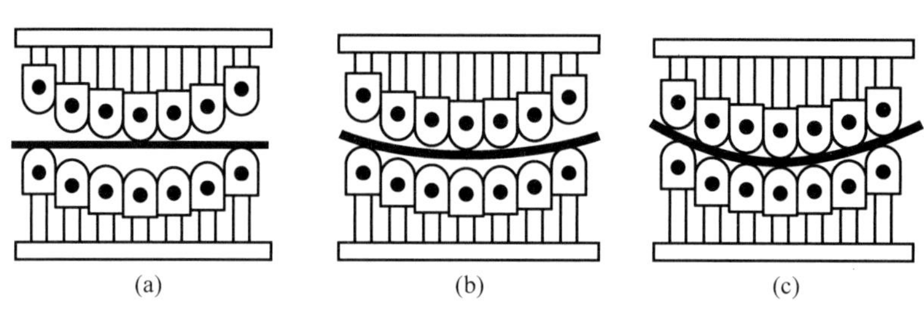

图 5-103　多点模具成形过程

(a) 成形开始；(b) 成形过程中；(c) 成形结束

2）多点成形系统的构成

基本的多点成形装备应由三大部分组成，即 CAD 软件系统、控制系统及多点成形主机，如图 5-104 所示。CAD 软件系统根据要求的成形件目标形状进行几何造型、成形工艺计算，将数据文件传给控制系统，控制系统根据这些数据控制压力机的调整机构，构造基本体群成形面，然后控制加载机构成形出所需的零件产品。

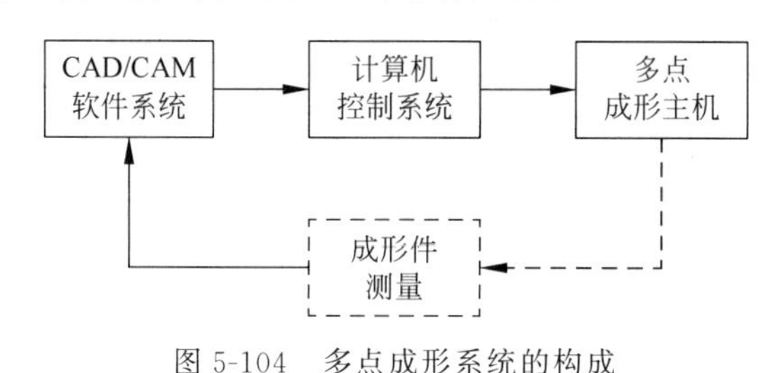

图 5-104　多点成形系统的构成

3）柔性成形控制系统

多点成形主机 CAD 软件系统根据要求的目标形状进行几何造型，多点成形工艺计算，并对多点成形过程进行有限元数值模拟，将无误的数据文件传给控制系统，控制系统根据此文件指挥多点成形压力机成形工件。

4）多点成形的应用

多点成形技术优点突出，可广泛应用于军用及民用产品的各种三维曲面件制造，特别是在飞机、汽车、船舶制造领域更具推广应用前景，如图 5-105 所示。以柔性装备代替传统模具进行板料成形，是现代制造领域的重要发展方向。随着多点成形技术的推广应用，将为各行各业用户创造巨大效益，并带动传统装备制造业的技术进步，提高我国机械制造业的技术自主创新能力及国际竞争力。

3. 数控渐进成形

金属板材数控渐进成形（incremental forming）技术是一种先进的柔性加工工艺，是根据工件形状生成的几何信息，用三轴数控设备控制成形工具头沿其运动轨迹对板材进行局部塑性加工，使板材逐步成形为所需工件的柔性加工技术。

1）渐进成形原理

渐进成形引入“分层制造”的思想，将复杂的三维数字模型沿高度方向分层，形成一系列

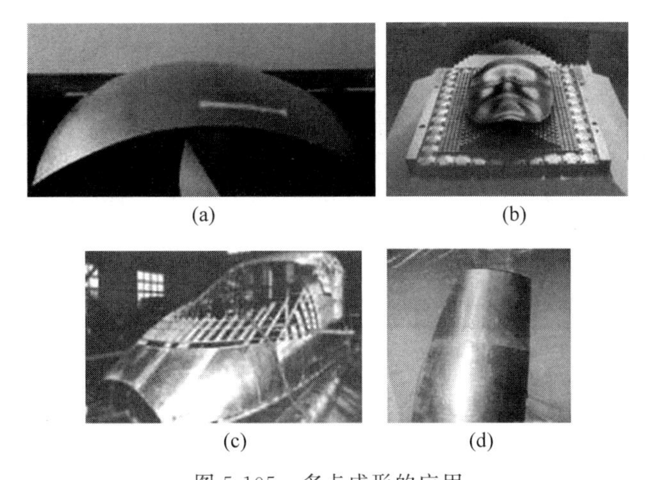

图 5-105　多点成形的应用

(a) 大型曲面成形件；(b) 人脸成形件；(c) 拼焊中的流线型车头；(d) 车头成形件

断面二维数据，并根据这些断面轮廓数据，从顶层开始逐层对板材进行局部的塑性加工；在计算机控制下，安装在三轴联动的数控成形机床上的成形压头，先走到模型的顶部设定位置，对板材压下设定的压下量，然后按照第一层断面轮廓，以等高线的方式，对板材施行渐进塑性加工。在模型顶部板材加工面形成第一层轮廓曲面后，成形压头再压下一个设定高度，沿第二层断面轮廓运动，并形成第二层轮廓曲面，如此重复直到整个工件成形完毕，如图 5-106 所示。

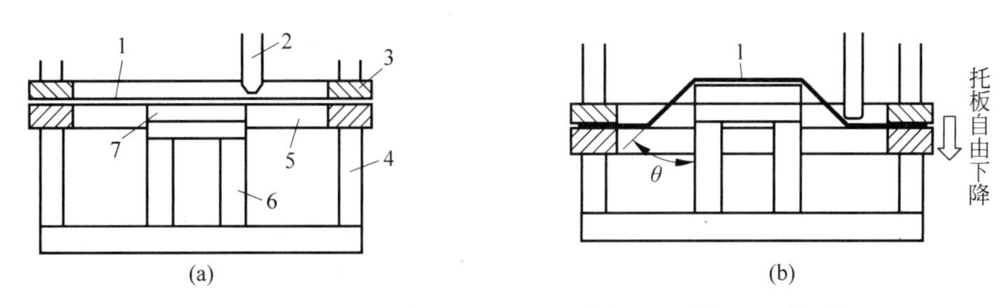

1—板材；2—工具头；3—夹板；4—导柱；5—托板；6—支架；7—支撑模型。

图 5-106　金属板材渐进成形原理图

(a) 板材成形前；(b) 板材成形中

2）数控渐进成形系统构成

金属板材数控渐进成形系统主要由成形工具头、支撑模型、导向装置、压边装置、机床本体及数控系统组成。

3）渐进成形的特点及应用

金属板料数控渐进成形技术突破了传统的板料塑性加工概念，涉及力学、塑性成形技术、数控技术、计算机技术、CAD/CAM 和摩擦学等。金属板料数控渐进成形的典型产品如图 5-107 所示。

金属板料数控渐进成形法从建立三维模型到加工工件全部采用数字化技术，加工薄板成形件不需要制作模具，节省了大量资金和时间，很适合于新产品的快速开发、设计验证和小批量多品种产品的生产。该技术在汽车、车辆、航空、家用电器、厨房用具、洁具和其他轻

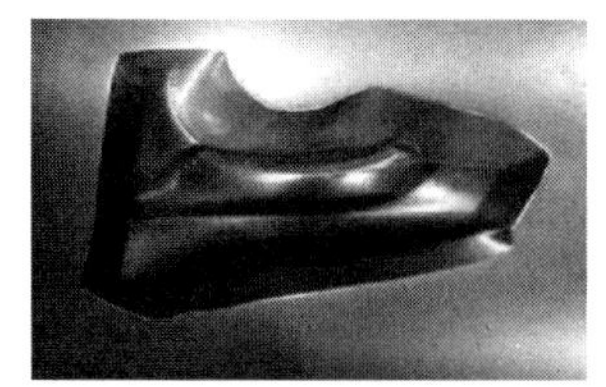

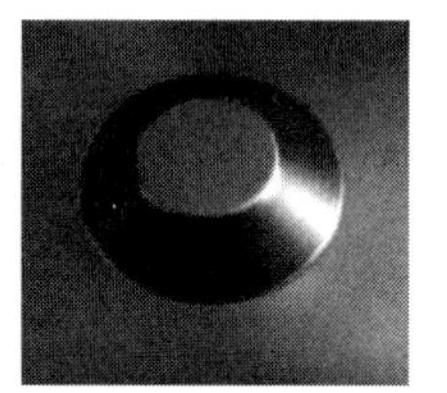

图 5-107 金属板渐进成形件

工业行业中具有广阔的应用前景和很高的经济价值。

5.9.2 液力成形

液力成形(hydroforming)是利用液体或模具使工件成形的一种塑形加工技术，也称为"液压成形"。仅需要凹模或凸模，液体介质相应地作为凸模或凹模，省去一般模具费用和加工时间，而且液体作为凸模可以成形很多刚性模具无法成形的复杂零件。

按使用的液体介质不同，可将液压成形分为水压成形和油压成形。水压成形使用的介质为纯水或由水添加一定比例乳化油组成的乳化液；油压成形使用的介质为液压传动油或机油。按使用的坯料不同，液压成形可以分为三种类型：管材液压成形、板料液压成形和壳体液压成形。

板料和壳体液压成形使用的成形压力较低，而管材液压成形使用的压力较高，又称为"内高压成形"，或称为"管材液压成形"。如图 5-108 所示。板料液压成形使用的介质多为液压油，最大成形压力一般不超过 100MPa。壳体液压成形使用的介质为纯水，最大成形压力一般不超过 50MPa，如图 5-109 所示。内高压成形使用的介质多为乳化液，工业生产中使用的最大成形压力一般不超过 400MPa。

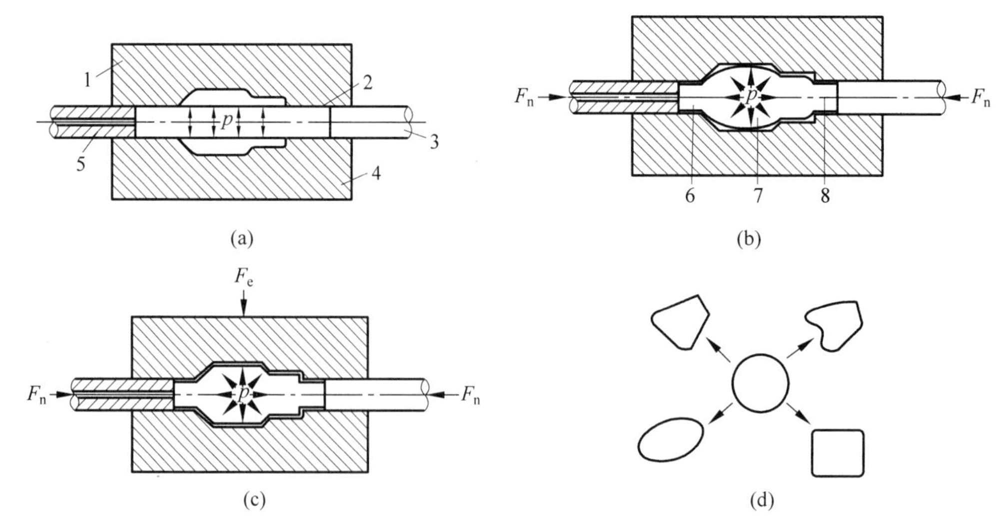

1—上模；2—管材；3—右冲头；4—下模；5—左冲头；6,8—送料区；7—成形区。

图 5-108 变径管内高压成形

(a) 填充阶段；(b) 成形阶段；(c) 整形阶段；(d) 截面变化

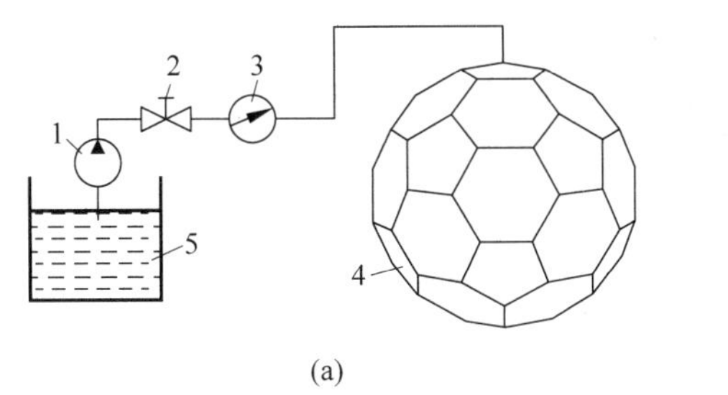

(a)　　(b)

1—泵站；2—阀门；3—压力表；4—焊接壳体；5—水箱。

图 5-109　无模液压胀球

(a) 原理示意图；(b) 足球形球壳

液力成形广泛用于航天航空、核电、石化、汽车配件、自行车部件、五金制品、仪表仪器、医疗设备、家用电器、家用器皿、卫生厨具等制造行业。

5.9.3　金属材料的成形成性一体化

材料的成形成性一体化(integrated forming of shape and performance)是通过塑性变形获得所需制件的形状和尺寸,同时通过成形过程改变材料内部组织结构和应力状态,从而大幅度改善和提高材料性能的方法。

1. 轧制过程中的成形成性一体化

轧制过程中的控形控性是应用控形控性技术最早的塑性加工方法。早期是通过控轧控冷来实现轧制制品的强韧化。因此,轧制过程及轧制后冷却过程的组织转变规律是控轧控冷技术的理论基础。

2. 锻造过程中的成形成性一体化

由于大型锻件的原材料是大型铸锭,其内部存在大量的缩孔、缩松和晶粒粗大等缺陷。通过反复锻造使坯料产生足够的塑性变形,可以得到足够精度的锻件并避免不合理的内部流线和折叠等缺陷。同时,充分的塑性变形可以消除铸锭内部的缩孔、缩松等缺陷并打碎粗大的晶粒,使晶粒细化,为后续的热处理准备良好的初始组织状态。

3. 高强钢热冲压中的成形成性一体化

随着钢材强度的提高,其成形性能大大降低,尺寸和形状精度控制困难加大。因而出现了超高强度钢板的热冲压成形技术,即金属经过加热完全奥氏体化后,利用热冲压模具使零件成形,同时在模具内快速冷却淬火,使奥氏体组织转化为马氏体,钢的强度达到 1500MPa 以上的新工艺。

热冲压成形技术按成形工艺的步骤可以分为直接热冲压和间接热冲压,如图 5-110 所示。直接热冲压是落料后的钢板坯料直接送入加热炉加热到指定温度后,传入压力机上带有冷却系统的冲压模具中进行热冲压成形,成形后模具冷却系统快速冷却热成形件,完成成形成性过程,如图 5-110(a)所示。

间接热冲压是先对冲压件进行冷冲压预成形，然后将预成形的冲压件送入加热炉加热到指定温度，再放到压力机上带有冷却系统的冲压模具中进行进一步热冲压成形，成形后模具冷却系统快速冷却热成形件，完成成形成性过程，如图 5-110(b)所示。

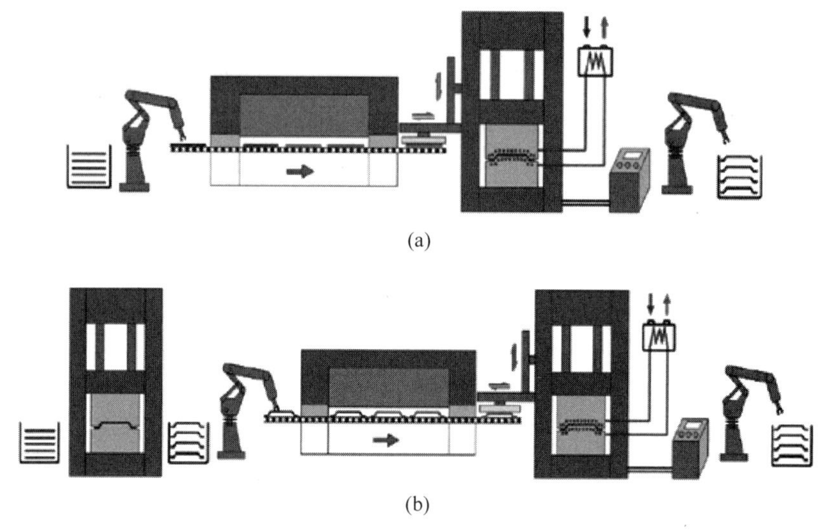

(a)

(b)

图 5-110 热冲压成形工艺流程

(a) 直接热冲压；(b) 间接热冲压

5.9.4 强烈塑性变形与材料纳米化

强烈塑性变形与材料纳米化是通过强烈塑性变形细化金属材料晶粒的方法，常用于制备超细晶和纳米晶块体材料。如等通道角挤压法、累积轧合法、高压扭转法等。

表面机械处理法是实现金属材料表面纳米化的一种主要方法。该方法在材料的表面重复作用外加载荷，使材料表面产生强烈的塑性变形来细化晶粒。

1. 超声喷丸技术

将大量的球形弹丸放置于一个 U 形容器中，容器的上部固定样品，下部连接着振动发生装置，通过激发弹丸，高速碰撞试样表面，使之产生强烈塑性变形，最终实现纳米化。目前，超声喷丸法已成功应用于 316L 不锈钢、低碳钢等材料。

2. 超声速微粒轰击技术

利用气-固双相流作为载体，用超声速气流（气流速可达 300～1200m/s）携带硬质固体微粒，以极高的动能轰击有色金属表面使其产生强烈的塑性变形，将晶粒细化到纳米量级。该方法具有工作效率高，设备灵活性强，固体微粒可回收使用，无环境污染等优点，已成功对 16MnR 低合金钢及 0Cr18Ni9 不锈钢进行了表面纳米化处理。

3. 表面机械碾磨技术

依靠半球状的刀具尖端以一定的速度在圆柱状的试样上旋转，同时沿着水平方向滑动，使金属材料表面产生塑性变形区，从而细化晶粒。该方法适合于在棒状材料的表面制备纳米—微米结构梯度表面层，解决了棒材的加工问题。

由于强烈塑性变形表面纳米化技术简单、处理成本低，对用途广、用量大的各种常规金属材料均有普适性，能有效地实现材料结构功能一体化设计，为传统工程金属材料赋予高性能和多功能，开辟了广阔的市场空间。

习题 5

5-1　碳钢在锻造温度范围内变形时，是否会有加工硬化现象？

5-2　铅(熔点为 327℃)在 20℃时的变形和钨(熔点为 3380℃)在 1000℃时的塑性变形各属于哪类变形？试计算说明之。

5-3　何为金属的塑性成形性？影响塑性成形性的因素是什么？如何影响的？

5-4　提高金属塑性最常用的措施是什么？“趁热打铁”的含义是什么？

5-5　原始坯料长 150mm，若拔长到 450mm 时，锻造比是多少？

5-6　重要的轴类件锻造过程中为什么要安排镦粗工序？

5-7　在习题 5-7 图所示的两种砧铁上进行拔长时，效果有何不同？为什么？

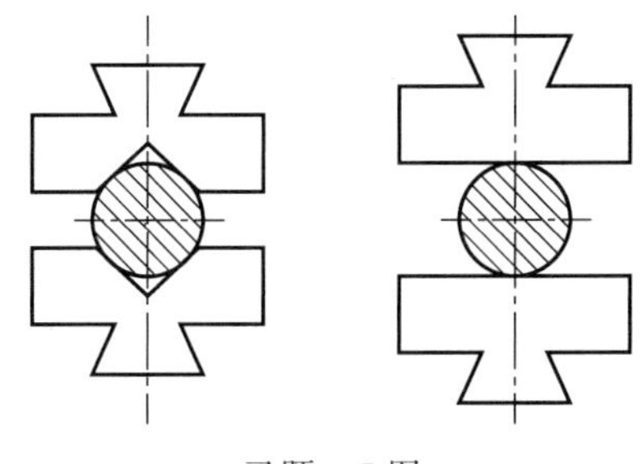

习题 5-7 图

5-8　模锻件上为什么要有模锻斜度和圆角？在锻模设计中为什么要设置飞边槽和冲孔连皮？

5-9　习题 5-9 图所示零件采用锤上模锻制造，请选择最合适的分模面位置。

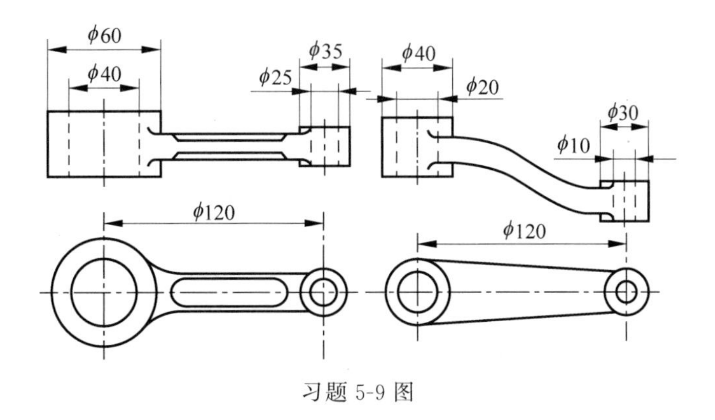

习题 5-9 图

5-10 为什么在摩擦压力机上不宜进行多模膛锻造？

5-11 下列制品选用哪种锻造方法制作？

(1)铣床主轴；(2)活动扳手(大批)；(3)起重机吊钩；(4)万吨轮主传动轴(单件)

5-12 翻边件的凸缘高度尺寸较大而一次翻边实现不了时，应采取什么措施？

5-13 用 ϕ50mm 冲孔模具来生产 ϕ50mm 落料件能否保证冲压件质量？为什么？

5-14 用 ϕ250mm×1.0mm 的低碳钢板料(常温极限拉深系数 0.5)能否一次拉深成 ϕ50mm 的圆筒形件？应采取哪些措施才能保证正常生产？

5-15 试比较圆筒形件拉深、平板坯料胀形、圆孔翻边三种成形方法在模具结构、压边力、坯料变形区等方面的异同。

自测题

第6章

金属材料的连接成形

【本章导读】 材料连接成形(joining forming)是使两个或两个以上分离的构件以一定的方式组合成一个整体的成形方法。常用的连接方式有机械连接、焊接(welding)和胶接等,这些连接可分为可拆连接和不可拆连接两大类。

可拆连接可经多次拆装,拆装时无须损伤连接中的任何零件,且其工作能力不遭破坏。这类连接有螺纹连接、键连接、销连接及型面连接等;不可拆连接是在拆开连接时,至少会损坏连接中的一个零件。焊接、铆接、胶接、锻接等均属这类连接;至于过盈配合连接,是利用零件间的过盈配合来达到连接的目的,靠配合面之间的摩擦来传递载荷,其配合面大多为圆柱面,如轴类零件和轮毂之间的连接等。过盈配合连接一般采用压入法或温差法将其装配在一起。这种连接可制成不可拆连接,也可制成可拆连接,视配合表面之间的过盈量大小及装配方法而定。

在选择连接类型时,多以使用要求及经济要求为依据。一般来说,采用不可拆连接多是由于制造及经济上的原因;采用可拆连接多是结构、安装、运输、维修上的原因。不可拆连接的制造成本通常较可拆连接低廉。另外在具体选择连接类型时,还需考虑到连接的加工条件和被连接零件的材料、形状及尺寸等因素。

本章的主要内容是介绍在工业中非常重要的焊接技术,重点是熔化焊技术、压力焊技术及钎焊技术、焊接性能(可焊性)、焊接结构及工艺性。同时也将介绍焊接缺陷及其检测技术,以及代表焊接新技术的搅拌摩擦焊、激光电弧复合焊、塑料超声焊和焊接机器人等。通过上述知识点的学习,能利用焊接的基础知识分析解释焊接过程出现的主要问题与缺陷;能基于不同焊接工艺的特点为焊接件选择焊接工艺,会制定简单焊接件的工艺规程;能判断焊接工艺性好坏;具有判断焊接件结构设计的合理性(结构工艺性)和焊接缺陷的初步能力;了解塑料与非金属材料的焊接方法和焊接特点。具有较合理地选用焊接方法及相关焊接材料的能力。

焊接概述

6.1 焊接理论

焊接是最主要的连接技术之一,它是同种或异种材质的工件,通过加热、加压或二者并用,用或者不用填充材料,使工件达到原子水平的结合而形成永久性连接的工艺。焊接过程中一般需要对焊接区域进行加热,使其达到或超过材料的熔点(熔化焊),或接近熔点的温度(固相焊接),随后在冷却过程中形成焊接接头。

6.1.1 焊接电弧

焊接电弧

焊接电弧(welding arc)是在具有一定电压的两电极间或电极与工件之间的气体介质中,产生强烈而持久的放电现象,即在局部气体介质中有大量电子流通过的导电现象。

产生电弧的电极可以是金属丝、钨丝、碳棒或焊条。

焊接电弧如图 6-1 所示。引燃电弧后,弧柱中就充满了高温电离气体,放出大量的热能和强烈的光。电弧的热量与焊接电流和电弧电压的乘积成正比。电流越大,电弧产生的总热量就越大。一般情况下,电弧热量在阳极区产生的较多,约占总热量的 43%;阴极区因放出大量的电子,消耗了一部分能量,所以产生的热量相对较少,约占 36%;其余 21%左右的热量是在弧柱中产生的。焊条电弧焊只有 65%~85%的热量用于加热和熔化金属,其余的热量则散失在电弧周围和飞溅的金属滴中。

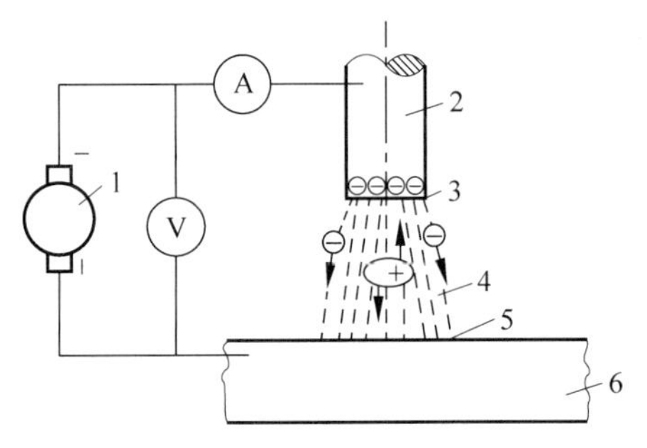

1—电焊机;2—焊条;3—阴极区;4—弧柱;5—阳极区;6—工件。

图 6-1 焊接电弧

电弧中阳极区和阴极区的温度因电极材料不同而有所不同。用钢焊条焊接钢材时,阳极区温度约为 2600K,阴极区约为 2400K,电弧中心区温度为最高,可达 6000~8000K。其中,K 代表开尔文温度,为国际单位制中的温度单位,是热力学温标或称绝对温标。

由于电弧产生的热量在阳极和阴极上有一定差异及其他一些原因,使用直流电源焊接时,有正接和反接两种接线方法。

正接是将工件接到电源的正极,焊条(或电极)接到负极;反接是将工件接到电源的负极,焊条(或电极)接到正极,如图 6-2 所示。正接时工件的温度相对高一些。

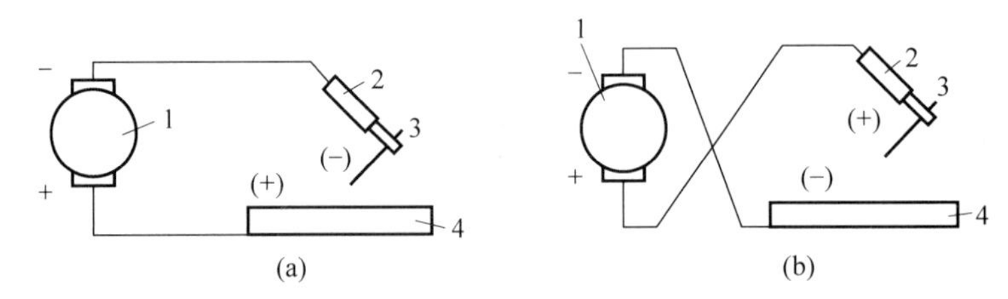

1—直流电焊机;2—焊钳;3—焊条;4—工件。

图 6-2 直流电源时的正接与反接

(a) 正接;(b) 反接

焊接时使用的是交流电焊机(弧焊变压器)时,因为电极每秒钟正负变化达100次之多,所以两极加热温度一样,都在2500K左右,因而不存在正接和反接问题。

电焊机的空载电压就是焊接时的引弧电压,一般为50～90V。电弧稳定燃烧时的电压称为电弧电压,与电弧长度(即焊条与工件间的距离)有关。电弧长度越大,电弧电压也越高。一般情况下,电弧电压在16～35V。

6.1.2　焊接热过程及焊接热源

1. 焊接热过程的特点

熔化焊时,对焊接区域进行的加热和冷却过程称为焊接热过程。它贯穿于材料焊接过程的始终,对于后续涉及的焊接冶金、焊缝凝固结晶、母材热影响区的组织和性能、焊接应力变形以及焊接缺陷(如气孔、裂纹等)的产生都有着重要的影响。

焊接热过程包括工件的加热、工件中的热传导及冷却三个阶段。特点如下:

(1) 加热的局部性。熔化焊过程中,高度集中的热源仅作用在工件上的焊接接头部位,工件上受到热源直接作用的范围很小。由于焊接加热的局部性,工件上的温度分布很不均匀,特别是在焊缝附近,温差很大,由此带来了热应力和变形等问题。

(2) 焊接热源是移动的。焊接时热源沿着一定方向移动而形成焊缝,焊缝处金属被连续加热熔化同时又不断冷却凝固。因此,焊接熔池的冶金过程和结晶过程均不同于炼钢和铸造时的金属熔炼和结晶过程。同时,移动热源在工件上所形成的是一种准稳定温度场,对其做理论计算也比较困难。

(3) 具有极高的加热速度和冷却速度。

2. 焊接热源

焊接热源是进行焊接所必须具备的条件。事实上,现代焊接技术的发展过程也是与焊接热源的发展密切相关的。一种新的热源的应用,往往意味着一种新的焊接方法的出现。

现代焊接生产对于焊接热源的要求主要是:

(1) 能量密度高,并能产生足够高的温度。高能量密度和高温可以使焊接加热区域尽可能小,热量集中,并实现高速焊接,提高生产率。

(2) 热源性能稳定,易于调节和控制。热源性能稳定是保证焊接质量的基本条件。

(3) 高的热效率,降低能源消耗。尽可能提高焊接热效率,节约能源消耗有着重要技术经济意义。

主要焊接热源有电弧热、化学热、电阻热、等离子焰、电子束和激光束等。

6.1.3　焊接化学冶金反应

焊接化学冶金

熔化焊时,伴随着母材被加热熔化,在液态金属的周围充满了大量的气体,有时表面上还覆盖着熔渣。这些气体及熔渣在焊接的高温条件下与液态金属不断地进行着一系列复杂的物理化学反应。这种焊接区内各种物质之间在高温下相互作用的过程,称为焊接化学冶金过程。该过程对焊缝金属的成分、性能、焊接质量以及焊接工艺性能都有很大的影响。

1. 焊接化学冶金反应区

焊接化学冶金反应区从焊接材料(焊条或焊丝)被加热、熔化开始,经熔滴过渡,最后到达熔池,该过程是分区域(或阶段)连续进行的。不同焊接方法有不同的反应区。以焊条电弧焊为例,可划分为三个冶金反应区:药皮反应区、熔滴反应区和熔池反应区(见图 6-3)。

1) 药皮反应区

焊条药皮被加热时,固态下其组成物之间也会发生物理化学反应。其反应温度范围从100℃至药皮的熔点,主要是水分的蒸发、某些物质的分解和铁合金的氧化等。

当加热温度超过 100℃时,药皮中的水分开始蒸发。再升高到一定温度时,其中的有机物、碳酸盐和高价氧化物等逐步发生分解,析出 CO_2、CO 和 H_2 等气体。这些气体,一方面机械地将周围空气排开,对熔化金属进行保护,另一方面也对被焊金属和药皮中的铁合金产生很强的氧化作用。

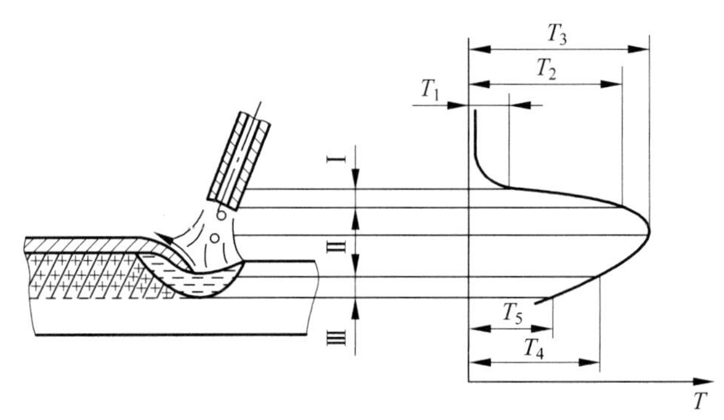

Ⅰ—药皮反应区;Ⅱ—熔滴反应区;Ⅲ—熔池反应区;T_1—药皮开始反应温度。
T_2—焊条端熔滴温度;T_3—弧柱间熔滴温度;T_4—熔池表面温度;T_5—熔池凝固温度。

图 6-3 焊条电弧焊的冶金反应区

2) 熔滴反应区

熔滴反应区包括熔滴形成、长大到过渡至熔池中的整个阶段。在熔滴反应区中,反应时间虽短,但因温度高,液态金属与气体及熔渣的接触面积大,并有强烈的混合作用,所以冶金反应最激烈,对焊缝成分的影响也最大。在此区进行的主要物理化学反应有:气体的分解和溶解,金属的蒸发,金属及其合金成分的氧化、还原以及焊缝金属的合金化等。

3) 熔池反应区

熔滴金属和熔渣以很高的速度落入熔池,并与熔化后的母材金属相混合或接触,同时各相间的物理化学反应继续进行,直至金属凝固,形成焊缝。这个阶段的反应区域即属熔池反应区,对焊缝金属成分和性能具有决定性作用。与熔滴反应区相比,熔池的平均温度较低,为 1600～1900℃,表面积较小,为 3～130cm^2/kg,反应时间较长。熔池反应区的显著特点之一是温度分布极不均匀。由于在熔池的前部和后部存在着温度差,因此化学冶金反应可以同时向相反的方向进行。此外,熔池中的强烈运动,有助于加快反应速度,并为气体和非金属夹杂物的外逸创造有利条件。

2. 气相对焊缝金属的影响

焊接过程中，在熔化金属的周围存在着大量的气体，会不断地与金属产生各种冶金反应，从而影响着焊缝金属的成分和性能。

焊接区内的气体主要来源于焊接材料。例如，焊条药皮、焊剂和焊芯中的造气剂、高价氧化物和水分都是气体的重要来源。热源周围的空气也是一种难以避免的气源。此外还有一些冶金反应也会产生气态产物。

气体的状态（分子、原子和离子状态）对其在金属中的溶解和与金属的作用有很大的影响。主要有简单气体的分解和复杂气体的分解，焊接区气相中常见的简单气体有 N_2、H_2、O_2 等双原子气体，CO_2 和 H_2O 是焊接冶金中常见的复杂气体。

焊接时，焊接区内气相的成分和数量与焊接方法、焊接规范、焊条药皮或焊剂的种类有关。用低氢型焊条焊接时，气相中 H_2 和 H_2O 的含量很少，故有"低氢型"之称。埋弧焊和中性火焰气焊时，气相中 CO_2 和 H_2O 的含量很少，因而气相的氧化性也很小，而焊条电弧焊时气相的氧化性则较强。

3. 熔渣及其对金属的作用

熔渣在焊接过程中的作用有保护熔池、改善工艺性能和冶金处理三个方面。根据焊接熔渣的成分和性能可将其分为三大类，即：盐型熔渣、盐—氧化物型熔渣和氧化物型熔渣。熔渣的性质与其碱度、黏度、表面张力、熔点和导电性都有密切的关系。

焊接时的氧化还原问题，是焊接化学冶金涉及的重要内容之一。主要包括焊接条件下金属及合金元素的氧化与烧损、金属氧化物的还原等。

氧对焊接质量有严重的危害性。对已进入焊缝的氧，则必须通过脱氧将其去除。脱氧是一种冶金处理措施，是通过在焊丝、焊剂或焊条药皮中加入某种对氧亲和力较大的元素，使其在焊接过程中夺取气相或氧化物中的氧，减少被焊金属的氧化及焊缝的含氧量。

焊缝中硫和磷的质量分数超过 0.04%时，极易产生裂纹。硫、磷主要来自基本金属（工件），也可能来自焊接材料，一般选择含硫、磷低的原材料，并通过药皮（或焊剂）进行脱硫脱磷，以保证焊缝质量。

6.1.4 焊接接头的组织与性能

1. 焊接工件上温度的变化与分布

焊接时，电弧沿着工件逐渐移动并对工件进行局部加热。因此在焊接过程中，焊缝及其附近的金属都是由常温状态开始被加热到较高的温度，然后再逐渐冷却到常温。但随着各点金属所在位置的不同，其最高加热温度是不同的。图 6-4 给出了焊接时工件横截面上不同点的温度变化情况。由于各点离焊缝中心距离不同，所以各点的最高温度不同。又因热传导需要一定时间，所以各点是在不同的时间达到该点最高温度的。

2. 焊接接头的组织与性能

下面以低碳钢为例，说明焊缝和焊缝附近区域由于受到电弧不同程度的加热而产生的组织与性能的变化。如图 6-5 所示，左侧下部是工件的横截面，上部是相应各点在焊接过程中被加热的最高温度曲线（并非某一瞬时该截面的实际温度分布曲线）。图 6-5 中 1、2、3 各段金属组织的获得，可用右侧所示的部分铁-碳合金状态图来对照分析。

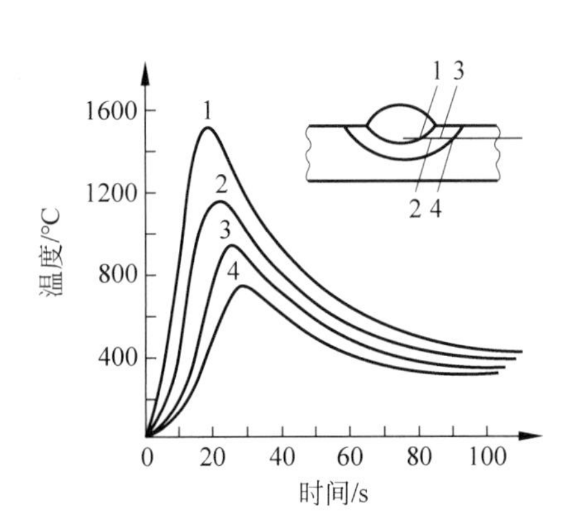

图 6-4 焊缝区各点温度变化情况

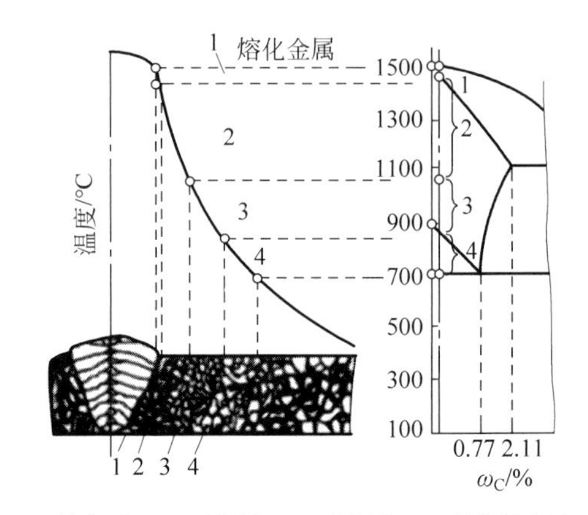

1—熔合区；2—过热区；3—正火区；4—部分相变区。

图 6-5 低碳钢焊接接头的组织

1）焊缝

焊缝的结晶是从熔池底壁开始向中心成长的。因结晶时各个方向的冷却速度不同，从而形成柱状的铸态组织（由铁素体和少量珠光体所组成）。因结晶是从熔池底部的半熔化区开始逐次进行的，低熔点的硫、磷杂质和氧化铁等易偏析物集中在焊缝中心区，将影响焊缝的力学性能。因此，应慎重选用焊条或其他焊接材料。

焊接时，熔池金属受电弧吹力和保护气体的吹动，熔池底壁柱状晶体的成长受到干扰，柱状晶体呈倾斜状，晶粒有所细化。同时由于焊接材料的渗合金作用，焊缝金属中锰、硅等合金元素含量可能比母材（即工件）金属高，焊缝金属的性能可能不低于母材金属的性能。

2）焊接热影响区

（1）熔合区。熔合区是焊缝和基体金属的交接过渡区。此区温度处于固相线和液相线之间，由于焊接过程中母材部分熔化，所以也称为“半熔化区”。此时，熔化的金属凝固成铸态组织，未熔化金属因加热温度过高而成为过热粗晶。在低碳钢焊接接头中，熔合区虽然很窄（0.1～1mm），但因其强度、塑性和韧性都下降，而且此处接头断面变化，易引起应力集中，所以熔合区在很大程度上决定着焊接接头的性能。

（2）过热区。被加热到 Ac_3 以上 100～200℃至固相线温度区间。由于奥氏体晶粒粗大，形成过热组织，故塑性及韧性降低。对于易淬火硬化钢材，此区脆性更大。

（3）正火区。被加热到 Ac_1 至 Ac_3 以上 100～200℃区间。加热时金属发生重结晶，转变为细小的奥氏体晶粒。冷却后得到均匀而细小的铁素体和珠光体组织，其力学性能优于母材。

（4）部分相变区。相当于加热到 Ac_1～Ac_3 温度区间。珠光体和部分铁素体发生重结晶，转变成细小的奥氏体晶粒。部分铁素体不发生相变，但其晶粒有长大趋势。冷却后晶粒大小不均，因而力学性能比正火区稍差。

焊接热影响区的大小和组织性能变化的程度，决定于焊接方法、焊接工艺参数、接头形式和焊后冷却速度等因素。表6-1是用不同焊接方法焊接低碳钢时,焊接热影响区的平均尺寸数值。

同一焊接方法使用不同的焊接参数时,热影响区的大小也不相同。在保证焊接质量的条件下,增加焊接速度或减少焊接电流都能减小焊接热影响区。

3. 改善焊接热影响区组织和性能的方法

焊接热影响区在电弧焊焊接接头中是不可避免的。用焊条电弧焊或埋弧焊方法焊接一般低碳钢结构时,因热影响区较窄,危害性较小,焊后不进行处理即可使用。但对重要的碳钢结构件、低合金钢结构件,则必须注意热影响区带来的不利影响。为消除其影响,一般采用焊后正火处理,使焊缝和焊接热影响区的组织转变成为均匀的结晶结构,以改善焊接接头的性能。

表6-1　焊接热影响区的平均尺寸数值

焊接方法	过热区宽度/mm	热影响区总宽度/mm
焊条电弧焊	2.2～3.5	6.0～8.5
埋弧自动焊	0.8～1.2	2.3～4.0
手工钨极氩弧焊	2.1～3.2	5.0～6.2
气焊	21	27
电子束焊接	—	0.05～0.75

6.1.5 焊接应力与变形

焊接应力与变形

焊接过程是一个极不平衡的热循环过程,即焊缝及其相邻区金属都要由室温加热到很高温度(焊缝金属已处于液态),然后再快速冷却下来。由于在这个热循环过程中,工件各部分的温度不同,随后的冷却速度也各不相同,因而工件各部位在热胀冷缩和塑性变形的影响下,相互作用,其结果必将产生内应力、变形或裂纹。

焊缝是靠一个移动的点热源来加热,随后逐次冷却下来所形成的。因而应力的形成、大小和分布状况较为复杂。为简化问题,假定整条焊缝同时成形。当焊缝及其相邻区金属处于加热阶段时都会膨胀,但受到工件冷金属的阻碍,不能自由伸长而受压,形成压应力。该压应力使处于塑性状态的金属产生压缩变形。随后再冷却到室温时,其收缩又受到周边冷金属的阻碍,不能缩短到自由收缩所应达到的位置,因而产生残余拉应力(焊接应力)。图6-6所示为平板对接焊缝和圆筒环形焊缝的焊接应力分布状况。

对于承载大的压力容器等重要结构件,焊接应力必须加以防止和消除。首先,在结构设计时,应选用塑性好的材料,要避免使焊缝密集交叉,避免使焊缝截面过大和焊缝过长。其次,在施焊中应确定正确的焊接次序(见图6-7(b)中A区易产生裂纹)。焊前对工件预热是较为有效的工艺措施,这样可减弱工件各部位间的温差,从而显著减小焊接应力。焊接中采用小能量焊接方法或锤击焊缝也可减小焊接应力。再次,当需要较彻底地消除焊接应力时,可采用焊后去应力退火方法来实现,此时需将工件加热至500～650℃,保温后缓慢冷却至室温。

(a) (b) (c)

图 6-6　对接焊缝、圆筒环形焊缝的焊接应力分布

(a) 纵向应力；(b) 横向应力；(c) 圆筒环形焊缝应力

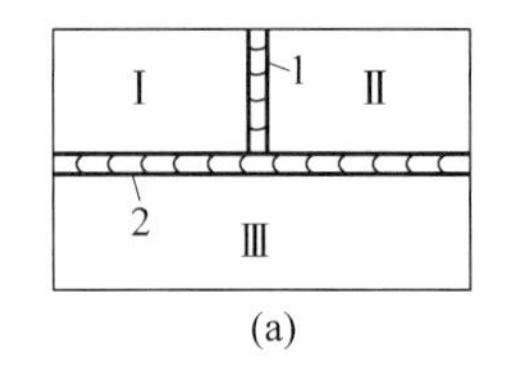

(a)

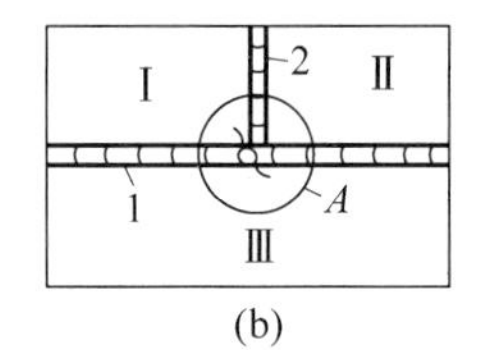

(b)

1，2—焊接次序号。

图 6-7　焊接次序对焊接应力的影响

(a) 正确；(b) 不正确

焊接应力的存在，会引起工件的变形，其基本类型如图 6-8 所示，具体工件会出现哪种变形与工件结构、焊缝布置、焊接工艺及应力分布等因素有关。一般情况下，简单结构的小型工件，焊后仅出现收缩变形，工件尺寸减小。当工件坡口横截面的上下尺寸相差较大或焊缝分布不对称，以及焊接次序不合理时，则工件易发生角变形、弯曲变形或扭曲变形。对于薄板工件，最容易产生不规律的波浪变形。

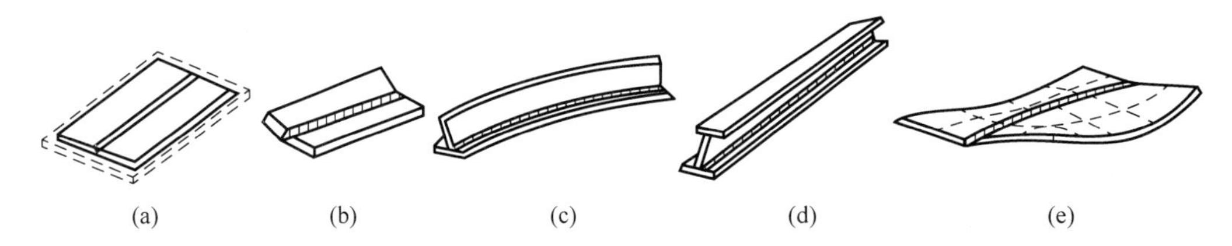

(a) (b) (c) (d) (e)

图 6-8　焊接变形的基本形式

(a) 纵向和横向收缩变形；(b) 角变形；(c) 弯曲变形；(d) 扭曲变形；(e) 波浪变形

减小焊接变形的措施

工件出现变形将影响使用，过大的变形量将使工件报废。因此，必须加以防止和消除。工件产生变形主要是由焊接应力所引起，预防焊接应力的措施对防止焊接变形都是有效的。当对工件的变形有较高限定时，在结构设计中采用对称结构或大刚度结构、焊缝对称分布结构都可减小或不出现焊接变形。施焊中，采用反变形措施(见图 6-9、图 6-10)或刚性夹持方法，都可减小工件的变形。但刚性夹持法不适合焊接淬硬性较大的钢结构件和铸铁件。正确选择焊接参数和焊接次序，对减小焊接变形也很重要(见图 6-11、图 6-12)。这样可使温度分布更加均衡，开始焊接时产生的微量变形，可被后来焊接部位的变形所抵消，从而获得变形最小的工件。对于焊后变形小但已超过允许值的工件，可采用机械矫正法(见图 6-13)或火焰加热矫正法(见图 6-14)加以消除。火焰加热矫正工件时，要注意加热部位，使工件在加热、冷却后产生相反方向的塑性变形，以消除焊接时产生的变形。

图 6-9　平板焊接的反变形

(a) 焊前反变形；(b) 焊后

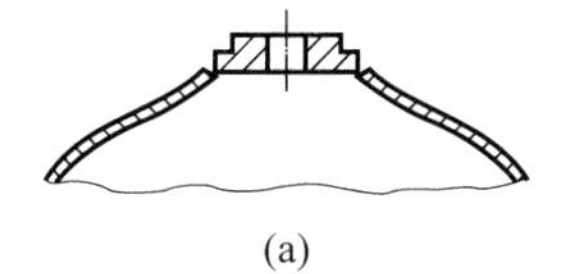
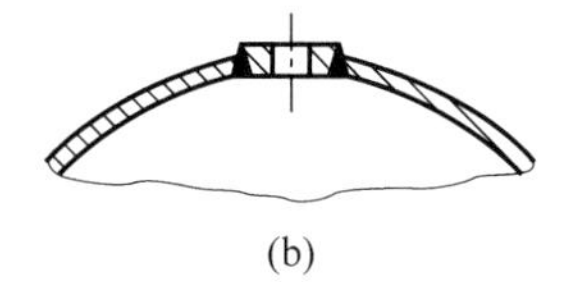

图 6-10　防止壳体焊接局部塌陷的反变形

(a) 焊前预弯反变形；(b) 焊后

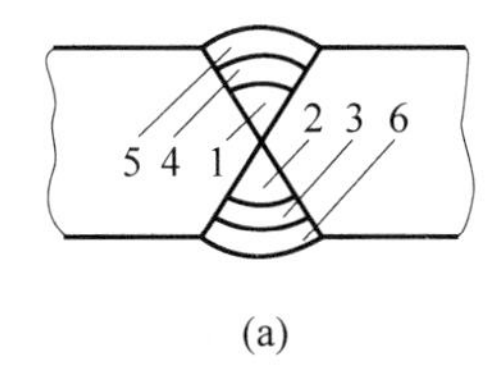

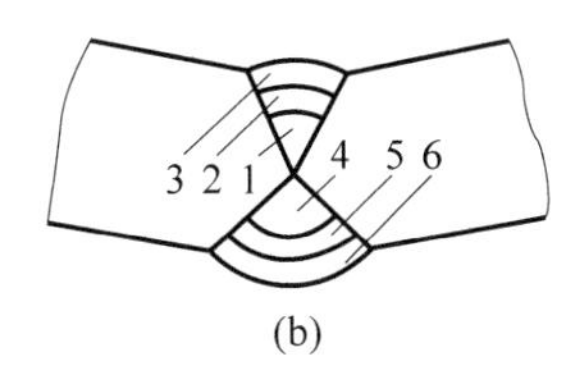

1,2,3,4,5,6—焊接次序号。

图 6-11　X 型坡口焊接次序

(a) 合理；(b) 不合理

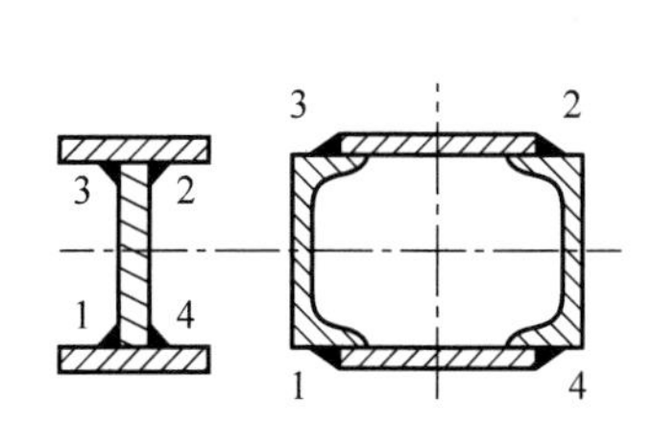

1,2,3,4—焊接次序号。

图 6-12　梁的焊接次序

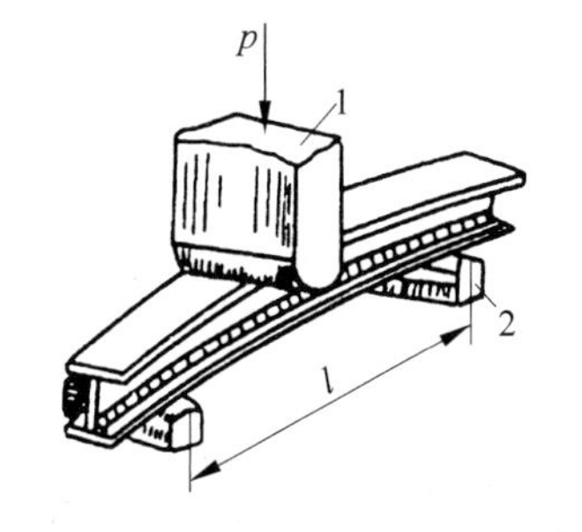

1—压头；2—支承。

图 6-13　机械矫正法

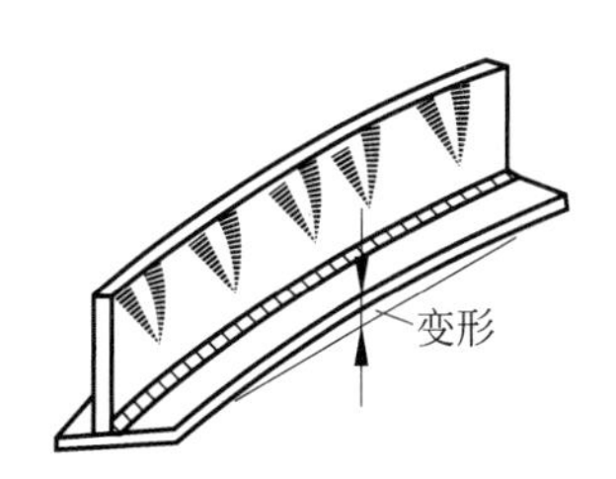

图 6-14　火焰矫正法

焊接应力过大的严重后果是使工件产生裂纹。焊接裂纹存在于焊缝或热影响区的熔合区中，而且往往是内裂纹，危害极大。因此，对重要工件，焊后应进行焊接接头的内部探伤检查。工件产生裂纹也与焊接材料的成分(如硫、磷含量)、焊缝金属的结晶特点(结晶区间)及含氢量的多少有关。焊缝金属的硫、磷含量高时，其化合物与 Fe 形成低熔点共晶体存在于基体金属的晶界处(构成液态间层)，在应力作用下被撕裂形成热裂纹。金属的结晶区间越大，形成液态间层的可能性也越大，工件就容易产生裂纹。钢中含氢量高，焊后经过一段时间，析出的大量氢分子集中起来会形成很大的局部压力，造成工件出现裂纹(称延迟裂纹)，故焊接中应合理选材，采取措施减小应力，并应用合理的焊接工艺和焊接参数(如选用碱性焊条、小能量焊接、预热、合理的焊接次序等)进行焊接，确保工件质量。

6.2 焊接工艺方法

焊接方法的种类很多，常用焊接方法可以归纳为熔化焊、压力焊和钎焊三大类，各大类中又包括多种焊接方法。

6.2.1 熔化焊

熔化焊(fusion welding)是最基本的焊接方法，适合于各种金属材料和任何厚度工件的焊接，且焊接强度高，因而应用广泛。熔化焊包括电弧焊、电渣焊、气焊等。焊条电弧焊是各种电弧焊方法中发展最早、目前仍然应用最广的一种焊接方法。

焊条电弧焊

1. 焊条电弧焊

焊条电弧焊(即手工电弧焊)是用手工操纵焊条进行焊接的电弧焊方法。它是焊接生产中应用最广泛的方法。

1) 焊条电弧焊的焊接过程

焊条电弧焊的焊接过程如图 6-15 所示。电弧在焊条与被焊工件之间燃烧，电弧热使工件和焊芯共同熔化形成熔池，同时也使焊条的药皮熔化和分解。药皮熔化后与液态金属发生物理化学反应，所形成的熔渣不断从熔池中浮起；药皮受热分解产生大量的 CO_2、CO 和 H_2 等保护气体，围绕在电弧周围，熔渣和气体能防止空气中氧和氮的侵入，起保护熔化金属的作用。

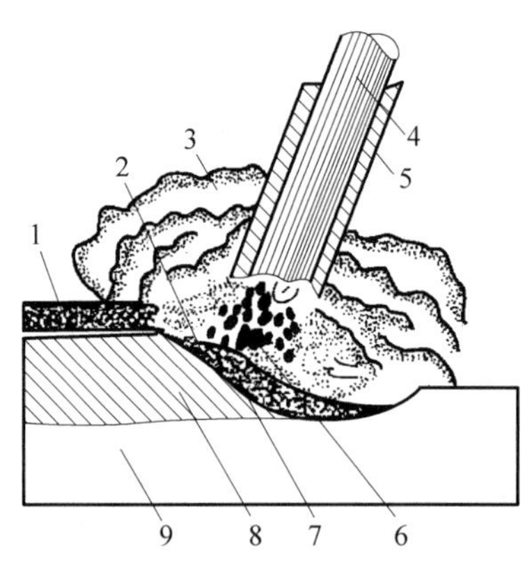

1—固态渣壳；2—液态熔渣；3—气体；4—焊条芯；5—焊条药皮；6—金属熔滴；
7—熔池；8—焊缝；9—工件。

图 6-15 焊条电弧焊过程

当电弧向前移动时，工件和焊条不断熔化汇成新的熔池。原来的熔池则不断冷却凝固，构成连续的焊缝。覆盖在焊缝表面的熔渣也逐渐凝固成为固态渣壳。这层熔渣和渣壳对焊缝的成形和金属的冷却速度有着重要影响。

2) 焊条

涂有药皮供手工电弧焊用的熔化电极称为焊条，由焊芯和药皮(涂料)组成。焊芯起导电和填充焊缝金属的作用，药皮则保证焊接顺利进行并使焊缝具有一定的化学成分和力学性能。

（1）焊芯。焊芯（埋弧焊时为焊丝）是组成焊缝金属的主要材料。结构钢焊条的焊芯应符合国家标准 GB/T 14957—1994《熔化焊用钢丝》的要求。常用的结构钢焊条焊芯的牌号和成分见表 6-2。

焊芯具有较低的碳含量和一定的锰含量。硅含量控制较严，硫、磷含量则应低。焊芯牌号中带“A”字符号者，其硫、磷含量不超过 0.03%，焊芯的直径即称为焊条直径，最小为 1.6mm，最大为 8mm。其中以 3.2～5mm 的焊条应用最广。

焊接低合金钢、不锈钢用的焊条，应采用相应的合金结构钢、不锈钢的焊接钢丝作焊芯。

表 6-2　常用的结构钢焊条焊芯的牌号和化学成分

牌号	化学成分质量分数/%							用　　途
	C	Mn	Si	Cr	Ni	S	P	
H08	≤0.10	0.30～0.55	≤0.30	≤0.20	≤0.30	<0.04	<0.04	一般焊接结构
H08A	≤0.10	0.30～0.55	≤0.30	≤0.20	≤0.30	<0.03	<0.03	重要的焊接结构
H08MnA	≤0.10	0.80～1.10	≤0.07	≤0.20	≤0.30	<0.03	<0.03	用作埋弧自动焊钢丝

（2）焊条药皮。焊条药皮在焊接过程中的作用主要是：提高电弧燃烧的稳定性，防止空气对熔化金属的有害作用，对熔池脱氧和加入合金元素，可以保证焊缝金属的化学成分和力学性能。焊条药皮原料的种类名称及其作用见表 6-3。

表 6-3　焊条药皮原料的种类名称及其作用

原料种类	原 料 名 称	作　　用
稳弧剂	碳酸钾、碳酸钠、长石、大理石、钛白粉、钠水玻璃、钾水玻璃	改善引弧性能，提高电弧燃烧的稳定性
造气剂	淀粉、木屑、纤维素、大理石	造成一定量的气体，隔绝空气，保护焊接熔滴与熔池
造渣剂	大理石、萤石、菱苦土、长石、锰矿、钛铁矿、黏土、钛白粉、金红石	造成具有一定物理-化学性能的熔渣，保护焊缝。碱性渣中的 CaO 还可起脱硫、磷作用
脱氧剂	锰铁、硅铁、钛铁、铝铁、石墨	降低电弧气氛和熔渣的氧化性，脱除金属中的氧。锰还起脱硫作用
合金剂	锰铁、硅铁、铬铁、钼铁、钒铁、钨铁	使焊缝金属获得必要的合金成分
稀渣剂	萤石、长石、钛白粉、钛铁矿	降低熔渣黏度，增加熔渣流动性
黏结剂	钾水玻璃、钠水玻璃	将药皮牢固地黏在钢芯上

（3）焊条的种类及型号。由于焊接方法应用的范围越来越广泛，因此适应各个行业、各种材料和达到不同性能要求的焊条品种非常多。我国将焊条按化学成分划分为七大类，即碳钢焊条、低合金钢焊条、不锈钢焊条、堆焊焊条、铸铁焊条及焊丝、铜及铜合金焊条、铝及铝合金焊条等。其中应用最多的是碳钢焊条和低合金钢焊条。

2. 埋弧焊

埋弧焊

1）埋弧焊的焊接过程

埋弧焊(submerged arc welding)是电弧在焊剂层下燃烧进行焊接的方法。焊接时，焊接机头将光焊丝自动送入电弧区并保持选定的弧长。电弧在颗粒状熔剂层下面燃烧,焊机带着焊丝均匀地沿坡口移动,或者焊机机头不动,工件匀速运动。在焊丝前方,焊剂从漏斗中不断流出撒在被焊部位。焊接时,部分焊剂熔化形成熔渣覆盖在焊缝表面,大部分焊剂不熔化,可重新回收使用。

图 6-16 是埋弧焊的纵截面图。电弧燃烧后,工件与焊丝被熔化成较大体积(可达 $20cm^3$)的熔池。由于电弧向前移动,熔池金属被电弧气体排挤向后堆积形成焊缝。电弧周围颗粒状焊剂被熔化成熔渣,与熔池金属产生物理化学作用。部分焊剂被蒸发,生成的气体将电弧周围的熔渣排开,形成一个封闭的熔渣泡。熔渣泡具有一定黏度,能承受一定压力,使熔化的金属与空气隔离,并能防止金属熔滴向外飞溅。这样,既可减少电弧热能损失,又阻止了弧光四射。此外,焊丝上没有涂料,允许提高电流密度,电弧吹力则随电流密度的增大而增大。因此,埋弧焊的熔池深度比焊条电弧焊大很多。埋弧焊过程如图 6-17 所示。

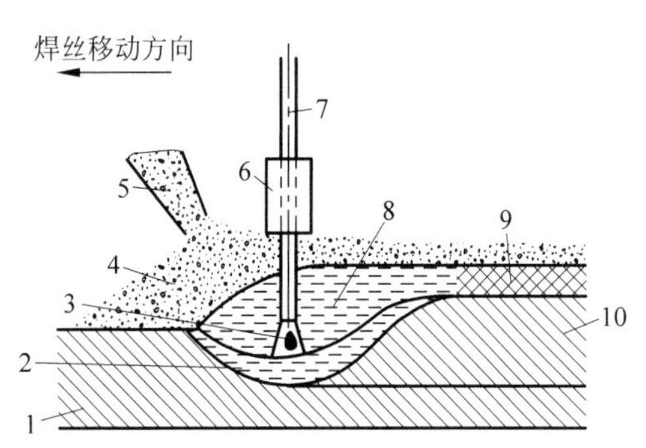

1—工件;2—熔池;3—熔滴;4—焊剂;5—焊剂斗;6—导电嘴;7—焊丝;8—熔渣;9—渣壳;10—焊缝。

图 6-16 埋弧焊的纵截面图

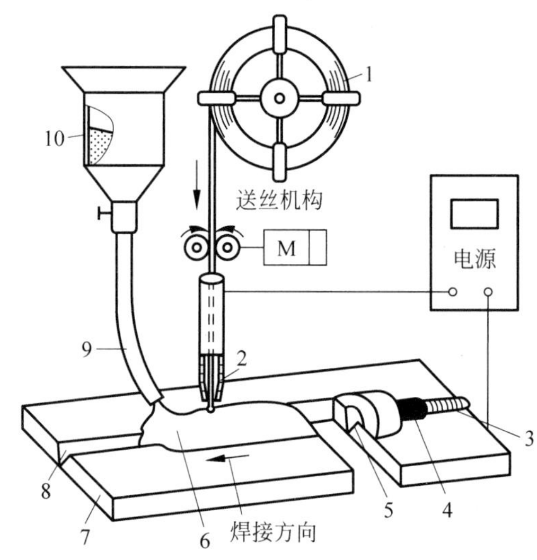

1—焊丝;2—导电嘴;3—焊缝;4—渣壳;5—熔敷金属;6—焊剂;7—工件;8—坡口;9—软管;10—焊剂漏斗。

图 6-17 埋弧焊过程示意图

2)埋弧焊的特点

(1)生产率高。埋弧焊的电流可达到 1000A 以上,比焊条电弧焊高 6~8 倍。同时节省了更换焊条的时间,所以埋弧焊比焊条电弧焊生产率提高 5~10 倍。

(2)焊接质量高且稳定。埋弧焊焊剂供给充足,电弧区保护严密,熔池保持液态时间较长,冶金过程进行得较为完善,气体与杂质易于浮出。同时,焊接参数自动控制调整,焊接质量高且稳定,焊缝成形美观。

(3)节省金属材料。埋弧焊热量集中,熔深大,20~25mm 以下的工件可不开坡口进行焊接,而且没有焊条头的浪费,飞溅很小,所以能节省大量金属材料。

(4)改善了劳动条件。埋弧焊看不到弧光,焊接烟雾也很少。焊接时只要焊工调整、管理焊机就可自动进行焊接,劳动条件得到很大改善。

但应用埋弧焊时,设备费用较贵,工艺装备复杂,对接头加工与装配要求严格,只适用于批量生产长的直线焊缝与大的圆筒形工件的纵、环焊缝。对狭窄位置的焊缝以及薄板的焊接，埋弧焊则受到一定限制。

3）埋弧焊工艺

埋弧焊要求更仔细地下料、准备坡口和装配。焊接前，应将焊缝两侧 50～60mm 的一切污垢与铁锈除掉，以免产生气孔。

埋弧焊一般在平焊位置焊接，用以焊接对接和 T 形接头的长直线焊缝。当焊接厚 20mm 以下工件时，可以采用单面焊接。如果设计上有要求（如锅炉与容器）也可双面焊接。工件厚度超过 20mm 时，可进行双面焊接，或采用开坡口单面焊接。由于引弧处和断弧处质量不易保证，焊前应在接缝两端焊上引弧板与引出板（见图 6-18），焊后再去掉。为了保持焊缝成形和防止烧穿，生产中常采用各种类型的焊剂垫和垫板（见图 6-19），或者先用焊条电弧焊封底。

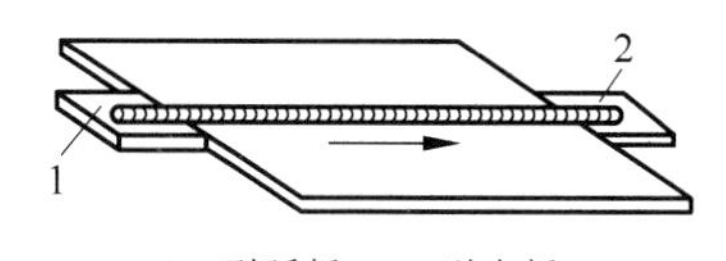

1—引弧板；2—引出板。

图 6-18　埋弧焊的引弧板与引出板

焊接筒体对接焊缝时（见图 6-20），工件以一定的焊接速度旋转，焊丝位置不动。为防止熔池金属流失，焊丝位置应逆工件的旋转方向偏离工件中心线一定距离 a。其大小视筒体直径与焊接速度等条件确定。

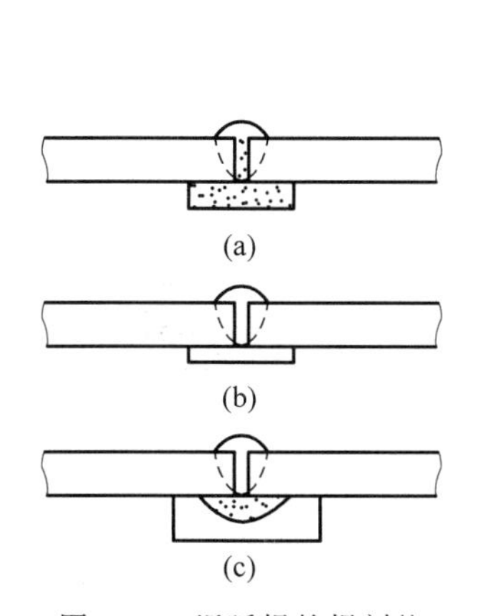

图 6-19　埋弧焊的焊剂垫

(a) 焊剂垫；(b) 钢垫板；(c) 铜垫板

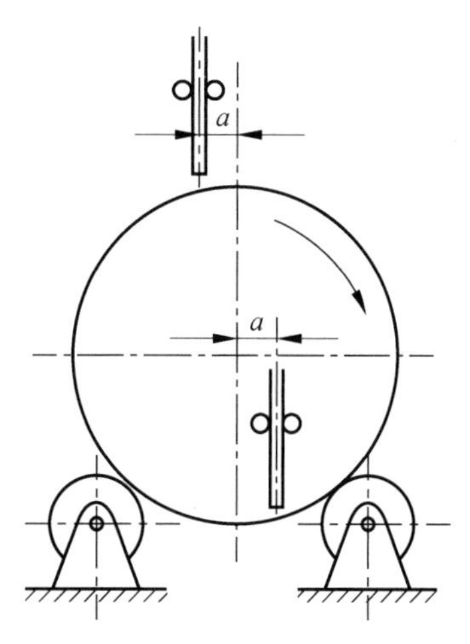

图 6-20　环缝埋弧焊示意图

3. 气体保护焊

1）氩弧焊

气体保护焊

氩弧焊(argon arc welding)是以氩气作为保护气体的电弧焊。氩气是惰性气体，可保护电极和熔池金属不受空气的有害作用（见图 6-21）。在高温情况下，氩气不与金属起化学反应，也不溶于金属。因此，氩弧焊的质量比较高。

氩弧焊按所用电极的不同，可分为钨极氩弧焊和熔化极氩弧焊两种。

（1）钨极氩弧焊。钨极氩弧焊以高熔点的铈钨棒作为电极。焊接时，铈钨棒不熔化，只起导电与产生电弧的作用，易于实现机械化和自动化焊接。但因电极所能通过的电流有限，所以只适合焊接厚度 6mm 以下的工件。

手工钨极氩弧焊的操作与气焊相似。焊接 3mm 以下薄件时，常采用卷边（弯边）接头直接熔合。焊接较厚工件时，需用手工添加填充金属（见图 6-21(a)）。焊接钢材时，多用直流电源正接，以减少钨极的烧损。焊接铝、镁及其合金时，则希望用直流反接或交流电源。因极间正离子撞击工件熔池表面，可使氧化膜破碎，所以有利于工件金属熔合和保证焊接质量。钨极氩弧焊设备如图 6-22 所示。

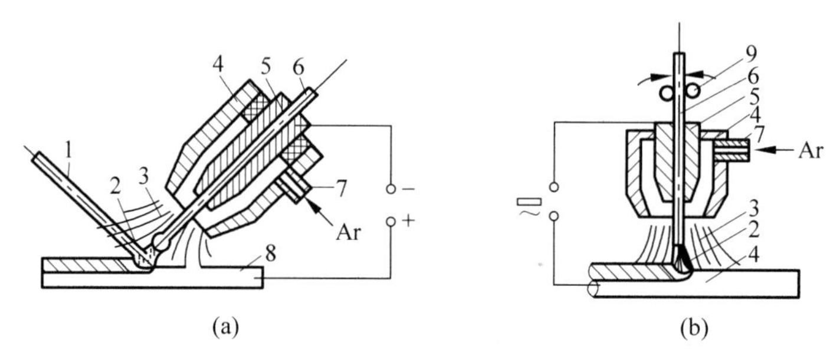

1—填充焊丝；2—电弧；3—氩气流；4—喷嘴；5—导电嘴；6—焊丝或钨极；7—进气管；8—工件；9—送丝辊轮。

图 6-21 氩弧焊示意图

(a) 钨极氩弧焊；(b) 熔化极氩弧焊

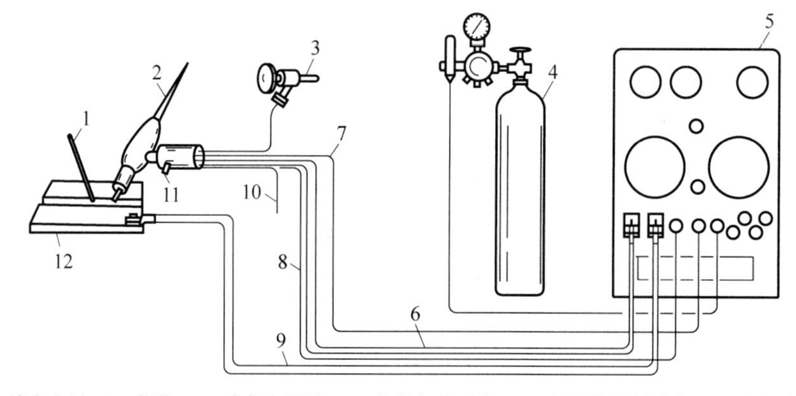

1—填充金属；2—焊枪；3—冷却水系统；4—惰性气体系统；5—电源及控制系统；6—电极电缆；7—气体；8—开关线；9—工件电缆；10—放水；11—开关；12—母材。

图 6-22 钨极氩弧焊设备示意图

(2) 熔化极氩弧焊。熔化极氩弧焊以连续送进的焊丝作为电极（见图 6-21(b)）进行焊接。此时可用较大电流焊接厚度为 25mm 以下的工件。

焊接用的氩气一般用钢瓶装运。当氩气中含有氧、氮、二氧化碳或水分时，会降低氩气的保护作用，并造成夹渣、气孔等缺陷。因此要求氩气纯度应大于 99.7%。由于氩气只起保护作用，焊接过程中没有冶金反应。所以焊接前必须把接头表面清理干净。否则杂质与氧化物会留在焊缝内，使焊缝质量显著下降。

氩弧焊主要有以下特点：

①适于焊接各类合金钢、易氧化的非铁金属及锆、钽、钼等稀有金属材料；②氩弧焊电弧稳定，飞溅小，焊缝致密，表面没有熔渣，成形美观；③电弧和熔池区受气流保护，明弧可

见，便于操作，容易实现全位置自动焊接。已应用于焊接生产的弧焊机器人，是实现氩弧焊或 CO_2 保护焊的先进设备；④电弧在气流压缩下燃烧，热量集中，熔池较小，焊接速度较快，焊接热影响区较窄，因而焊后工件变形小。

由于氩气价格较高，氩弧焊目前主要用于焊接铝、镁、钛及其合金，也用于焊接不锈钢、耐热钢和一部分重要的低合金钢工件。

钨极脉冲氩弧焊是近几年发展起来的新工艺。焊接时，电流的幅值按一定的频率由高值到低值发生周期性变换，其电流波形如图 6-23 所示。用脉冲电流焊成的连续焊缝，实质上是许多单个脉冲所形成的熔池连续重叠搭接而成。

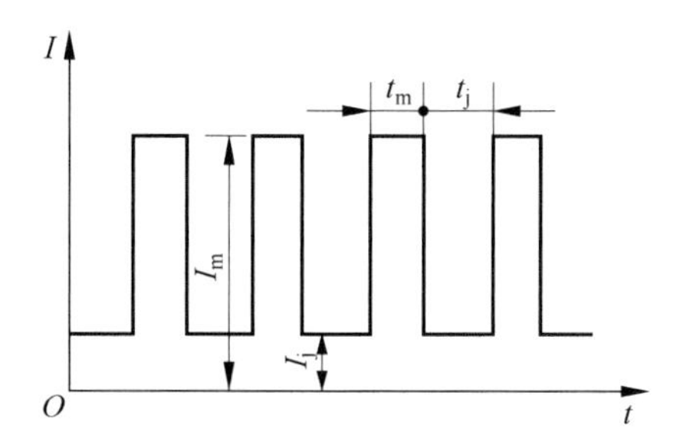

I_m—脉冲电流；I_j—基本电流；t_m—脉冲电流持续时间；t_j—基本电流持续时间。

图 6-23 脉冲电流波形示意图

通过对脉冲波形、脉冲电流、基值电流、两电流持续时间的调节与控制，可以准确改变和控制焊接参数、能量的大小，从而控制焊缝的尺寸与焊接质量。

脉冲氩弧焊的特点：

①焊缝是脉冲式的熔化凝固，易于控制，可避免烧穿工件。适合于焊接 0.1～5mm 的钢材或管材，能实现单面焊双面成形，保证根部焊透。②熔池脉冲式熔化凝固，易于克服因表面张力小或自重影响所造成的焊缝偏浆与塌腰等缺陷。适合于各种空间位置焊接，易于实现全位置自动焊。③容易调节焊接参数、能量和焊缝在高温条件下的停留时间，适合焊接易淬火钢和高强钢，可减小裂纹倾向和焊接变形。④质量稳定。接头力学性能比普通氩弧焊高。

2) CO_2 气体保护焊

CO_2 气体保护焊是以 CO_2 为保护气体的气体保护焊(gas shielded arc welding)，简称"CO_2 焊"。它是用焊丝作电极，靠焊丝和工件之间产生的电弧熔化工件金属与焊丝形成熔池，凝固后成为焊缝。焊丝的送进靠送丝机构实现。

CO_2 气体保护焊的焊接装置如图 6-24 所示。焊丝由送丝机构送入软导管，再经导电嘴送出。CO_2 气体从喷嘴中以一定流量喷出。电弧引燃后，焊丝端部及熔池被 CO_2 气体所包围，故可防止空气对高温金属的侵害。

CO_2 是氧化性气体，在电弧热作用下能分解为 CO 和[O]，使钢中的碳、锰、硅及其他合金元素烧损。为保证焊缝的合金成分，需采用含锰、硅较高的焊接钢丝或含有相应合金元素的合金钢焊丝。例如焊接低碳钢常选用 H08MnSiA 焊丝，焊接低合金钢则常选用 H08Mn2SiA 焊丝。

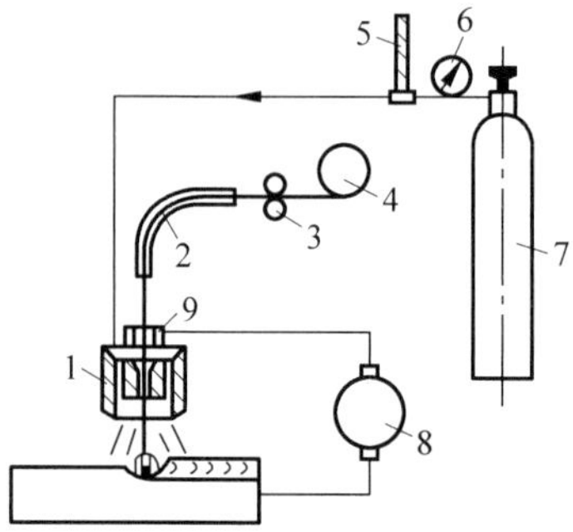

1—焊炬喷嘴；2—送丝软管；3—送丝机构；4—焊丝盘；5—流量计；
6—减压器；7—CO_2 气瓶；8—电焊机；9—导电嘴。

图 6-24　CO_2 气体保护焊示意图

CO_2 气体保护焊的特点：

（1）成本低。因采用廉价易得的 CO_2 代替焊剂，焊接成本仅是埋弧焊和焊条电弧焊的 40%左右。

（2）生产率高。由于焊丝送进是机械化或自动化进行，电流密度较大，电弧热量集中，焊接速度较快。此外，焊后没有渣壳，节省了清渣时间，故可比焊条电弧焊提高生产率 1～3 倍。

（3）操作性能好。CO_2 保护焊是明弧焊，焊接中可清楚地看到焊接过程，容易发现问题，可及时调整处理。CO_2 保护焊如同焊条电弧焊一样灵活，适合于各种位置的焊接。

（4）质量较好。由于电弧在气流压缩下燃烧，热量集中，因而焊接热影响区较小，变形和产生裂纹的倾向性小。

CO_2 保护焊目前已广泛用于造船、机车车辆、汽车、农业机械等工业部门，主要用于焊接 30mm 以下厚度的低碳钢和部分低合金钢工件。

CO_2 保护焊的缺点是 CO_2 的氧化作用使熔滴飞溅较为严重，因此焊接成形不够光滑。另外，如果控制或操作不当，还容易产生气孔。

等离子弧焊

4. 等离子弧焊接与切割

借助水冷喷嘴等对电弧的约束与压缩作用，获得较高能量密度的等离子弧进行焊接的方法，称为等离子弧焊接(plasma arc welding)。

一般电弧焊中的电弧，不受外界约束，称为自由电弧，电弧区内的气体尚未完全电离，能量也未高度集中起来。如果采用一些方法使自由电弧的弧柱受到压缩(称为压缩效应)，弧柱中的气体就会完全电离，产生温度比自由电弧高得多的等离子弧。

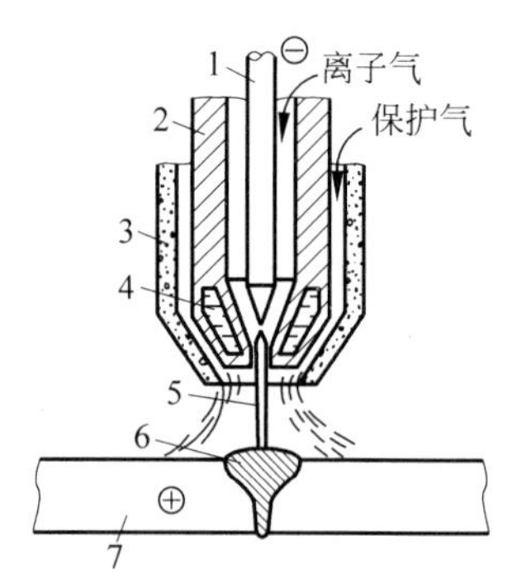

1—钨极；2—压缩喷嘴；3—保护罩；
4—冷却水；5—等离子弧；
6—焊缝；7—工件。

图 6-25　等离子弧的形成

等离子电弧的形成如图 6-25 所示。在钨极和工件之间加一较高电压，经高频振荡使气体电离形成电弧。此电弧在通过具有细孔道的喷嘴时，弧柱被强迫缩小，此作用称为机械压缩效应。

当通入一定压力和流量的离子气(通常为氩气)时,离子气冷气流均匀地包围着电弧,使弧柱外围受到强烈冷却,迫使带电粒子流(离子和电子)往弧柱中心集中,弧柱被进一步压缩。这种压缩作用称为热压缩效应。

带电粒子流在弧柱中的运动,可看作电流在一束平行的"导线"内流过,其自身磁场所产生的电磁力,使这些"导线"互相吸引靠近,弧柱又进一步被压缩。这种压缩作用称为电磁收缩效应。

电弧在上述三种效应的作用下,被压缩得很细,使能量高度集中,弧柱内的气体完全电离为电子和离子,称为等离子弧。其温度可达到16000K以上。

等离子弧用于切割时,称为"等离子弧切割"。等离子弧切割不仅切割效率比氧气切割高1～3倍,而且还可以切割不锈钢、铜、铝及其合金、难熔金属和非金属材料。

等离子弧用于焊接时,称为"等离子弧焊接",是近年来发展较快的一种新焊接方法。等离子弧焊接设备如图6-26所示。

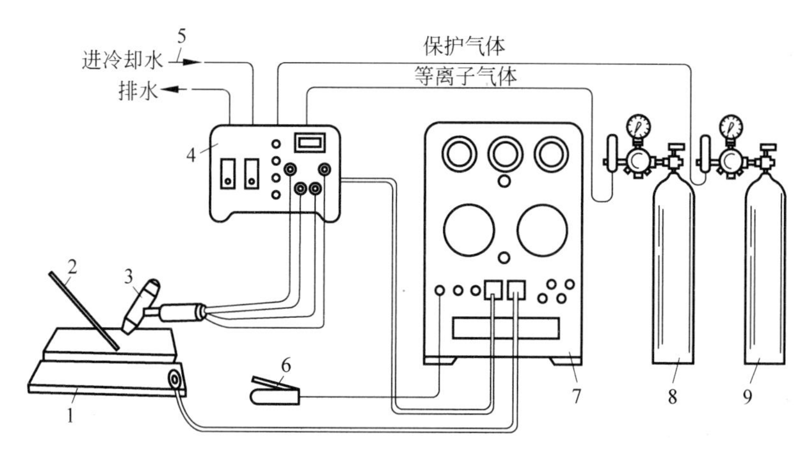

1—工件;2—填充焊丝;3—焊炬;4—控制系统;5—冷却系统;6—启动开关;
7—焊接电源;8,9—供气系统。

图6-26　等离子弧焊接设备

等离子弧焊接应使用专用的焊接设备和焊炬。焊炬的构造应保证在等离子弧周围再通以均匀的保护气体,以保护熔池和焊缝不受空气的有害作用。所以,等离子弧焊接实质上是一种具有压缩效应的钨极气体保护焊。等离子弧焊除具有氩弧焊的优点外,还有以下特点:

(1) 等离子弧能量密度大,弧柱温度高,穿透能力强。因此焊接厚度10～12mm的钢材时可不开坡口,一次焊透双面成形。等离子弧焊的焊接速度快,生产率高。焊后的焊缝宽度和高度较均匀一致,焊缝表面光洁。

(2) 当电流小到0.1A时,电弧仍能稳定燃烧,并保持良好的挺直度和方向性,故等离子弧焊可焊接很薄的箔材。

等离子弧焊接已在生产中得到广泛应用,特别是在国防工业及尖端技术中,用以焊接铜合金、合金钢、钨、钼、钴、钛等金属工件。如钛合金导弹壳体、波纹管及膜盒、微型继电器、电容器的外壳封焊,以及飞机上一些薄壁容器等。

等离子弧焊接的设备比较复杂，气体消耗量大，宜于在室内焊接。

电渣焊

5. 电渣焊

电渣焊(electroslag welding)是利用电流通过液态熔渣时所产生的电阻热作为热源的一种熔化焊方法。根据焊接时使用电极的形状不同，可分为丝极电渣焊、板极电渣焊和熔嘴电渣焊等。

电渣焊总是在垂直立焊位置进行焊接，丝极电渣焊的焊接过程如图 6-27 所示。焊接前，先将工件垂直放置，在接触面之间预留 20～40mm 的间隙形成焊接接头。在接头底部加装引弧板(引弧槽)，顶部加装引出板，以便引燃电弧和引出渣池，保证焊接质量。在接头两侧装有水冷铜滑块以利于熔池冷却凝固。冷却水从进水管流入，流经滑块内部，由出水管流出。焊接时，先将颗粒焊剂放入焊接接头的间隙，然后送入焊丝，焊丝同引弧板接触后引燃电弧。电弧将不断加入的焊剂熔化成渣池。当渣池液面升高到一定高度后，电弧熄灭，电流通过溶渣进入电渣焊过程。

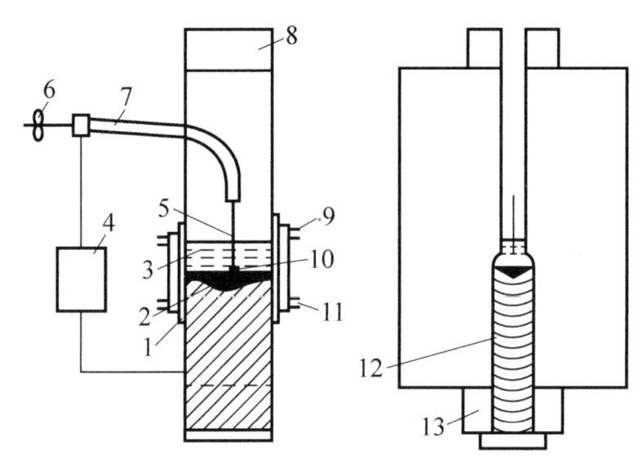

1—水冷铜滑块；2—金属熔池；3—渣池；4—焊接电源；5—焊丝；6—送丝轮；7—导电杆；
8—引出板；9—出水管；10—金属熔滴；11—进水管；12—焊缝；13—引弧槽。

图 6-27 电渣焊示意图

电渣焊具有生产效率高、成本低、焊接质量好、焊接应力小和热影响区大等特点。

电渣焊主要用于焊接厚度大于 30mm 的厚大件。由于焊接应力小，所以它不仅适合于低碳钢、普通低合金钢的焊接，也适合于塑性较低的中碳钢和合金结构钢的焊接。目前电渣焊是制造大型铸-焊、锻-焊复合结构件的重要技术方法。例如制造大吨位压力机、大型机座、水轮机转子和轴等。

6. 真空电子束焊接

随着原子能、导弹和宇航技术的发展，大量应用了锆、钛、钽、钼、铂、铌、镍及其合金，对这些金属的焊接提出更高的要求，一般的气体保护焊已不能满足要求。1956 年，真空电子束焊接方法研制成功，解决了上述稀有金属的焊接问题。

真空电子束焊接(vacuum electron beam welding)如图 6-28 所示。电子枪、工件及夹具全部装在真空室内。电子枪由加热灯丝、阴极、阳极及聚焦装置等组成。当阴极被灯丝加热到 2600K 时，能发出大量电子。这些电子在阴极与阳极(工件)间的高压作用下，经电磁透镜聚焦成电子流束，以极大速度(可达到 160000km/s)射向工件表面，使电子的动能转变为热能，其能量密度（$10^6 \sim 10^8$ W/cm^2）比普通电弧大1000倍，故使工件金属迅速熔化，甚至气化。根据工件的熔化程度，适当移动工件，即得到要求的焊接接头。

真空电子束焊接有以下特点：

（1）由于在真空中焊接，工件金属无氧化、氮化、无金属电极沾污，从而保证了焊缝金属的高纯度。焊缝表面平滑纯净，没有弧坑或其他表面缺陷。内部结合好，无气孔及夹渣。

（2）热源能量密度大，熔深大，速度快，焊缝深而窄（焊缝宽深比可达1∶20），能单道焊厚件。焊接热影响区很小，基本上不产生焊接变形，从而防止难熔金属熔接时产生裂纹及泄漏。此外，可对精加工后的零件进行焊接。

（3）厚件也不必开坡口，焊接时一般不必另填金属。但接头要加工得平整洁净，装配紧，不留间隙。

（4）电子束参数可在较宽范围内调节，而且焊接过程的控制灵活，适应性强。

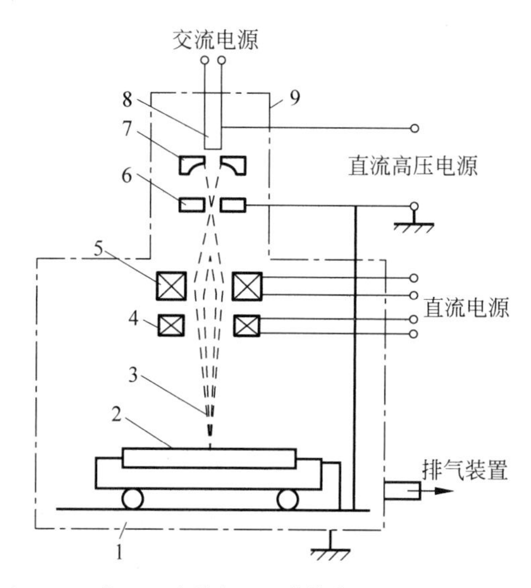

1—真空室；2—工件；3—电子束；4—偏转线圈；5—聚焦透镜；6—阳极；7—阴极；8—灯丝；9—电子枪。

图6-28　真空电子束焊接示意图

目前，从微型电子线路组件、真空膜盒、钼箔蜂窝结构，原子能燃料原件到大型导弹壳体都已采用电子束焊接。此外，熔点、导热性、溶解度相差很大的异种金属构件，真空中使用的器件和内部要求真空的密封器件等，用真空电子束焊接也能得到良好的焊接接头。

真空电子束焊接的缺点是：设备复杂、造价高、使用与维护技术要求高，工件尺寸受真空室限制，对工件的清整与装配要求严格，因而，其应用也受到一定限制。

7. 激光焊接（laser welding）

激光是指利用原子受激辐射原理，使物质受激而产生的波长均一、方向一致和强度很高的光束。激光器是指产生激光的器件。激光与普通光（太阳光、电灯光、烛光、荧光）不同，激光具有单色性好、方向性好以及能量密度高（可达$10^5 \sim 10^{31}$ W/cm^2）等特点，因此被成功地用于金属或非金属材料的焊接、穿孔和切割。

在焊接中应用的激光器，目前有固体及气体介质两种。固体激光器常用的激光材料是红宝石、钕玻璃或掺钕钇铝石榴石，气体激光器则使用二氧化碳。

激光焊接如图6-29所示，其基本原理是：利用激光器受激辐射产生的激光束，通过聚焦系统可聚焦到十分微小的焦点(光斑)上，其能量密度大于$10^5 W/cm^2$。当调焦到工件接缝时，光能转换为热能，使金属熔化形成焊接接头。

按激光器的工作方式，激光焊接可分为脉冲激光点焊和连续激光焊接两种。目前脉冲激光点焊已得到广泛应用。

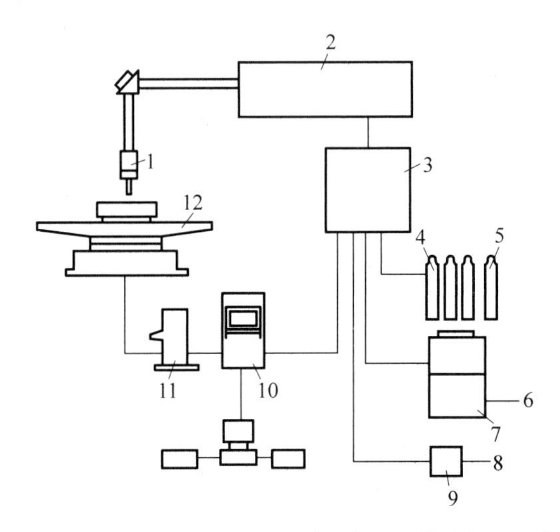

1—焊枪；2—激光器；3—电源控制装置；4—激光气；5—辅助气；6—水；7—冷却器；
8—空气；9—空压机；10—N/C装置；11—操作盘；12—工作台。

图6-29 激光焊接示意图

通用激光点焊设备的单个脉冲输出能量为10J左右，脉冲持续时间一般不超过10ms，主要用于厚度小于0.5mm金属箔材或直径小于0.6mm金属线材的焊接。连续激光焊接主要使用大功率CO_2气体激光器。在实验室内，其连续输出功率已达几十千瓦，能够成功地焊接不锈钢、硅钢、铜、镍、钛等金属及其合金。

激光焊接的特点是：

(1) 激光辐射的能量释放极其迅速，点焊过程只有几毫秒。这不仅提高了生产率，而且被焊材料不易氧化。因此可以在大气中进行焊接，不需要气体保护或真空环境。

(2) 激光焊接的能量密度很高、热量集中、作用时间很短，所以焊接热影响区极小，工件不变形，特别适用于热敏感材料的焊接。

(3) 激光束可以用反射镜或偏转棱镜将其在任何方向上弯曲或聚焦，也可以用光导纤维引到难以接近的部位，还可以通过透明材料壁进行聚焦。因此激光可以焊接一般焊法难以接近或无法安置的焊点。

(4) 激光可对绝缘材料直接焊接，焊接异种金属材料也比较容易，甚至能把金属与非金属焊在一起。

激光焊接(主要是脉冲激光点焊)特别适合微型、精密、排列非常密集和热敏感材料的工件及微电子元件的焊接(如集成电路内外引线焊接，微型继电器、电容器、石英晶体的管壳封焊，以及仪表游丝的焊接等)，但激光焊接设备的功率较小，可焊接的厚度受到一定限制，而且操作与维护的技术要求较高。

6.2.2 压力焊

压力焊(pressure welding)是指在固态下进行焊接时,利用压力将母材接头焊接,加热只起着辅助作用,有时不加热,有时加热到接头的高塑性状态,甚至使接头的表面薄层熔化,这类焊接方法即为压力焊,它包括电阻焊、摩擦焊、高频焊等。

1. 电阻焊

电阻焊(resistance welding)是工件组合后通过电极施加压力,利用电流通过接头的接触面及邻近区域产生的电阻热,把工件加热到塑性或局部熔化状态,在压力作用下形成接头的焊接方法。

电阻焊在焊接过程中产生的热量,可利用焦耳-楞次定律计算:

$$Q = I^2Rt \tag{6-1}$$

式中,Q 为电阻焊时所产生的电阻热,J;I 为焊接电流,A;R 为工件的总电阻,包括工件本身的电阻和工件间的接触电阻,Ω;t 为通电时间,s。

由于工件的总电阻很小,为使工件在极短时间内(0.01 秒到几秒)迅速加热,必须采用很大的焊接电流(几千到几万安培)。

与其他焊接方法相比,电阻焊具有生产率高、焊接变形小、劳动条件好、不需另加焊接材料、操作简便、易实现机械化等优点。但其设备较一般熔化焊复杂、耗电量大、适用的接头形式与可焊工件厚度(或断面)受到限制。

电阻焊分为点焊、缝焊和对焊三种形式。

1) 点焊

点焊(spot welding)是将工件装配成搭接接头,并紧压在两柱状电极之间,利用电阻热熔化母材金属,形成一个焊点的电阻焊方法,如图 6-30 所示。

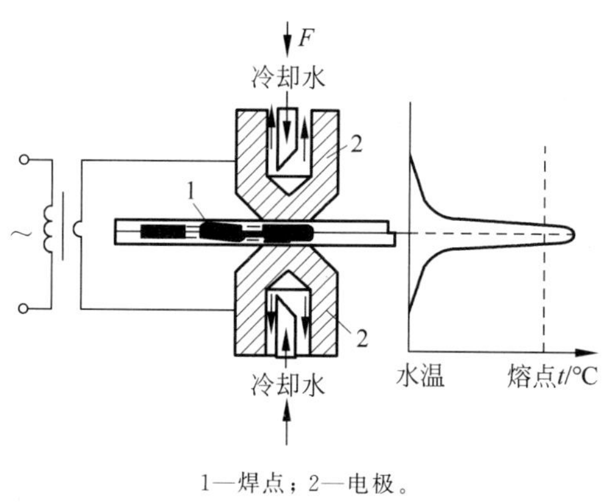

1—焊点;2—电极。

图 6-30 点焊示意图

点焊时,先加压使两个工件紧密接触,然后接通电流。由于两工件接触处电阻较大,电流流过所产生的电阻热使该处温度迅速升高,局部金属可达熔点温度被熔化形成液态熔核。断电后,继续保持压力或加大压力,使熔核在压力下凝固结晶,形成组织致密的焊点。而电极与工件间的接触处，所产生的热量因被导热性好的铜(或铜合金)电极及冷却水传走，因此温升有限，不会出现焊合现象。

焊完一个点后，电极将移至另一点进行焊接。当焊接下一个点时，有一部分电流会流经已焊好的焊点，称为分流现象。分流将使焊接处电流减小，影响焊接质量。因此两个相邻焊点之间应有一定距离。工件厚度越大，材料导电性越好，则分流现象越严重，故点距应加大。不同材料及不同厚度工件上焊点间最小距离见表 6-4 所示。

影响点焊质量的主要因素有焊接电流、通电时间、电极压力及工件表面清理情况等。根据焊接时间的长短和电流大小，常把点焊焊接规范分为硬规范和软规范。硬规范是指在较短时间内通以大电流的规范。生产率高、工件变形小、电极磨损慢，但要求设备功率大，规范应控制精确，适合焊接导热性能较好的金属。软规范是指在较长时间内通以较小电流的规范。生产率低，但可选用功率小的设备焊接较厚的工件，更适合焊接有淬硬倾向的金属。

表 6-4　点焊的焊点间最小距离　　mm

工件厚度	点　距		
	结构钢	耐热钢	铝合金
0.5	10	8	15
1	12	10	18
2	16	14	25
3	20	18	30

工件的表面状态对焊接质量影响很大。如工件表面存在氧化膜、泥垢等时，将使工件间电阻显著增大，甚至存在局部不导电从而影响电流通过。因此，点焊前必须对工件进行酸洗、喷砂或打磨处理。

点焊工件都采用搭接接头。图 6-31 为几种典型的点焊接头形式。

点焊主要适用于厚度为 4mm 以下的薄板、冲压结构及线材的焊接，每次焊一个点或一次焊多个点。目前，点焊已广泛用于制造汽车、车厢、飞机等薄壁结构以及罩壳和轻工、生活用品等。

缝焊

2) 缝焊

缝焊(seam welding)过程与点焊相似，只是用旋转的圆盘状滚动电极代替了柱状电极。焊接时，盘状电极压紧工件并转动(也带动工件向前移动)，配合连续或断续通电，即形成连续的缝焊，因此称为缝焊，如图 6-32 所示。

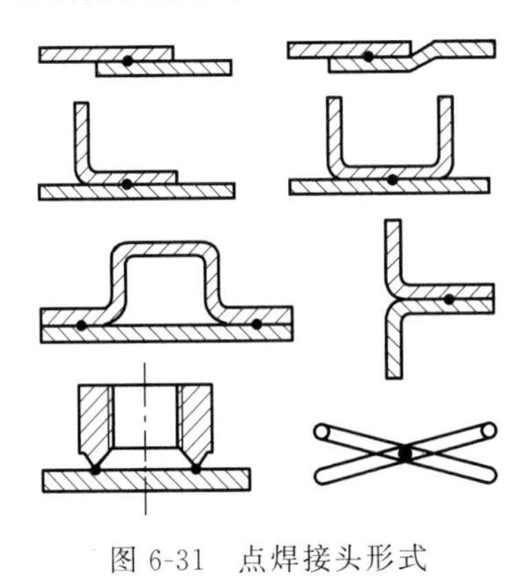

图 6-31　点焊接头形式

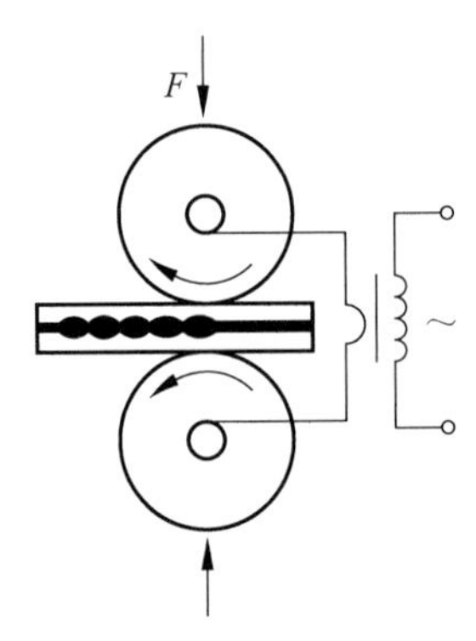

图 6-32　缝焊示意图

缝焊时,焊点相互重叠 50%以上,密封性好。主要用于制造要求密封性高的薄壁结构。如油箱、小型容器和管道等。但因缝焊过程分流现象严重,焊接相同厚度的工件时,焊接电流为点焊的 1.5～2 倍。因此要使用大功率焊机,用精确的电气设备控制间断通电时间。缝焊只适用于厚度在 3mm 以下的薄板结构。

3) 对焊

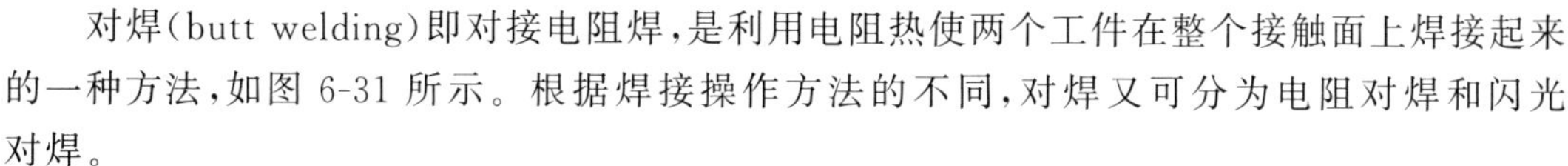

对焊(butt welding)即对接电阻焊,是利用电阻热使两个工件在整个接触面上焊接起来的一种方法,如图 6-31 所示。根据焊接操作方法的不同,对焊又可分为电阻对焊和闪光对焊。

(1) 电阻对焊(upset welding)。将两个工件装夹在对焊机的电极钳口中成对接接头,施加预压力,使两个工件端面接触,并被压紧,然后通电。当电流通过工件和接触端面时产生电阻热,将工件接触处迅速加热到塑性状态(碳钢为 1000～1250℃),再对工件施加较大的顶锻力并同时断电,使高温端面产生一定的塑性变形而焊接起来(见图 6-33(a))。

电阻对焊操作简单,接头比较光滑。但焊前应认真加工和清理端面,否则易出现加热不匀、连接不牢的现象。此外,高温端面易发生氧化,质量不易保证。电阻对焊一般只用于焊接截面简单、直径(或边长)小于 20mm 和强度要求不高的工件。

(2) 闪光对焊(flash welding)。将两工件夹在电极钳口内成对接接头,接通电源并使两工件轻微接触。因工件表面不平,首先只是某些点接触,强电流通过时,这些接触点的金属即被迅速加热熔化,甚至蒸发,在蒸汽压力和电磁力作用下,液态金属发生爆破,以火花形式从接触处飞出而形成"闪光"。此时应继续送进工件,保持一定闪光时间,待工件端面全部被加热熔化时,迅速对工件施加顶锻力并切断电源,工件在压力作用下产生塑性变形而焊在一起(见图 6-33(b))。

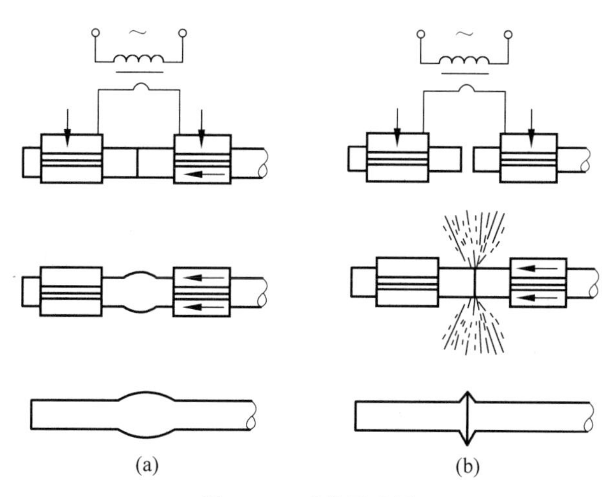

图 6-33　对焊示意图

(a) 电阻对焊;(b) 闪光对焊

在闪光对焊的焊接过程中,工件端面的氧化物和杂质一部分被闪光火花带出,另一部分在最后加压时随液态金属挤出,因此接头中夹渣少、质量好、强度高。闪光对焊的缺点是金属损耗较大,闪光火花易玷污其他设备与环境,接头处焊后有毛刺需要加工清理。闪光对焊常用于对重要工件的焊接,可焊相同金属件,也可焊接一些异种金属(铝—铜、铝—钢等)。

被焊工件直径可以是小到 0.01mm 的金属丝，也可以是断面大到 20000mm^2 的金属棒和金属型材。

不论哪种对焊，工件端面应尽量相同。圆棒直径、方钢边长和管子壁厚之差均不应超过 25%。图 6-34 是推荐的几种对焊接头形式。对焊主要用于刀具、管子、钢筋、钢轨、锚链、链条等的焊接。

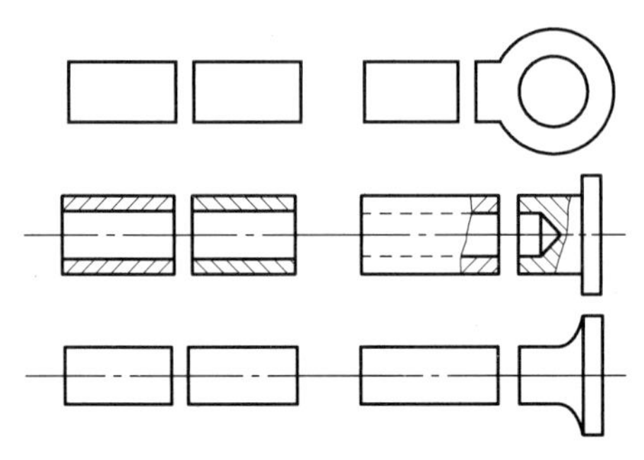

图 6-34　对焊接头形式

摩擦焊

2. 摩擦焊

摩擦焊(friction welding)是利用工件接触端面相对旋转运动中摩擦产生的热量，同时加压顶锻而进行焊接的方法。

图 6-35 是摩擦焊示意图。先将两工件夹在焊机上，加一定压力使工件紧密接触。然后工件作旋转运动，使工件接触面相对摩擦产生热量，待工件端面被加热到高温塑性状态时，利用制动器使工件骤然停止旋转，并利用轴向加压油缸对工件的端面加大压力，使两工件产生塑性变形而焊接起来。

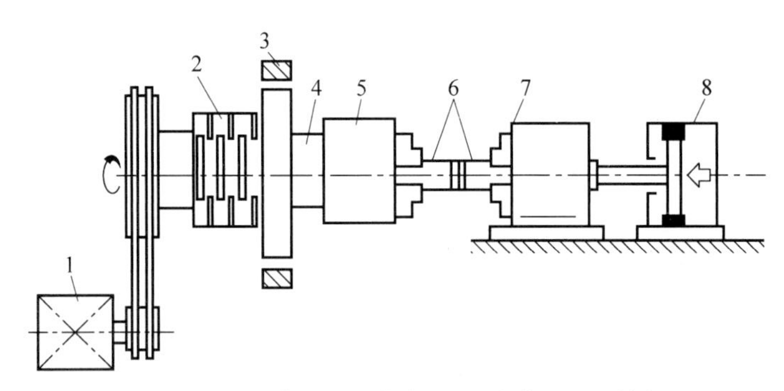

1—电动机；2—离合器；3—制动器；4—主轴；5—回转夹具；
6—焊件；7—非回转夹具；8—轴向加压油缸。

图 6-35　摩擦焊示意图

摩擦焊的特点：

(1) 在摩擦焊过程中，工件接触表面的氧化膜与杂质被清除。因此接头组织致密，不易有气孔、夹渣等缺陷，接头质量好而且稳定。

(2) 可焊接的金属范围较广，不仅可焊同种金属，也可焊接异种金属。

(3) 焊接操作简单，容易实现自动控制，生产率高。

(4) 设备简单、电能消耗少(只有闪光对焊的 1/15～1/10)。但要求刹车及加压装置的控制灵敏。

摩擦焊接头一般是等截面的,特殊情况下也可以是不等截面的。但需要至少有一个工件为圆形或管状。图 6-36 是摩擦焊可用的接头形式。

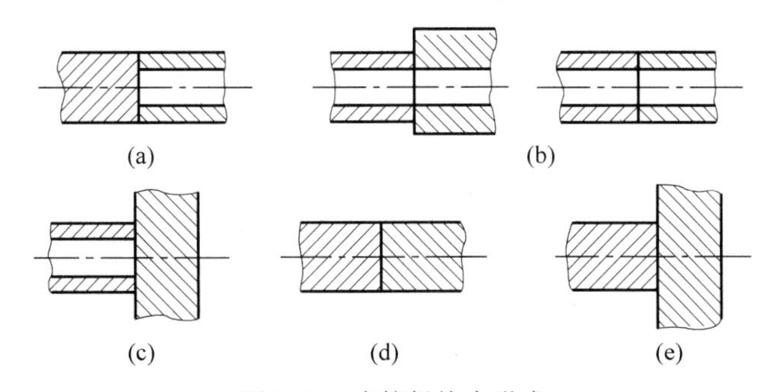

图 6-36　摩擦焊接头形式

(a) 杆-管；(b) 管-管；(c) 管-板；(d) 杆-杆；(e) 杆-板

摩擦焊广泛用于圆形工件、棒料及管类件的焊接。可焊实心工件的直径为 2～100mm 以上,管类件外径可达 150mm。

3. 高频焊

高频焊

高频焊是利用流经工件连接面的高频电流所产生的电阻热加热,并在施加(或不施加)压力的情况下,使工件间实现相互连接的一类焊接方法。

借助高频电流的集肤效应(向导体通以频率为 f 的交流电流时,导体断面上出现的电流分布不均,电流密度由导体表面向中心逐次减小;电流中的大部分仅沿着导体表层流动的一种现象)可使高频电能量集中于工件的表层,而利用邻近效应(当高频电流在两导体中彼此反向流动或在一个往复导体中流动时,电流集中流动于导体邻近侧的一种奇异现象),又可控制高频电流流动路线的位置和范围,如图 6-37 所示。当要求高频电流集中在工件的某一部位时,只要将导体与工件构成电的回路并靠近这一部位,使之构成邻近导体,就能实现这一要求。工件上电流集中的部位和被加热的图形与邻近导体的投影图形完全相同。

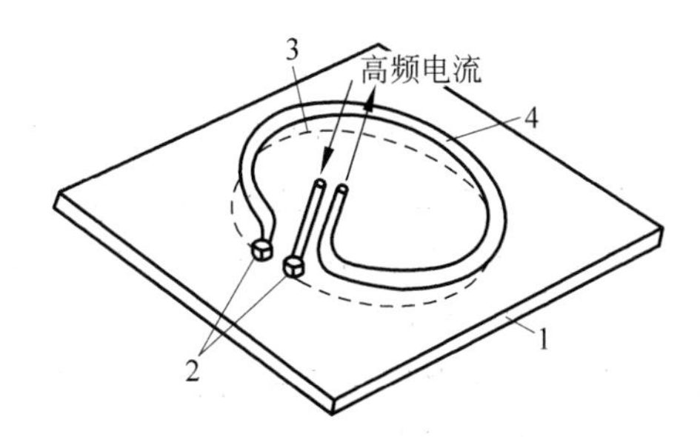

1—工件；2—触头接触位置；3—电流线路；4—邻近导体。

图 6-37　用邻近导体控制高频电流流动的路线

高频焊就是根据工件结构的特殊形式,运用集肤效应和邻近效应以及由它们带来的上述的一些特性，使工件待连接处表层金属得以快速加热，从而实现相互连接的。例如欲焊接长度较小的两个零件，就要在相邻的两边间留有小间隙，并将两边与高频电源相连，使之组成电的往复回路，在集肤效应与邻近效应的作用下，相邻两边金属端部便会迅速地被加热到熔化或焊接温度，然后在外加压力作用下，两零件就可牢固地焊成一体，如图 6-38 所示。

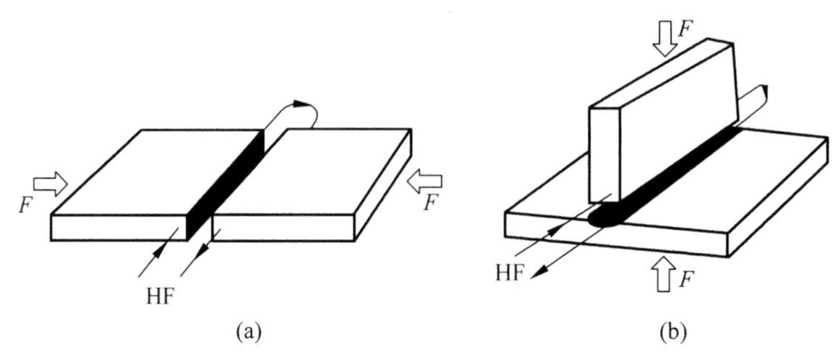

HF—高频电流；F—压力。

图 6-38 长度较小零件的高频焊原理

(a) 对接接头；(b) T 形接头

如果被焊的是很长的工件，就要采用连续高频焊。为有效地利用高频电流的集肤效应和邻近效应，此时必须使焊接接头形成 V 形张角。此张角亦称会合角。典型的应用实例就是各种型材和管材的高频焊接，如图 6-39 所示。

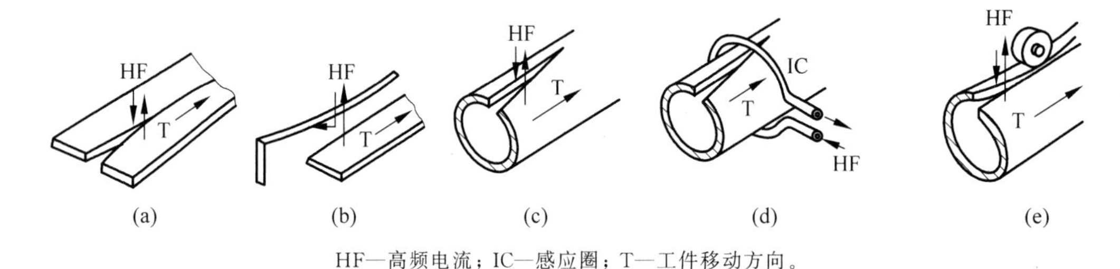

HF—高频电流；IC—感应圈；T—工件移动方向。

图 6-39 型材及管材的高频焊模式

(a) 板条对接接头；(b) 板条 T 形接头；(c) 管坯纵缝对接(接触焊)；
(d) 管坯纵缝对接(感应焊)；(e) 管坯纵缝对接(辗压焊)

高频焊主要有以下特点：

(1) 焊接速度高。由于电流能高度集中于焊接区，加热速度极快，而且在高速焊接时并不产生"跳焊"现象，因而焊速可高达 150m/min，甚至 200m/min。

(2) 热影响区小。因焊速高，工件自冷作用强，故不仅热影响区小，而且不易发生氧化，从而可获得具有良好组织与性能的焊缝。

(3) 焊前可不清除工件待焊处的表面氧化膜及污物。对热轧母材表面的氧化膜、污物等，高频电流是能够导通的，因而可省掉焊前清理工序。

(4) 焊接的金属种类广泛，产品的形状规格多。不但能焊碳钢、合金钢，而且还能焊通常难以焊接的不锈钢，铝及铝合金，铜及铜合金，以及镍、钛、锆等金属。

高频焊的缺点主要是电源回路的高压部分对人身与设备的安全有威胁，因而对绝缘有较高的要求；另外，回路中振荡管等元件的工作寿命较短，而且维修费用也较高。

高频焊在管材制造方面获得了广泛应用。除能制造各种材料的有缝管、异型管、散热片管、螺旋散热片管、电缆套管等管材外，还能生产各种断面的型材或双金属板和一些机械产品，如汽车轮圈、汽车车箱板、工具钢与碳钢组成的锯条等。

6.2.3 钎焊

烙铁钎焊

钎焊（brazing）是利用熔点比工件低的钎料作填充金属，加热时钎料熔化而将工件连接起来的焊接方法。

火焰钎焊

钎焊的过程是将表面清理好的工件以搭接形式装配在一起，把钎料放在接头间隙附近或接头间隙之间。当工件与钎料被加热到稍高于钎料的熔点温度后，钎料熔化（此时工件不熔化），借助毛细管作用使钎料被吸入并充满固态工件间隙，液态钎料与工件金属相互扩散，冷凝后即形成钎焊接头。

根据钎料熔点的不同，钎焊可分为硬钎焊与软钎焊两类。

感应钎焊

1. 硬钎焊

波峰钎焊

钎料熔点在450℃以上，接头强度在200MPa以上。属于这类的钎料有铜基、银基和镍基钎料等。银基钎料钎焊的接头具有较高的强度、良好的导电性和耐蚀性，而且熔点较低，工艺性好。但银基钎料较贵，只用于要求高的工件。镍铬合金钎料可用于钎焊耐热的高强度合金与不锈钢。工作温度可高达900℃。但钎焊时的温度要求高于1000℃以上，工艺要求很严。硬钎焊主要用于受力较大的钢铁和铜合金构件，工具、刀具以及人造聚晶金刚石复合片的焊接等。

2. 软钎焊

钎料熔点在450℃以下，接头强度较低，一般不超过70MPa。这种钎焊只用于焊接受力不大，工作温度较低的工件。常用的钎料是锡铅合金，所以通称锡焊。这类钎料的熔点一般低于230℃，熔液渗入接头间隙的能力较强，所以具有较好的焊接工艺性能。软钎焊广泛用于焊接受力不大的在常温下工作的仪表、导电元件以及钢铁、铜、铜合金等制造的构件。

钎焊构件的接头形式都采用板料搭接和套件镶接。图6-40所示是几种常见的钎焊接头形式。这些接头都有较大的钎接面，以弥补钎料强度低的不足，保证接头有一定的承载能力。接头之间应有良好的配合和适当的间隙。间隙太小，会影响钎料的渗入与湿润，达不到全部焊合。间隙太大，不仅浪费钎料，而且会降低钎焊接头强度。因此，一般钎焊接头间隙值取0.05～0.2mm。

在钎焊过程中，一般都需要使用熔剂，即钎剂。其作用是清除被焊金属表面的氧化膜及其他杂质，改善钎料流入间隙的性能（即润湿性），保护钎料及工件不被氧化。因此，钎剂对钎焊质量影响很大。软钎焊时，常用的钎剂为松香或氯化锌溶液。硬钎焊时钎剂的种类较多，主要由硼砂、硼酸、氟化物、氯化物等组成，应根据钎料种类选择应用。

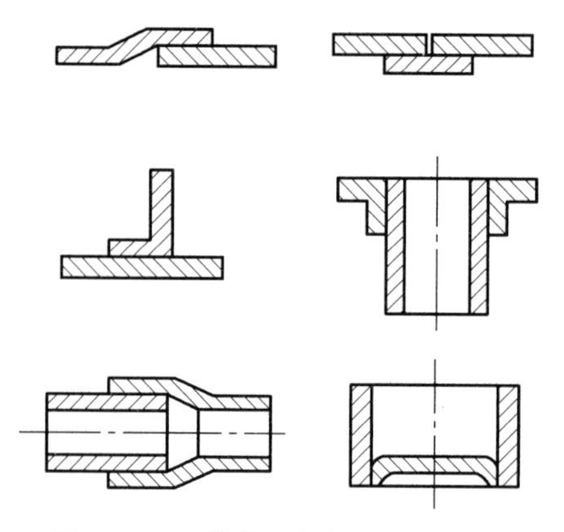

图 6-40　几种常见的钎焊接头形式

钎焊的加热方法有烙铁加热、火焰加热、电阻加热、感应加热、炉内加热、盐浴加热等，可根据钎料种类、工件形状及尺寸、接头数量、质量要求与生产批量等综合考虑选择。其中烙铁加热温度低，一般只适用于软钎焊。

与一般熔化焊相比，钎焊的特点是：

(1) 工件加热温度较低，组织和力学性能变化很小，变形也小。接头光滑平整，工件尺寸精确。

(2) 可焊接性能差异很大的异种金属，对工件厚度的差别没有严格限制。

(3) 对工件整体进行钎焊时，可同时钎焊多条(甚至上千条)接缝组成的复杂形状构件，生产率很高。

(4) 设备简单，投资费用少。但钎焊的接头强度较低，尤其是动载强度低，允许的工作温度不高，焊前清整要求严格，而且钎料价格较贵。因此，钎焊不适合于一般钢结构件及重载、动载零件的焊接。钎焊主要用于制造精密仪表、电气部件、异种金属构件，以及某些复杂薄板结构(如夹层结构、蜂窝结构等)，还用于各类导线、硬质合金刀具和超硬刀具等。

6.3　材料的焊接性

6.3.1　焊接性

1. 焊接性的概念

金属材料的焊接性(weld ability)是指采用一定的焊接方法、焊接材料、工艺参数及结构形式条件下，获得优质焊接接头的难易程度。即金属材料在一定的焊接工艺条件下，表现出的易焊和难焊的差别。

焊接性包括两个方面：一是工艺焊接性，主要是指焊接接头产生工艺缺陷的倾向，尤其是出现各种裂纹的可能性；二是使用焊接性，主要是指焊接接头在使用中的可靠性，包括焊接接头的力学性能及其他特殊性能(如耐热、耐蚀性能等)。金属材料这方面的焊接性可通过估算和实验方法来确定。

2. 钢材焊接性的估算方法

实际焊接结构所用的金属材料绝大多数是钢材。影响钢材焊接性的主要因素是化学成分。各种化学元素对焊缝组织性能、夹杂物分布以及对焊接热影响区的淬硬程度等的影响不同，对产生裂纹倾向的影响也不同。在各种元素中，碳的影响最为明显，其他元素的影响可折合成碳的影响计算。因此可用碳当量法(carbon equivalent method)来估算被焊钢材的焊接性。硫、磷对钢材的焊接性能影响也很大，在各种合格钢材中，硫、磷含量都受到严格限制。

碳钢及低合金结构钢的碳当量经验公式为

$$\omega(\mathrm{C})_{当量}=\left(\omega(\mathrm{C})+\frac{\omega(\mathrm{Mn})}{6}+\frac{\omega(\mathrm{Cr})+\omega(\mathrm{Mo})+\omega(\mathrm{V})}{5}+\frac{\omega(\mathrm{Ni})+\omega(\mathrm{Cu})}{15}\right)\times 100\% \tag{6-2}$$

式中，$\omega(\mathrm{C})$、$\omega(\mathrm{Mn})$、$\omega(\mathrm{Cr})$、$\omega(\mathrm{Mo})$、$\omega(\mathrm{V})$、$\omega(\mathrm{Ni})$、$\omega(\mathrm{Cu})$为钢中相应元素的质量分数。

根据经验：

当$\omega(\mathrm{C})_{当量}<0.15\%\sim0.4\%$时，钢材塑性良好，淬硬倾向不明显，焊接性良好。在一般的焊接工艺条件下，工件不会产生裂纹。但厚大工件或在低温下焊接时，应考虑预热。

当$\omega(\mathrm{C})_{当量}=0.4\%\sim0.6\%$时，钢材塑性下降，淬硬倾向明显，焊接性能相对较差。焊前工件需要适当预热，焊后应注意缓冷。要采取一定的焊接工艺措施才能防止裂纹。

当$\omega(\mathrm{C})_{当量}>0.6\%$时，钢材塑性较低，淬硬倾向很强，焊接性不好。焊前工件必须预热到较高温度，焊接时要采取减少焊接应力和防止开裂的工艺措施，焊后要进行适当的热处理，才能保证焊接接头质量。

利用碳当量法估算钢材焊接性是粗略的，因为钢材的焊接性还受结构刚度、焊后应力条件、环境温度等因素的影响。在实际工作中确定材料焊接性时，除初步估算外，还应根据实际情况进行抗裂试验及焊接接头使用焊接性的试验，为制定合理的工艺规程提供依据。

6.3.2　常用金属材料的焊接

1. 碳钢的焊接

1）低碳钢的焊接

低碳钢碳质量分数≤0.25%，其塑性好，一般没有淬硬倾向，对焊接过程不敏感，焊接性好。焊接这类钢时，不需要采取特殊的工艺措施，通常在焊后也不需进行热处理。

厚度大于50mm的低碳钢结构，常用大电流多层焊，焊后应进行消除内应力退火。低温环境下焊接刚度较大的结构时，由于工件各部分温差较大，变形又受到限制。焊接过程容易产生较大的应力，有可能导致结构件开裂，因此应进行焊前预热。

低碳钢可以用各种焊接方法进行焊接，应用最广泛的是焊条电弧焊、埋弧焊、电渣焊、气体保护焊和电阻焊等。

2）中、高碳钢的焊接

中碳钢碳质量分数为0.25%～0.6%。随着碳质量分数的增加，淬硬倾向越加明显，焊接性逐渐变差。实际生产中，主要是焊接各种中碳钢的铸件与锻件。

(1) 热影响区易产生淬硬组织和冷裂纹。中碳钢属淬火钢，热影响区金属被加热超过淬火温度区段时，受工件低温部分的迅速冷却作用，势必出现马氏体等淬硬组织。当工件刚性较大或工艺不当时，就会在淬火区产生冷裂纹，即焊接接头焊后冷却到相变温度以下或冷却到室温后产生裂纹。

(2) 焊缝金属产生热裂纹倾向较大。焊接中碳钢时，因工件基体材料碳质量分数与硫、磷杂质含量远远高于焊芯，基体材料熔化后进入熔池，使焊缝金属碳质量分数增加，塑性下降，加上硫、磷低熔点杂质存在，焊缝及熔合区在相变前可能因内应力而产生裂纹。

焊接中碳钢工件，焊前必须进行预热，使焊接时工件各部分的温差小，以减小焊接应力。一般情况下，35 钢和 45 钢的预热温度可选为 150～250℃。结构刚度较大或钢材碳质量分数更高时，预热温度应再提高些。焊接中碳钢多采用焊条电弧焊，焊后要进行相应的热处理。

高碳钢的焊接特点与中碳钢基本相似。由于碳质量分数更高，使焊接性变得更差，所以在进行焊接时，应采用更高的预热温度、更严格的工艺措施。

2. 合金结构钢的焊接

合金结构钢分为机械制造用合金结构钢和低合金结构钢两大类。用于机械制造的合金结构钢零件(包括调质钢、渗碳钢)，一般都采用轧制或锻造的坯料，焊接结构较少。如需焊接，因其焊接性与中碳钢相似，所以其焊接工艺措施与中碳钢基本相同。

焊接结构中，用得最多的是低合金结构钢。其焊接特点如下：

(1) 热影响区的淬硬倾向。低合金钢焊接时，热影响区可能产生淬硬组织，淬硬程度与钢材的化学成分和强度级别有关。钢中含碳及合金元素越多，钢材强度级别越高，则焊后热影响区的淬硬倾向越大。如 300MPa 级的 09Mn2、09Mn2Si 等钢材的淬硬倾向很小，其焊接性与一般低碳钢基本一样。350MPa 级的 16Mn 钢淬硬倾向也不大，但当碳质量分数接近允许上限或焊接参数不当时，过热区也完全可能出现马氏体等淬硬组织。强度级别较大的低合金钢，淬硬倾向增加，热影响区容易产生马氏体组织，硬度明显增高，塑性和韧度则下降。

(2) 焊接接头的裂纹倾向。随着钢材强度级别的提高，产生冷裂纹的倾向也加剧。影响冷裂纹的因素主要有三个方面：一是焊缝及热影响区的氢质量分数；二是热影响区的淬硬程度；三是焊接接头应力大小。对于热裂纹，由于我国低合金钢系统的碳质量分数低，且大部分含有一定的锰，对脱硫有利。因此产生热裂纹的倾向不大。

根据低合金钢的焊接特点，生产中可分别采取以下措施进行焊接：对于强度级别较低的钢材，在常温下焊接时与对待低碳钢基本一样；在低温或在大刚度、大厚度构件上进行小焊脚、短焊缝焊接时，应防止出现淬硬组织，要适当增大焊接电流、减慢焊接速度、选用抗裂性强的低氢型焊条，必要时需采用预热措施；对锅炉、受压容器等重要构件，当厚度大于 20mm 时，焊后必须进行退火处理，以消除应力；对于强度级别高的低合金钢件，焊前一般均需预热。焊接时，应调整焊接参数，以控制热影响区的冷却速度不宜过快。焊后还应进行热处理，以消除内应力。不能立即热处理时，可先进行消氢处理，即焊后立即将工件加热到 200～350℃，保温 2～6h，以加速氢扩散逸出，防止产生因氢引起的冷裂纹。

3. 铸铁的补焊

铸铁的碳质量分数高，组织不均匀，塑性很低，属于焊接性很差的材料。因此不应该采用铸铁设计和制造焊接构件。但铸铁件生产中常出现铸造缺陷，铸铁零件在使用过程中有时会发生局部损坏或断裂情况，这时用焊接手段将其修复，经济效益是很大的。所以，铸铁的焊接主要是焊补工作。

铸铁的焊接特点：

(1) 熔合区易产生白口组织。由于焊接时为局部加热，焊后铸铁件上的焊补区冷却速度远比铸造成形时快得多，因此很容易形成白口组织，其硬度很高，焊后很难进行机械加工。

(2) 易产生裂纹。铸铁强度低、塑性差。当焊接应力较大时，就会在焊缝及热影响区内产生裂纹，甚至使焊缝整体断裂。此外，当采用非铸铁组织的焊条或焊丝冷焊铸铁件时，因铸铁中碳及硫、磷杂质含量高，所以基体材料过多熔入焊缝中，容易产生热裂纹。

(3) 易产生气孔。铸铁的碳质量分数高，焊接时易生成 CO 和 CO_2 气体，铸铁凝固时由液态转变为固态所经过的时间很短，熔池中的气体来不及逸出而形成气孔。

此外，铸铁的流动性好，立焊时熔池金属容易流失，所以一般只应进行平焊。

根据铸铁的焊接特点，采用气焊、焊条电弧焊进行焊补较为适宜。按焊前是否预热，铸铁的补焊可分为热焊法和冷焊法两大类：

(1) 热焊法。焊前将工件整体或局部预热到 600～700℃，焊补后缓慢冷却。热焊法能防止工件产生白口组织和裂纹，焊补质量较好，焊后可进行机械加工。但热焊法成本较高、生产效率低、焊工劳动条件差。一般用于焊补形状复杂、焊后需进行加工的重要铸件。如床头箱，汽缸体等。

(2) 冷焊法。焊补前工件不预热或只进行 400℃以下的低温预热。焊补时主要依靠焊条来调整焊缝的化学成分，以防止或减少白口组织和避免裂纹。冷焊法方便、灵活、生产率高、成本低、劳动条件好。但焊接处切削加工性能较差。生产中多用于焊补要求不高的铸件以及不允许高温预热的铸件。焊接时，应尽量采用小电流、短弧、窄焊缝、短焊道(每段不大于 50mm)，并在焊后及时锤击焊缝，以松弛应力，防止焊后开裂。

冷焊法一般采用焊条电弧焊进行焊补。根据铸铁性能，焊后对切削加工的要求及铸件的重要性等来选定焊条，常用的有钢芯或铸铁焊条，适用于一般非加工面的焊补；镍基铸铁焊条，适用于重要铸件的加工面的焊补；铜基铸铁焊条，用于焊后需要加工的灰铸铁件的焊补。

4. 非铁金属及其合金的焊接

1) 铜及铜合金的焊接

铜及铜合金的焊接比低碳钢困难得多。其原因是：

(1) 铜的导热性很高(紫铜为低碳钢的 8 倍)，焊接时热量极易散失。因此，焊前工件要预热，焊接中要选用较大的电流或火焰。否则容易造成焊不透缺陷。

(2) 液态铜易氧化，生成的 Cu_2O 与铜可组成低熔点共晶体，分布在晶界上形成薄弱环节。又因为铜的膨胀系数大，冷却时收缩率也大，容易产生较大的焊接应力。因此，焊接过程中极易引起开裂。

(3) 铜在液态时吸气性强,特别容易吸收氢气。凝固时,气体将从熔池中析出,来不及逸出就会在工件中形成气孔。

(4) 铜的电阻极小,不适于电阻焊。

(5) 某些铜合金比纯铜更容易氧化,使焊接的困难增大。例如,黄铜(铜锌合金)中的锌沸点很低,极易烧蚀蒸发并生成氧化锌(ZnO)。锌的烧损不但改变了接头的化学成分,降低了接头性能,而且所形成的氧化锌烟雾易引起焊工中毒。铝青铜中的铝,在焊接中易生成难熔的氧化铝,增大熔渣黏度,生成气孔和夹渣。

铜及铜合金可用氩弧焊、气焊、碳弧焊、钎焊等进行焊接。其中氩弧焊主要用于焊接紫铜和青铜件。气焊主要用于焊接黄铜件。

2) 铝及铝合金的焊接

工业中主要对纯铝、铝锰合金、铝镁合金和铸铝件进行焊接。铝及铝合金的焊接比较困难。其焊接特点有:

(1) 铝与氧的亲和力很大,极易氧化生成氧化铝(Al_2O_3)。氧化铝组织致密,熔点高达2050℃,覆盖在金属表面,能阻碍金属熔合。此外,氧化铝的密度较大,易使焊缝形成夹渣缺陷。

(2) 铝的导热系数较大,焊接中要使用大功率或能量集中的热源。工件厚度较大时应考虑预热。铝的膨胀系数也较大,易产生焊接应力与变形,并可能导致裂纹的产生。

(3) 液态铝能吸收大量氢气,而固态铝却几乎不能溶解氢。因此在熔池凝固中易产生气孔。

(4) 铝在高温时强度和塑性很低,焊接中常由于不能支持熔池金属而形成焊缝塌陷。因此常需采用垫板进行焊接。

目前焊接铝及铝合金的常用方法有氩弧焊、气焊、点焊、缝焊和钎焊。其中氩弧焊是焊接铝及铝合金较好的方法,焊接时可不用焊剂。但要求氩气纯度大于99.9%。气焊常用于要求不高的铝及铝合金工件的焊接。

6.4 焊接结构及其工艺性

6.4.1 焊接结构件材料的选择

焊接结构在满足工作性能要求的前提下,首先要考虑选择焊接性较好的材料。低碳钢和碳当量小于0.4%的低合金钢都具有良好的焊接性,设计中应尽量选用;碳质量分数大于0.4%的碳钢、碳当量大于0.4%的合金钢,焊接性不好,设计时一般不宜选用。若必须选用,应在设计和生产工艺中采取必要措施。

强度等级低的低合金钢,焊接性与低碳钢基本相同,钢材价格不贵,而强度却能显著提高,条件允许时应优先选用。强度等级较高的低合金钢,焊接性能虽然差些,但只要采取合适的焊接材料与工艺,也能获得满意的焊接接头。

异种金属的焊接,必须特别注意它们的焊接性及其差异。一般要求接头强度不低于被焊钢材中的强度较低者,并应在设计中对焊接工艺提出要求,按焊接性较差的钢种采取措施,如预热或焊后热处理等。

各种常用金属材料的焊接性见表 6-5。

表 6-5　常用金属材料的焊接性

金属材料	焊接方法										
	气焊	焊条电弧焊	埋弧焊	CO_2 气体保护焊	氩弧焊	电子束焊	电渣焊	点焊、缝焊	对焊	摩擦焊	钎焊
低碳钢	A	A	A	A	A	A	A	A	A	A	A
中碳钢	A	A	B	B	A	A	A	B	A	A	A
低合金结构钢	B	A	A	A	A	A	A	A	A	A	A
不锈钢	A	A	B	B	A	A	B	A	A	A	A
耐热钢	B	A	B	C	A	A	D	B	C	D	A
铸钢	A	A	A	A	A	A	A	(一)	B	B	B
铸铁	B	B	C	C	B	(一)	B	(一)	D	D	B
铜及其合金	B	B	C	C	A	B	D	D	D	A	A
铝及其合金	B	C	C	D	A	A	D	A	A	B	C
钛及其合金	D	D	D	D	A	A	D	B~C	C	D	B

注：A—焊接性良好；B—焊接性较好；C—焊接性较差；D—焊接性不好；(一)—很少采用。

此外，设计焊接结构时，应多采用工字钢、槽钢、角钢和钢管等型材，以降低结构质量，减少焊缝数量，简化焊接工艺，增加结构件的强度和刚性。对形状比较复杂的部分，还可以选用铸钢件、锻件或冲压件来焊接。图 6-41 是合理选材、减少焊缝数量的几个示例。

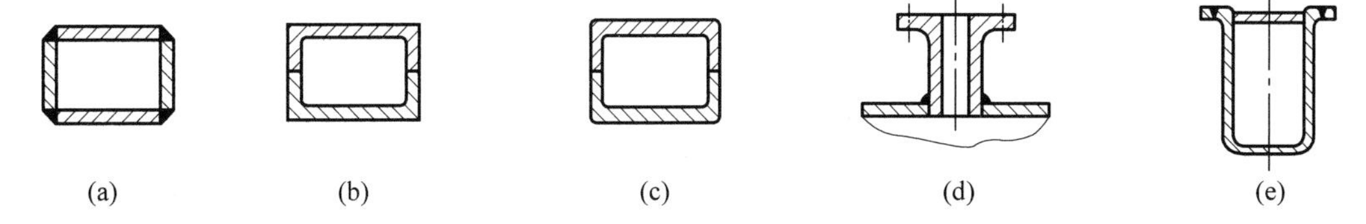

(a)　(b)　(c)　(d)　(e)

图 6-41　合理选材与减少焊缝

(a) 用四块钢板焊成；(b) 用两根槽钢焊成；(c) 用两块钢板弯曲后焊成；(d) 容器上的铸钢件法兰；(e) 冲压后焊接的小型容器

6.4.2　焊缝的布置

合理的焊缝位置是焊接结构设计的关键，与产品质量、生产率、成本及劳动条件密切相关。其一般工艺设计原则如下：

(1) 焊缝布置应尽量分散。焊缝密集或交叉，会造成金属过热，加大热影响区，从而使组织恶化。因此两条焊缝的间距一般要求大于 3 倍板厚，且不小于 100mm。图 6-42(a)、(b)、(c)所示的结构不合理，应改为图 6-42(d)、(e)、(f)所示的结构形式。

(2) 焊缝的位置应尽可能对称布置。图 6-43(a)、(b)所示的工件，焊缝位置偏离截面中心，并在同一侧。由于焊缝的收缩，会造成较大的弯曲变形。图 6-43(c)、(d)、(e)所示的焊缝位置对称，焊后不会发生明显的变形。

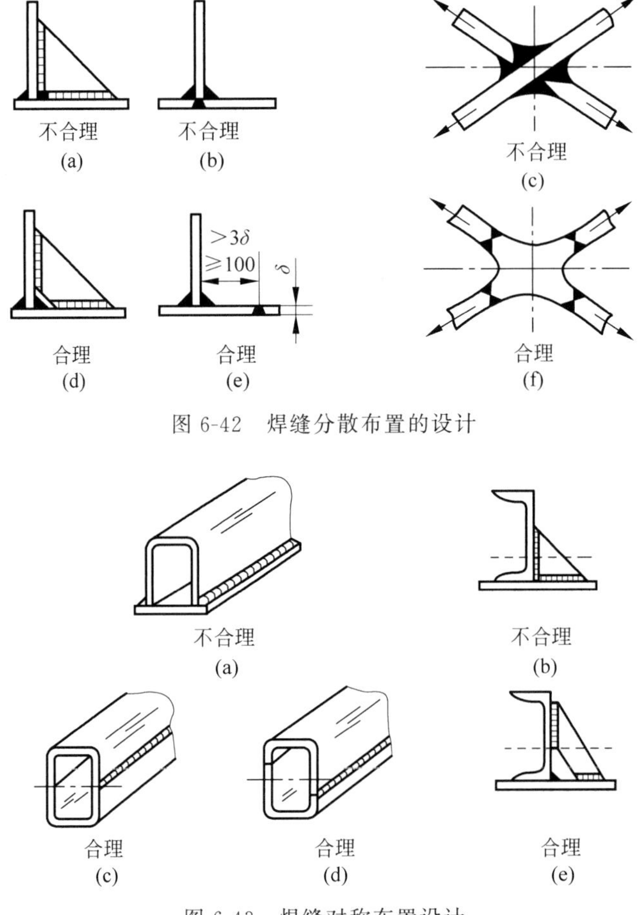

图 6-42　焊缝分散布置的设计

图 6-43　焊缝对称布置设计

(3) 焊缝应尽量避开最大应力断面和应力集中位置。对于受力较大、结构较复杂的焊接构件,在最大应力断面和应力集中位置不应该布置焊缝。例如,大跨度的焊接钢梁、板坯的拼料焊缝,应避免放在梁的中间,图 6-44(a)应改为图 6-44(d)的状态。压力容器的封头应有一直壁段,图 6-44(b)应改为图 6-44(e)的状态,使焊缝避开应力集中的转角位置。直壁段不小于 25mm。在构件截面有急剧变化的位置或尖锐棱角部位,易产生应力集中,应避免布置焊缝。例如图 6-44(c)应改为图 6-44(f)的状态。

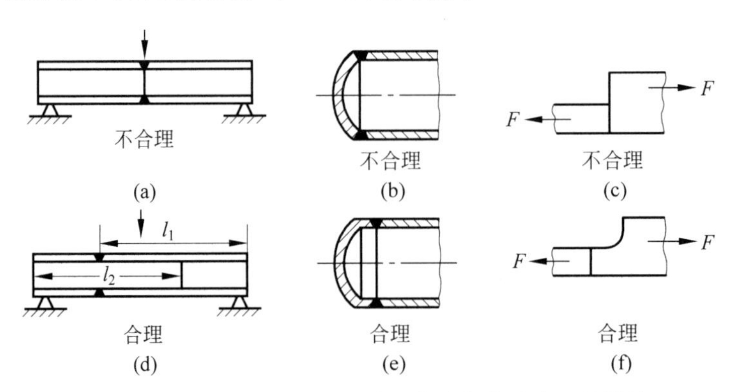

图 6-44　焊缝避开最大应力断面与应力集中位置的设计

(4) 焊缝应尽量避开机械加工表面。有些焊接结构,只是某些表面需要进行机械加工,如焊接轮毂、管配件、焊接支架等,其焊缝位置的设计应尽可能距离已加工表面远一些,图 6-45(a)、(b)所示结构显然不如图 6-44(c)、(d)所示结构容易保证质量。

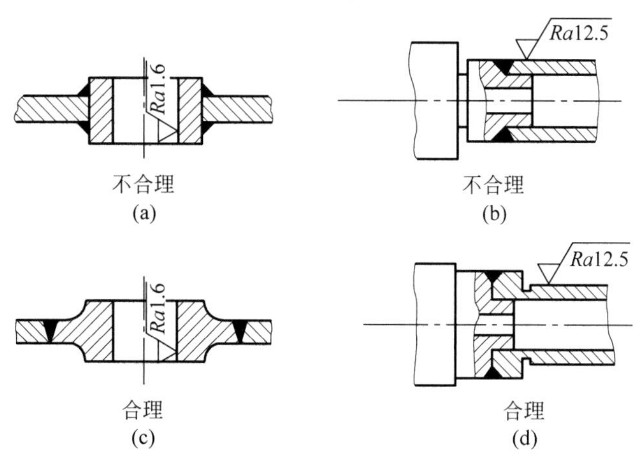

图 6-45 焊缝远离机械加工表面的设计

(5) 焊缝位置应便于焊接操作。布置焊缝时,要考虑到有足够的操作空间。图 6-46(a)、(b)、(c)所示的内侧焊缝,焊接时焊条无法伸入。若必须焊接,只能将焊条弯曲,但操作者的视线被遮挡,极易造成缺陷。因此应改为图 6-46(d)、(e)、(f)所示的设计。埋弧焊结构要考虑接头处在施焊中存放焊剂和熔池的保持问题(见图 6-47)。点焊与缝焊应考虑电极伸入的方便性(见图 6-48)。

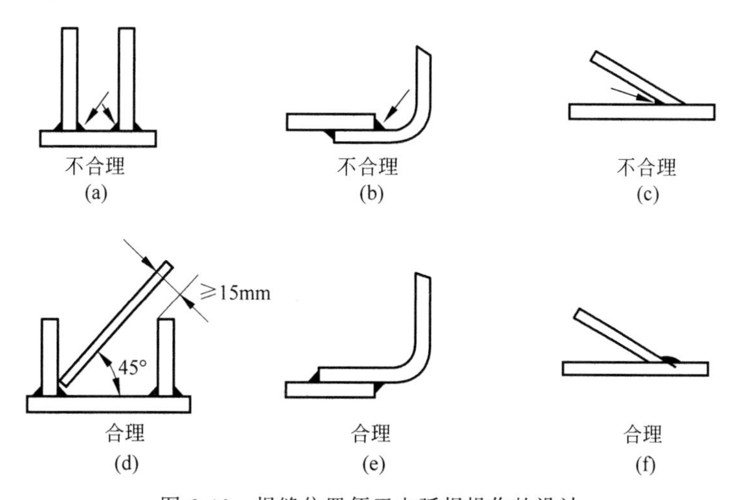

图 6-46 焊缝位置便于电弧焊操作的设计

6.4.3 焊接接头的工艺设计

接头形式应根据结构形状、强度要求、工件厚度、焊后变形大小、焊条消耗量、坡口加工难易程度、焊接方法等因素综合考虑决定。

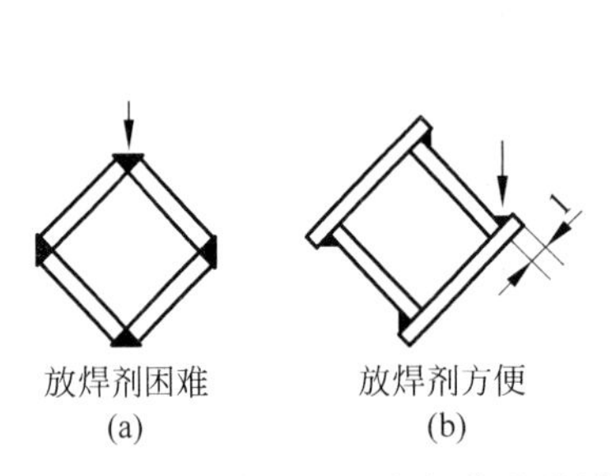

图 6-47 焊缝便于埋弧焊操作的设计

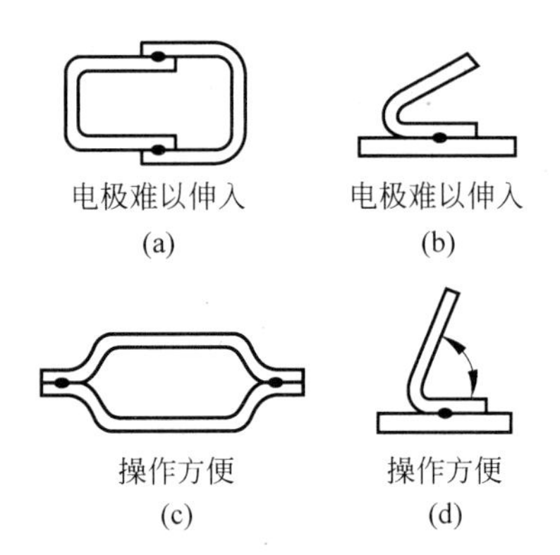

图 6-48 便于点焊及缝焊操作的设计

1. 接头形式与坡口形式

焊接碳钢和低合金钢的接头形式主要分为对接接头、角接接头、T 形接头和搭接接头等。常用的焊接接头形式、坡口形式及尺寸见表 6-6。

表 6-6 焊条电弧焊接头形式与坡口形式(GB/T 985.1—2008) mm

焊接形式	母材厚度 t	坡口形式	截面示意图	坡口角度 α、β	间隙 b	钝边 c	焊缝示意图
单面对接焊缝	≤4 3<t≤8 ≤15	I 形坡口		—	≈t 3≤b≤8 ≈t ≤1 0	—	
	3<t≤10	V 形坡口		40°≤α≤60°	≤4	≤2	
	8<t≤12			6°≤α≤20°	—		
	5<t≤40	V 形坡口(带钝边)		α≈60°	1≤b≤4	2≤c≤4	
	>12	U 形坡口		8°≤β≤12°	≤4	≤3	

续表

焊接形式	母材厚度 t	坡口形式	截面示意图	坡口角度 α、β	间隙 b	钝边 c	焊缝示意图
双面对接焊缝	$\leqslant 8$	I形坡口	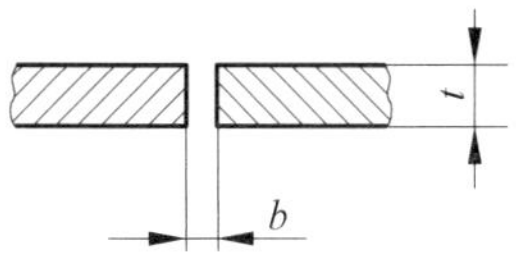	—	$\approx t/2$	—	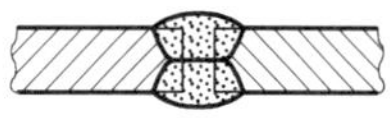
	$\leqslant 15$				0		
	$3<t\leqslant 10$	V形坡口	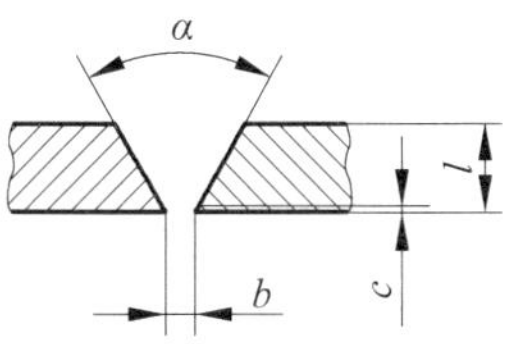	$\alpha \approx 60°$ $40° \leqslant \alpha \leqslant 60°$	$\leqslant 3$	$\leqslant 2$	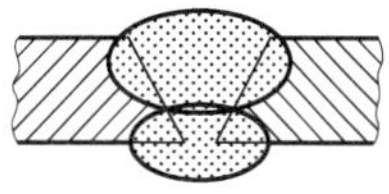
	$\geqslant 10$	V形坡口（带钝边）	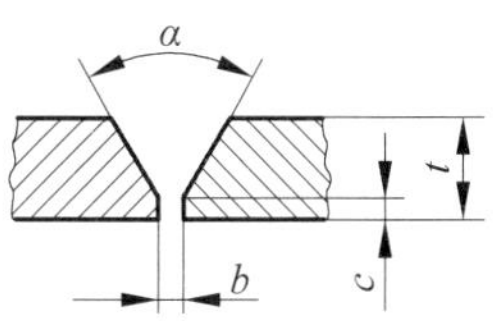	$\alpha \approx 60°$ $40° \leqslant \alpha \leqslant 60°$	$1 \leqslant b \leqslant 3$	$2 \leqslant c \leqslant 4$	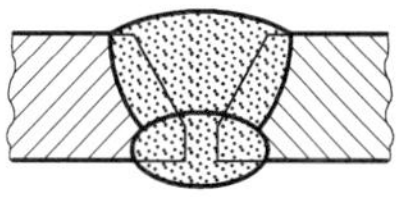
	>10	双V形坡口	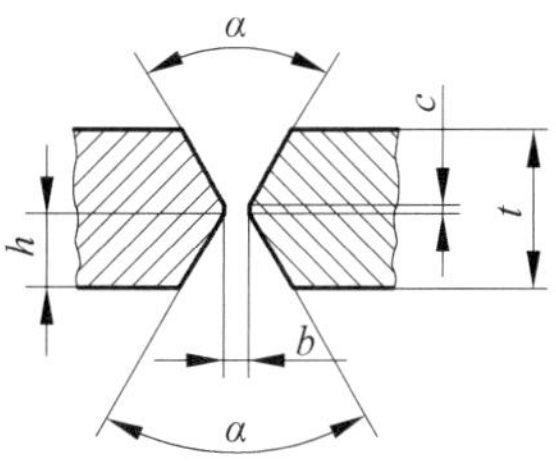	$\alpha \approx 60°$ $40° \leqslant \alpha \leqslant 60°$	$1 \leqslant b \leqslant 3$	$\leqslant 2$	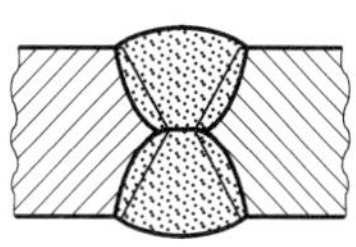
单面角接接头焊缝	$t_1>2$ $t_2>2$	角接	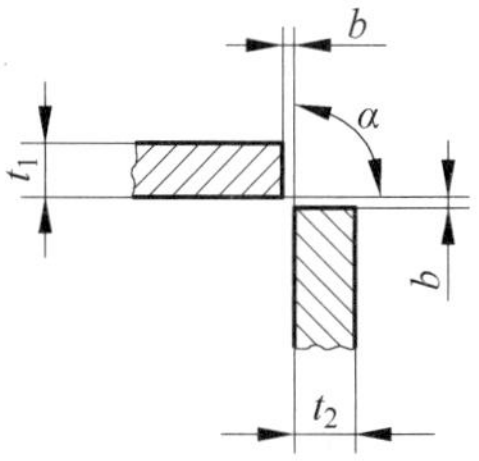	$60° \leqslant \alpha \leqslant 120°$	$\leqslant 2$	—	
双面角接接头焊缝	$t_1>2$ $t_2>5$	角接	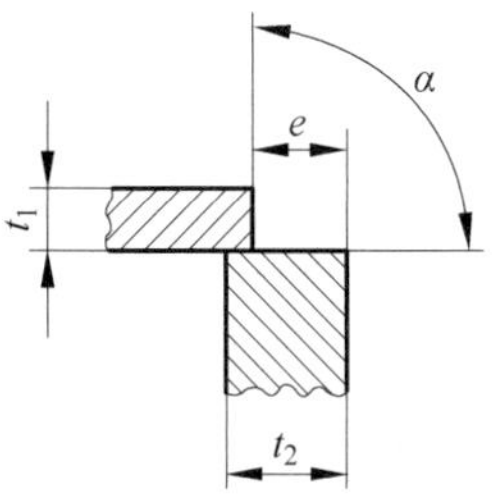	$60° \leqslant \alpha \leqslant 120°$	—	—	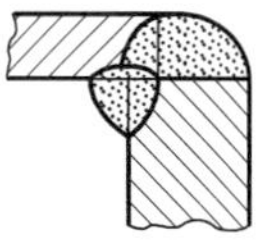

续表

焊接形式	母材厚度 t	坡口形式	截面示意图	坡口角度 α,β	间隙 b	钝边 c	焊缝示意图
单面T形接头焊缝	≤15 ≤100	T形接头	t	—	—	—	
双面T形接头焊缝	≤25 ≤170	T形接头	t	—	—	—	
搭接接头焊缝	$t_1>2$ $t_2>2$	搭接	t_1 b t_2	—	≤2	—	

表6-6中对接接头受力比较均匀，是最常用的接头形式，重要的受力焊缝应尽量选用。搭接接头因两工件不在同一平面，受力时将产生附加弯矩，而且金属消耗量也大，所以一般应避免采用。但搭接接头不需开坡口，装配时尺寸精度要求不高，对某些受力不大的平面连接与空间构架，采用搭接接头可节省工时。

角接接头与T形接头受力情况都较对接接头复杂，但接头成直角或一定角度时，必须采用这种接头形式。

2. 接头过渡形式

设计焊接构件最好采用相等厚度的金属材料，以便获得优质的焊接接头。当两块厚度相差较大的金属材料进行焊接时，接头处会造成应力集中，而且接头两边受热不匀，易产生焊不透等缺陷。不同厚度金属材料对接时，允许的厚度差见表6-7。如果$\delta_1\sim\delta$超过表中规定值或者双面超过$2(\delta_1\sim\delta)$时，应在较厚板料上加工出单面或双面斜边的过渡形式，如图6-49所示。

表6-7 不同厚度金属材料对接时允许的厚度差 mm

较薄板的厚度	2～5	6～8	9～11	≥12
允许厚度差($\delta_1\sim\delta$)	1	2	3	4

钢板厚度不同的角接与T形接头受力焊缝，可考虑采取图6-50所示的过渡形式。

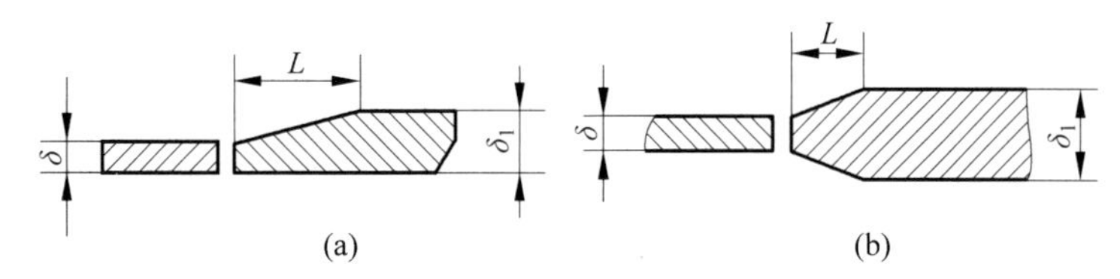

图 6-49　不同厚度金属材料对接的过渡形式

(a) $L>5(\delta_1-\delta)$；(b) $L>2.5(\delta_1-\delta)$

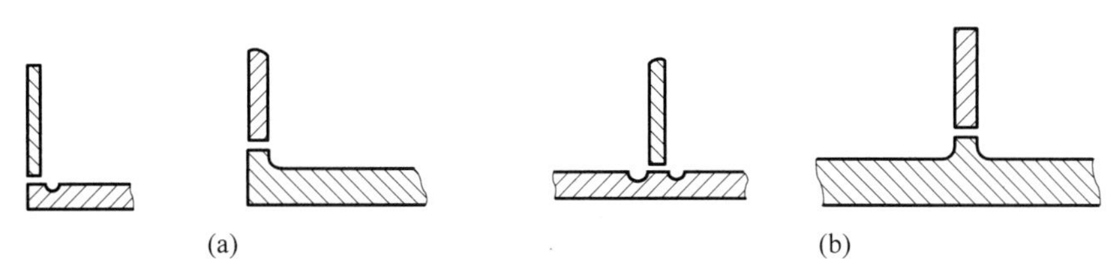

图 6-50　不同厚度的角接与 T 形接头的过渡形式

(a) 角接接头；(b) T 形接头

3. 其他焊接方法的接头形式与坡口形式

埋弧焊的接头形式与焊条电弧焊基本相同。但因为埋弧焊选用的电流大、熔深大，所以当板厚小于 12mm 时，可不开坡口（即 I 型坡口）单面焊接；当板厚小于 24mm 时，可不开坡口双面焊接。焊接更厚的工件时，必须开坡口。坡口形式与尺寸按 GB/T 985.2—2008《埋弧焊的推荐坡口》选定。

气焊由于火焰温度低，T 形接头和搭接接头很少采用，一般多采用对接接头和角接接头。

6.5　焊接质量检测

6.5.1　常见焊接缺陷及其分析

常见的焊接缺陷有焊缝外形尺寸不符合要求、咬边、弧坑、焊瘤、气孔、夹渣、未熔合和焊接裂纹等。

1. 咬边

咬边是沿焊趾的母材部位产生的沟槽或凹陷。产生这种缺陷的主要原因有：①平焊时焊接电流过大，运条速度不合适；②角焊时焊条角度或电弧长度不适当，埋弧焊时焊接速度过高。咬边削弱了工件的有效面积，降低了焊接接头的机械性能，而且由于咬边处易形成应力集中而可能在该处产生裂纹，如图 6-51 所示。

2. 弧坑

弧坑是由于收弧和断弧不当而在焊道末端形成的低洼部分。产生弧坑的主要原因是焊丝或者焊条停留时间短，填充金属不够。弧坑会减少焊缝的截面积，弧坑处易产生偏析或杂质集聚，因此在弧坑处往往还有气孔、夹渣、裂纹等，如图 6-52 所示。

图 6-51 咬边

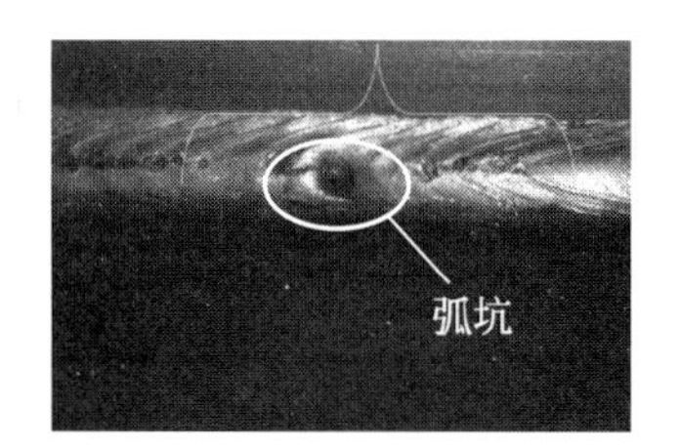

图 6-52 弧坑

3. 焊瘤

焊瘤是在焊接过程中，熔化的金属流淌到焊缝以外未熔化的母材上所形成的局部未熔合，如图 6-53 所示。产生焊瘤的主要原因有：①焊接参数选择不当；②坡口清理不干净，电弧热损失在氧化皮上，使母材未熔化；③操作不熟练或运条不当等。焊瘤不仅影响焊缝的成形美观，而且往往会随之出现夹渣和未焊透。

4. 气孔

气孔是焊接时熔池中的气泡在凝固时未能及时逸出而残留下来的空穴。按其形状有球状气孔、条虫状气孔、针状气孔、椭圆状气孔和漩涡状气孔，如图 6 54 所示。形成气孔的气体主要是氢气和一氧化碳。产生气孔的原因主要有：①电弧保护不好，弧太长；②焊条或焊剂受潮，气体保护介质不纯；③坡口清理不干净等。焊缝中存在气孔会削弱焊缝的有效工作截面，降低其机械性能；气孔严重时，和其他缺陷叠加会造成贯穿性缺陷，破坏焊缝的致密性，连续气孔则是结构破坏的原因之一。

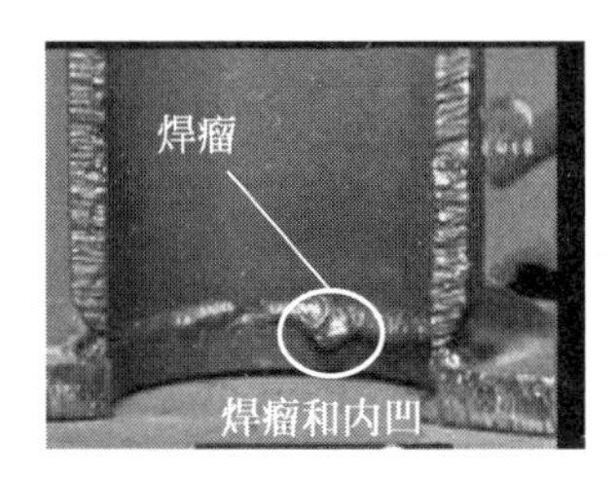

图 6-53 焊瘤

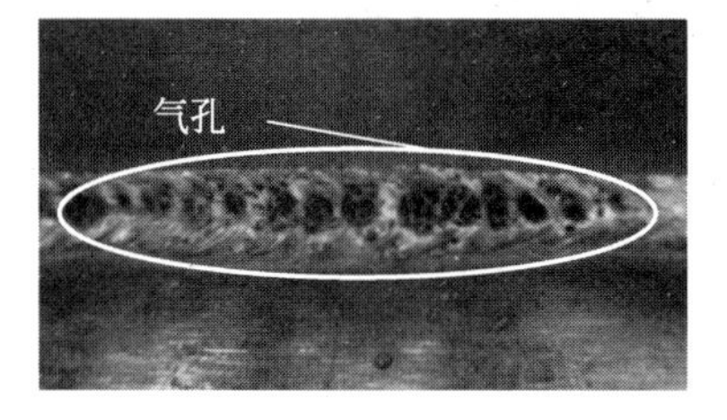

图 6-54 气孔

5. 夹渣

夹渣是指焊后残留在焊缝中的熔渣，有点状夹渣和条状夹渣。条状夹渣是指长宽比大于 3 的夹渣。夹渣易产生在坡口边缘和每层焊道之间非圆滑过渡的部位，焊道形状突变，存在深沟的部位也易产生夹渣，如图 6-55 所示。产生夹渣的主要原因有：①熔池温度低(电流小)，液态金属黏度大，焊接速度大，凝固时熔渣来不及浮出；②运条不当，熔渣和铁水分不清；③坡口形状不规则，坡口太窄，不利于熔渣上浮；④多层焊时熔渣清理不干净。

6. 未熔合

未熔合是焊道与母材之间或焊道与焊道之间未能完全熔化结合的部分。未熔合因为间隙很小，可视为片状缺陷，类似于裂纹，是危险性较大的缺陷。产生未熔合的主要原因有：①电流小、速度快、热量不足；②坡口或焊道有氧化皮、熔渣等，一部分热量损失在熔化杂物上，剩余热量不足以熔化坡口或焊道金属；③焊条或焊丝的摆动角度偏离正常位置，熔化金属流动而覆盖到电弧作用较弱的未熔化部分。

7. 焊接裂纹

焊接裂纹是指在焊接应力及其他致脆因素的共同作用下，使焊接接头局部区域的金属原子结合力遭到破坏而形成的裂缝，具有尖锐的缺口和大的长宽比的特征，如图 6-56 所示。产生裂缝的主要原因有：①焊接过程中产生了较大的内应力，同时焊缝中含有低熔点杂质（如 FeS、Fe_3P 等），使焊缝产生热裂缝；②焊后冷到低温时，焊缝及近缝区存在脆性组织（如淬火组织、磷的共晶等），焊缝金属中有较多的氢，在拉应力的作用下产生了冷裂缝。

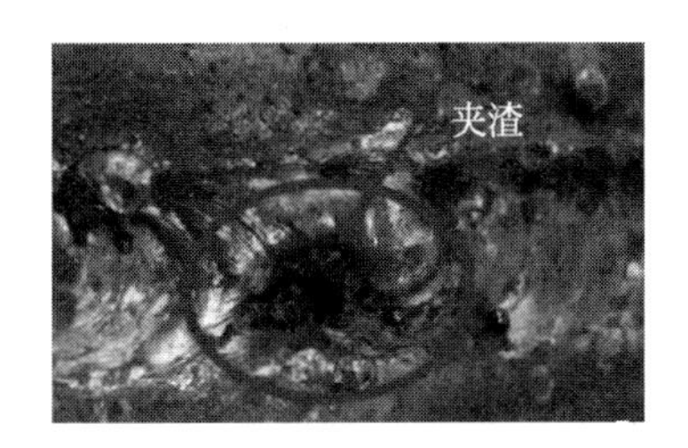

图 6-55　夹渣

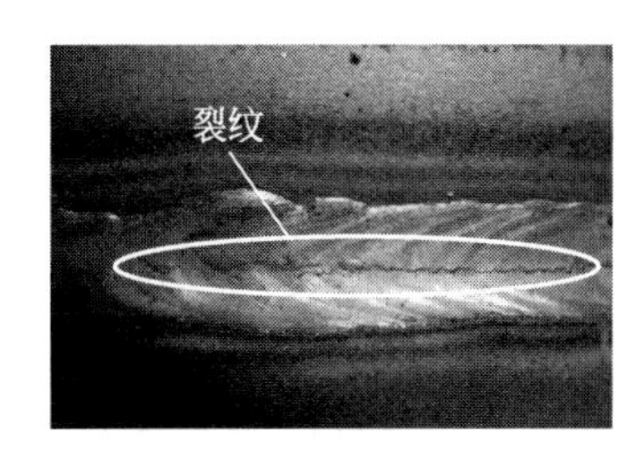

图 6-56　焊接裂纹

6.5.2　焊接缺陷常用检验方法

焊接接头缺陷的检验仅是保证焊接产品质量的一个方面，完整的焊接质量的检验应贯穿于整个焊接产品生产的全过程，包括焊前检验、焊接生产中的检验和焊后成品的检验。

焊缝目视检验

1. 外观检验

外观检验方法手续简便、应用广泛，常用于成品检验，有时亦使用在焊接过程中。外观检验一般通过肉眼，借助标准样板、量规和放大镜等工具来进行检验，主要是发现焊缝表面的缺陷和尺寸上的偏差。

2. 致密性检验

致密性检验方法是用于检验不受压或受压很低的容器、管道的焊缝是否存在穿透性的缺陷。常用方法有气密性试验、氨气试验和煤油试验等。

1）气密性实验。在密闭容器中，通入远低于容器工作压力的压缩空气，在焊缝外侧涂上肥皂水，焊接接头有穿透性缺陷时就有气泡出现，即可发现缺陷。

2）氨气试验。对被试容器通入氨气，在焊缝外侧贴上一条比焊缝略宽的浸有硝酸汞溶液的试纸。若焊接接头有穿透性缺陷，则在试纸的相应部位上呈现黑色斑纹。根据这些图像就可以确定焊缝的缺陷部位。

3）煤油试验。煤油试验是致密性检查最常用的方法，常用于检查敞开的容器，储存石油、汽油的固定存储容器和同类型的其他产品。

除以上方法外，致密性检验还有载水、水冲、沉水、吹气、氮气等方法。

3. 水压试验

水压试验用于压力容器、锅炉、管道和贮罐等的焊接接头的致密性和强度检验，同时也能起到降低结构焊接应力的作用，一般是超载实验。

水压试验应在焊缝内部检验及有关检验项目完全合格后进行。水压试验应严格按有关技术标准执行。水压试验合格的产品一般即认为产品制造合格。

4. 气压试验

气压试验是比水压试验更为灵敏和迅速的实验，但其危险性比水压试验大。如有缺陷，应找出缺陷所在部位，卸压后进行返修补焊，待再行检验合格后方能出厂。

焊缝射线检验

5. 无损探伤检验

焊缝表面的细微缺陷以及存在于焊缝内部的缺陷，均可通过无损探伤检验来发现。常用的无损探伤方法有如下几种：

(1) 着色检验。先喷涂渗透剂（呈红色）。清洗后，再喷涂白色的显示剂。借助毛细管作用，缺陷处的红色渗透剂即显示出来，呈现出缺陷的位置和形状。

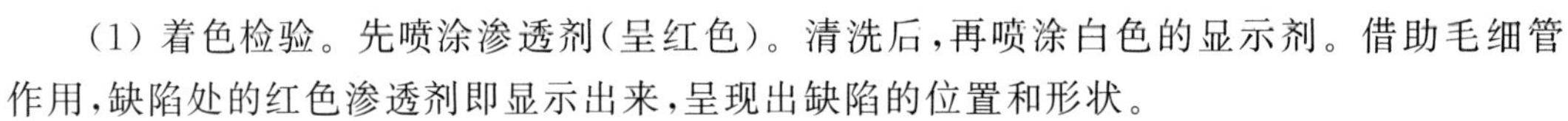

焊缝超声检验

(2) 磁粉检验。原理是利用外加磁场在工件上产生的磁力线，遇有缺陷时会弯曲跑出工件表面，形成漏磁场，吸附洒在工件表面的磁粉，显示缺陷的形貌、部位和尺寸。

焊缝磁粉检验

(3) 射线探伤。射线探伤有 X 射线、γ 射线和高能射线探伤三种。常用 X 射线法。原理是 X 射线透过裂纹、未焊透、气孔、夹渣等缺陷时其能量衰减较小，在底片上感光较强，从而显示出缺陷形状、尺寸和位置。

(4) 超声波探伤。超声波探伤的原理是向焊接接头需探伤的区域发出定向的超声波，遇有缺陷时超声波就返回接收器（超声波尚未到达工件底面），在荧光屏上显示出脉冲波形，从而判断缺陷的位置和大小，但不能判断是哪种缺陷。

上述检验方法属于非破坏性检验，还有一类是破坏性检验方法，如焊接接头的力学性能试验、化学成分分析、金相组织检验等，在此不做详细介绍。

6.6 焊接新技术及其工艺特点

6.6.1 搅拌摩擦焊

搅拌摩擦焊（friction stir welding）由一个圆柱体或其他形状（如带螺纹圆柱体）的搅拌针伸入工件的接缝处，通过搅拌头的高速旋转，使其与焊接工件材料摩擦，从而使连接部位的材料温度升高软化，同时对材料进行搅拌摩擦进而完成焊接。

搅拌摩擦焊过程的示意图如图 6-57 所示。焊接工具主要包括夹持部分、搅拌头轴肩和搅拌焊针，搅拌焊针直径约为轴肩直径的三分之一，长度比工件厚度稍短些。搅拌头与焊缝垂直线有 2°～5°的夹角。

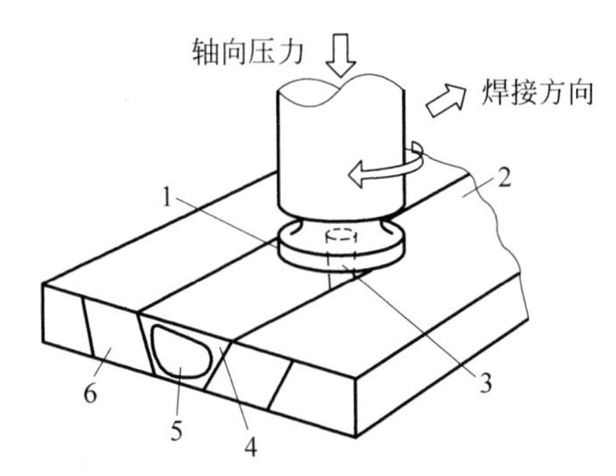

1—搅拌头轴肩；2—焊件；3—搅拌焊针；4—热变形影响区；5—焊核；6—热影响区。

图 6-57　搅拌摩擦焊过程示意图

在搅拌摩擦焊接过程中，工件放在垫板上并用夹具压紧，搅拌焊针缓慢轧入工件中，直到轴肩和工件表面接触。搅拌头与工件摩擦产生热，并在其周围形成螺旋状的塑性流变层。产生的塑性流变层从搅拌针前部向后方移动。随着焊接过程的进行，搅拌头尾端材料冷却形成焊缝。搅拌摩擦焊具有以下优点：

(1) 可以得到高质量的接头，变形小且不会产生裂纹、气孔及合金元素的烧损等缺陷。

(2) 焊接过程中不需要其他焊接材料，如焊条、焊丝、焊剂及保护气体等，唯一消耗的是搅拌头。

(3) 焊接前及焊接过程中对环境没有污染。焊前工件无须进行严格的表面清理，焊接过程中的摩擦和搅拌可以去除工件表面的氧化膜，焊接过程无烟尘和飞溅，噪声低，焊后残余应力和变形小。

(4) 搅拌摩擦焊是靠焊接工具旋转并移动，以逐步实现整条焊缝的焊接，比熔化焊甚至常规摩擦焊更节省能源。

同时，搅拌摩擦焊也存在一定的缺点，主要表现在：焊接工具的设计、过程参数及力学性能只对较小范围、一定厚度的合金适用；搅拌头的磨损和消耗相对较高；某些特定场合的应用(例如腐蚀性能、残余应力及变形等)受限；需要特定的夹具。

搅拌摩擦焊以优质、高效、节能、无污染的技术特点受到世界各国制造业的重视，使其在航空航天、船舶、能源等技术领域及石油化工、现代车辆(如高铁、轨道交通、汽车等)制造等产业部门得到了广泛的应用。

6.6.2　激光-电弧复合焊

激光-电弧复合焊(laser arc hybrid welding)技术结合了激光和电弧两个独立热源各自的优点，避免了两者的缺点。激光-电弧复合焊技术中的“电弧”主要是指钨极氩弧(TIG)和熔化极氩弧(MIG)，因此也被称为激光-TIG/MIG 复合焊技术。

激光-电弧复合焊原理如图 6-58 所示。激光与电弧同时作用于金属表面同一位置时，焊缝上方因激光作用而产生光致等离子体云，等离子云对入射激光的吸收和散射会降低激光能量利用率，外加电弧后，低温低密度的电弧等离子体使光致等离子体被稀释，激光能量传输效率提高；同时，电弧对工件进行加热，使工件温度升高，工件对激光的吸收率提高，焊接熔深增加。另外，激光熔化金属，为电弧提供自由电子，降低了电弧通道的电阻，电弧的能量利用率也提高，从而使总的能量利用率提高，熔深进一步增加。当激光束穿过电弧时，其穿透金属的能力比在一般大气中有了明显的增强。激光束对电弧还有聚焦、引导作用，使焊接过程中的电弧更加稳定。

图6-59所示是激光-TIG电弧复合焊的示意图。激光-TIG复合热源在高速焊接条件下，可以得到稳定的电弧，焊缝成形美观，同时减少了气孔、夹杂、咬边等焊接缺陷。尤其是在小电流、高焊速和长电弧时，激光-TIG复合热源的焊接速度甚至可达到单独激光焊接的2倍以上，这是常规TIG焊接难以做到的。激光-TIG电弧复合热源多用于薄板高速焊接，也可以用于不等厚板材对接焊缝的焊接；较大间隙板焊接时，可采用填充金属。

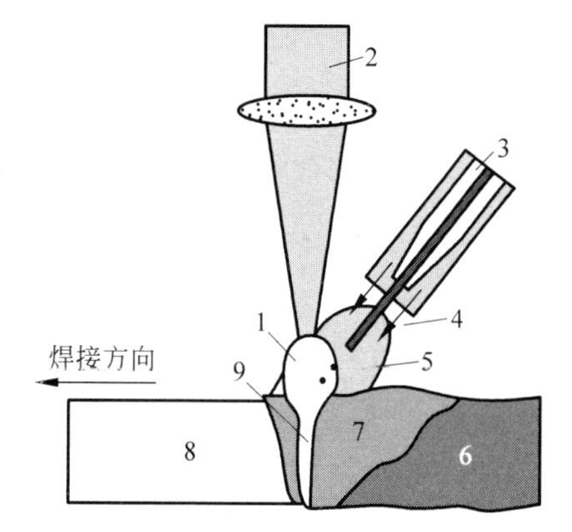

1—光致等离子体；2—激光束；3—焊枪；4—保护气体；5—电弧；6—焊缝；7—熔池；8—工件；9—小孔。

图6-58 激光-电弧复合焊原理图

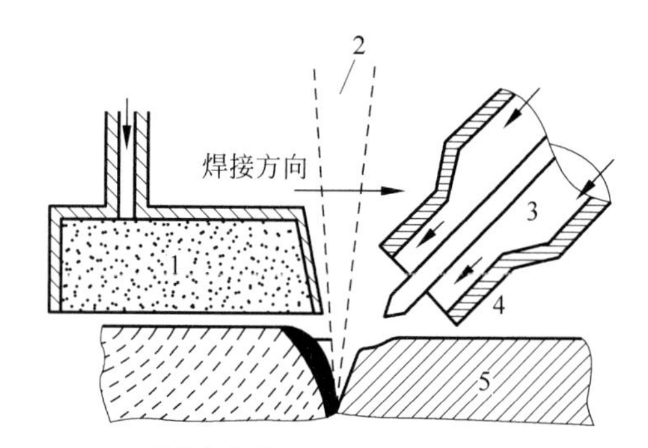

1—保护气体拖斗；2—激光；3—电极；4—喷嘴；5—母材。

图6-59 激光-TIG电弧复合焊示意图

研究表明，当焊速为0.5～5m/min时，用5kW的激光配合300A的TIG电弧，其熔深是单独5kW激光焊接熔深的1.3～2.0倍，而且焊缝不会出现咬边和气孔的缺陷。在电弧复合激光作用之后，其电流密度得到了明显的提高。

图6-60所示是激光-MIG电弧复合焊的示意图。由于激光-MIG复合焊存在送丝与熔滴过渡等问题，其物理过程较激光-TIG复合焊更为复杂，绝大多数都是采用旁轴复合方式进行焊接的。

激光-电弧复合焊主要有以下特点：

(1) 提高了焊接接头的适应性。由于电弧的作用降低了激光对接头间隙的装配精度的要求，因此可以在较大的接头间隙下实现焊接。

(2) 增加了焊缝的熔深。首先，在激光的作用下电弧可以到达焊缝的深处，使得熔深增加。其次，由于电弧的作用会增大金属对激光的吸收率，这也是熔深增大的原因。

(3) 增加焊接过程的稳定性。由于激光的稳弧作用，使复合热源高速焊接过程中不易出现电弧漂移或断弧现象，使整个焊接过程非常稳定，飞溅极小。

(4) 改善焊缝质量，减少焊接缺陷。激光的作用使得焊缝的加热时间变短，不易产生晶

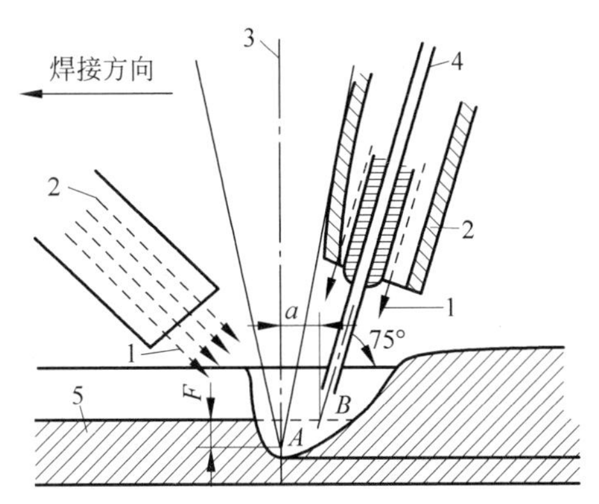

1—保护气体；2—喷嘴；3—激光束；4—熔化电极；5—母材。

图 6-60 激光-MIG 电弧复合焊示意图

粒过大，而且使热影响区减小，从而改善焊缝组织性能。焊接过程有利于气体的溢出，能够有效地减少气孔、裂纹、咬边等焊接缺陷。

(5) 提高焊接效率，降低生产成本。激光与电弧的相互作用会提高焊接速度，由于电弧的作用使得用较小功率的激光器就能达到很好的焊接效果，与激光焊相比可以降低设备成本。

激光-电弧复合焊应用于汽车制造、船舶制造、铁路机车制造、管道连接及航空航天领域中，可获得高焊速、低热输入、小变形及良好的焊缝力学性能，如用于铝合金车身框架的焊接、船体结构件的焊接、铁路机车侧钢板的焊接、石油管道的焊接等。

6.6.3 塑料超声焊

1. 塑料超声焊原理

超声波焊接(ultrasonic welding)的基本原理是利用超声频机械振动作用于塑料件，使其在压力下产生局部加热和熔化从而形成焊缝。

当超声波作用于热塑性的塑料接触面时，会产生每秒几万次的高频振动，这种达到一定振幅的高频振动，通过调幅器和焊头传递到焊接区，由于焊接区的声阻大，因此会产生局部高温，致使两个塑料件的接触面迅速熔化，施加一定压力后使其融合成一体，这样就形成一个坚固的分子链，从而达到焊接的目的。

2. 塑料超声焊设备

塑料超声焊设备主要由超声波发生器、声能系统、压力机、支撑工装组成，如图 6-61 所示。

3. 焊接方法

超声波焊接

(1) 熔接法。超声波振动随焊头将超声波传导至焊件，由于两焊件处声阻大，产生局部高温，使焊件交界面熔化。在一定压力下，使两焊件达到快速、坚固、美观的熔接效果。

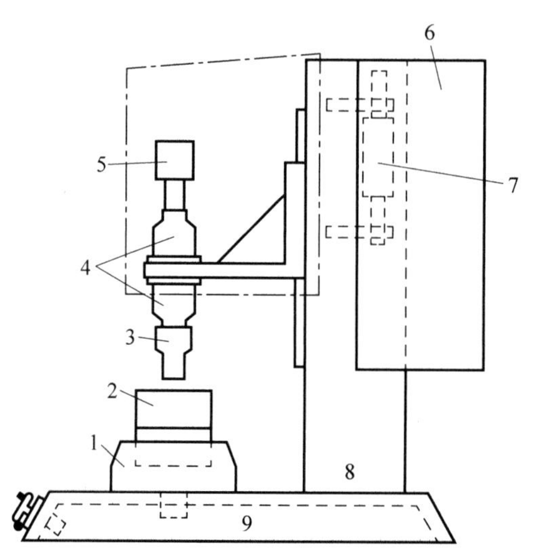

1—夹紧装置；2—模制件；3—焊头；4—变幅杆；5—换能器；6—微处理器控制系统与用户界面(可遥控)；7—气动装置；8—焊接压力机；9—底座。

图 6-61 塑料超声焊设备示意图

(2) 埋植法。螺母或其他金属欲植入塑料工件，首先将超声波传至金属，经高速振动，使金属物直接埋入成型塑胶内，同时将塑胶熔化，其固化后完成埋植。

(3) 铆接法。欲将金属和塑料或两块性质不同的塑料接合起来，可利用超声波铆接法，使焊件不易脆化、美观、坚固。

(4) 点焊法。利用小型焊头将两件大型塑料制品分点焊接，或整排齿状的焊头直接压于两件塑料工件上，从而达到点焊的效果。

(5) 成形法。利用超声波将塑料工件瞬间熔化成形，当塑料凝固时可使金属或其他材质的塑料牢固连接。

(6) 切除法。利用焊头及底座的特别设计方式，当塑料工件刚射出时，直接压于塑料的枝干上，通过超声波传导达到切除的效果。

4. 塑料超声焊的特点

塑料超声焊具有如下优点：

(1) 节能环保。应用超声波作为基础，能降低污染，节约很多不必要浪费的能源。

(2) 无须通风装置散热排烟。超声波是一种无烟、无须通风装置的焊接方式，比传统的焊接方法方便，而且冷却快。

(3) 高效率低成本。塑料超声焊不仅节省物料，还能提高生产效率。

(4) 容易实现自动化生产。塑料超声焊不同于其他焊接方法，无须多人看管，用计算机主板来实现自动化的操作，可实现一人同时看管多台焊接设备。

(5) 焊接强度高，黏结牢固。超声波能实现无缝焊接，并把焊接接口缩小到极限，所以黏结稳定性是非常好的。

(6) 焊点美观，可实现无缝焊接，防潮防水，气密性好。

塑料超声焊具有如下缺点：

（1）塑料超声焊不能焊接热固性塑料。

（2）焊接尺寸受到限制。由于超声波塑料焊设备的尺寸有限，因此更大尺寸的焊件要么使用多头并联，要么选用其他连接工艺。

（3）噪声较大。超声波焊接时会产生噪声，尤其是对于难焊材料和较大尺寸的工件，使用焊接功率较大的情况下，这种振动噪声更加明显。

6.7　焊接机器人

焊接是机械制造中重要的加工方法之一。由于诸多发展因素的推动，焊接过程自动化、机器人化以及智能化已经成为焊接行业的发展趋势，给制造业带来了巨大的变革。

1. 计算机辅助焊接技术

计算机辅助焊接技术（CAW）是以计算机软件为主的焊接新技术重要组成部分。可以完成焊接结构和接头的计算机辅助设计、焊接工装计算机辅助设计、焊接工艺计算机辅助设计、焊接工艺过程计算机辅助管理、焊接过程模拟、焊接工艺过程控制、焊接性预测、焊接缺陷及故障诊断、焊接生产过程自动化、信息处理、教育培训等诸多方面的工作。图6-62列出了计算机在焊接工程应用中的主要方面，图中焊接信息数据库、焊接文档管理、生产过程计划与管理的应用已相当普遍。

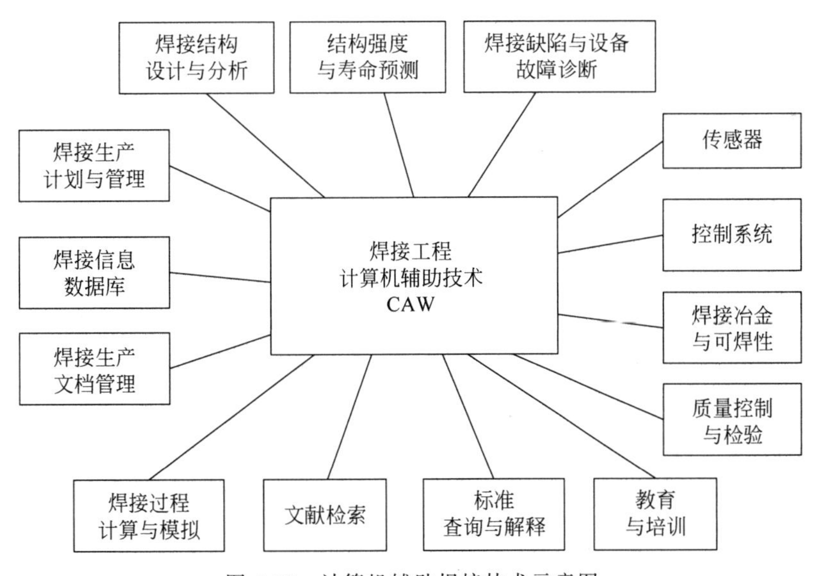

图6-62　计算机辅助焊接技术示意图

在焊接过程中应用计算机技术，促进了生产过程管理的规范化、标准化，大大提高了生产效率，缩短了生产周期，提高了产品质量，降低了成本。

近年来，计算机辅助焊接技术正朝着智能化的方向发展。由人工智能技术、控制理论和计算机科学交叉、综合产生的智能控制系统在焊接领域得到了广泛的应用，通过专家系统、神经网络控制、模糊控制等技术途径构建的焊接智能控制系统，为焊接过程的自动化提供了重要的技术保证。

2. 焊接机器人

焊接机器人(welding robot)是机器人与焊接技术的结合，是自动化焊装生产线中的基本单元，常与其他设备一起组成机器人柔性作业系统，如弧焊机器人工作站等。

焊接机器人不仅可以模仿人操作，而且比人更能适应各种复杂的焊接环境，其优点有：稳定和提高焊接质量，保证其均匀性；提高生产效率，可24小时连续生产；可在有害环境下长期工作，改善工人的劳动条件；可实现小批量产品焊接自动化，为焊接柔性生产提供基础。随着制造业的发展，焊接机器人的性能也在不断提高，并逐步向智能化方向发展。

目前在焊接生产中使用的机器人主要是点焊机器人、弧焊机器人、切割机器人和喷涂机器人等，本书重点介绍点焊机器人和弧焊机器人。

1) 点焊机器人

点焊机器人(spot welding robot)约占我国焊接机器人总数的46%，它主要应用在汽车、农机、摩托车等行业。

点焊机器人焊钳中阻焊变压器与钳体的结合有分离式、内藏式和一体式三种，构成了三种形式的点焊机器人系统，如图6-63所示。

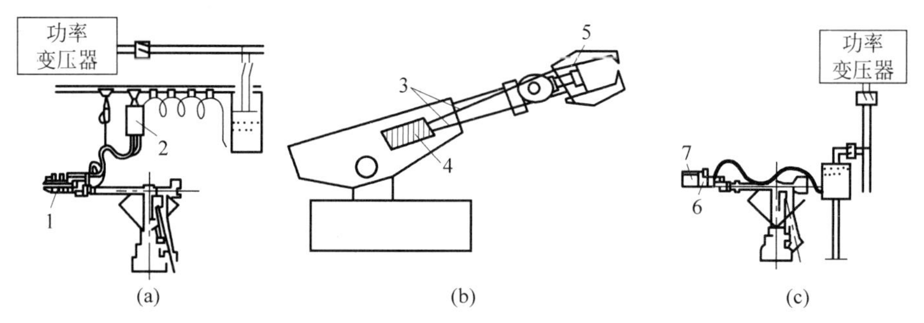

1,5,7—钳体；2,4,6—阻焊变压器；3—二次电缆。

图6-63 三种形式的点焊机器人

(a) 分离式；(b) 内藏式；(c) 一体式

分离式点焊机器人焊钳的阻焊变压器与钳体相分离，二者通过二次电缆相连，所需变压器容量大，影响机器人的运动范围和灵活性；内藏式点焊机器人焊钳是将阻碍变压器安放在机器人机械臂内，二次电缆大为缩短，变压器容量可减小，但结构较复杂；一体式点焊机器人焊钳是将阻焊变压器与钳体安装在一起，共同固定在机器人手臂末端，省掉了粗大的电缆，节省了能量，但造价较高。

选择点焊机器人时应注意：点焊机器人的工作空间应大于焊接所需工作空间；点焊速度与生产线速度相匹配；按工件形状、焊缝位置等选择焊钳；选用内存量大、示教功能全、控制精度高的机器人。

2) 弧焊机器人

弧焊机器人(arc welding robot)的应用范围更广，在通用机械、金属结构、航空航天、机车车辆及造船等行业都有应用。一般的弧焊机器人都配有焊缝自动跟踪(如电弧传感器、激光视觉传感器)和熔池形状控制系统等,可对环境的变化进行一定范围的适应性调整。

弧焊机器人操作机的结构与通用型机器人基本相似。弧焊机器人必须和焊接电源等周边设备配套构成一个系统,互相协调,才能获得理想的焊接质量和较高的生产率。图 6-64 是典型完整配套的弧焊机器人系统。该系统由操作机、工件变位器、控制盒、焊接设备和控制柜五部分组成,相当于一个焊接中心或焊接工作站。具有机座可移动、多自由度、多工位轮番焊接等功能。

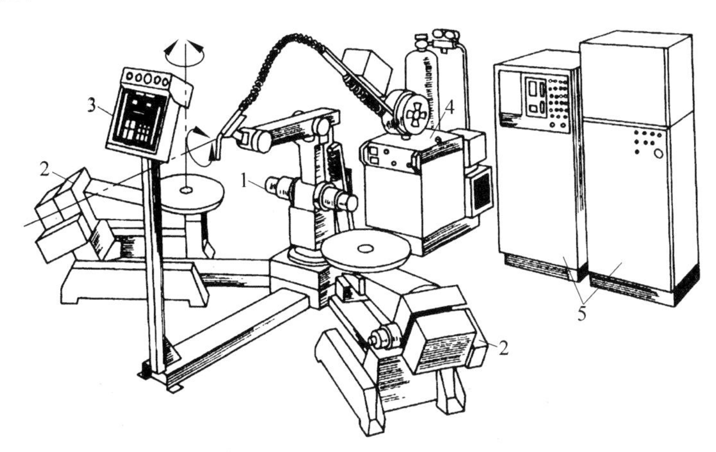

1—操作机;2—工件变位器;3—控制盒;4—焊接设备;5—控制柜。

图 6-64 弧焊机器人系统

选择弧焊机器人时应注意是否满足弧焊工艺所需的自由度,根据产品结构、工艺需要及技术要求选择弧焊机器人的机械结构参数,示教再现型弧焊机器人的重复轨迹精度,焊接电源和送丝机构参数与弧焊机器人参数是否相符等问题。

焊接机器人目前正朝着能自动检测材料的厚度、工件形状、焊缝轨迹和位置、坡口的尺寸和形式、对缝的间隙;自动设定焊接规范参数,焊枪运动点位或轨迹,填丝或送丝速度,焊钳摆动方式;实时检测是否形成所需要的焊点或焊缝,是否有内部或外部焊接缺陷及排除等智能化方向发展。

3. 焊接柔性生产系统

焊接柔性生产系统(WFMS)是在成熟的焊接机器人技术的基础上发展起来的更为先进的自动化焊接加工系统。由多台焊接机器人加工单元组成,可以方便地实现对各种不同类型的工件进行高效率焊接加工。

典型的 WFMS 应由多个既相互独立又有一定联系的焊接机器人、运输系统、物料库、柔性生产系统(FMS)控制器及安全装置组成。每个焊接机器人可以独立作业,也可以按一定的工艺流程进行流水作业,完成对整个工件的焊接。系统控制中心有各焊接单元的状态显示及运送小车、物料的状态信息显示等。

图 6-65 为轿车车身自动化装焊生产线。由主装焊线、左侧层装焊线、右侧层装焊线和底侧层装焊线组成。该生产线上装有 72 台工业机器人和计算机控制系统,自动化程度很高并具有较大柔性,可进行多种轿车车身的焊接装配生产。

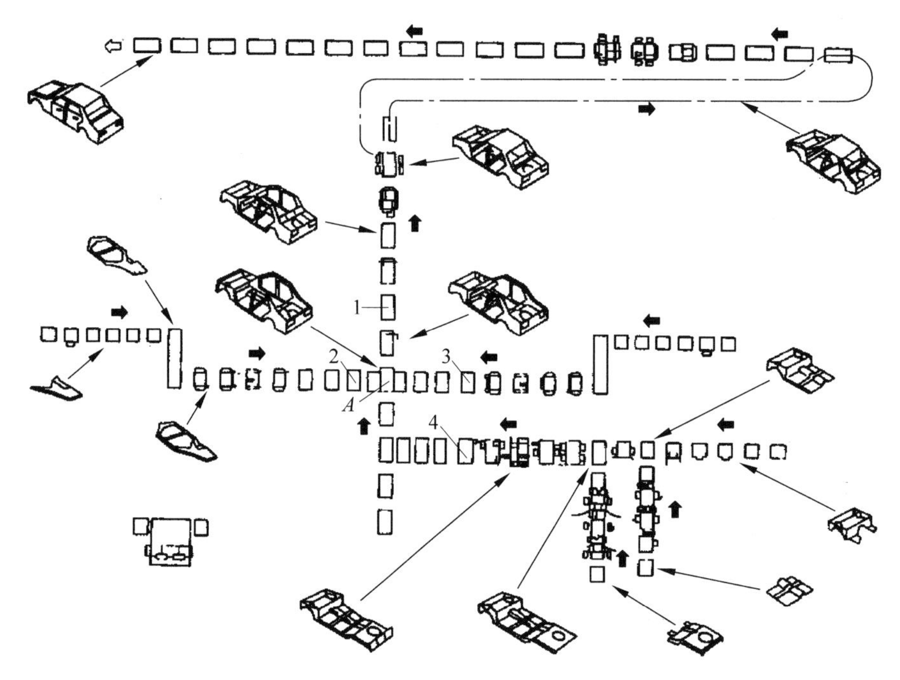

1—主装焊线；2—左侧层装焊线；3—右侧层装焊线；4—底侧层装焊线。

图 6-65　轿车车身自动化焊装生产线

习题 6

6-1　何谓焊接热影响区？低碳钢焊接时热影响区分为哪些区段？各区段对焊接接头性能有何影响？减小热影响区的办法是什么？

6-2　产生焊接应力和变形的原因是什么？焊接应力是否一定要消除？消除焊接应力的办法有哪些？

6-3　如习题 6-3 图所示，拼接大块钢板是否合理？为什么？为减小焊接应力与变形，应怎样改变？合理的焊接次序是什么？

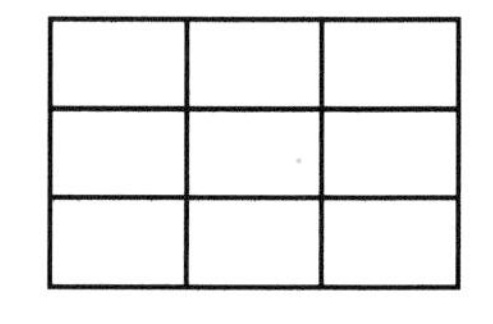

习题 6-3 图

6-4　焊接变形有哪些基本形式？焊前，为预防和减小焊接变形有哪些措施？

6-5　焊条药皮起什么作用？在其他电弧焊中，用什么取代药皮的作用？

6-6　点焊对工件厚度有何要求？对铜或铜合金板材能否进行点焊？为什么？

6-7　试比较电阻对焊和摩擦焊的焊接过程特点有何异同？各自的应用范围如何？

6-8　高频焊和普通的电阻焊有什么不同？其应用范围主要有哪些？

6-9　下列制品生产时选用什么焊接方法最合适？

(1)自行车车架；(2)石油液化气罐主焊缝；(3)自行车圈；(4)电子线路板；(5)钢轨对接；(6)不锈钢储罐；(7)钢管连接；(8)焊缝钢管。

6-10　为什么铜及铜合金的焊接比低碳钢的焊接困难得多？

6-11　用下列板材制作圆筒形低压容器，试分析其焊接性如何？并请选择焊接方法。

(1)Q235 钢板，厚 20mm，批量生产；(2)20 钢钢板，厚 2mm，批量生产；(3)45 钢钢板，厚 6mm，单件生产；(4)紫铜板，厚 4mm，单件生产；(5)铝合金板，厚 20mm，单件生产；(6)镍铬不锈钢钢板，厚 10mm，小批生产。

6-12　如习题 6-12 图所示，焊接梁材料为 20 钢。现有钢板最大长度为 2500mm。请确定腹板与上下翼板的焊缝位置，选择焊接方法，画出各条焊缝的接头形式，并制定装配和焊接次序。

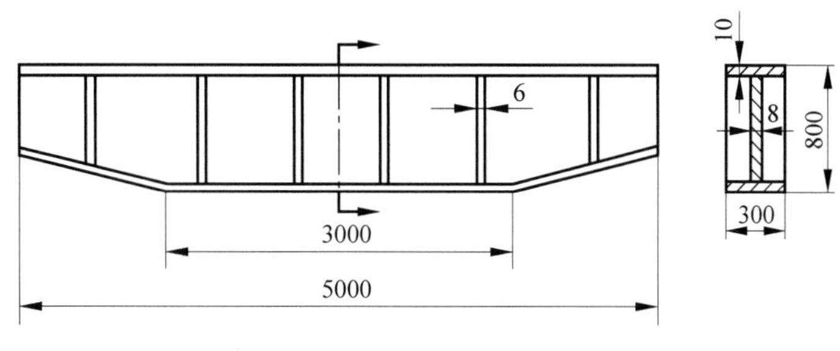

习题 6-12 图

6-13　计算机辅助焊接技术主要可以完成哪些工作？

6-14　弧焊机器人主要由哪些部分组成？选择弧焊机器人时应注意哪些事项？

自测题

第7章

非金属材料成形

【本章导读】 由于非金属材料与金属材料在结构和性能上有较大的差异，所以其成形特点和方法也不同，与金属材料的成形相比，非金属材料成形有以下特点：非金属材料可以是流态成形也可以是固态成形，成形方法灵活多样，可以制成形状复杂的零件；非金属材料的大部分前期成形通常是在较低温下完成，成形工艺简便，生产成本较低；非金属材料的成形一般要与材料的生产工艺相结合。

本章主要阐述陶瓷材料、高分子材料及复合材料成形的基本知识，其中由于陶瓷材料成形与粉末冶金制品成形的原料均为粉体，成形方法是利用粉末特有的性能，通过坯体成形、烧结等系列工艺形成的，所以将陶瓷材料与粉末冶金成形归在一起进行了介绍。本章的核心知识点包括：粉体成形的过程与特点，粉体的基本性能，粉体的三种成形工艺；高分子材料成形基本概念，常见塑料成形工艺，橡胶成形工艺、硫化性能；复合材料的特点，复合材料成形工艺及特点。

通过本章知识点的学习，可以培养以下能力：能根据粉体的特点和基本物理性能解释三种粉体成形方法的规律和易出现的问题，会初步分析粉体成形工艺性能，能区分传统陶瓷成形工艺和高技术陶瓷成形工艺的不同；能区分塑料与橡胶成形工艺之间的不同；能解释或区分基体材料成形工艺和不同基体复合材料成形工艺的特点和异同，会制定简单的复合材料成形工艺。

7.1 粉体(陶瓷及粉末冶金)材料成形

7.1.1 粉体成形的过程与特点

所谓粉体，就是大量固体粒子的集合系。与大块固体之间最直观、最简单的区别在于：当用手轻轻触及它时，会表现出固体所不具备的流动性和变形。粉体的制备方法一般来说有两种：一是粉碎法，二是合成法。前一种方法是由粗颗粒来获得细粉的方法，通常采用机械粉碎。现在发展到采用气流粉碎。粉碎法在粉碎过程中难免混入杂质，另外，传统粉碎方式，都不易制得粒径在 1μm 以下的微细颗粒。后一种方法是由离子、原子、分子通过反应、成核和生长、收集、后处理来获得微细颗粒的方法，即化学合成法。这种方法的特点是纯度、粒度可控，均匀性好，颗粒微细，并且可以实现颗粒在分子级水平上的复合、均化。通常化学合成法有固相法、液相法和气相法。

粉体成形方法的主要工艺过程包括粉末制备、成形和烧结，用框图表示其生产工艺过程如下：

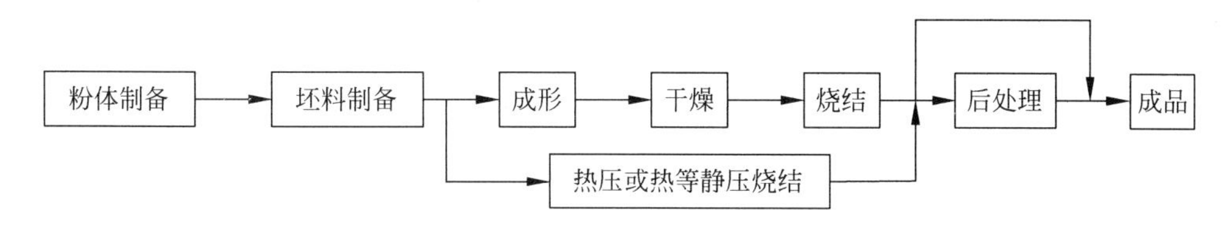

与材料液态铸造成形和固态塑性成形方法不同，粉体成形的重要特点是材料的制备与成形可以一体化。

7.1.2　粉体的基本性能

1. 粒度和粒度分布

粒度(particle size)是指粉体的颗粒大小，通常以颗粒半径 r 或直径 d 表示。对于非球形颗粒的大小可用等效半径来表示。也就是把不规则的颗粒换算成和它同体积的球体，以相当的球体半径作为其粒度的量度。例如棒状粒子长度为 a，宽度为 b，高度为 c，则其体积为 $V=a\times b\times c$。若与它相同体积的球径为 r，则该颗粒等效半径为

$$r=\sqrt[3]{3V/4\pi} \tag{7-1}$$

粒度分布(particle size distribution)是指多分散体系中各种不同大小颗粒所占的百分比。

2. 颗粒的形态与拱桥效应

人们一般用针状、多面体状、柱状、球状等来描述颗粒的形态。其实，对颗粒形状的上述描述并没有什么明确的界限。例如，柱状和针状，意味前者粗一些，但以什么样的长短比值来区分并不明确。球体、多面体等形状是一种三维描述；柱、针、纤维等形状是一种关于长短的一维描述；而板、片状则是关于平面的二维描述。显微镜所观察到的只是二维投影像，很难清楚地看到颗粒的三维形状。

粉体自由堆积的空隙率往往比理论计算值大得多，就是因为实际粉体不是球形，加上表面粗糙，以及附着和凝聚的作用，结果颗粒互相交错咬合，形成拱桥型空间，增大了空隙率。这种现象称为拱桥效应(见图 7-1)。

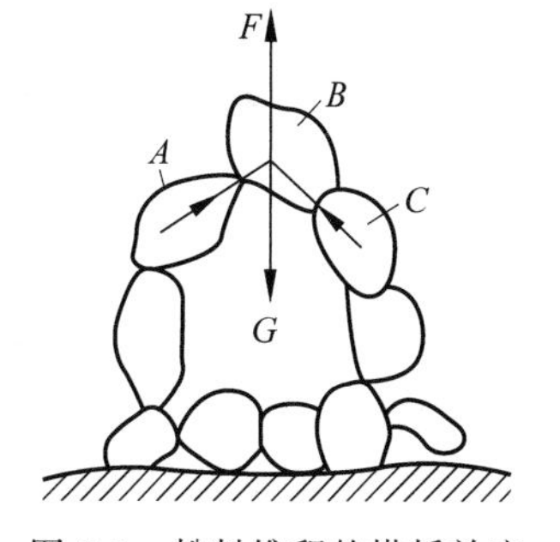

图 7-1　粉料堆积的拱桥效应

3. 粉体的表面特性

粉体之所以在性能上与块体物质有很大的差异，一个十分重要的原因就是二者的表面状态存在着很多不同。

1）粉体颗粒的表面能和表面状态

如果把水晶破碎，破断面就成为新的表面。这时，新的晶体表面上的原子所处的状态就与内部原子不一样。内部原子在周围原子的均等作用下处于能量平衡的状态；而表面原子只是一侧受到内部原子的引力，另一侧则处于一种具有“过剩能量”的状态。该“过剩能量”就称为表面能(surface energy)。粉体颗粒表面的“过剩能量”称为粉体颗粒的表面能。

当物质被粉碎成细小颗粒时，就会出现大量的新表面，并且这种新表面的量值随粒度变小而迅速增加。这时，处于表面的原子数量发生显著变化。表7-1是当粒径发生变化时，一般物质颗粒的原子数与表面原子数之间的比例变化。

从表7-1中可见，当粒径变小时，表面原子的比例增加便不可忽视。在这种情况下，几乎可以说，颗粒的表面状态决定了该物体的各种性质。其中起主导作用的就是表面能的骤变。当粒径小于1μm以下时，表面能已经成为粉体粒子的附着与凝聚的重要原因。

表7-1 一般物质颗粒细化后其原子数与表面原子数之间的比例

粒径/nm	原子数	表面原子数/原子数%
20	2.5×10^5	10
10	3×10^4	20
5	4×10^3	40
2	250	80
1	30	99

2）粉体颗粒的吸附与凝聚

附着于固体表面的颗粒，只要有一个很小的力就可使它们分开，这表明二者之间存在着使之结合得并不牢固的引力。此外，颗粒之间也相互附着而形成团聚体。

一个颗粒依附于其他物体表面上的现象称之为附着。而凝聚则是指颗粒间在各种引力作用下的团聚。存在于异种固体表面间的引力称为附着力，附着力可视为仅作用于接触面垂直方向上的力；存在于同种固体表面间的力称为凝聚力，凝聚力也包括摩擦力，摩擦力是作用于沿接触面水平方向欲产生分离、移动的阻力。

4. 粉体的堆积(填充)特性

由于粉体的形状不规则，表面粗糙，使堆积起来的粉体颗粒间存在大量空隙。粉体颗粒的堆积密度与堆积形式有关。若采用不同大小的球体堆积，则小球可能填塞在等径球体的空隙中。因此采用一定粒度分布的粉体成形可减少空隙，提高自由堆积的密度。单一颗粒(即纯粗颗粒或细颗粒)堆积时的空隙率约40%。若用二种粒度(如平均粒径比为10∶1)配合则其堆积密度增大；而采用三级粒度的颗粒配合则可得到更大的堆积密度。

5. 粉体的流动性

粉体虽然由固体小颗粒组成，但由于其分散度较高，所以具有一定的流动性。当堆积到一定高度后，粉粒会向四周流动，始终保持为圆锥体(见图7-2)，其自然安息角(偏角)α保持不变。因此可用α反映粉体的流动性。一般粉体的α为20°～40°，如粉体呈球形，表面光滑，易于向四周流动，α值就小。

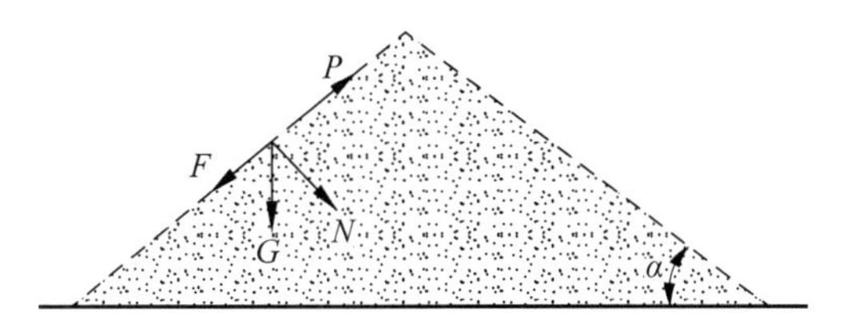

图 7-2　粉料自然堆积的外形

7.1.3　粉体的成形工艺

将粉体原料制成块状坯体一般采用三种不同的方法：①直接将不含液体（水或有机溶剂）或含少量液体的粉体加压成形，称此为压制成形法（press forming）；②将粉体加入适量的液体，做成可塑泥团，通过塑性变形形成坯体，称此为可塑成形（plastic forming）法；③当粉体中加入足够多的液体（含液量超过可塑泥团），做成流体型的泥浆，并通过注浆形成坯体时，则称为注浆成形（slip casting pocess）法。

1. 粉末冶金的成形工艺

在常温下，金属粉末的成形以钢模压制最广泛，大量粉末冶金的中、小零件都用这种方法生产。此外，还有其他成形工艺，如粉浆浇注、楔形压制等。

1）压制成形

（1）物料准备。

金属粉末以及某些化合物和非金属粉末是粉末冶金的原料。为了使压制所使用的粉末具有一定的化学成分和物理及工艺性能，通常，粉末在压制前，要根据生产的要求分别做不同的处理。

① 粉末的分级。粉末的粒度（大小）和粒度组成（分布）对粉末冶金制品的性能有突出的影响。生产中为了提高硬质合金的均匀性和达到制品的高质量，早已对钨粉粒度加以控制，并用微细粉末来进行生产。在生产青铜多孔轴承时，粉末配比不同，即粒度组成不同，制品性能也不同。当用 90.5%粒度分别为 250 目和 60～100 目的铜粉与 9.5%的锡粉分别混合、压制、烧结进行试验时发现：250 目铜粉所生产的制品，其收缩率为 5%，含油量为 15%；而含 60～100 目铜粉的制品膨胀率为 1%，含油量却为 21%。因此，原始粉末粒度的组成也是制造粉末冶金制品和材料应该注意的问题。

所以，在生产上，经常要求将粉末分级或将粉末分级后按粒度组合成一定比例的粉末，然后使用。粉末分级除用筛分级之外，325 目以下的粉末，通常用气体或液体分级器将粉末分级。

② 配料混合。许多粉末单独使用的机会很少，一般都要配成混合料以后才能进行压制。如在生产某种铁石墨含油衬套时，每 100kg 料中含 1.5%石墨，其余为铁粉，另加 0.3%硫、1%硬脂酸锌、0.5%锭子油。这种料必须混合 60min 以后，才能使各成分分布均匀。

混合料的混合是在球磨机和各种混料器中进行的。混料器有 V 形混料器、叶片式混料器、圆锥形混料器、酒桶式混料器等。

③ 混合料湿磨。有些制品所用的混合料，不但要求混合均匀，而且还要将混合料磨细，否则，无法获得制品所要求的性能。如在生产硬质合金时，混合料要在湿磨机或振动球磨机中进行研磨，并加入一定量的酒精或其他有机溶剂作介质。

压制前的物料准备还包括许多工序，如粉末的退火、补充还原、球化、制粒等。

(2) 压制工艺。

压制成形是基于较大的压力将粉状料在模型中压成块状坯体的。成形时，当压力加在粉料上时，粉料受到压力的挤压，开始移动，互相靠拢，坯体收缩，并将空气驱出。压力继续增大，颗粒继续靠拢，同时产生变形，坯体继续收缩。当颗粒完全靠拢后压力再增大，坯体的收缩很小，这时，颗粒在高压下可产生变形和破裂。由于颗粒的接触面逐渐增大，因此其摩擦力也逐渐增大。当压力与颗粒间的摩擦力平衡时，颗粒接触达到平衡状态，坯体得到压实。

压制过程的工序有：称料、装模、压制、脱模。

① 称料。粉末冶金每一件烧结制品都有一定的质量要求，这个质量加上由于压制和烧结工序所造成的少量粉末的损失质量，就是压制每一件压坯所需要的称重。这个称料量通常被称为压坯的单重(允许一定的误差)。压坯的单重可按以下公式计算：

$$Q = V \times d \times K \tag{7-2}$$

式中，Q 为单件压坯的称料量(单重)，kg；V 为制品的体积(由制品图算出)，m^3；d 为制品要求密度，kg/m^3；K 为质量损失系数。

损失系数 K 是称料质量与烧结制品质量之间的比值。这个系数既考虑了压制过程称料、装模以及压坯毛边所带来的料损失，也考虑了烧结过程中氧化物还原、杂质烧失所造成的化学料损失。按经验，在硬质合金生产中，K 取 1.01～1.02；在铁基制品生产中，K 取 1.05。

称料方法有两种：一是质量法，即用工业天平称料，可手动也可自动；二是容量法，即用一定体积的容器或用已调整好容积的模腔来称量粉末，多在自动压制时使用。

② 装料。将所称量的粉末装入模具中时，要求粉末在模腔内分布均匀、平整，以保证压坯各部分压缩比一致。所以，对于形状比较复杂和壁薄的制品，往往要用敲击和震动模套的方法或改善粉末的流动性等来达到上述要求。

③ 压制。压制通常在液压机或机械压力机上进行。压制的总压力按下式计算：

$$P = p \times S \tag{7-3}$$

式中，P 为总压力，kg；p 为单位压力，kg/m^3；S 为与压力方向垂直的压坯受压面积，m^2。

在压制时，压坯的形状和尺寸由模具来保证，压坯的密度用两种方法来控制：a. 按单位压制压力控制，就是每次压制时，用在压坯上每一平方米面积上的压力(单位压制压力)保持不变，因此压坯的总压力不变。b. 用高度限制器控制，就是控制模冲运动的行程。如在压模上加一定高度的限制器或在自动压力机上用调整的方法来保证模冲的行程不变。两种方法中，第一种能够做到使压坯的密度控制较准确，第二种能够做到使压坯的高度控制较准确。第二种方法比较方便，使用广泛。

④ 脱模。压力去掉以后，压坯要从压模内脱出，从整体压模中脱出的方法有两种，即将压坯向上顶出和向下推出。从可拆压模中脱出压坯时，首先要松掉侧压，然后将压模拆开，取出压坯。

压坯是粉末冶金生产的半成品。在送烧结处理之前，通常压坯都要进行检查，消除废品，然后将废品送前工序回收。如果不及时查出压制废品，烧结以后，废的烧结制品将因回收困难而带来经济上的损失。压制废品有压坯的尺寸过大或过小，掉边掉角、密度过大或过小、分层和开裂等情况。在生产中，要针对出现废品的原因，分别采取措施加以克服。

2）粉浆浇注成形

将粉末预先制成悬浮状或浆糊状物质，然后注入石膏模中的成形方法，叫作粉浆浇注（陶瓷材料成形中称为注浆成形）。与此法相似的还有所谓冷冻成形、离心铸造、涂抹成形等。它们都需将粉末预先调制成悬浮状或浆糊状。

粉浆浇注的主要工序如下。

（1）粉浆的制备

好的粉浆流动性好，浇注的坯块密度高。为此，悬浮液中要加入两类物质：①与粉末亲和的分散剂，如各种有机物质、各种胶溶剂、磷酸盐等；②HCl 或 NaOH，以调整粉浆的 pH 值。因为粉浆的黏度是随 pH 值变化的，每一种粉浆均有一个最适宜浇注的 pH 值。pH 值一定，黏度一定。在这个 pH 值下，粉浆黏度既适合于浇注，也可使浇注的坯块密度较高。

（2）模具材料

浇注用的模具是用石膏做成的。石膏经 200℃煅烧后，失去一个分子的结晶水，但吸收水分后，又可复原成原来的成分，所以石膏原材料可以循环使用。在浇注时，为了防止粉浆黏模，可以在模壁上涂一层肥皂，或撒上滑石粉、磨细的云母粉、石墨粉等。

（3）浇注方法

可以手工浇注，即所谓倾倒浇注法；也可以用压缩空气浇注，即用压缩气体将粉浆压入模具内。

影响浇注的因素很多，如粉末与液体的比例、悬浮剂的种类、粉末本身特性、粉浆搅拌程度、粉浆的稳定性等。上述诸因素在生产中都要加以控制。

粉浆浇注的应用范围有：

① 制造难熔金属，不锈钢、镍、钴、各种硬质化合物的坩埚，多孔材料，以及各种耐火氧化物坩埚等。

② 粉浆浇注可以作为一个中间工序与其他粉末冶金冷加工与热加工结合，生产各种制品和型材。如不锈钢带的生产，可以预先将粉浆浇注成带，然后烧结，烧结后进行冷轧。这样可以生产完全致密的材料。其他如钴基和镍基合金、二氧化铀、铍以及许多粉末混合物，都能预先进行粉浆浇注，再补充热加工，使制品达到高密度。

这种方法特别适于复杂形状零件的制造，但影响因素较多，不易控制。

3）楔形压制

楔形压制又称“循环压制”，是用一只楔形的上模冲，将粉末分段压制而成制品。这种方法可以用一组楔形压制循环示意图（见图 7-3）表示。

楔形压制时，除上冲头外，仍然需要一只带底的阴模。压制可以在普通压力机上进行。压制过程是压制、冲头提升、阴模向前推进，然后再压制，如此继续循环下去。图 7-3 中（a）为正常位置，（b）、（c）、（d）、（e）为一循环压制过程。采用楔形压制可以使用小的压力机生产出大型制品，例如，可以生产比轧制厚得多的大型型材以及大直径的厚壁圆环制品等。

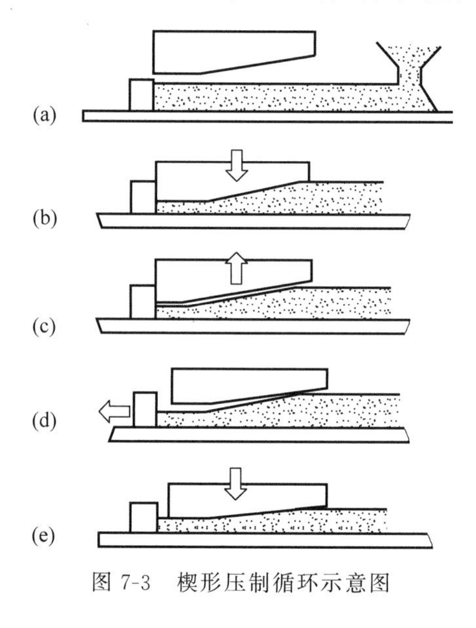

图 7-3 楔形压制循环示意图

陶瓷材料成形

2. 陶瓷材料的成形工艺

1）普通日用陶瓷的成形工艺

（1）注浆成形

传统的注浆成形是指在石膏模的毛细管力作用下，含一定水分的黏土泥浆脱水硬化、成坯的过程。随着成形方法的发展，注浆成形的概念也发生了根本变化。特别是在高技术陶瓷的成形过程中，一些非黏土类型的瘠性料需要靠塑化剂及温度的作用才能调制成具有一定流动性和悬浮性的浆料。成形模具也不再局限于使用石膏模。为此，将所有基于坯料并具有一定液态流动性的成形方法统归为注浆成形法。

传统的注浆法成形周期长，劳动强度大，不适合连续化、自动化生产。近年来各种强化注浆的方法、自动化管道注浆、成组浇注等工艺发展很快。缩短了生产周期，提高了坯体质量，使陶瓷注浆成形进入了一个新的阶段。

① 基本注浆方法。基本注浆方法可分为空心注浆（slush casting）（单面注浆）和实心注浆（solid casting）（或称为双面注浆）两种。

空心注浆采用的石膏模没有型芯，泥浆注满模型后放置一段时间，待模型内壁黏附一定厚度的坯体后，将多余的泥浆倒出，然后带模干燥。待注件干燥收缩脱离模型后就可取出（见图 7-4）。坯体的脱模水分一般为 15%～20%。空心注浆的坯体外形取决于模型的工作面。坯体厚度取决于吸浆时间，同时与模型的温度、湿度及泥浆的性质有关。这种方法适合于成形小件、薄壁产品。

实心注浆是将泥浆注入外模与模芯之间。石膏模从内外两个方向同时吸水。注浆过程中泥浆量不断减少，需不断补充泥浆，直至泥浆全部硬化成坯（见图 7-5）。实心注浆的坯体外形决定于外模的工作面，内形决定于模芯的工作面。坯体的厚度则由外模与模芯之间的空腔来决定。实心注浆适合于坯体的内外表面形状、花纹不同，大型、壁厚的产品。实际生产中，往往根据产品结构的要求将空心注浆和实心注浆结合起来，即某些部位用空心注浆成形，其余部分用实心注浆成形，例如浇注洗脸盆就是如此。

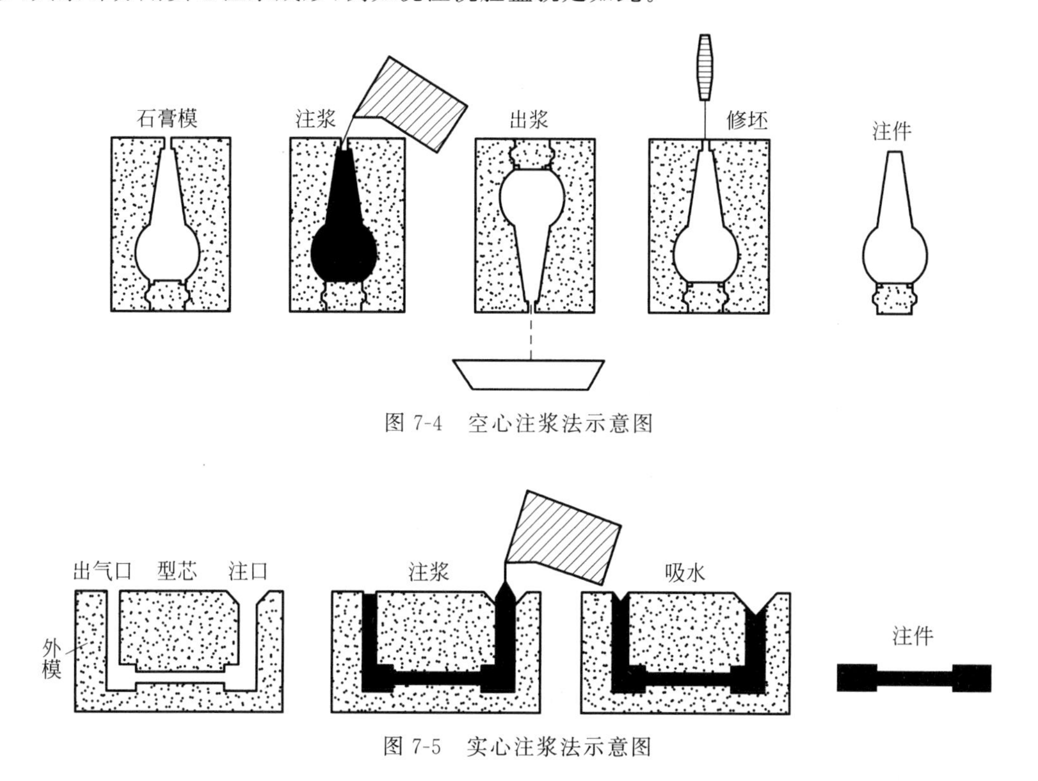

图 7-4　空心注浆法示意图

图 7-5　实心注浆法示意图

② 强化注浆方法。强化注浆方法是在注浆过程中人为地施加外力，加速注浆过程的进行，使得吸浆速度和坯体强度得到明显改善的方法。

根据所加外力的形式，强化注浆可以分为真空注浆、离心注浆和压力注浆等。

(a)真空注浆。在模型外边抽取真空，或将紧固的模型放在处于负压的真空室中。其目的是造成模型内外的压力差，提高注浆成形的推动力。真空注浆可使吸浆速度显著提高，同时减少坯体的气孔和针眼。(b)离心注浆。它是向旋转的模型中注入泥浆，在离心力的作用下，泥浆紧靠模型脱水形成坯体。由于泥浆中的气泡较轻，在模型旋转时多集中在中心部位，最后破裂消失。故离心注浆坯体致密、厚度均匀、变形较小。(c)压力注浆。它是通过提高泥浆压力来增大注浆过程推动力，加速水分的扩散。不仅可缩短注浆时间，还可减少坯体的干燥收缩和脱模后坯体的水分。最简单的加压方式是提高浆桶的高度，利用泥浆的位能来提高本身的压力。这种压力比较小，一般在 0.05MPa 以下。也可引入压缩空气来提高泥浆的压力。一般来说，压力越大，成形速度越快，生坯强度也越高。根据泥浆压力的大小，压力注浆可分为微压注浆、中压注浆和高压注浆几种。微压注浆的注浆压力一般在 0.03MPa 以下；中压注浆在 0.15～0.4MPa；大于 2MPa 的可以称为高压注浆。高压注浆的压力可以高达 3.9MPa，甚至更高，但要采用高强度的模型。如国外采用的多孔树脂模型、无机填料模型等。

(2) 可塑成形

可塑成形是对具有一定可塑变形能力的泥料进行加工成形的方法。可塑成形的方法很多，这里重点介绍日用陶瓷中使用得最广泛的滚压成形和塑压成形。

① 滚压成形（roller forming）成形时，盛放着泥料的石膏模型和滚压头分别绕自己的轴线以一定的速度同方向旋转，其滚压头倾斜角为 α。滚压头在转动的同时，逐渐靠近石膏模型，并对泥料进行滚压成形（见图 7-6）。

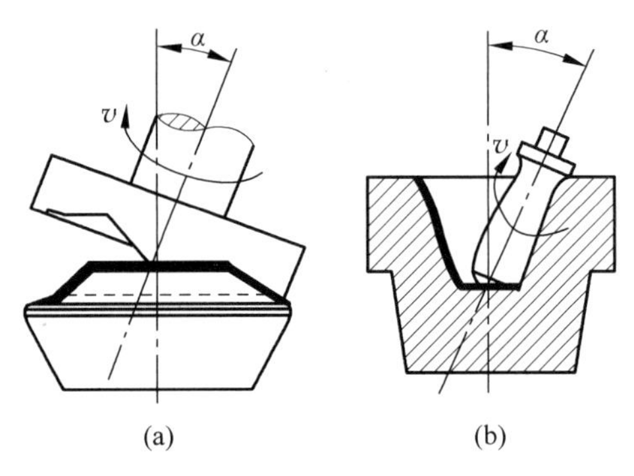

图 7-6　滚压成形

（a）阳模滚压；（b）阴模滚压

滚压成形时，泥料在滚压头作用下均匀展开，受力由小到大比较均匀。滚头和泥料的接触面积大，泥料受压时间长，坯体致密均匀，强度较大。另外，滚压成形是靠滚压头对坯体的滚碾作用而使坯体表面光滑的，不需要在坯体表面加水，可减少坯体的变形。由于滚压成形的坯体质量好，生产效率高，滚压机和其他设备配合可以组成生产流水线，减轻劳动强度。

滚压成形可以分为阳模滚压和阴模滚压。阳模滚压又称"外滚压"，由滚压头决定坯体的外表形状和大小（见图 7-6（a））。适于成形扁平状、宽口器皿和坯体内表面有花纹的产品。阴模滚压又称"内滚压"，滚压头形成坯体的内表面（见图 7-6（b）），适于成形口径较小而深的制品。阳模成形的坯体干燥时，坯体由模型支撑，收缩均匀，不易变形，成形后不必翻模，直接送去干燥。阴模成形时，为防止坯体变形，常将带坯的模型倒转放置，然后脱模干燥。

② 塑压成形（plastic pressing）它是将可塑泥料放在模型内在常温下压制成坯的方法。模型内部盘绕一根多孔性纤维管，可以通压缩空气以及抽真空。安装时应将上下模之间留有 0.25mm 左右的空隙，以便排除余泥。

塑压成形的步骤如下（见图 7-7）：

（a）将切至一定厚度的塑性泥团置于底模上（见图 7-7（a））；（b）上下模抽真空，挤压成形（见图 7-7（b））；（c）向底模内通压缩空气，促使坯体与底模迅速脱离，同时从上模中抽真空将坯体吸附在上模上（见图 7-7（c））；（d）向上模内通压缩空气，使坯体脱模承放在托板上（见图 7-7（d））；（e）上下模通压缩空气，使模型内水分渗出，用布擦去（见图 7-7（e））。

塑压成形的成形压力与坯泥的含水量有关。泥料水分高时，压力应降低。

塑压成形的优点是适合于成形各种异型盘碟类制品，如鱼盘、方盘、多角形盘碟及内外表面有花纹的制品。同时，由于成形时施以一定的压力，坯体的致密度较滚压法高。缺点是石膏模的使用寿命短，容易破损。目前国外已采用多孔树脂模、多孔金属模等高强度模型。

③ 压制成形。陶瓷的压制成形与粉末冶金基本一样，但所用的粉料往往含有一定量的水分。粉料含水量为 3%～7%时为干压成形；粉料含水量为 8%～15%时为半干压成形。

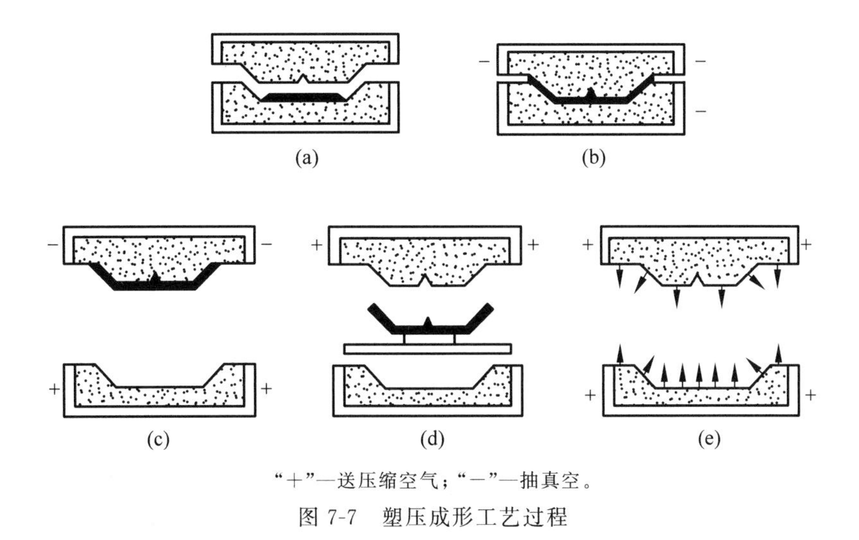

"＋"—送压缩空气；"－"—抽真空。

图 7-7　塑压成形工艺过程

2）高技术陶瓷的成形工艺

（1）注浆成形法

① 注浆成形。与日用陶瓷的注浆成形方法基本上一样，只是在高技术陶瓷的注浆成形过程中，一些非黏土类型的瘠性料需要靠塑化剂、pH 值或温度的作用才能调制成具有一定流动性和悬浮性的浆料。所用瘠性料大致可以分为两类：一类与酸不起作用，一类与酸起作用。溶于酸中的可以通过有机表面活性物质的吸附，使其悬浮；对不溶于酸的，如 Al_2O_3，可以用盐酸处理，当 pH 值在 3.5 左右时，Al_2O_3 料浆的流动性最好，其悬浮性也较好。

② 热压铸成形法。热压铸成形（hot injection moulding）法虽然也是注浆法，但与前面的注浆工艺不同。它是利用石蜡的热流性特点，与坯料配合，使用金属模具在压力下进行成形的，冷凝后坯体能保持其形状，其成形过程如下。

(a)蜡浆料的制备。目的是将准备好的粉料加入到以石蜡为主的黏结剂中制成蜡板以备成形用。按配比称取一定量石蜡，加热熔化成蜡液，同时将称好的粉料在烘箱内烘干，使含水量不大于 0.2%。这是因为粉料内含水量大于 1%时，水分会阻碍粉料与石蜡完全浸润，黏度增大，难以成形。另外在加热时，水分会形成小气泡分散在料浆中，使烧结后的制品形成封闭气孔，性能变坏。制备蜡浆时，在粉料中加入少量的表面活性剂（一般为 0.4%～0.8%，如蜂蜡），可以减少石蜡的含量，改善成形性能等。(b)热压铸。图 7-8 为热压铸机结构示意图，其工作原理是将配制成的料浆蜡板放置在热压铸机浆桶内，加热至一定温度熔化，在压缩空气的驱动下，将桶内的料浆通过吸铸口压入模腔，根据产品的形状和大小保持一定时间后，去掉压力，料浆在模腔中冷却成形，然后脱模，取出坯体，有的还可进行加工处理，或车削，或打孔等。(c)高温排蜡。热压铸形成的坯体在烧成之前，先要经排蜡处理。否则由于石蜡在高温熔化流失、挥发、燃烧，坯体将失去黏结而解体，不能保持其形状。

排蜡是将坯体埋入疏松、惰性的保护粉料之中，这种保护粉料又称为"吸附剂"，在高温下稳定，又不易与坯体黏结，一般采用煅烧的工业 Al_2O_3 粉料。在升温过程中，石蜡虽然会熔化、扩散，但有吸附剂支撑着坯体。当温度继续升高，石蜡挥发、燃烧完全，这时坯体中的

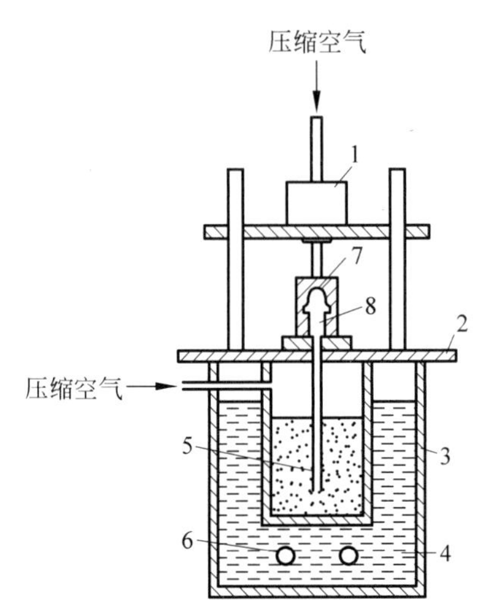

1—压紧装置；2—工作台；3—浆桶；4—油浴恒温槽；5—供料管；
6—加热元件；7—铸模；8—铸件。

图 7-8 热压铸机结构示意图

粉料之间也有一定的烧结出现。此时，坯体与吸附剂之间既不发生反应，又不发生黏结，而且坯体具有一定的强度。通常排蜡温度为 900～1000℃，视坯体性质而定。若温度太低，粉料之间无一定的烧结出现，不具有一定的机械强度，坯体松散，无法进行后续的工序；若温度偏高，直至完全烧结，则会出现严重的黏结，难以清理坯体的表面。

排蜡后的坯体要清理表面的吸附剂，然后再进行烧结。

③ 流延成形。流延成形(doctor-blade casting process)又叫作"带式浇注法""刮刀法"，如图 7-9 所示。工艺过程大致是：将准备好的粉料内加黏结剂、增塑剂、分散剂、溶剂，然后进行混合，使其均匀，再把料浆放入流延机的料斗中。料浆从料斗下部流至流延机的薄膜载体(传送带)上。用刮刀控制厚度，再经红外线加热等方法烘干，得到膜坯，连同载体一起卷轴待用，最后按所需要的形状切割或开孔。

流延法适合于制成厚度小于 0.2mm 以下、表面粗糙度好、超薄型的制品。

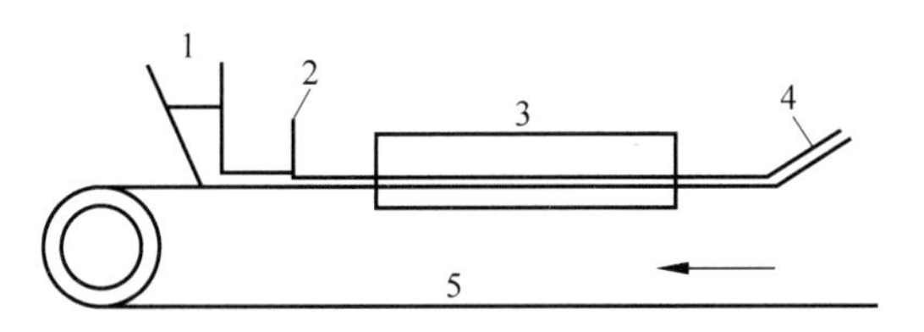

1—料浆料斗；2—刮刀；3—干燥炉；4—膜坯；5—传送带。

图 7-9 流延成形示意图

(2) 可塑成形

根据可塑法成形的原理，在高技术陶瓷的生产中，除了日用陶瓷生产中采用的滚压成形和塑压成形方法外，又发展了挤压成形和轧膜成形等方法，它们适合于生产管、棒和薄片状制品，所用的结合剂比注浆成形少。

① 挤压成形。挤压成形(extruding)一般是将真空炼制的泥料，放入挤制机内，这种挤

制机一头可以对泥料施加压力，另一头装有机嘴即成形模具，通过更换机嘴，能挤出各种形状的坯体。挤压机适合挤制棒状、管状（外形可以是圆形或多角形，但上下尺寸大小一致）的坯体，待晾干后，可以再切割成所需长度的制品。一般常用于挤制 ϕ1～30mm 的管、棒等细管，壁厚可小至 0.2mm 左右。随着粉料质量和泥料可塑性的提高，也用来挤制长 100～200mm、厚 0.2～0.3mm 的片状坯膜，半干后再冲制成不同形状的片状制品，或用来挤制 100～200 孔/cm^2 的蜂窝状或筛格式穿孔瓷制品，如图 7-10 所示。

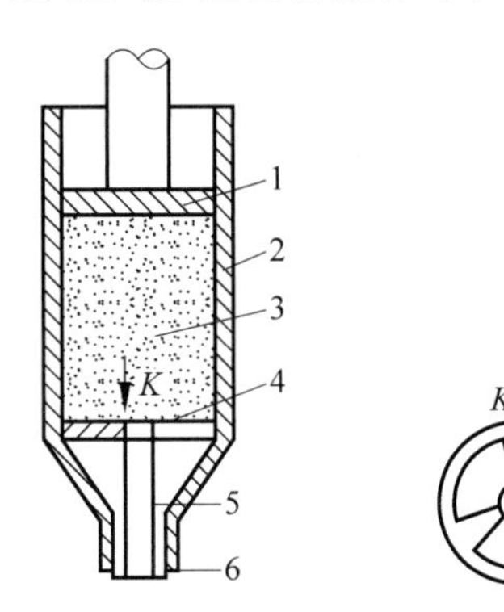

1—活塞；2—挤压筒；3—瓷料；4—型环；5—型芯；6—挤嘴。

图 7-10　立式挤制机结构示意图

挤压成形法对泥料的要求较高：一是粉料较细，外形圆润。二是溶剂、增塑剂、黏结剂等用量要适当，同时必须使泥料高度均匀，否则挤压的坯体质量不好。

挤压法的优点是：污染小，操作易于自动化，可连续生产，效率高，适合管状、棒状产品的生产。缺点是：挤嘴结构复杂，加工精度要求高。由于溶剂和结合剂较多，因此坯体在干燥和烧成时收缩较大，性能受到影响。

② 轧膜成形。轧膜成形（roll forming）是新发展起来的一种可塑成形方法，适宜生产 1mm 以下的薄片状制品。将准备好的坯料，拌以一定量的有机黏结剂（一般采用聚乙烯醇），置于两辊轴之间进行辊轧，通过调节轧辊间距，经过多次辊轧，最后达到所要求的厚度，如图 7-11 所示。轧好的坯片，需经冲切工序制成所需要的坯件。辊轧过程中，不能为了急于得到薄片坯体，过早地把轧辊间距调小，因为这样会使坯料和结合剂混合不均，坯件质量不好。

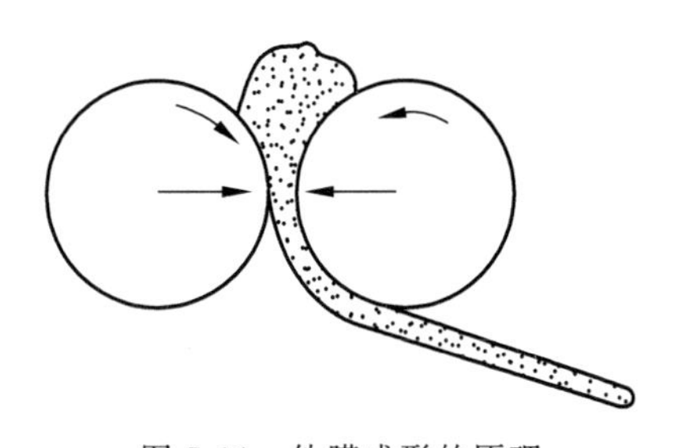

图 7-11　轧膜成形的原理

轧膜成形时，坯料只是在厚度和前进方向受到辗压，在宽度方向受力较小，因此，坯料和结合剂不可避免地会出现定向排列。干燥和烧结时，横向收缩大，易出现变形和开裂，坯体性能上也会出现各向异性。这是轧膜成形无法消除的问题。

（3）模压成形

在高技术陶瓷生产中，常常采用压制成形和等静压成形。其特点是黏结剂含量较低，只有百分之几（一般为 7%～8%），不经干燥可以直接焙烧，坯体收缩小，可以自动化生产。

① 压制成形。在高技术陶瓷生产中，压制成形的粉料不含水，而是加少量结合剂，经造粒后将粉料置于钢模中，在压力机上加压形成一定形状的坯体。其他情况与日用陶瓷和粉

末冶金的压制成形差不多。

② 等静压成形。等静压成形(isostatic pressing)又称“静水压成形”,它是利用液体介质不可压缩性和可均匀传递压力的一种成形方法。即处于高压容器中的试样所受到的压力如同处于同一深度的静水中所受到的压力情况,所以称为静水压或等静压,根据这种原理而得到的成形工艺称为等静压成形,或称“静水压成形”。

等静压成形方法有如下特点:

(a)可以生产一般方法不能成形的形状复杂、大件及细而长的制品,而且成形质量高;(b)可以不增加操作难度而比较方便地提高成形压力,而且压力作用效果比其他压制法好;(c)由于坯体各向受压力均匀,其密度高且均匀,烧成收缩小,因而不易变形;(d)模具制作方便、寿命长、成本较低;(e)可以少用或不用黏结剂。

等静压成形如图 7-12 所示。操作过程为:先将配好的坯料装入用塑料或橡胶做成的弹性模具内,置于高压容器内,密封后,打入高压液体介质,压力传递至弹性模具对坯料加压。然后释放压力取出模具,并从模具中取出成形好的坯件。

液体介质可以是水、油或甘油。最好选用可压缩性小的介质为宜,如刹车油或无水甘油。弹性模具材料应选用弹性好、抗油性好的橡胶或类似的塑料。

等静压成形方法有冷等静压和热等静压两种类型。冷等静压又分为湿式等静压和干式等静压。

湿式等静压如图 7-12 所示。其特点是模具处于高压液体中,各方受压,所以叫作湿式等静压。主要适用于成形多品种、形状较复杂、产量小和大型的制品。

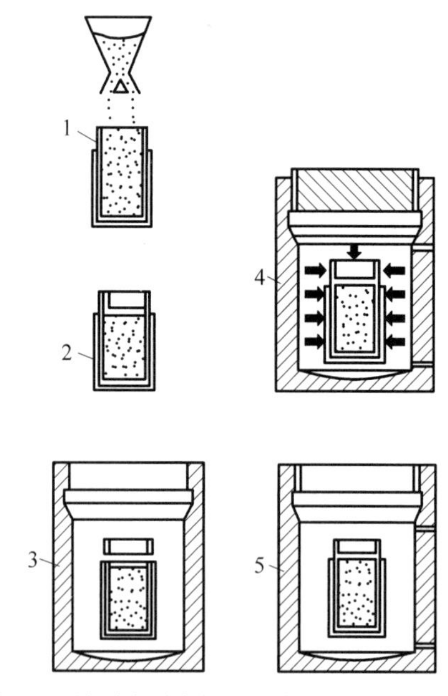

1—粉料加入柔性袋;2—柔性袋加盖密封;3—将袋装入内装传压介质的加压容器中;4—加压;5—压紧后去压。

图 7-12 湿式等静压成形示意图

干式等静压如图 7-13 所示。相对于湿式等静压,其模具并不都是处于液体之中,而是半固定式的,坯料的添加和坯件的取出,都是在干燥状态下操作,因此叫作干式等静压。干式等静压更适合于生产形状简单的长形、壁薄、管状制品，如果稍作改进，可连续自动化生产。

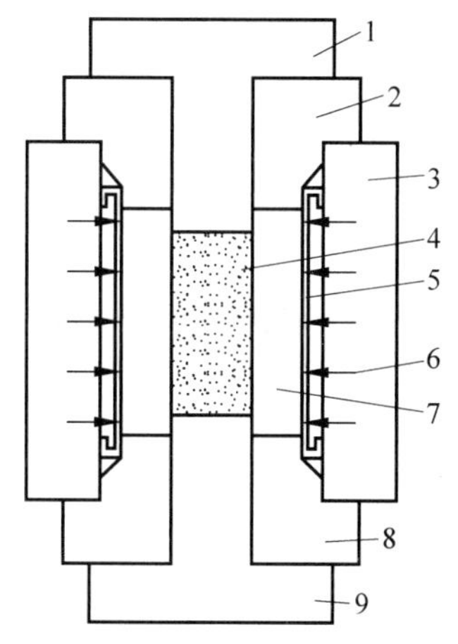

1—上活塞；2—顶盖；3—高压圆筒；4—粉体；5—加压橡胶；6—压力传递介质；7—成形橡胶模；8—底盖；9—下活塞。

图 7-13　干式等静压成形示意图

3. 烧结

用上述成形方法得到的各种金属坯件或陶瓷坯件，只能是半成品。一般还需要经过干燥处理后，在窑炉中以适当的高温烧结，才能得到质地坚硬的、符合需要的成品。

1）烧结工艺

烧结(sintering)的基本过程是将成形后的坯体放入烧结炉中，按一定时间加热到烧结温度，并在烧结温度下保温若干时间，然后，将制品冷却后出炉。有关烧结的工艺参数，例如烧结温度、烧结保温时间等通常都是根据实验确定的。

(1) 烧结温度与保温时间的确定

烧结温度的确定与制品的化学成分有关。泰曼发现烧结温度(T_S)和熔融温度(T_M)的关系有一定规律：

金属粉末：$T_S \approx (0.3 \sim 0.4) T_M$，盐类：$T_S \approx 0.57 T_M$，硅酸盐：$T_S \approx (0.8 \sim 0.9) T_M$。

如果是几种粉末的混合物，则烧结温度一般要低于主要成分的熔点，而高于其中一种或多种少量成分的熔点(个别例外)，或者稍高于制品中出现的低共熔点的温度。

在实际生产中，不论单一或多种粉末的烧结，都是在一定温度范围内进行的。在此温度范围内时使用上限温度还是下限温度，要根据制品的化学成分、粉末性能、尺寸大小以及性能要求等具体条件而定。

保温时间与烧结温度有关。通常，烧结温度较高时，保温时间较短；相反，烧结温度较低时，保温时间要长。所以，烧结温度和保温时间要按具体情况合理选择。

(2) 烧结气氛的选择

陶瓷制品一般在氧化性气氛(空气)中烧结，而大多数粉末冶金制品必须在保护性气氛和真空中烧结。在保护性气氛和真空中烧结时，可以做到：①制品在烧结过程中不会氧化；②在还原性气氛中烧结时，能将制品中的氧化物还原；③能保证制品获得一定的物理机械性能。

在烧结过程中不断通入所需气体，例如通入 H_2 或 CO，可得强还原气氛；通入 N_2 或 Ar，可得中性气氛；通入 O_2，可得强氧化气氛；N_2 和 H_2 搭配，或 N_2 和 O_2 搭配，可获得不同程度的还原或氧化气氛。

(3) 升温和降温(冷却)速度的确定

升温和降温时间由制品尺寸和性能要求而定。通常为了提高生产率，希望升温速度和降温速度快一些。但在实际生产中，如果升温速度太快，可能使坯体中的成型剂、水分以及某些杂质剧烈挥发，导致坯体产生裂纹，并使反应不完全。降温速度对制品性能的影响很大，为了获得所要求的金相组织，对其降温速度都有一定的要求。以粉末冶金铁基制品为例，降温速度不同，可以使制品得到完全不同的金相组织和性能。如果所烧结的铁基制品在冷却前是均匀的奥氏体时，当冷却速度不同时，可以出现三种情况：

① 当冷却速度很慢时，奥氏体分解，碳以石墨的形式从奥氏体中析出，最后制品的组织是铁素体加石墨，其硬度和强度都很低；

② 当冷却速度很快时，奥氏体来不及分解，形成了马氏体组织，这种组织硬度高，强度低，而且，当冷却速度很快时，还可能造成制品的变形和开裂；

③ 当冷却速度为中等时，奥氏体分解，碳以渗碳体(Fe_3C)形式析出，最后组织是铁素体加珠光体(还有少量孔洞与游离石墨)。这种组织有一定的强度和硬度。因此，在生产中某些产品都以中等速度冷却下来。

2) 烧结方法

粉末冶金坯体的烧结可分为单元系、多元系，或分为固相烧结、液相烧结等多种类型。陶瓷的烧结更为复杂，因为陶瓷材料的成分更为复杂。表 7-2 列出各种先进或特殊的烧结方法以及优缺点和适用范围。

表 7-2 用于粉末冶金和陶瓷制品的各种烧结方法

烧结方法名称	优　点	缺　点	适用范围
常压烧结法	价廉，规模生产和复杂形状制品	性能一般，较难完全致密	各种材料(传统陶瓷、高技术陶瓷、粉末冶金制品)
真空烧结法	不易氧化	价贵	粉末冶金制品、碳化物
一般热压法	操作简单	制品形状简单、价贵	各种材料
连续热压法	规模生产	制品形状简单	非氧化物，高附加值
热等静压法	性能优良，均匀，高强	价贵	高附加值产品
气压烧结法	制品性能好，密度高	组成难控制	适于高温易分解材料(特别适于氮化物)
反应烧结法	制品形状不变，少加工，成本低	反应有残留物，性能一般	反应烧结氧化铝、氮化硅、碳化硅等
液相烧结法	降低烧结温度，价廉	性能一般	各种材料
气相沉积法	致密透明，性能好	价格贵，形状简单	要求特殊性能、薄的制品
微波烧结法	快速烧结	晶粒生长不易控制	各种材料
电火花等离子烧结(SPS)	快速，降低烧结温度	价贵，形状简单，工艺探索阶段	各种材料
自蔓延烧结(SHS)	快速，节能	较难控制	少数材料

7.2　高分子材料成形

与金属材料和无机非金属材料相比，高分子材料成形工艺简单，材料损耗少，能耗低，生产效率高，且可方便地通过切削加工、焊接、胶接等方法进行二次加工。因此，随着高分子材料强度和耐热性的提高，在工业生产中正越来越多地取代金属材料。

7.2.1　高分子材料的成形性能

1. 塑料的成形性能

塑料的工艺性能表现在许多方面，有些性能直接影响成形方法和工艺参数的选择，有的则只与操作有关。

1）收缩性

塑件自模具中取出冷却到室温后，发生尺寸收缩的特性称为收缩性。由于这种收缩不仅是树脂本身的热胀冷缩造成的，而且还与各种成形因素有关，因此成形后塑件的收缩称为成形收缩，其大小可用收缩率来表示：

$$S_j = \frac{L_m - L_s}{L_s} \times 100\% \tag{7-4}$$

式中，S_j 为计算收缩率；L_s 为塑件在室温时的单向尺寸；L_m 为模具在室温时的单向尺寸。

实际收缩率与计算收缩率 S_j 数值相差很小，所以模具设计时常以计算收缩率为设计参数，来计算型腔及型芯等的尺寸。

影响收缩率大小的因素很多，主要包括：塑料品种、塑件结构、模具结构、成形工艺等。因此收缩率不是一个固定值，而是在一定范围内变化的，收缩率的波动将引起塑件尺寸波动。模具设计时应根据以上因素综合考虑选择塑料的收缩率，对精度高的塑件应选取收缩率波动范围小的塑料，并留有试模后修整的余量，适当改变工艺条件或按实际情况修正模具。

2）流动性

塑料在一定的温度和压力下填充模具型腔的能力称为流动性。热固性塑料的流动性可用拉西格试验值来表征，数值大则流动性好。热塑性塑料流动性常用熔体指数测定法和螺旋线长度试验法测定，熔体指数越大或流动长度越长，则流动性就越好。

流动性对塑件形状、模具设计和成形工艺都有很大影响。流动性小，将使填充不足，不易成形，成形压力大；流动性大易使溢料过多，填充型腔不密实，塑件组织疏松，易粘模，脱模及清理困难，硬化过早。因此选用塑料流动性必须与塑件要求、成形工艺及成形条件相适应，模具设计时应根据流动性来考虑浇注系统、分型面及进料方向等。

影响流动性的因素主要有温度、压力、模具结构、添加剂和成形工艺条件等。当填料粒度细且呈球状、湿度大、增塑剂和润滑剂含量高、预热及成形条件适当、模具型腔表面粗糙度小、模具结构适当等时将使流动性提高。

3）热敏性

热敏性是指某些热稳定性差的塑料，在料温高和受热时间长的情况下就会产生降解、分解、变色的特性，具有这种特性的塑料叫作热敏性塑料。为了防止热敏性塑料在成形加工过程中出现分解现象，应在塑料中加入热稳定剂，并选择合适的成形设备，正确控制成形加工温度和加工周期，同时应及时消除分解产物，设备和模具应采取防腐蚀措施等。

4）吸水性

塑料吸收水分的性质称为吸水性。若成形时塑料中的水分和挥发物过多，将使流动性增大，易产生溢料，成形周期长，收缩率大，塑件易产生气泡，组织疏松、翘曲变形、波皱等缺陷。此外，有的气体对模具有腐蚀作用，对人体有刺激作用，因此必须采取相应措施，消除或抑制有害气体，包括采取成形前对物料进行预热干燥处理，在模具中开设排气槽，模具表面镀铬等措施。

5）硬化特性

硬化特性是热固性塑料特有的性能，专指热固性塑料的交联反应。硬化程度与硬化速度不仅与塑料品种有关，而且与塑件形状、模具温度和成形工艺条件有关，因此必须严格控制工艺条件和改善模具结构，以避免塑件出现过熟或欠熟。

2. 橡胶的成形性能

1）流动性

橡胶在一定的温度、压力作用下，能够充满型腔各个部分的性能称为橡胶的流动性。橡胶的流动性对橡胶成形过程有着重要的影响，有时直接决定着成形的成败。胶料的流动性一般用黏度和可塑性表示。影响橡胶流动性的因素有高聚物大分子链的温度、结构、剪切速率及剪切应力、配合剂等。

橡胶成形时的压力、温度、模具和浇注系统的尺寸及参数等都与橡胶的流动性有关。

2）流变性

胶料的黏度随剪切速率的降低而降低的特性称为流变性。流变性对橡胶的加工过程有重要的意义，当流动性差甚至流动停止时，则胶料的黏度变得很大，使半成品有良好的挺直性从而不易变形。在压出、注射成形时由于剪切速率很高，则胶料的黏度低，流动性好。流变性与橡胶的分子量及压力、温度、成形速率等加工条件有关。

3）硫化性能

为改善橡胶的性能必须进行硫化。在硫化过程中橡胶的各种性能都随时间的增加而发生变化，胶料硫化性能的优劣主要体现在快速硫化、高交联率、焦烧安全性和存放稳定性等方面。

4）热物理性能

热物理性能的优劣直接影响橡胶制品的性质。热物理性能的影响因素是热导率、热扩散率和体积热容。

塑料成形

7.2.2 塑料成形工艺

塑料件的生产和金属零件一样，根据使用要求，进行结构设计、选择树脂品种和添加剂成分，通过成形加工和后续加工，制成一定尺寸和形状的制品或零件。在机械制造行业中，塑料是应用最广泛的高聚物材料。塑料在适当的温度和压力下能塑制成各种形状规格的制品，成形效率高，能耗和制件成本低。塑料制品的成形过程概括起来又分为两个阶段，首先是使塑料成形材料达到可流动状态或至少是部分为可塑状态；然后，通过施加压力等方式使其充满型腔或通过模口而成为所需制品或型坯。成形过程中塑料会发生一系列的物理和(或)化学变化，而促使其发生这些变化的一个重要因素就是热。因此，在成形过程中，热塑性塑料与热固性塑料会表现出不同的成形工艺性能。所以，每种塑料都有其适合的成形方法。目前塑料制品已广泛应用于机械、电子、汽车、航空航天、家电、生活用品等领域，代替了大量的金属零件，给人类生活带来了更多的色彩。

塑料成形的工艺过程包括塑料成形和塑料加工。塑料成形是指将原料(树脂与各种添加剂的混合料或压缩粉)，在一定温度和压力下塑制成一定形状制品的过程。塑料加工则是指将成形后的塑料制品再经后续加工(如机械加工等)制成成品零件的工艺过程。

1. 塑料成形方法

塑料的种类很多，其成形的方法也很多，常用的塑料成形方法有注射成形、压塑成形、挤出成形、压注成形、压延成形等。

1) 注射成形

注射成形(injection moulding)(又称“注塑成形”)利用注塑模具在专门的注射机上进行(见图7-14)，其过程是将颗粒状态或粉状塑料从注射机的料斗送进加热的料筒中，经过加热熔融塑化成为黏流态熔体，在注射机柱塞或螺杆的高压推动下，以很大的流速通过喷嘴注入模具型腔，经一定时间的保压冷却定型后可保持模具型腔所赋予的形状，然后开模分型获得成形塑件。

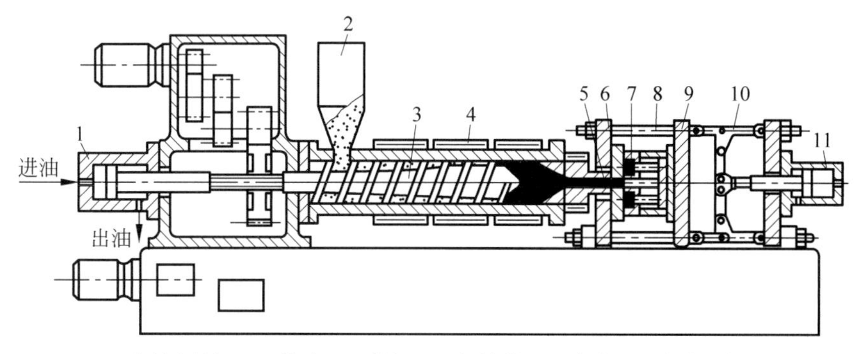

1—注射液压缸；2—料斗；3—螺杆；4—加热器；5—喷嘴；6—定模固定板；7—模具；8—拉杆；9—动模固定板；10—合模机构；11—合模液压缸。

图7-14　螺杆式注射机结构示意图

注射成形是热塑性塑料主要成形方法之一，适用于几乎所有品种的热塑性塑料和部分热固性塑料。此法生产率很高，可以实现高度机械化、自动化生产，制品尺寸精确，可以生产形状复杂、壁薄和带金属嵌件的塑料制品，适用于大批量生产。目前注塑制品产量占塑料制品总产量的20%～30%。

2）压塑成形

压塑成形（compression molding）（又称“压缩成形”“模压成形”“压制成形”等），其成形过程如图 7-15 所示，将粉状、粒状或片状塑料放在金属模具中加热软化熔融，在压力下充满模具成型，塑料中的高分子产生交联反应而固化转变成为具有一定形状和尺寸的塑料制件。

压塑成形主要用于热固性塑料，也可用于热塑性塑料，如聚四氟乙烯。与注射成形相比，压塑成形可采用普通液压机，模具结构简单，可成形流动性很差的物料及大面积的薄壁制品。此外，压塑成形件内部取向组织少，塑件成形收缩率小以及制品性能均匀。但其成形周期长，生产效率低、劳动强度大，塑件精度难以控制，模具寿命短，不易实现自动化生产。压塑成形特别适用于形状复杂或带有复杂嵌件的制品，如电器零件、仪表壳、电闸板、电器开关、插座或生活用具等。

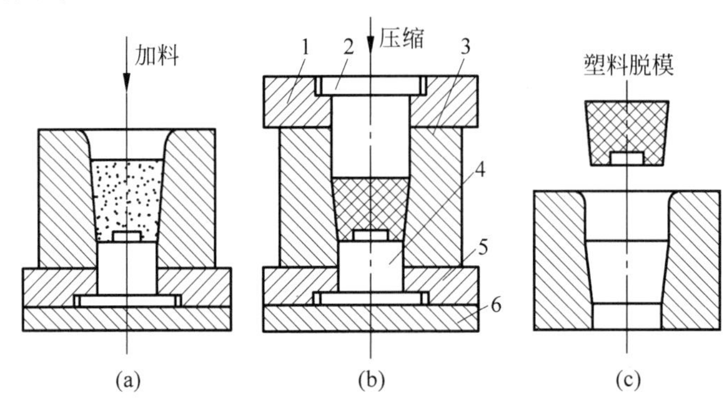

1—上模座；2—上凸模；3—凹模；4—下凸模；5—下模板；6—下模座。

图 7-15　压塑成形

（a）加料；（b）压缩；（c）制品脱模

3）挤出成形

挤出成形（extrusion forming）（又称“挤塑成形”）是使加热或未经加热的塑料借助螺杆的旋转推进力通过模孔连续地挤出，经冷却凝固而成为具有恒定截面的连续成形制品的方法。图 7-16 为管材挤出成形原理示意图。

挤出成形生产过程连续，生产效率高，工艺适应性强，设备结构简单，操作方便，用途广，成本低，塑件内部组织均衡紧密，尺寸比较稳定准确，但制品断面形状较简单且精度较低，一般需经二次加工才制成零件。挤出成形用于热塑性塑料型材的生产，如管材、板材、薄膜、各种异型断面型材、电线电缆包覆物和中空制品等，还常用于物料的塑炼和着色等，目前挤出制品占热塑制品生产的 40％～50％。

4）压注成形

压注成形（compression moulding）是在改进压缩（塑）成形的基础上发展起来的一种热固性塑料的成形方法。成形过程如图 7-17 所示，模具闭合后，将塑料（预压锭）加入已加热到一定温度的模具加料室中（见图 7-17(a)），使其受热熔融，在柱塞压力作用下，塑料熔体经过模具浇注系统注入并填满闭合的型腔（见图 7-17(b)），塑料在型腔内继续受热受压而固化成形，最后打开模具取出塑件（见图 7-17(c)）。

压注成形中，塑料在型腔内预先受热熔融，在压力作用下注入型腔，因此可以成形带有

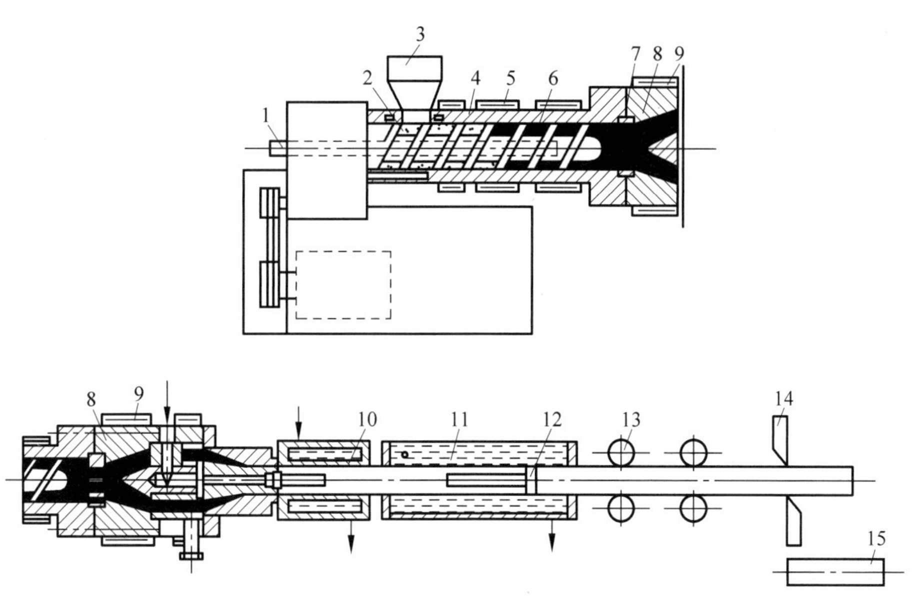

1—螺杆冷却水入口；2—料斗冷却区；3—料斗；4—料筒；5—料筒加热器；6—螺杆；
7—多孔板；8—机头(挤出模)；9—机头加热器；10—定径套；11—冷却装置；
12—压缩空气堵头；13—牵引装置；14—切断装置；15—管材。

图 7-16 管材挤出成形原理示意图

深孔或形状复杂的塑件，也可成形带有精细嵌件的塑件，塑件的密度和强度也较高。由于塑料成形前模具已经完全闭合，模具分型面的塑料飞边很薄，因而塑件精度易保证，表面粗糙度值也较小。

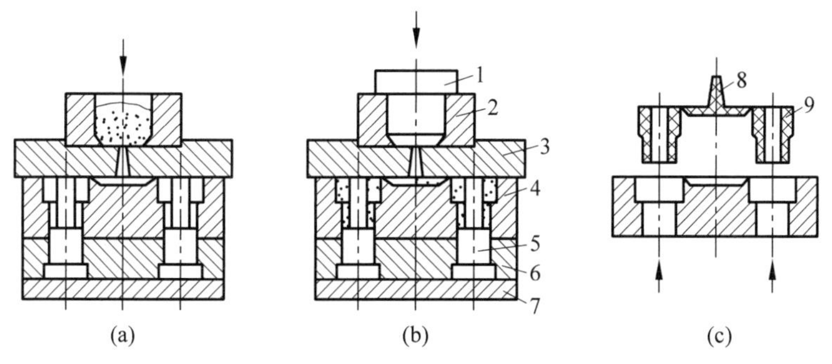

1—柱塞；2—加料腔；3—上模板；4—凹模；5—型芯；
6—型芯固定板；7—下模座；8—浇注系统；9—塑件。

图 7-17 压注成形过程

(a) 塑料(预压锭)加入；(b) 闭合的型腔；(c) 取出塑件

5) 压延成形

压延成形(calendaring molding)是使加热塑化的物料通过一系列相向旋转的辊筒之间，受挤压和延展作用成为平面状连续材料的成形方法。压延成形生产效率高、产品质量好，且可直接制出各种花纹和图案。但其设备庞杂、维修复杂，且制品宽度受限制。压延成形可用于各类热塑性塑料，主要产品有薄膜、片材和人造革等。

此外,还有吹塑、层压、真空成形、模压烧结等成形方法,以适应不同品种塑料和制品的需要。

2. 塑料加工

塑料加工是将模塑制件、棒材、管材、片材、挤出型材或其他形状材料,通过适当操作如机加工和装配制成制品。其在塑料制品的生产中有两个作用:其一是作为成形技术的补充,例如单件或小批量生产一种塑料制品时,要为此数量不多的制品成形制造专用模具,可能既费时又费钱,用塑料型材借助机械加工来制造,就能取得既快又省的效果。其二是可提高制品的精度、表面质量和增加制品使用功能,例如经过表面涂漆的制品,其抗老化性能可得到明显改善,而表面上镀金属后使制品兼有金属的一些特性。

塑料加工的主要工艺方法有机械加工、连接加工和表面处理等。

1)机械加工

机械加工是采用钻、磨、铣、车削等机械加工方法的二次加工操作。由于塑料的刚度只有金属的1/60~1/10,故夹紧力和切削力不宜过大,刀具刃口应保持锋锐,以防工件变形影响加工精度。

2)连接加工

连接加工是采用热熔黏结(焊接)、黏结、机械连接等方法,使塑料型材或零件固定在一起的二次加工操作。可以将小而简单的构件组合成大而复杂的构件。塑料焊接是使两塑料件表层受热熔融,再在压力下熔接为一体的。此法生产效率高,但只适用于同类热塑性塑料的连接加工。黏结既可用于连接加工,也可用于修补残缺件,且在塑料与其他材料的连接上正逐步取代机械连接方法。

3)表面处理

表面处理是对塑料制品表层进行修整和装饰,以改变塑料零件的表面性质,提高其抗老化、耐腐蚀能力的二次加工方法,也可起着色装饰作用。如用锉削、刮削、磨削等方法去除制品废边和浇口残根;用涂有抛光膏的布轮抛光制品表面;在制品表面喷涂树脂溶液形成透明涂层;用印刷、漆花等方式使制品表面形成彩色花纹和图案;用电镀等方法在制品表面涂覆金属层等。

4)吹塑成形

吹塑成形(也称为“中空吹塑”“吹塑模塑”)是主要用于制造空心塑料制品的成形工艺,源于历史悠久的玻璃容器吹制工艺。在吹塑模塑方法和成形机的种类方面已大大超过挤出和注射模塑。

吹塑是借助流体压力使闭合在模具中的热熔塑料型坯吹胀形成空心制品的工艺。根据型坯的生产特征不同,中空吹塑包括挤出吹塑、注射吹塑和拉伸吹塑等。其生产过程都是由型坯的制造和型坯的吹胀组成。如图7-18是挤出吹塑的过程示意图。先挤出管状型坯,由上而下进入开启的两瓣模具之间(见图7-18(a)、(b)),当型坯达到预定的长度后闭合模具、切断型坯(见图7-18(c)),封闭型坯的上端及底部,向管坯中心吹入压缩空气,型坯在压缩空气胀力下紧贴模具型腔成形(见图7-18(d)),待冷却后开模取出制品(见图7-18(e))。

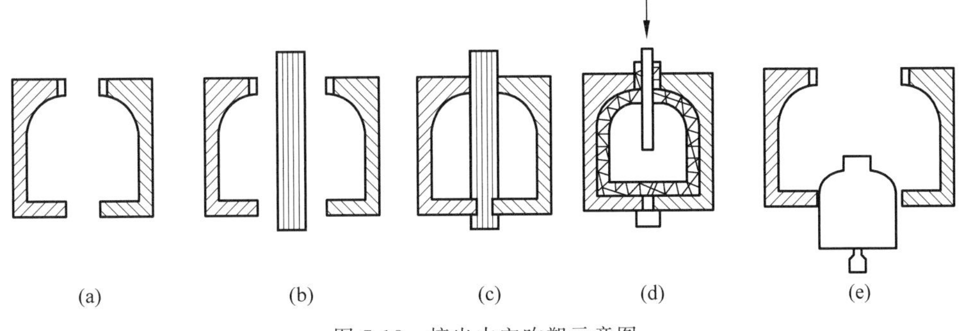

图 7-18　挤出中空吹塑示意图

3. 薄膜成形技术

塑料薄膜品种很多，主要按照原料、应用领域、制造方法和预定的结构分类。按聚合物原料分为：聚酰胺膜、聚二氯乙烯膜、聚氯乙烯类膜、聚烯烃膜等；按制造（成形）方法分为：挤出膜、压延膜、聚合物溶液或分散体的流延膜；按结构分为：单层膜或多层膜、复合膜；按用途分为：防水膜、离子交换膜、电影胶片、包装膜、电绝缘膜、普通用途膜。

1）薄膜的成形工艺

薄膜品种的多样性决定了其生产方法的不同。薄膜生产工艺方法的选择由聚合物的化学性质和成品薄膜的用途决定。主要包括挤出法、压延法和流延成形。

（1）挤出法。用挤出法制造薄膜的原料有：聚乙烯、聚丙烯、聚氯乙烯等。挤出法又分为平缝（平膜）模头挤出和环形（管膜）模头挤出。

① 平膜生产。利用平缝机头挤出法不仅可以直接制造商品膜，而且还可以制造供以后取向用的坯料膜。浸入水槽而快速冷却得到的平膜，或将熔体通过金属辊表面得到的平膜有一系列良好的性质，例如，透明度好、光泽好、刚度好、强度高等，可广泛用作包装材料。平膜主要是用高密度聚乙烯、聚丙烯、聚氯乙烯制造。经平缝机头挤出时，薄膜的生产速度比管膜制取速度高 1～2 倍。但制造宽幅（大于 1500mm）平膜却存在很大的技术困难，并且经济上也不合理。②管膜生产。在生产宽度 50～24000mm、厚度 0.005～0.5mm 的各类热塑性塑料薄膜时，采用挤出聚合物膜管再吹胀的方法，其优点是既简单，又经济。若生产多层复合薄膜，可采用 2～3 台挤出机和多层吹塑机头联合完成。

（2）压延法。压延成形是生产薄膜的主要方法之一。它是将已经塑化的接近黏流温度的热塑性塑料，通过一系列相向旋转着的水平辊筒间隙，使物料承受挤压和延展作用，最终成为具有一定厚度、宽度与表面光洁的薄片状制品。用作压延成形的塑料大多是热塑性非晶态塑料，其中以聚氯乙烯用得最多，适于生产厚度在 0.05～0.5mm 的软质聚氯乙烯薄膜。软质聚氯乙烯薄膜生产工艺类似于橡胶的压延。

压延软质塑料薄膜时，若将布（或纸）随同塑料一起通过压延机的最后一道辊筒，则薄膜会紧复在布（或纸）上，这种方法可生产人造革、塑料贴合纸等，此法称压延涂层法。

压延成形具有较大的生产能力（可连续生产，也易于自动化）、较好的产品质量（所得薄膜质量优于吹塑薄膜和 T 形挤出薄膜）。但所需加工设备庞大，精度要求高、辅助设备多；同时制品的宽度受压延机辊筒最大工作长度的限制。

(3) 流延成形。属于铸塑成型的一种。首先将热塑性塑料与溶剂等配成一定黏度的胶液,然后以一定速度流布在连续回转的基材(一般为无接缝的不锈钢带)上,通过加热排除溶剂后成膜,该成形方法也称"流延成膜"。从钢带上剥离下来的膜则称流延薄膜。薄膜的宽度取决于钢带的宽度,其长度可以是连续的,而其厚度则取决于胶液的浓度和钢带的运动速度等。

流延薄膜的特点是厚度小(可达 5~10μm)且厚薄均匀、不易带入机械杂质、透明度高,内应力小,较挤出吹塑薄膜可更多地用于光学性能要求高的场合。其缺点是生产速度慢,需耗用大量溶剂,且设备昂贵、成本较高等。

2) 拉幅薄膜的成形

挤出(包括吹塑、平模口挤出)和压延法生产的薄膜受到的拉伸作用很小,薄膜的性质也较一般。拉幅薄膜则是将挤出得到的厚度为 1~3mm 的厚片或管坯,重新加热到 $T_g \sim T_m$(或 T_f)温度范围进行大幅度拉伸而形成的薄膜。

拉幅薄膜生产时,可以将挤出厚片(或管坯)与拉幅过程直接联系起来进行连续生产,但不管哪种方式,聚合物在拉伸前都必须从较低温度下重新加热到 $T_g \sim T_m$(或 T_f),所以拉幅薄膜工艺是一种二次成形技术。在 $T_g \sim T_m$(或 T_f)温度区间,聚合物长链受到外力作用拉伸时,沿力的作用方向伸长和取向。分子链取向后,聚合物的物理机械性能发生了变化,产生了各向异性现象;拉幅薄膜就是大分子具有取向结构的一种材料。与未拉伸薄膜比较,拉幅薄膜有以下特点:强度为未拉伸薄膜的 3~5 倍,透明度和表面光泽好,对气体和水蒸气的渗透性降低,制品使用价值提高;薄膜厚度减小,宽度增大,平均面积增大,成本降低;耐热、耐寒性改善,使用范围扩大。

7.2.3 橡胶成形工艺

1. 橡胶加工的工艺过程

凡是天然橡胶和合成出的橡胶统称为生胶,大多数生胶需经塑炼后加入各种配合剂混炼,然后才能加工成形,再经硫化处理制成各种橡胶制品。因此,橡胶制品生产的基本过程包括:生胶的塑炼、胶料的混炼、橡胶成形和制品的硫化。

1) 塑炼

天然橡胶和多数合成橡胶塑性太低,与橡胶配合剂不易混合均匀,也难以加工成形,所以生胶需要塑炼。即生胶在氧(或塑解剂)和加热情况下,在机械力(剪切)作用或化学作用下,适当降低高聚物的分子量,增加可塑性。通过塑炼,使生胶由弹性材料变为可塑性材料,以利于成形加工。结团粉料须先烘干、过筛,生胶块须烘软、切块并压成片状。

常用的塑炼设备主要有开放式炼胶机和密闭式炼胶机。图 7-19 为开炼机示意图,有两个反向旋转的辊筒,通常在不同速度下相对回转,胶料在反复通过已加热的辊筒间隙时,在强烈的挤压与剪切作用下渐趋软化和塑化。

图 7-20 为密炼机示意图,主要部件是一对转子和一个塑炼室。与开炼机比较,密炼机塑炼具有工作密封性好,塑炼周期短,生产效率高,环境污染小,工作条件和胶料质量大为改善,安全性好等优点,已逐渐取代开炼机塑炼。但密炼机是在密闭条件下工作,散热条件差,

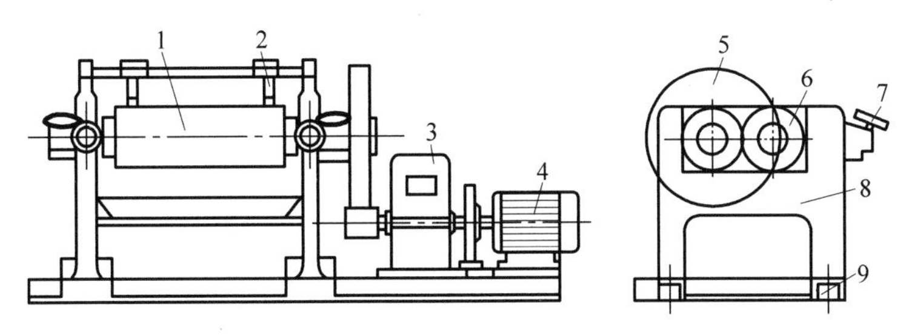

1—辊筒；2—挡胶板；3—减速器；4—电动机；5—大齿轮；6—速比齿轮；
7—调距手轮；8—机架；9—底座。

图 7-19 开炼机结构

使得密炼机的工作温度比开炼机高出许多。生胶在密炼机中受到高温和强烈的机械剪切作用，产生剧烈氧化，短时间内即可获得所需要的可塑度。这种方法适用于耗胶量大、胶种变化少的生产部门。

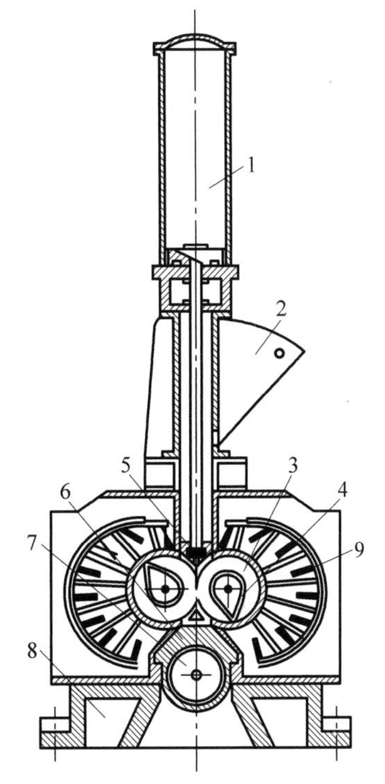

1—上顶栓气缸；2—加料斗；3—密炼室；
4—转子；5—上顶栓；6—下顶栓；
7—下顶栓气缸；8—底座；
9—冷却水喷淋头。

图 7-20 密炼机的基本构造

2）混炼

将塑炼胶和各种配合剂，用机械方法使之完全均匀分散的过程称为混炼。混炼所得的胶坯称为混炼胶，是橡胶与其他配合剂的均匀混合物。配合剂的作用是改善橡胶的加工性能及制品性能。常用的混炼设备是开炼机和密炼机。

3）成形

成形是将混炼胶制成所需形状、尺寸和性能的橡胶制品的过程。常用的橡胶成形方法有压延成形、模压成形、挤出成形和注射成形等。

4）硫化

硫化是通过改变橡胶的化学结构（例如交联），从而赋予橡胶弹性，或改善、提高使橡胶弹性扩展到更宽温度范围的工艺过程。

硫化使橡胶各部位的组织不同程度地形成了空间网状结构，使塑性的混炼胶变为高弹性或硬质的硫化胶，从而获得更完善的物理、化学和力学性能，使橡胶材料提高了使用价值，拓宽了应用范围。

硫化剂一般在混炼时即已加入到胶料中，但由于交联反应须在较高的温度（一般 140～180℃）和一定的压力下才能进行，故混炼时尚未产生硫化。硫化是橡胶制品加工的主要工艺过程之一，须安排在制品成形后进行。注射成形和模压成形通常是在胶料充模后通过继续升温和保压完成硫化的。硫化还可利用饱和蒸汽、过热蒸汽、热空气或热水等介质加热，在常压情况下进行。

2. 橡胶成形方法

1）压延成形

压延成形指经过混炼的胶料，通过专用压延设备上两对转辊筒之间的挤压力，使胶料产生塑性延展变形，制成具有一定断面尺寸规格、厚度和几何形状的片状或薄膜状聚合物，或使纺织材料、金属材料表面实现挂胶的工艺过程。压延成形是一个连续的生产过程，具有生产效率高、制品厚度尺寸精确、表面光滑、内部紧实等特点。但其工艺条件控制严格、操作技术要求较高，主要用于制造胶片和胶布等。

压延主要包括压片、贴合、压型、贴胶、擦胶等工艺。常用的压延设备有三辊压延机和四辊压延机。图 7-21 所示为胶布压延工艺过程。当纺织物和胶片通过一对反向旋转的辊筒间隙时，在辊筒的挤压力作用下贴合在一起而制成胶布。

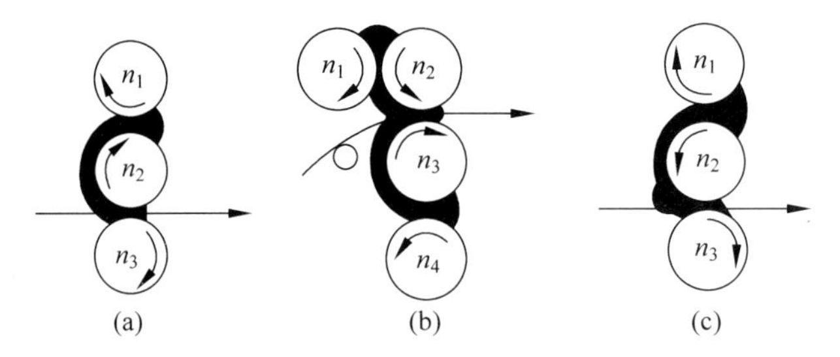

图 7-21 压延工艺过程

(a) 三辊压延机贴胶；(b) 四辊压延机贴胶；(c) 三辊压延机压力贴胶

2）模压成形

模压成形是橡胶制品生产中应用最早且最多的生产方法，是将预先压延好的橡胶半成品按一定规格下料后置于压制模具中，合模后在液压机上按规定的工艺条件压制，在加热加压的条件下，使胶料呈现塑性流动充满型腔，再经一定的持续加热时间后完成硫化，再经脱模和修边后得到制品的成形方法。

橡胶压制模结构与一般塑料压塑模相同，但需设置测温孔，以便通过温度计控制硫化温度；模腔周围也应设置流胶槽，以排出多余胶料。

橡胶的模压成形过程包括加料、闭模、硫化、脱模及模具清理等操作步骤，其中最重要的是硫化过程。

3）挤出成形

挤出成形是胶料在挤出机中塑化和熔融，并在一定的温度和压力下连续均匀地通过机头模孔挤出，使之成为具有一定的断面形状和尺寸的连续材料橡胶成形方法。挤出成形操作简便、生产效率高、工艺适应性强、设备结构简单，但制品断面形状较简单且精度较低。挤出成形常用于成形轮胎外胎胎面、内胎胎筒和胶管等，也可用于生胶的塑炼和造粒。

挤出成形的主要设备是橡胶挤出机，其基本结构同塑料挤出机。

4）注射成形

注射成形是一种将胶料直接从机筒注入闭合模具硫化的生产工艺。橡胶注射工艺主要包括喂料塑化、注射保压、硫化、出模几个过程。在生产过程中，要严格控制料筒温度、注射温度、模具温度(硫化温度)、注射压力、螺杆转速和背压等工艺参数，还应合理掌握硫化时间，以得到高质量的硫化橡胶制品。完成硫化以后，开启模具，取出制品后要经过修边工序，修整注射时产生的飞边和毛边。

注射成形能一次成形外形复杂、带有嵌件的橡胶制品，尺寸精确、质量稳定、生产效率高，主要用于生产密封圈、减振垫和鞋类等。注射成形的主要设备是橡胶注射机，其基本结构同塑料注射机。

7.3 复合材料成形

复合材料成形工艺的好坏将直接影响到复合材料制品的生产成本与质量。目前复合材料的成形工艺还存在着生产周期长、生产效率低、有些成形工艺还需要较多劳动力的缺点，因此提高复合材料成形工艺的机械化、自动化程度，开发高效率的成形工艺是今后的发展方向。

7.3.1 复合材料的成形工艺特点与要求

复合材料(composite materials)不仅在性能方面有许多独到之处，其成形工艺与其他材料的加工工艺相比也有其特点：

(1) 材料的形成与制品的成形常常是同时完成的。复合材料的生产过程，也就是复合材料制品的生产过程。

(2) 在形成复合材料之前，增强体常是纤维、织物或颗粒，在复合过程中，增强体通过其表面与基体相黏结，并固定于基体中，其物理、化学状态及几何形状通常是不变化的，但会受到复合过程中机械作用及湿热效应的影响；与此有显著区别的是，基体材料在复合材料形成过程中要经历从状态到性质的巨大变化。由于基体材料的不同，变化程度的差异较大。

(3) 在增强体和基体之间的结合界面上，一般有润湿、溶解和化学反应发生，其界面结合情况对复合材料的性能有着极大地影响。

由于以上特点，对复合材料的成形工艺方法有如下要求：①能提供基体材料从原料状态到最终状态转化的合适条件，并实现与增强体的界面结合，不产生气泡，或能将所产生的气泡顺利排出，不致形成复合材料中的空隙；②增强体表面应能实现与基体的界面结合，并能按预定方向和层次排列，均匀地分布于基体材料中，形成致密的整体；在工艺过程中，对增强体的机械损伤和湿热影响要减到最低限度；③为制品提供所要求的尺寸、形状及表面质量。

7.3.2 复合材料用原材料

复合材料用原材料包括基体、增强材料和由它们制成的中间材料(如预浸料)，此外还有夹层结构所需的蜂窝芯材、泡沫芯材、胶黏剂及其他辅助材料。

1. 增强材料

增强材料(reinforced material)是复合材料的关键组分，在复合材料中起着增加强度、改善性能等作用。增强材料按来源区分有天然与人造两类，但天然增强体已很少使用。按形态区分则有颗粒状(零维)、纤维状(一维)、片状(二维)、立体编织物(三维)等。目前常用的增强材料是颗粒材料与纤维材料。纤维增强材料主要包括碳纤维、芳纶、硼纤维、碳化硅纤维和玻璃纤维等。另一类纤维状增强材料是晶须。晶须是指直径在 0.1～2μm,长径比在10 以上单晶短纤维。由于直径小,缺陷少,原子排列高度有序,因此晶须的强度接近理论值,而且晶须易于润湿,有利于与金属、陶瓷、树脂、玻璃等材料复合,是一种重要的增强材料。

2. 基体材料

基体材料(matrix material)的正确选择,对能否充分组合来发挥基体和增强材料性能特点,获得预期的优异综合性能,满足使用要求十分重要。目前使用的复合材料基体仍以各种金属、树脂和陶瓷为主。用作金属基复合材料的基体有铝及铝合金、镁合金、钛合金、镍合金、铜及铜合金、锌合金、铅、钛铝、镍铝金属间化合物等。作为基体材料使用的陶瓷一般应具有优异的耐高温性质,与纤维或晶须之间有良好的界面相容性,以及较好的工艺性能等。常用的陶瓷基体主要包括:玻璃、玻璃陶瓷、氧化物陶瓷、非氧化物陶瓷等;用作复合材料基体的树脂种类也很多,其中绝大多数是热固性树脂,如不饱和聚酯树脂、环氧树脂、酚醛树脂、双马来酰亚胺等。热塑性树脂也有较多的应用,如聚醚醚酮、聚苯硫醚等。

3. 夹层结构材料

在一些复合材料中,常用到夹层结构(sandwich structure)。采用这种结构主要目的是提高结构件的弯曲刚度和充分利用材料的强度。夹层结构一般由两层簿的高强度板和中间夹着一层厚而轻的芯结构构成。现在常用的夹层结构面板可以是碳纤维板、玻璃纤维板等复合材料板。芯材有多种结构,常用的有微孔芯材和大孔芯材两种。

7.3.3 复合材料的成形工艺

复合材料成形

1. 金属基复合材料成形工艺

制备金属基复合材料(metallic matrix composites,MMC)关键在于获得基体金属与增强材料之间良好的浸润和合适的界面结合。而金属基复合材料中基体和增强材料的性能各异,使其复合加工较为困难,这也是金属基复合材料价格较贵的主要原因。综合目前的各种成形方法,复合工艺主要分为三个大类。

1) 固态法

固态法是指基体处于固态下制造金属基复合材料的方法。在整个制造过程中,温度控制在基体合金的液相线和固相线之间。整个反应控制在较低温度,尽量避免金属基体和增强材料之间的界面反应。目前该方法已经用于 SiC/Al、SiC/TiC/Al、B/Al、C/Al、SiCp/Al、TiB_2/Ti、Al_2O_3/Al 等复合材料制品的生产。

固态法制备金属基复合材料的方法主要包括扩散黏结法(热压法、热等静压法),形变法(热轧法、热挤压法、热拉法)和粉末冶金法等。

(1) 扩散黏结法。如图 7-22 所示,扩散黏结(diffusion bonding)是一种在较长时间、较高温度和压力下,通过固态黏结工艺,使同类或不同类金属在高温下互扩散而黏结在一起的工艺方法。扩散黏结过程分为三个阶段:

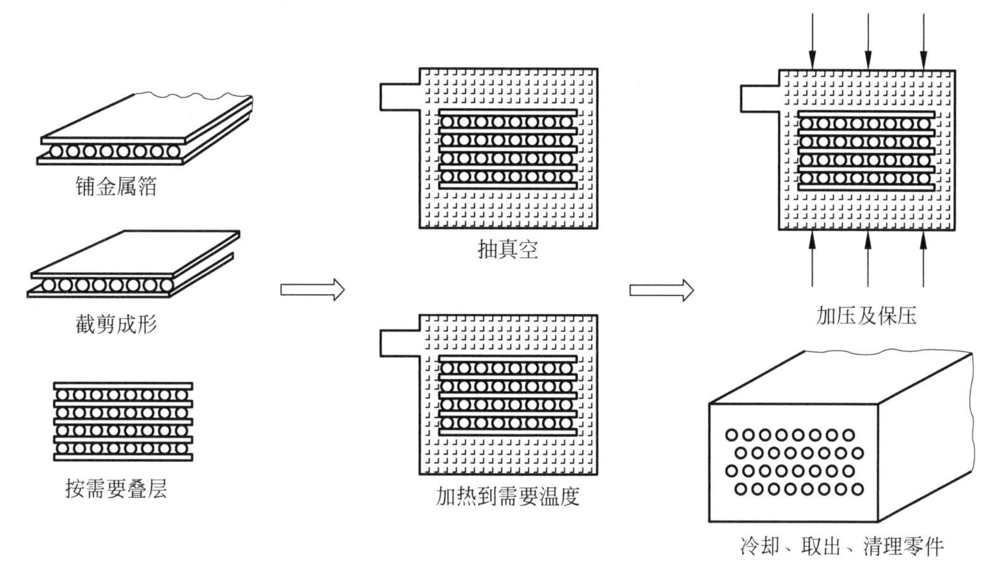

图 7-22 扩散黏结过程简图

第一阶段是黏结表面之间的最初接触，由于加热和加压使表面发生变形、移动、表面膜(通常是氧化膜)破坏；第二阶段是随着时间的进行发生界面扩散、渗透，使接触面形成黏结状态；第三阶段是扩散结合界面最终消失，黏结过程完成。

影响扩散黏结过程的主要因素是温度、压力和加工时间。扩散黏结工艺通常先将纤维与金属基体(主要是金属箔)制成复合材料预制片，然后将预制片按设计要求切割成形，叠层排布(纤维方向)后放入模具内，加热、加压并使其成形，冷却脱模后即制得所需产品。为保证热压产品的质量，加热加压过程可在真空或惰性气氛中进行，也可在大气中进行。常用的压制方法有三种：

①热压法。将预制带或复合丝按要求铺在金属箔上，交替叠层，再放入金属模具中或封入真空不锈钢套内，加热、加压一定时间后取出冷却，去除封套。②热等静压法。将预制坯装入金属或非金属包套中，抽真空并封焊包套。再将包套装入高压容器内，注入高压惰性气体(氦或氮)并加热。气体受热膨胀后均匀地对受压件施以高压，扩散黏结成复合材料。此法可制造形状较为复杂的零件，但设备昂贵。③热轧法。经预处理的纤维、复合丝同铝箔交替排成坯料，用不锈钢薄板包裹或夹在两层不锈钢薄板之间加热和多次反复轧制，制成板材或带材。

扩散黏结工艺的主要优点是可以黏结广泛品种的金属，易控制纤维取向和体积分数。缺点主要是黏结需若干小时，较高的黏结温度和压力需要较高的生产成本，只能制造有限尺寸的零件。目前该方法已经用于 SiC/Al、SiC/TiC/Al、B/Al 等复合材料制品的生产。

(2) 形变法。形变法(plastic forming)就是利用金属具有塑性成形的工艺特点，通过热轧、热拉、热挤压等加工手段，使已复合好的颗粒、晶须、短纤维增强金属基复合材料进一步加工成板材。对金属/非金属复合材料，用挤、拉和轧的方法，使复合材料的两相都发生形变，其中作为增强材料的金属被拉长成为纤维状增强相。该方法具有生产效率高、材料利用率较高等特点，目前已经用于 C/Al、Al_2O_3/Al 等复合材料制品的生产。

(3) 粉末冶金法。粉末冶金法(powder metallurgy)是一种用于制备与成形颗粒增强

(非连续增强型)金属基复合材料的传统固态工艺法。用这种方法也可以制造晶须或短纤维增强的金属基复合材料,将晶须或短纤维与金属粉末混合后进行热压,制得纤维随机取向的复合材料,该法可直接制成零件,也可制坯后进行二次成形。由该工艺制得的材料致密度高,增强材料分布均匀,但工艺复杂,成本较高。目前该方法已经用于 SiCp/Al、SiC/Al、TiB_2/Ti、Al_2O_3/Al 等复合材料制品的生产,其中采用该法制得的铝基复合材料,具有很高的比强度、比模量和耐磨性,已用于飞机、航天器等部件的生产。

2) 液态法

液态法是指基体处于熔融状态下制造金属基复合材料的方法。为了减少高温下基体和增强材料之间的界面反应,提高基体对增强材料的浸润性,通常采用加压渗透、增强材料表面处理、基体中添加合金元素等方法。目前该方法已经用于 C/Al、C/Mg、C/Cu、SiC/Al、SiCp/Al、SiCw+SiCp/Al、Al_2O_3/Al 等复合材料制品的生产。

根据熔融金属浸渍纤维、晶须、颗粒的不同工艺方法,液态法制备金属基复合材料的工艺可分为液态金属浸润法和共喷沉积法等。

(1) 液态金属浸润法。液态金属浸润法的实质是使基体金属呈熔融状态时与增强材料浸润结合,然后凝固成形。其常用工艺有以下四种:常压铸造法、挤压铸造法、真空压力浸渍法和液态金属搅拌铸造法。

① 常压铸造法。将预成形的纤维形坯预热后放入浇铸模,浇入液态金属,靠其重力渗入形坯并凝固的方法。但制品易出现缺陷。

② 挤压铸造法(squeeze casting)。这种方法是通过压机将液态金属压入增强材料预制件中制造复合材料的方法。工艺过程是先将增强材料放入配有黏结剂和纤维表面改性溶质的溶液中,充分搅拌,而后压滤、干燥,烧结成具有一定强度的预制坯件;随后将预热后的预制坯放入固定在液压机上预热过的模具中,浇铸入熔融金属,用压头加压,使液态金属浸渗入预制件,并在压力下凝固成形为复合材料制品。该成形方法成本低,生产率高。但是,加压压力根据预制件的形状、尺寸一般控制在 70~100MPa。在这么高的压力下,如何保护预制件的形状、尺寸不发生变化,熔融金属不溅出等都对工艺、模具提出了较高的要求。因此该法虽然可以生产材质优良、加工余量小的制品,但无法制造一些高性能、高精密的复合材料制品。目前挤压铸造法主要用于批量制造低成本陶瓷短纤维、颗粒、晶须增强铝、镁基复合材料的零部件,例如 C/Al、C/Mg、SiC/Al、SiCp/Al 等复合材料制品的生产。

③ 真空压力浸渍法(vacuum pressure infiltration)。如图 7-23 所示,在真空和高压惰性气体的共同作用下,使熔融金属浸渗入预制件中制造金属基复合材料的方法。真空压力浸渍法主要在真空压力浸渍炉中进行,根据金属熔体进入预制件的方式,主要分为底部压入式、顶部注入式和顶部压入式。

真空压力浸渍法制备工艺是先将增强材料预制件放入模具,基体金属装入坩埚,然后将装有预制件的模具和装入基体金属的坩埚分别放入浸渍炉的预热炉和熔化炉内,密封和紧固炉体,将预制件模具和炉腔抽真空,当炉腔内达到预定真空度后开始通电加热预制件和熔化金属基体。当预制件和熔融基体达到预定温度后,保温一定时间,提升坩埚,使模具升液管插入金属熔体,通入高压惰性气体,在真空和惰性气体高压的共同作用下,液态金属浸入预制件中形成复合材料。降下坩埚,接通冷却系统,待完全凝固后,即可从模具中取出复合材料零件或坯料,如图 7-23 所示。真空压力浸渍在真空中进行,在压力下凝固,组织致密,材料性能好；可直接制成复合材料零件，特别是形状复杂的零件，基本上无须进行后续加工；适用性强，工艺简单、参数易于控制，生产效率较高。但是，液态金属浸渍法的设备比较复杂，工艺周期长，成本较高，制备大尺寸的零件投资更大。目前主要用于 C/Al、C/Mg、C/Cu、SiCp/Al、SiCw+SiCp/Al 等复合材料板材、线材、棒材的生产。

④ 液态金属搅拌铸造法(stir-casting method of liquid metal)。将增强相颗粒直接加入金属熔体中，通过搅拌使颗粒均匀分散，然后浇铸成形，制成复合材料制品。它是一种适合于工业规模生产颗粒增强金属基复合材料的主要方法。与其他制造颗粒增强金属基复合材料的方法相比，液态金属搅拌铸造法工艺简单、生产效率高、制造成本低，适用于多种基体和多种颗粒。目前这种铸造方法在不断地进行改进，如在搅拌方式上开发了旋涡法、Duralcon 法、复合铸造法、底部真空反旋涡搅拌法等。

(2) 共喷沉积法。共喷沉积法(spray co-deposition)是运用特殊的喷嘴，将液态金属基体通过惰性气体气流的作用雾化成细小的液态金属流，将增强相颗粒加入到雾化的金属流中，与金属液滴混合在一起并沉积在衬底上，凝固形成金属基复合材料的方法。这一方法包括金属熔化、雾化和沉积三个工艺过程，其中液态金属的雾化和直接沉积技术的核心是雾化熔滴的沉积和凝固结晶，它是在极短时间内发生和完成的一种动态过程。如图 7-24 所示是采用共喷沉积法生产陶瓷颗粒增强金属基复合材料的示意图。熔融金属从炉子底部的浇铸孔流出，经喷雾器被高速惰性气体流雾化，同时由气体携带陶瓷颗粒加入雾化流中使其混合、沉降，在金属滴尚未完全凝固前喷射在基板或特定模具上，并凝固成固态共沉积体(复合材料)。

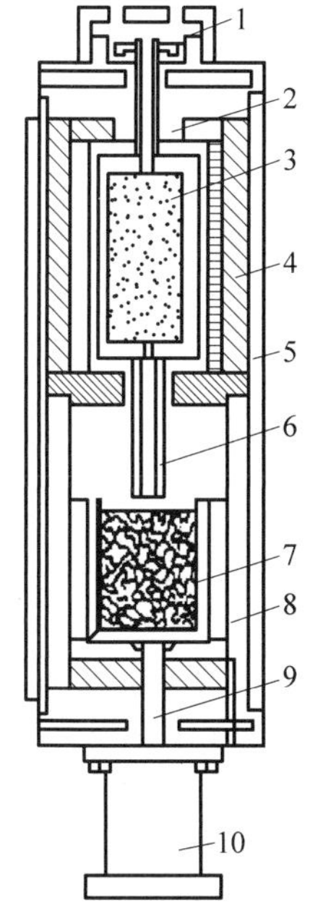

1—上真空腔；2—上炉腔；3—预制件；4—上炉腔发热体；5—水冷炉套；6—下炉腔升液管；7—坩埚；8—下炉腔发热体；9—顶杆；10—气缸。

图 7-23　真空压力浸渍炉结构示意图

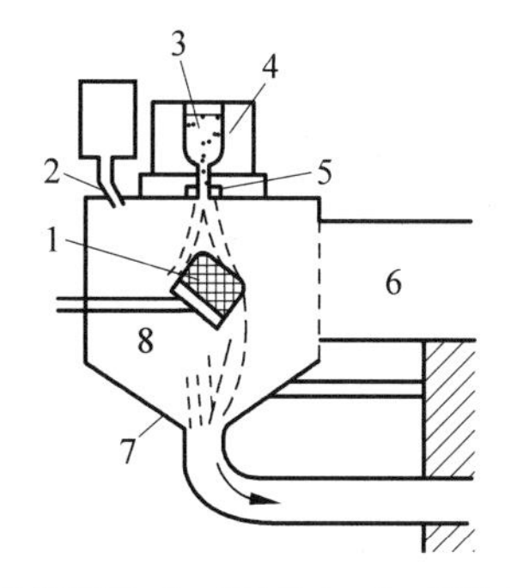

1—固体沉积；2—SiC 射入；3—熔融金属；4—炉子；5—雾化器；6—压力释放孔；7—喷雾室；8—收集器。

图 7-24　共喷沉积法示意图

共喷沉积法的工艺过程中有基体金属熔化、液态金属雾化、颗粒加大，以及与金属雾化流的混合，沉积和凝固等工艺过程。共喷沉积法的工艺特点如下：

①适用面广。可用于铝、铜、镍、钴、铁、金属间化合物基体，可加入 SiC、Al_2O_3、TiC、Cr_2O_3、石墨等多种颗粒，产品可以是圆棒、圆锭、板带、管材等。②工艺简单、效率高。与粉末冶金法相比不必先制成金属粉末，然后再依次经过与颗粒混合、压制成形、烧结等工序，而是快速一次复合成坯料，雾化速率可达 25～200kg/min，沉淀凝固迅速。③冷却速率快。金属液滴的冷却速率可高达 103～106K/s，所得复合材料基体金属的组织与快速凝固相近，晶粒细，无宏观偏析，组织均匀。④颗粒分布均匀。在严格控制工艺参数的条件下颗粒在基体中的分布均匀。⑤复合材料中的气孔率较大。气孔率在 2%～5%，经挤压处理后可消除气孔，获得致密材料。

(3) 其他方法。除固态法和液态法之外，还有一些通过运用化学、物理等基本原理而发展的一些金属基复合材料制造方法，如原位自生成法、物理气相沉积法和化学气相沉积法等。

原位自生成法是指增强材料在复合材料制造过程中在基体中生成和生长的方法。根据增强材料的生长方式，可分为定向凝固法和反应自生成法。

物理气相沉积法的基本原则是用物理凝聚的方法将多晶原料经过气相转化为单晶体。常用的方法有升华-凝结法、分子束法和阴极溅射法等。

化学气相沉积过程伴有化学反应。常用的方法有化学传输法、气体分解法、气体合成法和 MOCVD 法(metal organic chemical vapor deposition method)等。

2. 树脂基复合材料成形工艺

树脂基复合材料(resin matrix composites，RMC)构件在制造工艺过程中，伴随着物理、化学或物理化学的变化，因此，要结合这个特点制定与控制工艺过程，使工艺质量得到保证。树脂基复合材料成形方法有手糊成形、喷射成形、袋压成形、层压成形、模压成形、拉挤成形以及纤维缠绕成形等。下面是几种常用方法。

1) 手糊成形工艺

手糊成形(hand laying-up)是用手工或在机械辅助下将增强材料和热固性树脂铺覆在模具上，然后树脂固化形成复合材料的一种成形方法。手糊成形工艺制造复合材料制品一般要经过如下工序：原材料的准备→模具准备→涂刷脱模剂→喷涂胶衣→糊制成形→固化→脱模→修边→装配→制品验收，如图 7-25 所示。

与其他成形工艺相比，手糊成形工艺具有操作简便，操作者容易培训，设备投资少，生产费用低，能生产大型的和复杂结构的制品，制品的可设计性好，且容易改变设计，模具材料来源广，可以制成夹层结构等优点。但手糊成形工艺是劳动密集型的成形方法，生产效率低，劳动条件差，工人劳动强度大，制品质量与操作者的技术水平有关，制品质量不易控制，且生产周期长，制品力学性能较其他方法低，性能稳定性差。目前在国内约有 50%以上的玻璃钢制品是用这种方法成形的，特别是对于小批量、品种多及大型制品，更宜采用此法，但采用这种成形方法要制得优质制品也是相当困难的。

2) 喷射成形工艺

喷射成形(spray forming)也称“半机械化手糊法”。其工艺是利用喷枪将短纤维及树脂

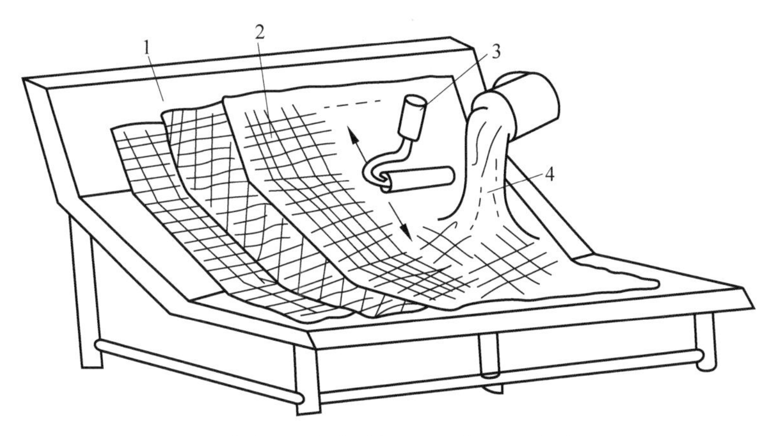

1—模具；2—增强材料；3—压辊；4—树脂。

图 7-25　手糊成形工艺示意图

同时喷到模具上，然后压实固化成制件的工艺方法。喷射成形工艺的材料准备、模具准备等与手糊成形工艺基本相同，主要的不同点是将手工裱糊和叠层工序变成了喷枪的机械连续作业。具体做法是将加了引发剂的树脂和加了促进剂的树脂分别由喷枪上的两个喷嘴喷出，同时切割器将连续玻璃纤维切割成短纤维，由喷枪的第三个喷嘴均匀地喷到模具表面上，沉积到一定厚度后，用小辊排气压实，再继续喷射，直到完成坯件的制作，然后固化成制品，如图 7-26 所示。该工艺要求树脂黏度低，易于雾化，主要用于不需加压室温固化的不饱和聚酯树脂。与手糊成形一样，最后一层可以使用表面毡，再涂上外涂层。固化、修整、后固化及脱模等工序与手糊成形法相同。

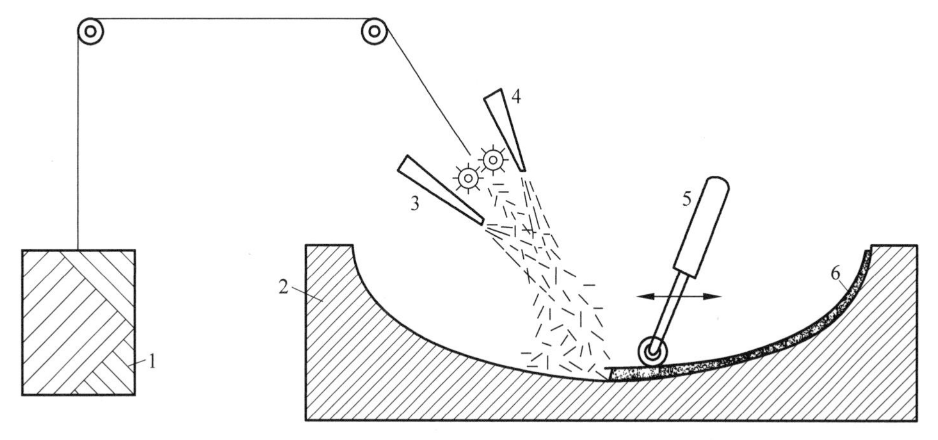

1—粗纱；2—模具；3—树脂＋引发剂；4—树脂＋促进剂；5—辊子；6—制品。

图 7-26　喷射成形工艺示意图

喷射成形的优点是利用粗纱代替玻璃布，可降低材料费用，半机械化操作，劳动强度低，生产效率比手糊法高 2～4 倍，尤其对大型制品，这种优点更为突出。此外喷射成形无接缝，制品整体性好，减少飞边、裁屑和剩余胶液的损耗，因此节省原材料，制品整体性好，其形状和尺寸不受限制。喷射成形的缺点是树脂含量高，制品强度低，承载能力差，现场粉尘大，场地污染大，工作环境差。目前该方法主要用于制造船体、浴盆、汽车车身、容器及板材等大型部件。

3）袋压成形工艺

袋压成形(bag molding)工艺是在手糊成形的制品上，装上橡胶袋或聚乙烯、聚乙烯醇袋，将气体压力施加到未固化的玻璃钢制品表面而使制品成形的工艺方法。袋压成形工艺可分为加压袋法和真空袋法。加压袋法是在经手糊或喷射成形后未固化的玻璃钢表面放上一个橡胶袋，固定好上盖板，然后通入压缩空气或蒸汽，使玻璃钢表面承受一定压力，同时受热固化而得制品。真空袋法是将经手糊或喷射成形后未固化的玻璃钢，连同模具，用一个大的橡胶袋或聚乙烯醇薄膜包上，抽真空，使玻璃钢表面受大气压力，固化后即得制品。袋压成形工艺在装袋以前的各工序与手糊成形法或喷射成形法相同，固化后制品的脱模、修整等工作，均与手糊工艺相同。

袋压法的优点是制品两面较平滑，能适应聚酯、环氧及酚醛树脂。制品质量高，成形周期短。缺点是成本较高，不适用于大尺寸制品的制造。适合袋压法生产的制品有：快速原型零件；产量不大的制品。袋压法不能生产较复杂制品和需要两面光滑的中小型制品。

4）层压成形工艺

层压成形(lamination process)工艺是把一定层数的浸胶布(纸)叠在一起，送入多层液压机，在一定的温度和压力下压制成板材的工艺。层压成形工艺属于干法压力成形范畴，是复合材料的一种主要成形工艺。复合材料层压板成形工艺的基本过程，是将一定层数的经过叠合的胶布置于液压机中的两块不锈钢模板之间，经加热加压固化成形，再经冷却、脱模、修整即得层压板制品。该工艺生产的制品包括各种绝缘材料板、人造木板、塑料贴面板、覆铜箔层压板等。层压成形工艺的特点是制品表面光洁、质量较好且稳定，层压成形设备和模具结构简单、制造费用低、占地面积小、成形压力小，生产效率较高，原料损耗少。缺点是只能生产板材，且产品的尺寸大小受设备的限制，生产效率低，制品精度低，劳动强度大。

5）模压成形工艺

模压成形(pressure molding)工艺是指将模压料置于金属对模中，在一定的温度下，加压固化为复合材料制品的一种成形工艺，是一种对热固性树脂和热塑性树脂都适用的纤维增强复合材料的成形方法。与其他成形工艺比，该工艺具有生产效率高、制品尺寸精确、质量高、表面光洁、价格低廉、自动化程度高、成形速度快、无损于制品性能的辅助加工(如车、铣、刨、磨、钻等)、制品外观及尺寸的重复性好、适合大批量生产、制品质量基本不受工人技能影响等优点。这种工艺的主要缺点是压模的设计与制造较复杂，初次投资较高，制品尺寸受设备限制，一般只适于制备中、小形玻璃钢制品。

6）拉挤成形工艺

拉挤成形(pultrusion process)工艺是将浸渍了树脂胶液的连续纤维，通过成形模具，在模腔内加热固化成形，在牵引机拉力作用下，连续拉拔出型材制品。拉挤成形是一种可连续制造恒定截面复合材料型材的工艺方法，与铝的挤压成形或热塑性塑料的挤出成形相似，可制造实心、空心以及各种复杂截面的制品，并且可以设计型材的性能，以满足各种工程和结构要求，如可在连续拉挤过程中，埋入金属件、木材或塑料泡沫等。

图 7-27 是拉挤成形工艺示意图。典型的拉挤成形工艺由以下步骤组成：

①将增强纤维送入树脂槽浸渍树脂，在牵引机构的牵引下，在预成形模中按照产品形状预成形；②进入固化模中精成形；③热固性树脂基体在热的引发下进行放热反应，固化成所需截面的型材；④固化后的型材在牵引机构的牵引下，连续从热模具中出来；⑤在空气

或水中冷却；⑥进入自动切割装置切成所需长度。

拉挤成形一般要求树脂黏度低，浸润性好，适用期长，固化快，常采用室温固化的不饱和聚酯树脂或环氧树脂。

拉挤成形工艺的特点是设备造价低、生产效率高、可连续生产任意长的各种异型制品，原材料的有效利用率高，基本上无边角废料。只能加工不含有凹凸结构的长条状制品和板状制品。制品性能的方向性强，剪切强度较低。必须严格控制工艺参数。该工艺适用于制造各种不同截面形状的管、棒、角形、工字形、槽型、板材等型材。

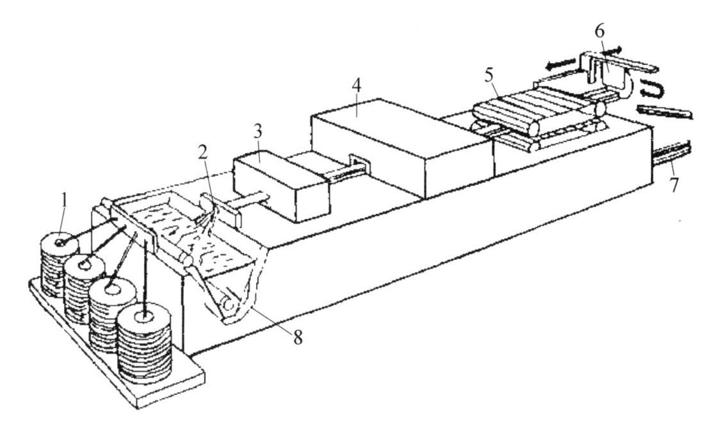

1—纤维；2—挤胶器；3—预成形；4—热模；5—拉拔；6—切割；7—制品；8—树脂槽。

图 7-27　拉挤成形工艺示意图

7）缠绕成形工艺

将连续纤维或浸渍了树脂胶液后的连续纤维，按照一定的规律缠绕到芯模上，然后在加热或常温下固化，制成一定形状制品的工艺称为缠绕成形(winding process)工艺。缠绕成形是制造具有回转体形状的复合材料制品的基本成形方法。缠绕成形工艺过程包括树脂胶液的配制、纤维热处理烘干、浸胶、胶纱烘干、在一定张力下进行缠绕、固化、检验、加工成制品。该方法的基本设备是缠绕机、固化炉和芯模。但对于非回转体制品，缠绕规律及缠绕设备比较复杂，目前正处于研究阶段。

缠绕成形工艺按缠绕时树脂基体所处的化学物理状态不同可分为干法、湿法和半干法三种。

①干法。干法缠绕采用预浸渍带，即在缠绕前预先将玻璃纤维制成预浸渍带，然后卷在卷盘上待用。使用时将浸渍带加热软化后绕制在芯模上。干法缠绕可以大大提高缠绕速度，可达 100～200m/min。缠绕张力均匀，设备清洁，工作环境也较清洁，劳动条件得到改善，易实现自动化缠绕，可严格控制纱带的含胶量和尺寸，制品质量较稳定，生产效率高。但缠绕设备复杂、投资较大，制品的层间剪切强度较低。②湿法。如图 7-28 所示，缠绕成形时玻璃纤维经集束后进入树脂胶槽浸胶，在张力控制下直接缠绕在芯模上，然后固化成形。此法所用设备较简单，对原材料要求不高，纱带质量不易控制、检验，张力不易控制，劳动强度大，不易实现自动化，缠绕设备如浸胶辊、张力控制辊等要经常维护、不断洗刷，一旦在辊上发生纤维缠结，将影响生产正常进行。③半干法。半干法与湿法相比，是在纤维浸胶到缠绕至芯模的中间增加了一套烘干设备。半干法制品的含胶量与湿法一样不易精确控制，但制

品中的气泡、空隙等缺陷大大降低。与干法相比，半干法缩短了烘干时间，降低了胶纱的烘干程度，使缠绕过程可以在室温下进行。这样既除去了溶剂，又提高了缠绕速度和制品质量。

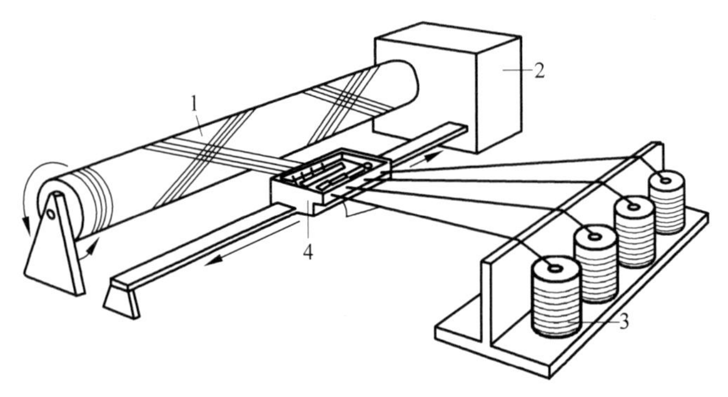

1—芯模；2—缠绕控制；3—纤维；4—小车及树脂。

图 7-28 湿法缠绕的工艺原理图

与其他成形工艺相比，纤维缠绕成形工艺生产复合材料制品具有如下特点：缠绕成形可按设计要求确定缠绕方向、层数和数量，纤维能保持连续完整，获得等强度结构；机械化、自动化程度高，制品质量高而稳定；比强度高，可超过钛合金；成本较低，生产周期短，生产效率高，劳动强度小；制品呈各向异性，强度的方向性比较明显；层间剪切强度低；制品不需机械加工；但制品的几何形状有局限性，仅适用于制造圆柱体、球体及某些正曲率回转体制品，对负曲率回转体制品难以缠绕；而且设备复杂，技术难度高，投资较大，工艺质量不易控制。对于具体制品究竟是采取干法、湿法还是半干法的缠绕工艺，要根据制品的技术要求、设备情况、原材料性能及生产批量等确定。

由于缠绕成形工艺及其制品有上述特点，纤维缠绕复合材料制品在民用工业及军用工业上得到广泛应用。

3. 陶瓷基复合材料成形工艺

制备陶瓷基复合材料(ceramic matrix composites，CMC)时，由于增强颗粒一般不需要进行特殊处理，因此颗粒增强复合材料多沿用传统陶瓷制备工艺。而对纤维增强的陶瓷基复合材料，由于纤维的处理、分散、烧结与致密等问题对复合材料的性能影响较大，因此，近年来出现了许多新的工艺。目前，陶瓷基复合材料的主要成形方法有模压成形、等静压成形、注浆成形、热压成形、注射成形、化学气相渗透工艺、直接氧化法及溶胶-凝胶法等工艺方法。其中模压成形、等静压成形、注浆成形、热压成形与陶瓷材料的成形方法相同，此处不再赘述，本节中主要介绍注射成形、化学气相渗透工艺、直接氧化法及溶胶-凝胶法等工艺方法的原理和应用特点。

1）注射成形

注射成形(injection molding)是从塑料的注射成形工艺借鉴来的，将粉料与热塑性树脂等有机物混合后，加热混炼，制成粒状粉料，用注射成形机在一定的压力和温度下注射入金属模具中，迅速冷却后，脱模取出坯体，经脱脂后就可按常规工艺烧结。这种工艺成形简单，成本低，压坯密度均匀，适用于复杂零件的自动化大规模生产，特别是高温工程陶瓷的成形。

但是该法在实际应用中也存在脱脂时间长，浇口封凝后内部不均匀等问题。

2）化学气相渗透工艺

将化学气相沉积技术运用在将大量陶瓷材料渗透进增强材料预制坯件的方法称为化学气相渗透工艺（chemical vapor infiltration，CVI）。在采用传统工艺（例如，粉末烧结、热等静压等）制备先进陶瓷基复合材料时，纤维易受到热、机械、化学等作用而产生较大的损伤，从而严重影响材料的使用性能。化学气相渗透工艺可以有效地避免此类问题的发生。

化学气相渗透工艺（见图7-29）是将具有特定形状的纤维预制体置于沉积炉中，通入的气态前驱体通过扩散、对流等方式进入预制体内部，在一定温度（950～1000℃）和压力（2～3kPa）下由于热激活而发生复杂的化学反应，生成固态的陶瓷类物质并以涂层的形式沉积于纤维表面。随着沉积的继续进行，纤维表面的涂层越来越厚，纤维间的空隙越来越小，最终各涂层相互重叠，成为材料内的连续相，即陶瓷基体。与粉末烧结和热等静压等常规工艺相比，化学气相渗透工艺具有以下优点：①在相对较低的温度和压力下，纤维类增强物的损伤较小，制品能够较好地保持纤维和基体的抗弯性能，可制备出高性能（特别是高断裂韧性）的陶瓷基复合材料；②具有良好的可设计性。通过改变气态前驱体的种类、含量、沉积顺序、沉积工艺，可方便地对陶瓷基复合材料的界面、基体的组成与微观结构进行设计；③由于不需要加入烧结助剂，所得到的陶瓷基体在纯度和组成结构上优于常规方法制备的复合材料；④可成形一些体积较大、形状复杂、纤维体积分数较高的陶瓷基复合材料；⑤化学气相渗透工艺生产的陶瓷基复合材料的高温机械性能较好，但化学气相渗透工艺成形周期长，生产效率低，成本较高。

3）直接氧化法

将熔融金属直接与氧化剂发生氧化反应制备陶瓷基复合材料的方法，称为直接氧化法。如图7-30所示，利用金属熔体在高温下与气、液或固态氧化剂，在特定条件下发生氧化反应而生成含有少量金属、致密的陶瓷基复合材料，因此它又被称为气-液反应工艺。

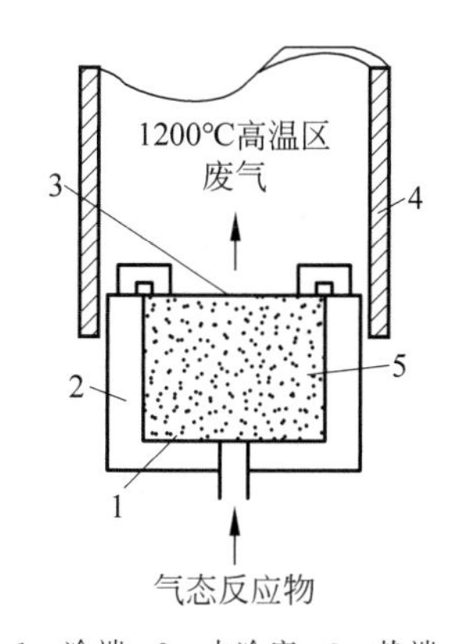

1—冷端；2—水冷底；3—热端；4—加热元；5—预制件。

图7-29　化学气相渗透工艺示意图

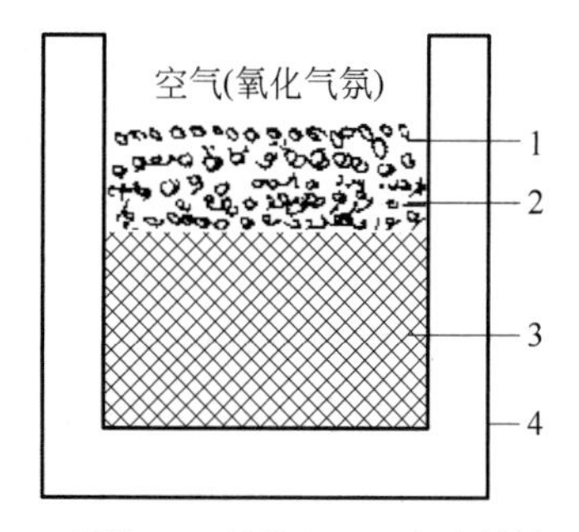

1—纤维；2—纤维/Al_2O_3复合材料；3—熔融Al；4—耐火坩埚。

图7-30　直接氧化法工艺示意图

该方法具有工艺简单、成本低廉、常温机械性能（强度、韧性等）较好、反应温度低、反应速度快等优点，而且制品的形状及尺寸几乎不受限制，其性能还可由工艺调控，所以已经成为陶瓷基复合材料制备中具有吸引力的方法之一。但这种方法生产的制品中存在残余金属，很难完全被氧化或去除，使其高温强度显著下降。

4）溶胶-凝胶法

溶胶-凝胶法工艺广泛用于制备玻璃和玻璃陶瓷等。该工艺用于制备陶瓷基复合材料的过程是：将含有多种组分的溶液浸渗纤维编织预成形坯件，通过物理或化学方法使分子或离子成核形成溶胶。在一定条件下经过凝胶化处理，获得多组分的凝胶体，再经热解使之形成陶瓷基体。与高聚物前驱体转化法不同的是，溶胶-凝胶工艺的前驱体是在溶液浸进纤维编织坯件后再原位合成的。

溶胶-凝胶法的优点是：复合组分纯度高，分散性好，可广泛用于制备颗粒(包括纳米粒子)/陶瓷、(纤维-颗粒)/陶瓷复合材料，而且所得陶瓷基复合材料性能良好。但该工艺过程较复杂，而且不适于部分非氧化物陶瓷基复合材料的制备。溶胶-凝胶法制备陶瓷基复合材料的质量保证关键主要有：选择合适的前驱体反应物，控制溶液的浓度和 pH 值、气氛、分散剂、选用胶溶剂、去除团聚以及使各相处于良好的分散状态等。

习题 7

7-1 名词解释：粒度，拱桥效应，表面能，附着，凝聚，注浆成形，可塑成形，压制成形。

7-2 粉体的制备方法有哪几种？

7-3 粉末冶金的成形方法有哪些？

7-4 日用陶瓷的成形方法常用的有哪些？高技术陶瓷的成形方法常用的有哪些？

7-5 等静压成形有什么特点？

7-6 压制成形、可塑成形和注浆成形三者之间有何区别与联系？各适用于成形什么制品？

7-7 陶瓷成形为坯体后，并不能直接使用，还需要经过哪些工序才能成为成品？与常见金属制品的生产有何不同？

7-8 粉体成形的主要特点是什么？其生产过程主要包括哪些步骤？

7-9 比较挤出成形、注塑成形和压塑成形的工艺过程有何不同点？各应用于何类塑料？

7-10 为什么橡胶在成形前要进行塑炼？混炼有什么作用？橡胶塑炼与混炼有何区别？

7-11 硫化过程的实质是什么？为什么先要塑炼而后又要硫化？常用的硫化方法有哪几种？

7-12 常用的橡胶成形方法的工艺特点和应用范围有何不同？

7-13 常用的金属基复合材料(MMC)成形工艺可分为哪几类？试举例说明。

7-14 常用的树脂基复合材料成形有哪些？

7-15 常用的陶瓷基复合材料(CMC)成形工艺有哪些？

自测题

第8章

增材制造技术

【本章导读】 增材制造(additive manufacturing,AM)俗称“3D 打印”,它融合了计算机辅助设计、材料加工与成形技术,以数字模型文件为基础,通过软件与数控系统将专用的金属材料、非金属材料以及医用生物材料等,按照挤压、烧结、熔融、光固化、喷射等方式逐层堆积,制造出实体物品的制造技术。相对于传统的、对原材料去除(切削)、组装的加工模式,它是非传统的特种加工方法,是一种“自下而上”通过材料分层累加的制造方法,实现了从无到有。这使得过去受到传统制造方式的约束,而无法实现的复杂结构件制造变为可能。

3D 打印概念

“狭义”的增材制造是指不同的能量源与 CAD/CAM 技术结合,分层累加材料的技术体系;而“广义”的增材制造则以材料累加为基本特征,以直接制造零件为目标的大范畴技术群,如图 8-1 所示。

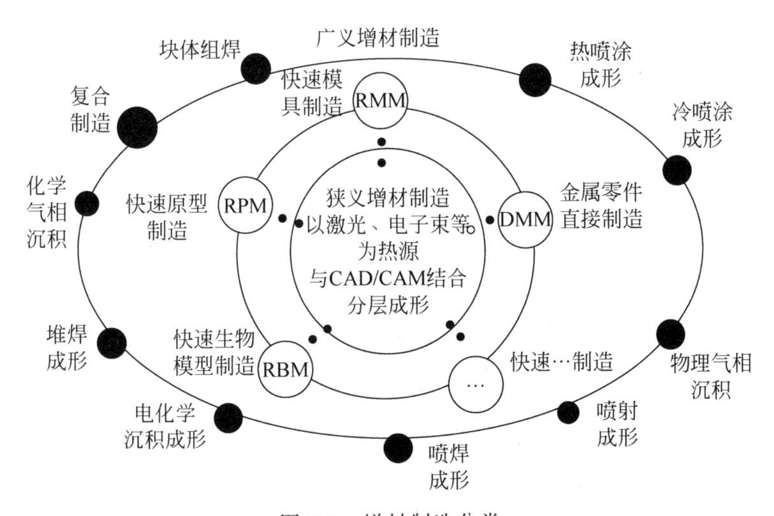

图 8-1　增材制造分类

近二十年来,AM 技术取得了快速的发展,“快速原型制造(rapid pototyping)”“三维打印(3D printing)”“实体自由制造(solid free-form fabrication) ”之类各异的叫法,分别从不同侧面表达了这一技术的特点。基于不同的分类原则和理解方式,增材制造技术还有快速原型、快速成形、快速制造、3D 打印等多种称谓,其内涵仍在不断深化,外延也不断扩展,这里所说的“增材制造”与“快速成形”“快速制造”意义相同。

本章主要介绍目前较为流行的几种增材制造技术，核心知识点是：激光光固化成形(SLA)、粉末烧结成形(SLS)、三维喷涂黏结成形(3DP)、熔融挤压堆积成形(FDM)、箔材黏结成形等。通过知识点的学习，掌握增材制造(3D打印)技术主要方法的原理和工艺过程，了解增材制造(3D打印)技术的发展趋势，结合"工程训练(机械制造实习)"课程，完成简单3D打印零件的设计和制作。

8.1 增材制造方法及工艺原理

光固化成形工艺

8.1.1 激光光固化工艺(SLA)

1. SLA基本原理及工艺

光固化成形工艺(stereo lithography，SL)，也常被称为"立体光刻成形"，属于快速成形工艺的一种，也有时被简称为SLA(stereo lithography apparatus)。SLA以光敏树脂为原料，通过计算机控制紫外激光使其逐层凝固成形。这种方法能简捷、全自动地制造出表面质量和尺寸精度较高、几何形状较复杂的产品。

SLA工艺原理如图8-2所示。液槽中盛满液态光敏树脂，氦-镉激光器或氩离子激光器发出的紫外激光束在控制系统的控制下，按零件的各分层截面信息在光敏树脂表面进行逐点扫描，使被扫描区域的树脂薄层产生光聚合反应而固化，形成零件的一个薄层。一层固化完毕后，工作台下移一个层厚的距离，可使在原先固化好的树脂表面再敷上一层新的液态树脂，刮板将黏度较大的树脂液面刮平，然后进行下一层的扫描加工，新固化的一层牢固地黏结在前一层上，如此重复直至整个零件制造完毕，得到一个三维实体原型。

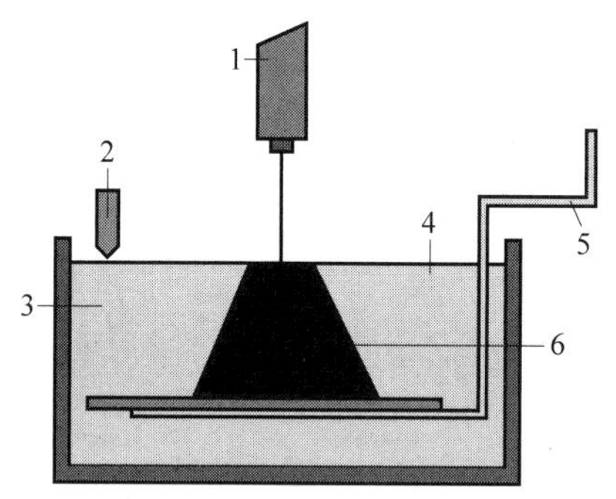

1—紫外激光器；2—刮板；3—光敏树脂；4—液体水平线；5—升降台；6—成形工件。

图8-2 SLA打印工艺原理

当实体原型完成后，首先将实体取出，并将多余的树脂排净。之后去掉支撑，进行清洗，然后再将实体原型放在紫外激光下整体后固化。

因为树脂材料的高黏性，在每层固化之后，液面很难在短时间内迅速流平，这种情况将会影响实体的精度。采用刮板刮切后，所需数量的树脂便会被十分均匀地涂敷在上一叠层上，这样经过激光固化后可以得到较好的精度，使产品表面更加光滑和平整。

采用 SLA 工艺的工件一般还需要后续处理，包括清洗、去支撑、打磨、再固化等，从而得到符合要求的产品。

要实现光固化快速成形，感光树脂的选择也很关键。必须具有合适的黏度，固化后达到一定的强度，在固化时和固化后要有较小的收缩及扭曲变形等性能。更重要的是，为了高速、精密地制造一个零件，感光树脂必须具有合适的光敏性能，不仅要在较低的光照能量下固化，而且树脂的固化深度也应合适。

SLA 激光光固化快速成形技术适合于制作中小型工件，能直接得到树脂或类似工程塑料的产品。主要用于概念模型的原型制作，或用来做简单装配检验和工艺规划。

2. SLA 的特点

在当前应用较多的几种 3D 打印工艺方法中光固化成形应用最为广泛，其优点如下：

(1) 成形过程自动化程度高。SLA 系统非常稳定，加工开始后，成形过程可以完全自动化，直至原型制作完成。

(2) 尺寸精度比较高。SLA 原型的尺寸精度可以达到±0.1mm。

(3) 优良的表面质量。虽然在每层固化时侧面及曲面可能出现台阶，但上表面仍可得到玻璃状的效果。

(4) 可以制作结构十分复杂、尺寸比较精细的模型。尤其是对于内部结构十分复杂、一般切削刀具难以进入的模型，能轻松地一次成形。

(5) 可以直接制作面向熔模精密铸造的具有中空结构的消失型模型。

(6) 制作的原型可以一定程度地替代塑料件。

当然，和其他几种增材成形方法相比，该方法也存在着许多缺点。主要有：

(1) 成形过程中伴随着物理和化学变化，制件较易弯曲，需要支撑，否则会引起制件变形。

(2) 液态树脂固化后的性能尚不如常用的工业塑料，一般较脆，易断裂。

(3) 设备运转及维护成本较高。由于液态树脂材料和激光器的价格较高，并且为了使光学元件处于理想的工作状态，需要进行定期的调整和严格的空间环境，其费用也比较高。

(4) 可选用的材料较少。目前可用的材料主要为感光性的液态树脂材料，并且在大多数情况下，不能进行抗力和热量的测试。

(5) 液态树脂有一定的气味和毒性，并且需要避光保护，以防止提前发生聚合反应，选择时有局限性。

(6) 有时需要二次固化。在很多情况下，经成形系统光固化后的原型树脂并未完全被激光固化，为提高模型的使用性能和尺寸稳定性，通常需要二次固化。

3. 光固化材料

用于光固化成形的材料为液态光固化树脂，或称为液态光敏树脂。随着光固化成形技术的不断发展，具有独特性能的光固化树脂(如收缩率小甚至无收缩、变形小、不用二次固化、强度高等)也不断地被开发出来。

光固化成形材料根据工艺和原型的使用要求，它要具有黏度低、流平快、固化速度快、固化收缩小、溶胀小、毒性小等性能特点。

目前光固化成形的建造方式分为传统的 SLA 液态光敏树脂光固化以及近年来推出的基于喷射技术的光固化。

针对 SLA 成型工艺提的 SL 系列光固化树脂材料有多种种类，其中 SL5195 环氧树脂具有较低的黏性，具有较好的强度、精度并能得到光滑的表面效果，适合于可视化模型、装配检验模型、功能模型、熔模铸造模型的制造，以及快速模具的母模制造等。SL5510 材料是一种多用途、精确的、尺寸稳定、高产的材料，可以满足多种生产要求，并由 SL5510 制定了原型精度的工业标准，适合于较高湿度条件下的应用，如复杂型腔实体的流体研究等。SL7510 制作的原型具有较好的侧面质量，成形效率高，适于熔模铸造、硅胶模的母模以及功能模型等。SL7540 制作的原型的性能类似于聚丙烯，具有较高的耐久性，侧壁质量好，可以较好地制作精细结构，较适于功能模型的断裂试验等。SL7560 的性能类似于 ABS 材料。SL5530HT 是一种在高温条件下仍具有较好抗力的一种特殊材料，可以超过 200°C，适合于零件的检测、热流体流动可视化、照明器材检测、热熔工具以及飞行器高温成型等方面。SLY-C9300 可以实现有选择性的区域着色，可生成无菌原型，适用于医学领域以及原型内部可视化的应用场合。

近年来，我国也在持续开发 3D 打印材料，不断推出用于 3D 打印工业级应用的新型光敏树脂产品，进一步丰富了增材制造材料选择的多样性。如，RG 2000 L 是一种用于眼镜行业的光敏树脂，这种透明液体配方固化速度快，易于加工。即使经过长时间的紫外线照射，黄变指数也很低，因此，这种高性能材料不仅适用于 3D 打印眼镜框，还适用于微流控反应器、观察复杂组件内部运作情况的透明高端原型。得益于其优异的透光性，还可用于镜头、导光板、灯罩等众多应用。RG 7100 L 专为 DLP 打印机开发，可以生产出具有优异的各向同性和低吸水率的部件，其机械性能可媲美 ABS 材料，该配方可用于工业打印机。采用这一材料打印出的部件具有光滑、富有光泽的表面等良好特性，特别适用于一些要求严苛的设计可视化应用。RG 7100 L 还可用于需要具备高延展性和高冲击强度的无人机、扣件、汽车部件等应用。打印出的部件可以进行机器加工，即使在高度受力的情况下也能保持良好的抗断裂性。TI 5400 L 适用于快速增长的限量版设计玩具市场，这种白色材料是一种类似 PVC 的树脂，十分适合制作具有丰富细节和出色表面质量的物品，与同类注塑件几乎没有区别。这一完全固化的材料兼具优异的冲击强度和高断裂伸长率，并具有持久的热机械性能。

4. 光固化成形工艺的应用

在当前应用较多的几种快速成形工艺方法中，光固化成形由于具有成形过程自动化程度高、制作原型表面质量好、尺寸精度高以及能够实现比较精细的尺寸成形等特点，在航空航天、汽车、电器、消费品以及医疗等行业中的概念设计的交流、单件小批量精密铸造、产品模型、快速工模具及直接面向产品的模具等诸多方面得到广泛应用。

1）SLA 在航空航天领域的应用

在航空航天领域，SLA 模型可直接用于风洞试验，进行可制造性、可装配性检验。航空航天零件往往是在有限空间内的复杂系统中运行，在采用光固化成形技术以后，不但可以基于 SLA 原型进行装配干涉检查，还可以进行可制造性讨论评估，确定最佳的合理制造工艺。通过快速熔模铸造、快速翻砂铸造等辅助技术进行特殊复杂零件（如涡轮、叶片、叶轮等）的单件、小批量生产，并进行发动机等部件的试制和试验，图 8-3(a)所示为 SLA 技术制作的叶轮模型。

航空发动机上许多零件都是经过精密铸造来制造的，对于高精度的木模制作，传统工艺成本极高且制作时间很长。采用 SLA 工艺，可以直接由 CAD 数字模型制作熔模铸造的母模，时间和成本可以得到显著的降低。数小时之内，就可以由 CAD 数字模型得到成本较低、结构又十分复杂的用于熔模铸造的 SLA 快速原型母模。图 8-3(b)给出了基于 SLA 技术，采用精密熔模铸造方法制造的某发动机的关键零件。

利用光固化成形技术可以制作出多种弹体外壳，装上传感器后便可直接进行风洞试验。通过这样的方法避免了制作复杂曲面模的成本和时间，从而可以更快地从多种设计方案中筛选出最优的整流方案，在整个开发过程中大大缩短了验证周期和开发成本。此外，利用光固化成形技术制作的导弹全尺寸模型，在模型表面进行相应喷涂后，清晰展示了导弹外观、结构和战斗原理，其展示和讲解效果远远超出了单纯的电脑图纸模拟方式，可在未正式量产之前对其可制造性和可装配性进行检验，如图 8-3(c)为 SLA 制作的导弹模型。

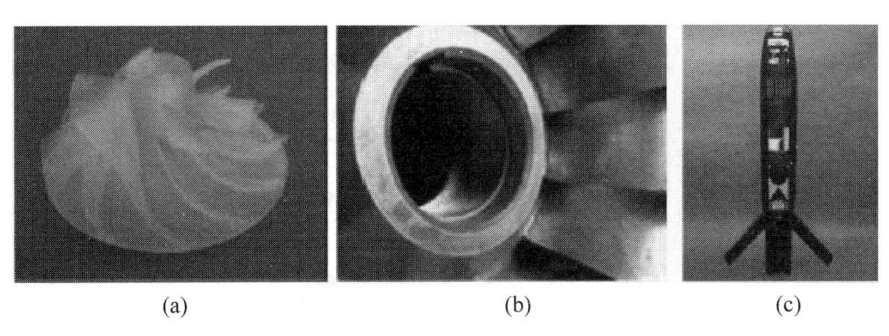

(a)　(b)　(c)

图 8-3　光固化快速原型应用

(a) 叶轮模型；(b) 发动机关键零件；(c) 导弹模型

2) SLA 在其他制造领域的应用

光固化快速成形技术除了在航空航天领域有较为重要的应用之外，在其他制造领域的应用也非常重要且广泛，如在汽车领域、模具制造、电器和铸造领域等。下面就光固化快速成形技术在汽车领域和铸造领域的应用做简要的介绍。

现代汽车生产的特点就是产品的多型号、短周期。为了满足不同的生产需求，就需要不断地改型。虽然现代计算机模拟技术不断完善，可以完成各种动力、强度、刚度分析，但研究开发中仍需要做成实物以验证其外观形象、工装可安装性和可拆卸性。对于形状、结构十分复杂的零件，可以用光固化成形技术制作零件原型，以验证设计人员的设计思想，并利用零件原型做功能性和装配性检验，图 8-4(a)为汽车水箱面罩原型。

光固化快速成形技术还可在发动机的试验研究中用于流动分析。流动分析技术是用来在复杂零件内确定液体或气体的流动模式。将透明的模型安装在一简单的试验台上，中间循环某种液体，在液体内加一些细小粒子或细气泡，以显示液体在流道内的流动情况。该技术已成功地用于发动机冷却系统(气缸盖、机体水箱)、进排气管等的研究。问题的关键是透明模型的制造，用传统方法花费时间长且不精确，而用 SLA 技术结合 CAD 造型仅仅需要 4～5 周的时间，只为之前的三分之一，制作出的透明模型能完全符合机体水箱和气缸盖的 CAD 数据要求，模型的表面质量也能满足要求。图 8-4(b)所示即为用于冷却系统流动分析的气缸盖模型。为了进行分析，该气缸盖模型装在了曲轴箱上，并配备了必要的辅助零件。当分析结果不合格时，可以将模型拆卸，对模型零件进行修改之后重装模型，进行另一轮的流动分析，直至各项指标均满足要求为止。

光固化成形技术在汽车行业除了上述用途外，还可以与逆向工程技术、快速模具制造技术相结合，用于汽车车身设计、前后保险杆总成试制、内饰门板等结构样件/功能样件试制、赛车零件制作等。图 8-4(c)是基于 SLA 原型，采用 Keltool 工艺快速制作的某赛车零件的模具及产品。

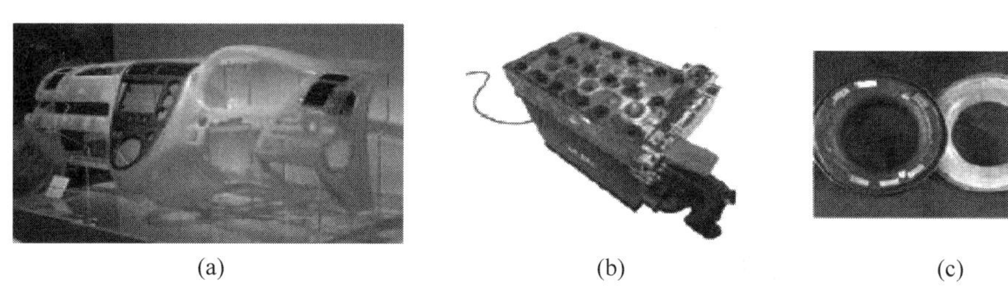

(a) (b) (c)

图 8-4 光固化快速原型在汽车领域的应用实例

(a) 汽车水箱面罩模型；(b) 气缸盖流动分析模型；(c) 基于 SLA 原型的赛车零件的模具及产品

在铸造生产中，模板、芯盒、压蜡型、压铸模等的制造往往是采用机加工方法，有时还需要钳工进行修整，费时耗资，而且精度不高。特别是对于一些形状复杂的铸件(例如飞机发动机的叶片、船用螺旋桨、汽车、拖拉机的缸体、缸盖等)，模具的制造更是一个巨大的难题。虽然一些大型企业的铸造厂也备有一些数控机床、仿型铣等高级设备，但除了设备价格昂贵外，模具加工的周期也很长，而且由于没有很好的软件系统支持，机床的编程也很困难。快速成形技术的出现，为铸造的铸模生产提供了速度更快、精度更高、结构更复杂的保障。

图 8-5(a)为 SLA 技术制作的用来生产氧化铝基陶瓷芯的模具，该氧化铝陶瓷芯是在铸造生产燃气涡轮叶片时用作熔模的，其结构十分复杂，包含制作涡轮叶片内部冷却通道的结构，且对精度和表面质量的要求也非常高。制作时，当浇注到模具内的液体凝固后，经过加热分解便可去除 SLA 模具，得到氧化铝基陶瓷芯。图 8-5(b)是用 SLA 技术制作的用来生产消失模的模具嵌件，该消失模是用来生产标致汽车发动机变速箱拨叉的。

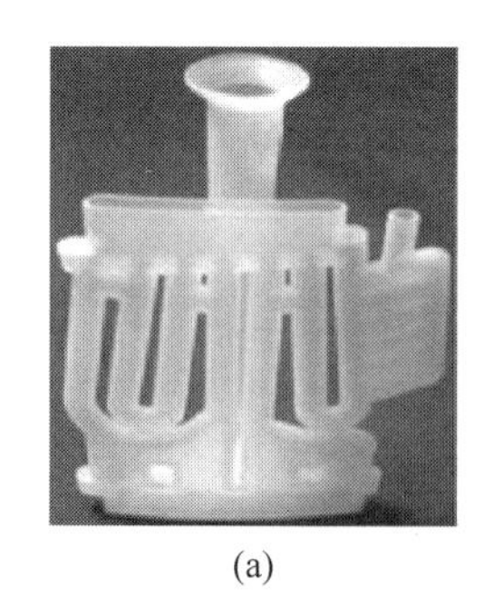

(a)

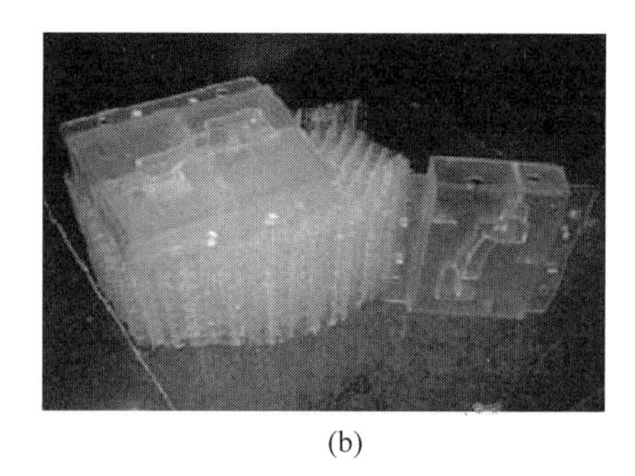

(b)

图 8-5 SLA 原型在铸造领域的应用实例

(a) 用于制作氧化铝基陶瓷芯的 SLA 原型；(b) 用于制作变速箱拨叉熔模的 SLA 原型

8.1.2 粉末烧结成形(SLS)

1. 选择性激光烧结基本原理及工艺

选择性激光烧结工艺

激光立体成形技术

选择性激光烧结(selective laser sintering,SLS)工艺由得克萨斯大学的 Carl Deckard 和同事们在 1989 年发明。其基本理念与光固化成形技术(SLA)类似,采用红外激光器对粉末材料进行照射,使粉末发生烧结,在计算机控制下通过层层堆积进而堆叠为三维物体的直接烧结成形系统,其基本原理如图 8-6 所示。

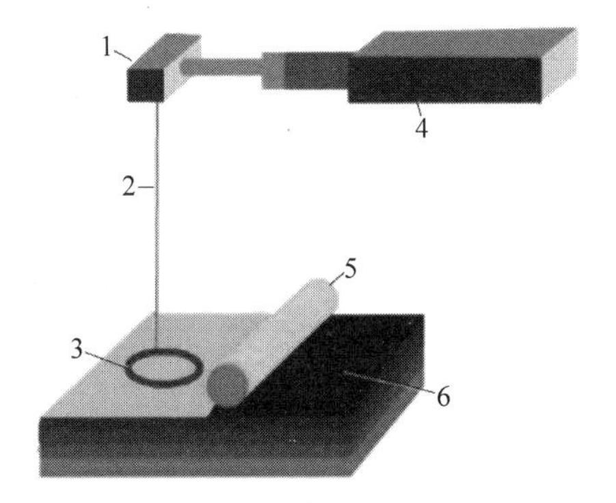

1—扫描镜;2—激光束;3—成形轮廓;4—激光器;5—压辊;6—粉末。

图 8-6 SLS 粉末烧结工艺原理

SLS 工艺中,采用铺粉辊将一层粉末材料平铺在已成形零件的上表面,并加热至恰好低于该粉末烧结点的某一温度,控制系统控制激光束按照该层的截面轮廓在粉层上扫描,使粉末的温度升至熔化点,进行烧结并与下面已成形的部分实现黏结。当一层截面烧结完后,工作台下降一个层的厚度,铺料辊又在上面铺上一层均匀密实的粉末,进行新一层截面的烧结,直至完成整个模型。在成形过程中,未经烧结的粉末对模型的空腔和悬臂部分起着支撑作用。当实体构建完成并在原型部分充分冷却后,粉末块上升至初始的位置,将其取出并放置到后处理工作台上,用刷子刷去表面粉末,露出加工件,其余残留的粉末可用压缩空气除去。

2. 选择性激光烧结工艺的特点

(1) 烧结材料呈多样化。使用粉末材料是该项技术的主要优点之一,因为理论上任何可熔的粉末都可以用来制造模型,这样的模型可以用作真实的原型制件。以小颗粒粉末作为烧结材料,可供选择的材料来源广泛。一般来说,被烧结能源加热熔化后粉末颗粒黏度会降低,并且能够黏结在一起的材料都可以被用来作为 SLS 的烧结材料,通过材料或者各类含黏合剂的涂层颗粒制造出任何造型,适应不同的需要。目前,国内外的研究者已经用金属、高分子材料、纳米陶瓷粉末及它们的复合粉末材料成功进行了烧结。

(2) 工艺无须支撑。这主要是由于周围未被烧结的粉末起到了临时支撑作用,避免了需要单独设计制造用的支撑。同时未被烧结的粉末还可以回收重复利用,减少了烧结材料的浪费,材料利用率在几种快速成形工艺中是最高的,可以达到 100%,降低了其生产成本。

(3) 适合研发新产品。从三维CAD模型设计到整个零件的生产完成所需时间较短,只需几小时到几十小时,而且生产过程是数字化控制,设计人员可随时进行修正和完善,减少了研发部门的劳动强度,提高了生产效率。制造过程柔性比较高。可与传统意义上的加工方法相结合使用,能够完成快速模具制造、快速铸造等,特别适合于新产品的开发。

(4) 应用广泛。由于成形材料的多样化,使得SLS工艺适合于多种应用领域,如产品外观设计认证、高精度模具、注塑模具异形热流道的快速制作;精密金属部件的直接制造、模型论证试验、防火部件直接制造等;人体植入物、牙齿、头盖骨修复、假肢等以及医疗器械研发;新产品开发与样件验证;文化、创意、服饰、家居用品等领域的创意设计与展示等。

(5) 制造过程简单自由。由于可用多种材料,选择性激光烧结工艺按采用的原料不同,可以直接生产复杂形状的原型、型腔模三维构件或部件及工具。并且产品不受零件的几何外形的复杂程度的影响。从理论上说,可以制造出几何形状或结构相当复杂的零件,尤其适于常规制造方法难以生产的零件,如含有悬臂伸出结构、槽中带有孔槽结构及内部带有空腔结构等类型的零件。

(6) 精度高。依赖于使用的材料种类和粒径、产品的几何形状和复杂程度,该工艺一般能达到工件整体范围内±(0.05～2.5)mm的公差。当粉末粒径为0.1mm以下时,成形后的原型精度可达±1%。

(7) 为传统制造方法注入新的活力。与传统工艺方法相结合,可实现快速铸造、快速模具制造、小批量零件输出等功能,为传统制造方法注入新的活力。

3. SLS粉末材料

粉末材料的物理性能包括粒度、颗粒形貌、粒度分布、熔点、比热等。粉末材料的这些性质对烧结件成形性(所谓成形性是指粉末材料适合选择性激光烧结的难易程度和获得合格原型件或功能件的能力)有着重大的影响,处理不好,不仅会影响成形质量,甚至会导致整个工艺无法进行。

理论上讲,所有受热后能相互黏结的粉末材料或表面覆有热塑(固)性黏合剂的粉末材料都能用作SLS材料。但要真正适合SLS烧结,还要求粉末材料有良好的热塑(固)性,一定的导热性,粉末经激光烧结后要有一定的黏结强度;粉末材料的粒度不宜过大,否则会降低成形件质量;而且SLS材料还应有较窄的"软化-固化"温度范围,该温度范围较大时,制件的精度会受影响。

3D打印激光烧结成形工艺对成形材料的基本要求有:具有良好的烧结性能,无须特殊工艺即可快速精确地成形原型;对于直接用作功能零件或模具的原型,机械性能和物理性能(强度、刚性、热稳定性、导热性及加工性能)要满足使用要求;当原型间接使用时,要有利于快速方便的后续处理和加工工序,即与后续工艺的接口性要好。

选择性激光烧结SLS是一种以激光为热源烧结粉末材料成形的快速成形技术。任何受热后能融化并黏合的粉末均可作为SLS 3D打印用料,包括高分子材料、陶瓷、蜡、石膏粉等。

1) 高分子粉末材料

高分子粉末由于所需烧结能量小、烧结工艺简单、打印制品质量好,已成为SLS打印的主要原材料。满足SLS技术的高分子粉末材料应具有粉末熔融结块温度低、流动性好、收缩小、内应力小和强度高等特点。目前常见的适用 SLS 的热塑性树脂有聚苯乙烯(PS)、尼龙(PA)、聚碳酸酯(PC)、聚丙烯(PP)和蜡粉等。热固性树脂如环氧树脂、不饱和聚酯、酚醛树脂、氨基树脂、聚氨酯、有机硅树脂和芳杂环树脂等由于强度高、耐火性好等优点,也适用于 SLS 3D 打印成形工艺。不同铝粉含量的尼龙-12 覆膜复合粉末,激光烧结成形后,尼龙与铝粉表面黏接良好,烧结过程中尼龙熔融,铝粉均匀分布在尼龙基体中,随着铝粉含量增加,烧结件的弯曲强度和模量显著提高,抗冲击强度降低,铝粉含量增多能有效抑制尼龙基体的收缩,从而提高烧结件的精度。

过程分为前处理、粉层烧结叠加以及后处理三个阶段。前处理:此阶段主要完成模型的三维 CAD 造型,并经 STL 数据转换后输入到粉末激光烧结快速成形系统中。粉层激光烧结叠加:在这个阶段,设备根据原型的结构特点,在设定的建造参数下,自动完成原型的逐层粉末烧结叠加过程。当所有材料自动烧结叠加完成后,需要将原型在成形缸中缓慢冷却至 40℃以下,取出原型并进行后处理。后处理:激光烧结后的 PS 原型件强度很弱,需要根据使用要求进行渗蜡或渗树脂等补强处理。

2) 陶瓷粉

陶瓷材料具有高强度、高硬度、耐高温、低密度、化学稳定性好、耐腐蚀等优异特性,在航空航天、汽车、生物等行业有着广泛的应用。但由于陶瓷材料硬而脆的特点使其加工成形尤其困难,特别是复杂陶瓷件需通过模具来成形。模具加工成本高、开发周期长,难以满足产品不断更新的需求。

陶瓷粉末很难通过激光直接烧结成形,一是由于陶瓷材料的烧结温度很高,二是由于价格原因,选择性激光烧结所用的激光器通常功率较低。目前,对于陶瓷粉末的选择性激光烧结成形,一般要先在陶瓷粉末中加入黏结剂,然后利用激光束进行扫描,利用熔化的黏结剂将陶瓷黏结在一起,从而形成一定的形状,最后通过后处理以获得足够的强度,这各成形方法通常叫作间接成形。

3) 蜡粉

传统的熔模精铸用蜡(烷烃蜡、脂肪酸蜡等),其熔点较低,在 60℃左右,烧熔时间短,烧熔后没有残留物,对熔模铸造的适应性好,且成本低廉。

4) 石膏粉

石膏粉原理与 SLA 相近,使用了 UV 固化技术,石膏粉末铺设后由一彩色喷墨打印机喷出 UV 墨水,辅以紫外光照射,将石膏黏结起来,不同色彩的 UV 墨水,构成了彩色打印。

石膏是以硫酸钙为主要成分的气硬性胶凝材料,由于石膏胶凝材料及其制品有许多优良性质,原料来源丰富,生产能耗低,因而被广泛地应用于土木建筑工程领域。

5) 树脂砂

改进砂型铸造工艺,直接打印成形型芯。用选择性激光烧结成形的树脂砂芯经后固化后可直接进行浇铸,比传统的工艺节省了时间和能源。

4. SLS 的应用

1) 快速原型制造

SLS 工艺可快速制造所设计零件的原型,并对产品及时进行评价、修正以提高设计质量；可使客户获得直观的零件模型；能制造教学、试验用复杂模型。采用 SLS 工艺快速制造内燃机进气管模型，如图 8-7 所示，可以直接与相关零部件安装，进行功能验证，快速检测内燃机运行效果以评价设计的优劣，然后进行针对性的改进以达到内燃机进气管产品的设计要求。

2）新型材料的制备及研发

利用 SLS 工艺可以开发一些新型的颗粒材料，以增强复合材料和硬质合金。

3）快速模具和工具制造

SLS 制造的零件可直接作为模具使用，如熔模铸造、砂型铸造、注塑模型、高精度形状复杂的金属模型等；也可以将成形件经后处理后作为功能零件使用。

4）在医学上的应用

图 8-8 所示为瑞典科学家用 3D 打印成功复制的拇指。

图 8-7 采用 SLS 工艺制作的内燃机进气管模型

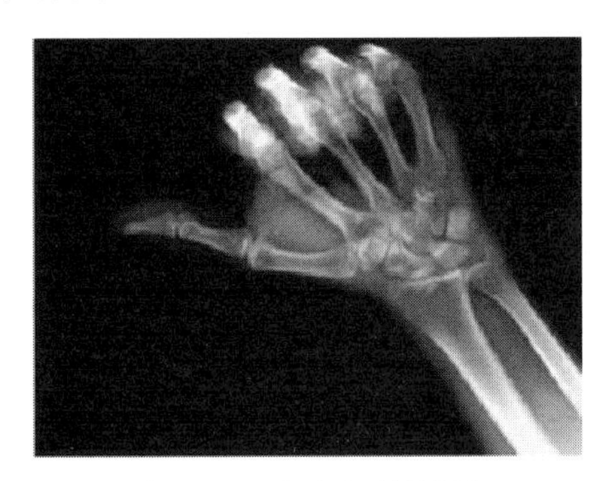

图 8-8 3D 打印复制的拇指

SLS 工艺烧结的零件由于具有很高的孔隙率，所以可用于人工骨的制造。根据国外对于用 SLS 技术制备人工骨进行的临床研究表明，人工骨的生物相容性良好。

8.1.3 三维喷涂黏结成形（3DP）

三维印刷成形

1. 3DP 基本原理及工艺

三维喷涂黏结成形工艺又称“三维印刷工艺”（three-dimension printing，3DP），其工作原理类似于喷墨打印机，是形式上最为贴合“3D 打印”概念的成形技术之一。3DP 工艺与 SLS 工艺也有着类似的地方，都是采用粉末状的材料，如陶瓷、金属、塑料等粉末材料，但与其不同的是 3DP 使用的粉末并不是通过激光烧结黏在一起的，而是通过喷头喷射黏合剂将工件的截面“印刷”出来。

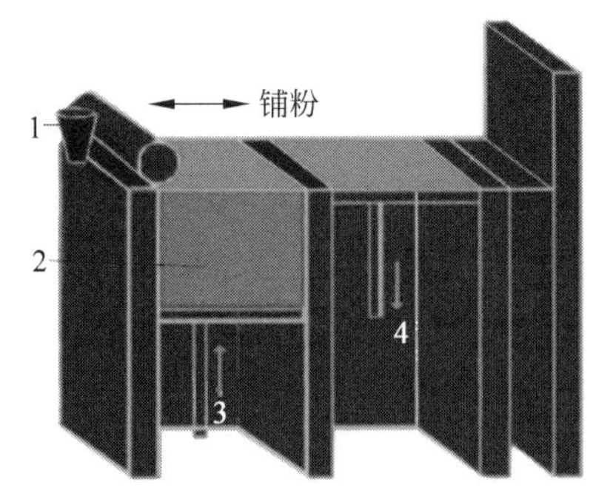

1—胶水；2—粉末；3—供粉缸；4—成形缸。

图 8-9 3DP 成型设备示意图

首先，3DP 成形设备（见图 8-9）会把工作槽中的粉末铺平，接着喷头会在计算机控制下，按照指定的路径将液态黏合剂（如硅胶）喷射在预铺粉层上的指定区域中，有选择地喷射黏合剂建造层面。当一层的堆积成形完成后，成形缸下降一个距离（等于层厚：0.013～0.1mm），供粉缸上升一高度，推出若干粉末，并被铺粉辊推到成形缸，铺平并被压实。此后不断重复上述步骤直到工件完全成形。期间未被喷射黏合剂的地方为干粉，在成形过程中起支撑作用，且成形结束后，比较容易去除。成形工艺原理如图 8-10 所示。

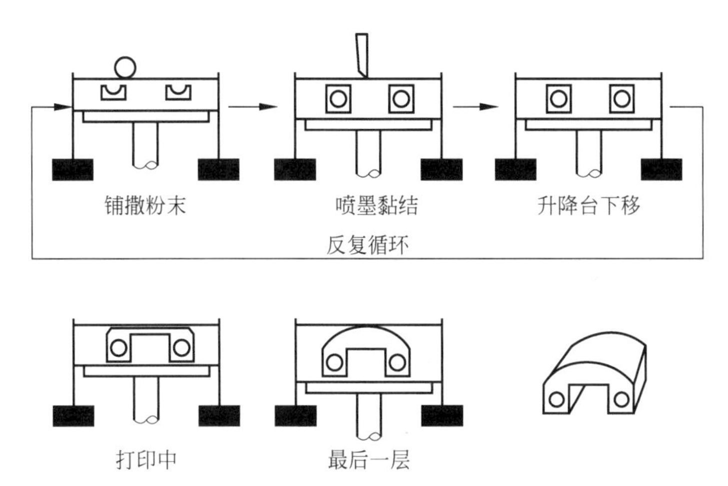

图 8-10　3DP 三维喷涂黏结成形工艺原理

2. 工艺特点

3DP 技术成形速度非常快，适用于生产彩色原型、结构复杂的工件、复合材料以及非均匀材质材料的零件；在成形过程中，未黏结的粉末起支撑作用，避免了需要单独设计制造的支撑，加之成形材料价格低，节约了生产成本。

3. 3DP 应用实例

3DP 工艺适合成形小件，可用于打印概念模型、彩色模型、教学模型和铸造用的石膏原型，还可用于加工颅骨模型，方便医生进行病情分析和手术预演。

图 8-11(a)是用 3DP 增材制造技术制作的变速箱砂型，图 8-11(b)是利用砂型铸造出的变速箱。

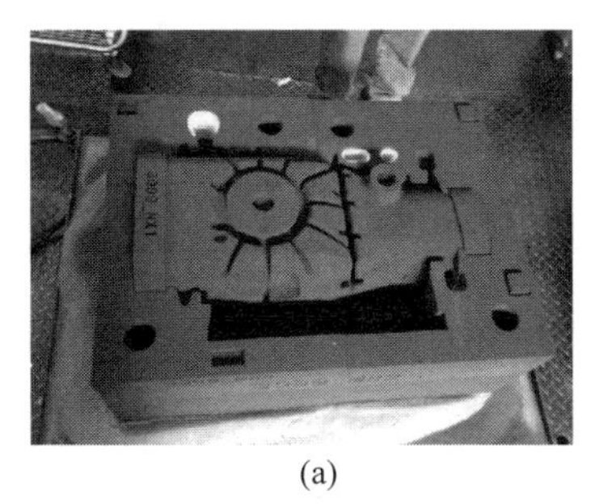

(a)

(b)

图 8-11　3D 打印直接制作的变速箱砂型及其铸件

(a) 砂型；(b) 铸件

喷墨技术工艺

8.1.4 喷墨技术工艺

喷墨技术工艺类似于传统的二维喷墨打印，可以打印超高精细度的样件，适用于小型精细零件的快速成形。

1. 工艺流程

沿着 X 轴前后滑动，在成形室里铺上一层超薄的光敏树脂。每铺完一层后，喷头架边上的紫外光球立即发射紫外光，快速固化和硬化每层光敏树脂。这一步骤减少了使用其他技术所需的后处理过程。每打印完一层，机器内部的成形底盘就会极为精确地下沉，而喷头继续一层一层地工作，直到原型件完成。成形时使用了两种不同的光敏树脂聚合材料：一种是用来成形实体部件的成形材料，另一种是类胶体，用来支撑部件的支撑材料。成形工艺原理如图 8-12 所示。

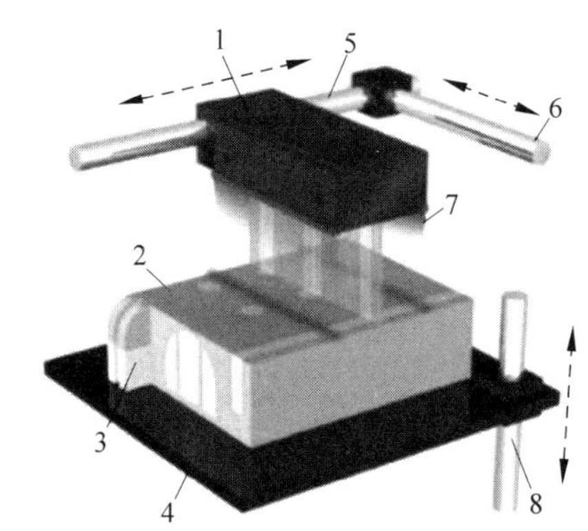

1—喷头；2—成形材料；3—支撑材料；4—成形托盘；5—X 轴；6—Y 轴；
7—UV 紫外光灯；8—Z 轴。

图 8-12 喷墨技术工艺原理

2. 工艺特点

打印出高质量、高细节的 3D 模型；缩短设计周期和降低研发成本；材料选择范围广；简易的支撑移除。

3. 应用领域

除了能够在制造业中生成各种模型外，由于占地空间和环保理念都逐步适应了现代商务区的要求，还开始应用于教育、建筑、设计等多个行业。

熔融沉积成形

8.1.5 熔融挤压堆积成形(FDM)

1. FDM 快速成形的基本原理及工艺

熔融挤压成形技术，也叫作“熔融堆积成形”，是目前应用较为广泛的一种工艺，很多消费级3D打印机均采用这种工艺，因为实现起来相对容易。设备涵盖从构建快速概念模型到慢速高精密模型的不同应用区间，材料主要有聚酯、ABS树脂、弹性体材料以及熔模铸造用蜡等。

其具体成形工艺为：熔丝材由送丝机构送至喷头，通过FDM加热头将热塑性丝材加热到临界状态，呈半流体状态，然后加热头会在软件控制下，根据水平分层数据，沿CAD确定的二维几何轨迹在x-y面运动，同时喷头将半流动状态的材料像挤牙膏一样挤压出来，材料堆积在成形面上瞬时凝固形成有轮廓形状的薄层。然后重复以上过程，继续熔喷沉积，直至形成整个实体造型。薄层的厚度由喷头挤丝的直径确定。其成形工艺如图8-13所示。

FDM加热头把热塑性材料加热到临界状态，使其呈现半流体状态，这个过程与二维打印机的打印过程很相似，只不过从打印头出来的不是油墨，而是ABS树脂等材料的熔融物。同时由于3D打印机的打印头或底座能够在垂直方向移动，所以能让材料逐层进行快速累积，并且每层都是CAD模型确定的轨迹打印出确定的形状，所以最终能够打印出设计好的三维物体。

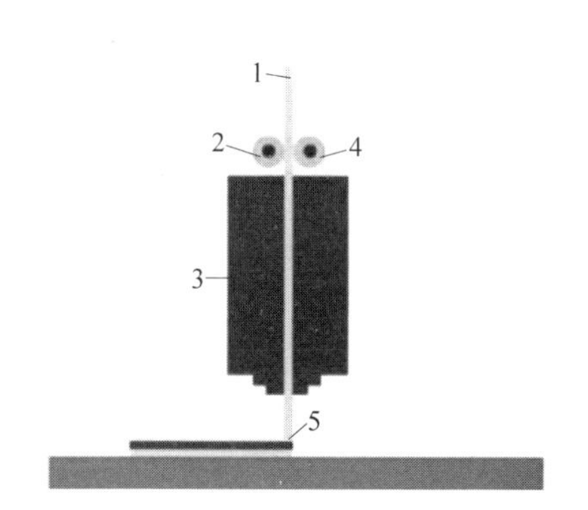

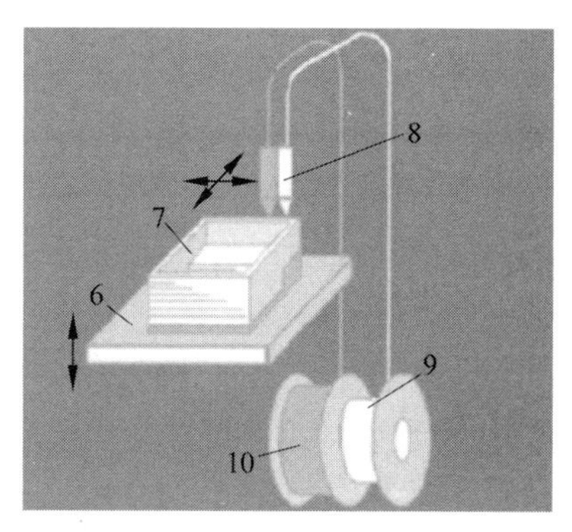

1—材料丝；2—从动辊；3—导向套；4—主动辊；5—喷头；6—工作台；
7—构建中的模型；8—热熔喷头；9—模型用丝材；10—支撑用丝材。

图8-13 熔融挤压堆积成形工艺原理

2. FDM快速成形工艺特点

FDM快速成形技术的特点有以下几点。

(1) 易于推广。FDM技术不采用激光器，降低了设备运营维护成本；而其成形材料也多为ABS、PC等生产用工程塑料，易于取得，成本较低；加之其原理和操作相较于其他增材制备工艺简单，设备、材料体积较小易于搬运，适用于多种场合。因此，相比于其他增材制造技术，其普及率更高，应用也更加广泛。目前桌面级3D打印机多采用FDM技术路径。

(2) 安全，污染小。在整个成形过程中只涉及热塑材料的熔融和凝固，在较为封闭的3D打印室内进行，且不涉及高温、高压，没有有毒有害物质排放，操作环境安全，环境友好程度较高。

(3) 材料可回收，原料利用率高。没有使用或者使用过程中废弃的成形材料和支撑材料可以进行回收，有效提高原料的利用率。

(4) 后处理相对简单。目前采用的支撑材料多为水溶性材料，剥离较为简单，无须化学清洗，而其他技术路径的后处理往往还要进行固化处理，需要其他辅助设备，FDM则不需要。

(5) 成形时间较长。由于喷头运动是机械运动，成形过程中速度受到一定的限制，因此一般成形时间较长,不适于制造大型部件。

(6) 需要支撑材料。在成形过程中需要加入支撑材料,在打印完成后要进行剥离,对于一些复杂构件来说,剥离存在一定的困难。另外,随着技术的进步,一些采用3D打印的厂家已经推出了不需要支撑材料的机型,该缺点正在被逐步克服。

(7) 精度低。相对于SLA、LOM、SLS等成熟3D打印技术,FDM技术的成形精度较低。

3. FDM快速成形材料与支撑材料

对于3D打印而言,材料是关键所在,FDM技术路径涉及的材料主要包括成形材料和支撑材料。根据技术特点,要求成形材料具有熔融温度低、黏度低、黏结性好、收缩率小等特点;要求支撑材料具有能够承受一定的高温、与成形材料不浸润、具有水溶性或者酸溶性、具有较低的熔融温度、流动性要好等特点。

一般的热塑性材料作适当改性后都可用于熔融沉积成形。同一种材料可以做出不同的颜色,用于制造彩色零件。该工艺也可以堆积复合材料零件,如把低熔点的蜡或塑料熔融丝与高熔点的金属粉末、陶瓷粉末、玻璃纤维、碳纤维等混合作为多相成形材料。到目前为止,单一成形材料一般为ABS、石蜡、尼龙、PC和PPSF等。图8-14为用于FDM快速成形的ABS丝材。

支撑材料有两种类型:一种是剥离性支撑,需要手动剥离零件表面的支撑;另一种是水溶性支撑,可以分解于碱性水溶液。

FDM工艺多用塑料丝,而且FDM工艺中的塑料丝采用热熔喷头挤出成形,热熔喷头温度的控制要求使材料挤出时既保持一定的形状又有良好的黏结性能。

图8-14 用于FDM快速成形的ABS丝材

熔融沉积成形设备中的热熔喷头是该工艺应用中的关键部件。除了热熔喷头以外,成形材料的相关特性(如材料的黏度、熔融温度、黏结性以及收缩率等)也是FDM工艺应用过程中的关键。

(1) 材料的黏度。材料的黏度低、流动性好,阻力就小,有助于材料顺利挤出。材料的流动性差,需要很大的送丝压力才能挤出,会增加喷头的启停响应时间,从而影响成形精度。

(2) 材料熔融温度。熔融温度低可以使材料在较低温度下挤出,有利于提高喷头和整个机械系统的寿命。减少材料在挤出前后的温差，能够减少热应力，从而提高原型的精度。

（3）黏结性。FDM 原型的层与层之间往往是零件强度最薄弱的地方，黏结性好坏决定了零件成形以后的强度。如黏结性过低，有时在成形过程中因热应力的影响会造成层与层之间的开裂。

（4）收缩率。由于挤出时，喷头内部需要保持一定的压力才能将材料顺利挤出，挤出后材料丝一般会发生一定程度的膨胀。如果材料收缩率对压力比较敏感，会造成喷头挤出的材料丝直径与喷嘴的名义直径相差太大，影响材料的成形精度。FDM 成形材料的收缩率对温度不能太敏感，否则会产生零件翘曲、开裂。

FDM 工艺对支撑材料的要求是能够承受一定的高温、与成形材料不浸润、具有水溶性或酸溶性、具有较低的熔融温度、流动性要特别好等，具体介绍如下。

（1）能承受一定高温。由于支撑材料要与成形材料在支撑面上接触，所以支撑材料必须能够承受成形材料的高温，在此温度下不产生分解与融化。由于 FDM 工艺挤出的丝比较细，在空气中能够比较快速的冷却，所以支撑材料能承受 100℃以下的温度即可。

（2）与成形材料不浸润，便于后处理。支撑材料是加工中采取的辅助手段，在加工完毕后必须去除，所以支撑材料与成形材料的亲和性不应太好。

（3）具有水溶性或者酸溶性。由于 FDM 工艺的一大优点是可以成形任意复杂程度的零件，经常用于成形具有很复杂的内腔、孔等零件。为了便于后处理，最好是支撑材料在某种液体里可以溶解。这种液体必须不能产生污染或难闻气味。由于现在 FDM 使用的成形材料一般是 ABS 工程塑料，该材料一般可以溶解在有机溶剂中，所以不能使用有机溶剂。目前已开发出水溶性支撑材料。

（4）具有较低的熔融温度。具有较低的熔融温度可以使材料在较低的温度挤出，提高喷头的使用寿命。

（5）流动性要好。由于支撑材料的成形精度要求不高，为了提高机器的扫描速度，要求支撑材料具有很好的流动性，相对而言，黏性可以差一些。

4. FDM 快速成形应用领域

根据国际 3D 打印巨头，同时也是 FDM 发明者的 Stratasys 公司资料显示，FDM 应用领域包括概念建模、功能性原型制作、制造加工、最终用于零件制造、修整等方面，涉及汽车、医疗、建筑、娱乐、电子、教育等领域。随着技术的进步，FDM 的应用还在不断拓展。

1）概念建模

概念建模的应用主要涉及建筑模型、人体工程学研究、市场营销和设计方面。

在建筑模型方面，计算机模拟在工程设计和建筑领域已经应用了很长一段时间。但是，建筑可视化的传统做法是使用木材或泡沫板制作建筑的等比例模型。这使得建筑师可以看到建筑在实际空间中是如何矗立，以及是否存在任何可以改正的问题。而 3D 打印结合了计算机模拟的精确性和等比例模型的真实性，能够有效降低设计成本和开发时间，同时通过等比例的模型可以对建筑进行改良，增加安全性和合理性，如图 8-15 所示。

在人体工程学研究方面，3D 打印的模型允许在开发流程期间就对人体工程学性能进行精确地测试。通过 3D 打印技术，设计人员可以创作出逼真的模型，再现产品每个单独部件的物理特性。在多次测试周期期间可以对材料进行修改，从而实现在将产品全面投入生产前对其人体工程学方面进行优化。图 8-16 为 3D 打印的符合人体工程学的键盘。

图 8-15　3D 打印建筑模型

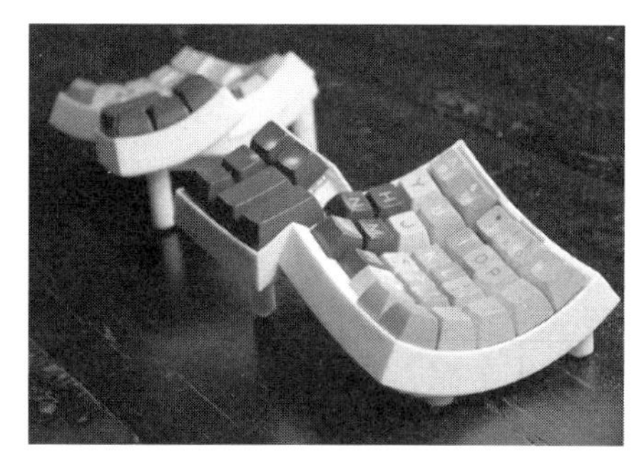

图 8-16　3D 打印符合人体工程学的键盘

在市场营销和设计方面，利用 FDM 技术构建的模型可以进行打磨、上漆甚至镀铬，从而达到与新产品外观一致的目的，图 8-17 为 3D 打印的奥斯卡小金人。FDM 使用生产级的热塑塑料，因此模型可以获得与最终产品一样的耐用性和使用感受。

2）功能性原型制作

在产品设计初期，可以利用 FDM 技术快速获得产品原型，而通过 FDM 技术获得的原型本身具有耐高温、耐化学腐蚀等性能，能够通过原型进行各种性能测试，以改进最终的产品设计参数，大大缩短了产品从设计到生产的时间。

3）制造加工

由于 FDM 技术可以采用高性能的生产级别材料，可以在很短的时间内制造标准工具，并可进行小批量生产，通过小批量生产可以使用与最终产品相同的流程和材料来创建原型，并在等待最终模具从车间发往各地的同时，即可将新产品上市。图 8-18 所示的结构复杂的蜗轮就是通过 3D 打印制造的。

图 8-17　3D 打印奥斯卡小金人

图 8-18　3D 打印制造结构复杂的蜗轮

分层实体制造技术

8.1.6　箔材黏结工艺

1. 箔材黏结工艺原理

箔材黏结工艺使用箔材，通过激光扫描或切刀运动直接切割箔材，继而进行逐层堆积而成形制品。相比较其他若干3D打印工艺，箔材黏结工艺具有原材料成本低廉，建造过程较为简单快捷，工艺过程容易实现等优点，因此成为早期推出并迅速得到较快发展的3D打印工艺方法之一。

根据三维CAD模型每个截面的轮廓线，在计算机控制下，发出控制激光切割系统的指令，使切割头作 X 和 Y 方向的移动。供料机构将地面涂有热溶胶的箔材(如涂覆纸、涂覆陶瓷箔、金属箔、塑料箔材)一段段的送至工作台的上方。激光切割系统按照计算机提取的横截面轮廓，用二氧化碳激光束对箔材沿轮廓线将工作台上的纸割出轮廓线，并将纸的无轮廓区切割成小碎片。然后，由热压机构将一层层纸压紧并黏合在一起。可升降工作台支撑正在成形的工件，并在每层成形之后，降低一个纸厚，以便送进、黏合和切割新的一层纸。最后形成由许多小废料块包围的三维原型零件。然后取出，将多余的废料小块剔除，最终获得三维产品。其工艺原理如图8-19所示。

箔材黏结工艺中激光束或切刀只需按照分层信息提供的截面轮廓线逐层切割而无须对整个截面进行扫描，且不需考虑支撑。

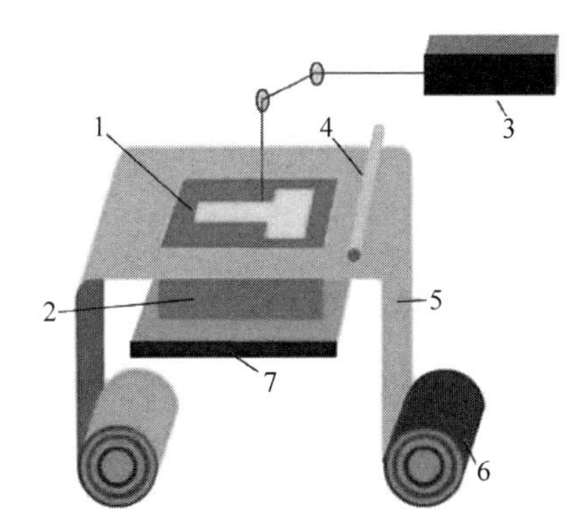

1—切割轮廓线；2—成形工件；3—激光切割器；4—压辊；5—薄膜材料；
6—材料辊筒；7—升降台。

图8-19 箔材黏结工艺的原理

2. 箔材黏结工艺特点

与其他3D打印工艺相比，箔材黏结工艺具有制作效率高、速度快、成本低等特点。具体特点如下：

(1) 成形速度较快。由于只需要使用激光束沿物体的轮廓进行切割，无须扫描整个断面，所以成形速度很快，因而常用于加工内部结构简单的大型零件。

(2) 原型精度高，翘曲变形小。

(3) 原型能承受高达2000℃的温度，有较高的硬度和较好的力学性能。

(4) 无须设计和制作支撑结构。

(5) 可进行切削加工。

(6) 废料易剥离，无须后固化处理。

(7) 可制作尺寸大的原型。

(8) 原材料价格便宜，原型制作成本低。

除上述优点外，箔材黏结工艺也有如下不足之处：

(1) 不能直接制作塑料原型。

(2) 原型的抗拉强度和弹性不够好。

(3) 原型易吸湿膨胀，因此，成形后应尽快进行表面防潮处理。

(4) 原型表面有台阶纹理，难以构建形状精细、多曲面的零件，因此，成形后需进行表面打磨。

3. 箔材

用于3D打印工艺中的箔材有纸材、塑料薄膜以及金属箔等。在目前实用化的3D打印工艺中，美国 Helisys 公司推出的3D打印机采用的是纸材，而以色列 Solido 公司推出的 SD300 系列设备使用的是塑料薄膜。同时，金属箔作为叠层材料进行3D打印的工艺方法也在研究进行中。塑料薄膜材料成形建造过程中，层间的黏结是由打印设备喷洒黏结剂实现的，成形材料制备及其要求涉及到三个方面的问题，即薄层材料、黏结剂和涂布工艺。目前的成形材料中的薄层材料多为纸材，而黏结剂一般为热熔胶。纸材料的选取、热熔胶的配置及涂布工艺均要从保证最终成形零件的质量出发，同时要考虑成本。对于纸材的性能，要求厚度均匀、具有足够的抗拉强度，以及黏结剂有较好的湿润性、涂挂性和黏结性等。下面就纸的性能、热熔胶的要求及涂布工艺进行简要的介绍。

对于黏结成形材料的纸材，有以下要求：

(1) 抗湿性。保证纸原料(卷轴纸)不会因时间长而吸水，从而保证热压过程中不会因水分的损失而产生变形及黏接不牢。纸的施胶度可用来表示纸张抗水能力的大小。

(2) 良好的浸润性。保证良好的涂胶性能。

(3) 抗拉强度。保证在加工过程中不被拉断。

(4) 收缩率小。保证热压过程中不会因部分水分损失而导致变形，可用纸的伸缩率参数计量。

(5) 剥离性能好。因剥离时破坏发生在纸张内，要求纸的垂直方向抗拉强度不是很大。

(6) 易打磨，表面光滑。

(7) 稳定性。成形零件可长时间保存。

黏结成形工艺中的成形材料多为涂有热熔胶的纸材，层与层之间的黏结是靠热熔胶保证的。热熔胶的种类很多，其中以 EVA 型热熔胶的需求量为最大，占热熔胶消费总量的80%左右。当然，在热熔胶中还要添加某些特殊的组分。LOM 纸材对热熔胶的基本要求为：

(1) 良好的热熔冷固性(70～100℃开始熔化，室温下固化)。

(2) 在反复“熔融-固化”条件下，具有较好的物理化学稳定性。

(3) 熔融状态下与纸具有较好的涂挂性和涂匀性。

(4) 与纸具有足够黏结强度。

(5) 良好的废料分离性能。

涂布工艺有涂布形状和涂布厚度两个方面。涂布形状指的是采用均匀式涂布还是非均匀涂布，非均匀涂布又有多种形状。均匀式涂布采用狭缝式刮板进行涂布，非均匀涂布有条纹式和颗粒式。一般来讲，非均匀涂布可以减小应力集中，但涂布设备比较贵。涂布厚度指的是在纸材上涂多厚的胶，选择涂布厚度的原则是在保证可靠黏接的情况下，尽可能涂的薄，以减少变形、溢胶和错移。

4. 箔材黏结工艺的应用实例

叠层实体制作快速原型工艺适合制作大中型原型件，翘曲变形较小，成形时间较短，激光器使用寿命长，制成件有良好的机械性能，适合于产品设计的概念建模和功能性测试零件。且由于制成的零件具有木质属性，特别适合于直接制作砂型铸造模样。图 8-20～图 8-23 是用箔材黏结工艺制造的各种结构形状的模型。

图 8-20　箔材黏结工艺制造的复杂零件模型

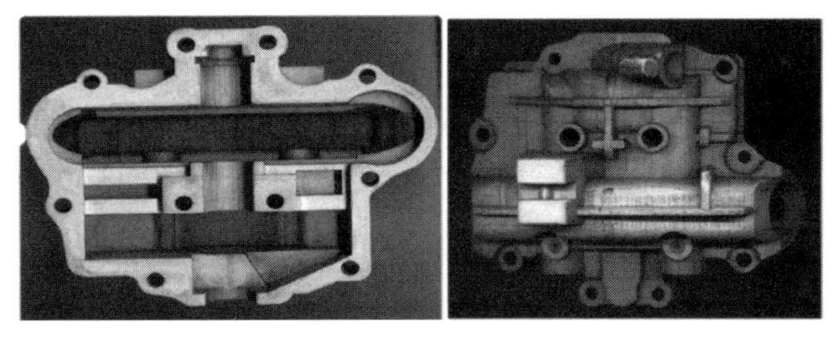

图 8-21　用于装配检验的汽缸盖 LOM 模型

图 8-22　箔材黏结工艺制造的艺术品模型

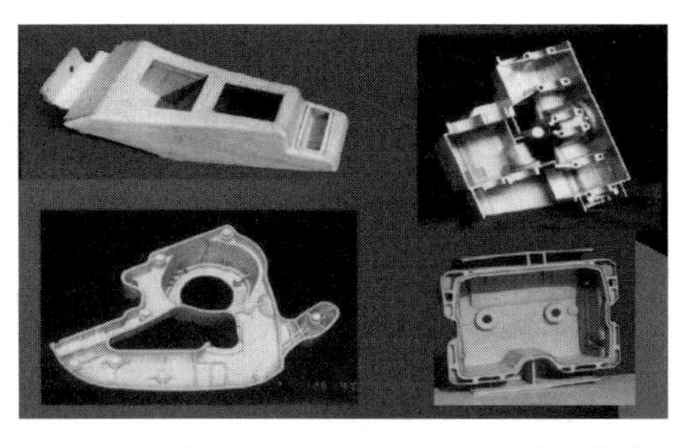

图 8-23　箔材黏结工艺制造的壳类零件模型

8.2 增材制造技术的发展现状及趋势

8.2.1 国外发展现状及趋势

欧美发达国家纷纷制定了发展和推动增材制造技术的国家战略和规划，增材制造技术已受到政府、研究机构、企业和媒体的广泛关注。2012 年 3 月，美国白宫宣布了振兴美国制造的新举措，将投资 10 亿美元帮助美国制造体系的改革。其中，白宫提出实现该项计划的三大背景技术中包括了增材制造，强调了通过改善增材制造材料、装备及标准，实现创新设计的小批量、低成本数字化制造。2012 年 8 月，美国增材制造创新研究所成立，联合了宾夕法尼亚州西部、俄亥俄州东部和弗吉尼亚州西部的 14 所大学、40 余家企业、11 家非营利机构和专业协会。

英国政府自 2011 年开始，持续增大对增材制造技术的研发经费。以前仅有拉夫堡大学一个增材制造研究中心，接着诺丁汉大学、谢菲尔德大学、埃克塞特大学和曼彻斯特大学等相继建立了增材制造研究中心。英国工程与物理科学研究委员会中设有增材制造研究中心，参与机构包括拉夫堡大学、伯明翰大学、英国国家物理实验室、波音公司，以及德国 EOS 公司等 15 家知名大学、研究机构及企业。

除了英美外，其他一些发达国家也积极采取措施，用以推动增材制造技术的发展。德国建立了直接制造研究中心，主要研究和推动增材制造技术在航空航天领域中结构轻量化方面的应用；法国增材制造协会致力于增材制造技术标准的研究；在政府资助下，西班牙启动了一项发展增材制造的专项，研究内容包括增材制造共性技术、材料、技术交流及商业模式等四方面内容；澳大利亚政府于 2012 年 2 月宣布支持一项航空航天领域革命性的项目“微型发动机增材制造技术”，该项目使用增材制造技术制造航空航天领域微型发动机零部件；日本政府也很重视增材制造技术的发展，通过优惠政策和大量资金，鼓励产学研用紧密结合，有力促进该技术在航空航天等领域的应用。

8.2.2 国内发展现状及趋势

大型整体钛合金关键结构件成形制造技术，被国内外公认为是对飞机工业装备研制与生产具有重要影响的核心关键制造技术之一。西北工业大学凝固技术国家重点实验室已经建立了系列激光熔覆成形与修复装备，可满足大型机械装备的大型零件及难拆卸零件的原位修复和再制造。应用该技术实现了 C919 飞机大型钛合金零件激光立体成形制造。民用飞机越来越多地采用了大型整体金属结构，飞机零件主要是整体毛坯件和整体薄壁结构件，传统成形方法非常困难。商飞决定采用先进的激光立体成形技术来解决 C919 飞机大型复杂薄壁钛合金结构件的制造。西北工业大学采用激光成形技术制造了最大尺寸达 2.83m 的机翼缘条零件，最大变形量小于 1mm，实现了大型钛合金复杂薄壁结构件的精密成形技术，相比现有技术可大大加快制造效率和精度，显著降低了生产成本。

北京航空航天大学在金属直接制造方面开展了长期的研究工作，突破了钛合金、超高强度钢等难加工大型整体关键构件激光成形工艺、成套装备和应用关键技术，解决了大型整体金属构件激光成形过程零件变形与开裂的“瓶颈难题”和内部缺陷、内部质量控制及其无损检验关键技术，飞机构件综合力学性能达到或超过钛合金模锻件，已研制生产出了我国飞机装备中迄今尺寸最大、结构最复杂的钛合金及超高强度钢等高性能关键整体构件，并在大型客机 C919 等多型重点型号飞机研制生产中得到应用。

西安交通大学以研究光固化快速成形(SL)技术为主，于 1997 年研制并销售了国内第一台光固化快速成形机；并分别于 2000 年、2007 年成立了教育部快速成形制造工程研究中心和快速制造国家工程研究中心，建立了一套支撑产品快速开发的快速制造系统，研制、生产和销售多种型号的激光快速成形设备、快速模具设备及三维反求设备，产品远销印度、俄罗斯、肯尼亚等国，成为具有国际竞争力的快速成形设备制造单位。

西安交通大学在新技术研发方面主要开展了 LED 紫外快速成形机技术、陶瓷零件光固化制造技术、铸型制造技术、生物组织制造技术、金属熔覆制造技术和复合材料制造技术的研究。在陶瓷零件制造的研究中，研制了一种基于硅溶胶的水基陶瓷浆料光固化快速成形工艺，实现了光子晶体、一体化铸型等复杂陶瓷零件的快速制造。

西安交通大学与中国空气动力研究与发展中心及成都飞机设计研究所合作开展了风洞模型制造技术的研究，围绕测压模型、测力模型、颤振模型和气弹模型等方面进行了研究工作。设计了树脂—金属复合模型的结构方案，采用有限元方法计算校核树脂—金属复合模型的强度、刚度以及固有频率。通过低速风洞试验，研究了复合模型的气动特性，并与金属模型试验数据相对比。强度校核试验显示，模型的整体性能良好，满足低速风洞的试验要求，研制的复合模型在低速风洞试验下具有良好的前景。复合材料构件是航空制造技术未来的发展方向，西安交通大学研究了大型复合材料构件低能电子束原位固化纤维铺放制造设备与技术，将低能电子束固化技术与纤维自动铺放技术相结合，研究开发了一种无须热压罐的大型复合材料构件高效率绿色制造方法，可使制造过程能耗降低 70%，节省原材料 15%，并提高了复合材料成形制造过程的可控性、可重复性，为我国复合材料构件绿色制造提供了新的自动化制造方法与工艺。

上海理工大学“增材制造国际实验室”通过整建制引进海外著名科学家(院士)团队，澳大利亚工程院院士吴鑫华，澳大利亚科学院、工程院院士、中国工程院外籍院士余艾冰，美国科学院院士 Rodney R. Boyer。美国工程院院士 James C. Williams 接受山东大学聘任，分别担任该实验室的主任和方向领头人。

AM 已成为先进制造技术的一个重要的发展方向，其发展趋势有三：①复杂零件的精密铸造技术应用；②金属零件直接制造方向发展，制造大尺寸航空零部件；③向组织与结构一体化制造发展。未来需要解决的关键技术包括精度控制技术、大尺寸构件高效制造技术、复合材料零件制造技术。AM 技术的发展将有力地提高航空制造的创新能力，支撑我国由制造大国向制造强国发展。

我国在电子、电气增材制造技术上取得了重要进展。此技术被称为立体电路技术(SEA，SLS＋LDS)。电子电器领域增材技术是建立在现有增材技术之上的一种绿色环保型电路成形技术，有别于传统二维平面型印制线路板。传统的印制电路板是电子产业的粮食，一般采用传统的不环保的减法制造工艺，即金属导电线路是蚀刻铜箔后形成的。新一代增材制造技术采用加法工艺，即用激光先在产品表面镭射后，再在药水中浸泡沉积上去。这类技术与激光分层制造的增材制造相结合的一种途径：在 SLS(激光选择性烧结)粉体中加入特殊组分，先 3D 打印(增材制造成形)，再用微航 3D 立体电路激光机沿表面镭射电路图案，再化学镀成金属线路。

“立体电路制造工艺”涉及的 SLS+LDS 技术是我国本土企业发明的制造工艺，是增材制造在电子、电器产品领域分支应用技术。也涉及激光材料、激光机、后处理化学药水等核心要素。目前立体电路技术已经成为高端智能手机天线的主要制造技术，产业界已经崛起了立体电路产业板块。

习题 8

8-1 什么是 3D 打印成形？它曾有过哪些名称？

8-2 增材制造技术与传统制造技术相比有什么特点？

8-3 从工艺原理上看，增材制造技术有哪些种类？

8-4 3D 打印成形可采用哪些材料？分别用什么方法？举例说明。

8-5 目前增材制造可用于哪些领域？列举 2～3 个实例。

8-6 3D 打印技术的发展趋势是什么？将会为制造业带来怎样的影响？

自测题

参考文献

[1] 王先逵.机械制造工艺学[M].3版.北京：机械工业出版社，2013.

[2] 卢秉恒.机械制造技术基础[M].3版.北京：机械工业出版社，2008.

[3] 陆敬严.中国古代机械文明史[M].上海：同济大学出版社，2012.

[4] 查尔斯·辛格，E.J.霍姆亚德，A.R.霍尔，等.技术史[M].王前，孙希忠，译.上海：上海科技教育出版社，2004.

[5] 方亮，王雅生.材料成形技术基础[M].2版.北京：高等教育出版社，2010.

[6] 沈斌，陈炳森，张曙.生产系统学[M].2版.上海：同济大学出版社，1999.

[7] 孙康宁，林建平，等.工程材料与机械制造基础课程知识体系和能力要求[M].北京：清华大学出版社，2016.

[8] 傅水根，张学政，马二恩.机械制造工艺基础[M].3版.北京：清华大学出版社，2010.

[9] 李爱菊，孙康宁.工程材料成形与机械制造基础[M].北京：机械工业出版社，2012.

[10] 孙康宁，李爱菊.工程材料成形及其成形技术基础[M].北京：高等教育出版社，2009.

[11] 梁戈，时惠英，王志虎.机械工程材料与热加工工艺[M].北京：机械工业出版社，2015.

[12] 孙康宁，张景德.工程材料与机械制造基础：上[M].3版.北京：高等教育出版社，2019.

[13] 周玉.陶瓷材料学[M].哈尔滨：哈尔滨工业大学出版社，1995.

[14] 李树生，陈长勇，许基清.材料工艺学[M].北京：化学工业出版社，2000.

[15] 潘金生，仝建民，田民波.材料科学基础[M].北京：清华大学出版社，1998.

[16] 王昕，单妍，于薛刚，等.纳米 ZrO_2-微米 Al_2O_3 复合陶瓷中“内晶型”结构的形成与机理[J].硅酸盐学报，2003(12)：1145-1149.

[17] 杨正方，袁启明，刘家臣.热处理对 Mullite/ZrO_2/SiCp 复相陶瓷结构与性能的影响[J].天津大学学报，1998(5)：95-110.

[18] 顾守仁，马楷，路新赢，等.碳、氮对氧化锆相结构稳定性的作用[J].硅酸盐学报，1995(5)：507-513.

[19] 戴金辉，葛兆明，吴泽，等.无机非金属材料概论[M].哈尔滨：哈尔滨工业大学出版社，1999.

[20] 徐政，倪宏伟.现代功能陶瓷[M].北京：国防工业出版社，1998.

[21] 江东亮.精细陶瓷材料[M].北京：中国物资出版社，2000.

[22] 王零森.特种陶瓷[M].长沙：中南工业大学出版社，1994.

[23] 杨世英，陈栋传.工程塑料手册[M].北京：中国纺织出版社，1994.

[24] 金国珍.工程塑料[M].北京：化学工业出版社，2001.

[25] 钱苗根.现代表面技术[M].北京：机械工业出版社，2016.

[26] 曾晓雁，吴懿平.表面工程学[M].2版.北京：机械工业出版社，2017.

[27] 陈文哲，文九巴，戴品强.机械工程材料 [M].长沙：中南大学出版社，2009.

[28] 强怀颖，赵宇龙，陈辉.材料表面工程技术[M].徐州：中国矿业大学出版社，2016.

[29] 姜银方，王宏宇.现代表面工程技术[M].2版.北京：化学工业出版社，2014.

[30] 孙康宁，李爱菊.工程材料与机械制造基础：下[M].3版.北京：高等教育出版社，2019.

[31] 李景波.金属工艺学(热加工)[M].北京：机械工业出版社，1996.

[32] 王昕.机械制造基础[M].北京：化学工业出版社，2010.

[33] 李义增，咸阳机.金属工艺学(热加工基础)[M].2版.北京：机械工业出版社，2006.

[34] 邓文英.金属工艺学：上[M].4版.北京：高等教育出版社，2000.

[35] 王东升.金属工艺学[M].杭州：浙江大学出版社，1997.

[36] 沈其文，周世权.材料成型工艺基础[M].武汉：华中理工大学出版社，1999.

[37] 陶治.材料成形技术基础[M].北京：机械工业出版社，2002.

[38] 齐乐华. 工程材料及成形工艺基础[M]. 西安：西北工业大学出版社，2002.
[39] 邢忠文，张学仁. 金属工艺学[M]. 3 版. 哈尔滨：哈尔滨工业大学出版社，2008.
[40] 孙康宁. 现代工程材料成形与机械制造基础：上[M]. 北京：高等教育出版社，2005.
[41] 邓文英，郭晓鹏，邢忠文. 金属工艺学：上[M]. 6 版. 北京：高等教育出版社，2017.
[42] 王仲仁. 扬帆再启航：祝贺《锻压技术》杂志创刊 60 周年[J]. 锻压技术，2018，43(7)：1-11.
[43] 苑世剑. 现代液压成形技术[M]. 北京：国防工业出版社，2009.
[44] 严绍华. 热加工工艺基础[M]. 2 版. 北京：高等教育出版社，1991.
[45] 孙康宁，张景德. 现代工程材料成形与机械制造基础：上[M]. 2 版. 北京：高等教育出版社，2010.
[56] 李亚江，等. 先进焊接/连接工艺[M]. 北京：化学工业出版社，2016.
[47] 黄家康. 复合材料成型技术及应用[M]. 北京：化学工业出版社，2011.
[48] 史玉升，李远才，杨劲松. 高分子材料成型工艺[M]. 北京：化学工业出版社，2010.
[49] 吴玉胜，李明春. 功能陶瓷材料及制备工艺[M]. 北京：化学工业出版社，2019.
[50] 王广春. 3D 打印技术及应用实例[M]. 北京：机械工业出版社，2016.
[51] 王广春. 增材制造技术及应用实例[M]. 北京：机械工业出版社，2014.